U0481036

好医生®

好medicine 生

HAO YI SHENG

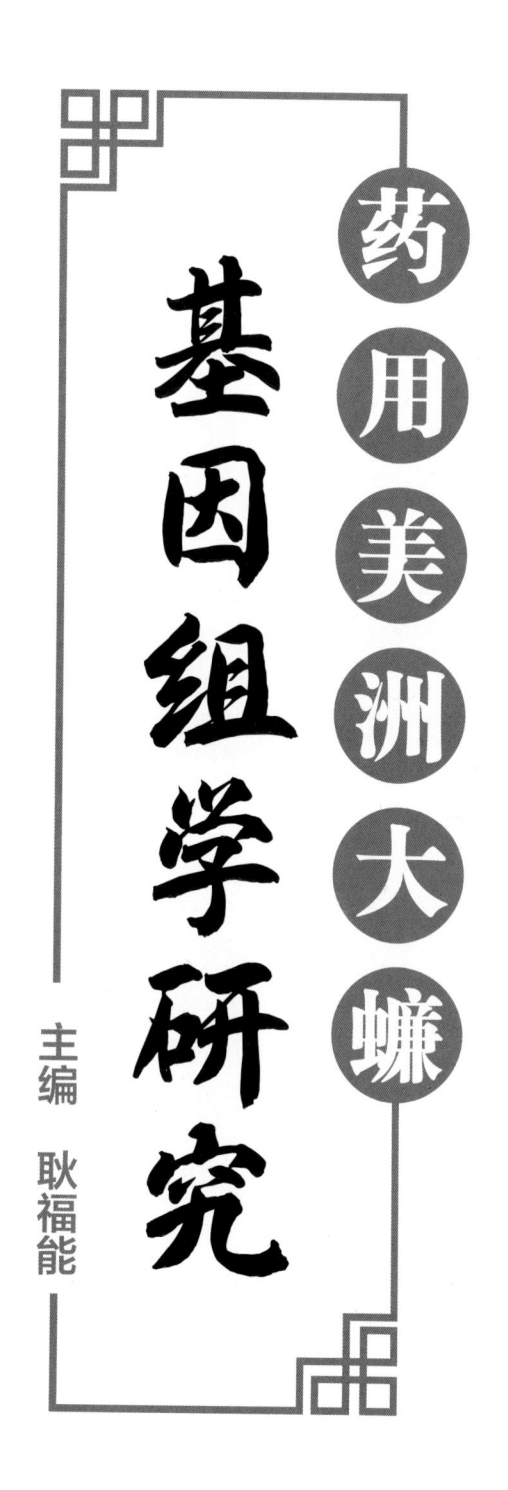

康复新系列丛书

药用美洲大蠊基因组学研究

主编 耿福能

四川大学出版社

图书在版编目（CIP）数据

药用美洲大蠊基因组学研究 / 耿福能主编. -- 成都：四川大学出版社，2025. 1. --（康复新系列丛书）.
ISBN 978-7-5690-7670-7

Ⅰ. Q969.25

中国国家版本馆 CIP 数据核字第 2025KA2907 号

书　　名：	药用美洲大蠊基因组学研究
	Yaoyong Meizhou Dalian Jiyinzuxue Yanjiu
主　　编：	耿福能
丛 书 名：	康复新系列丛书

选题策划：周　艳　张　澄　倪德君
责任编辑：倪德君
责任校对：张　澄
装帧设计：墨创文化
责任印制：李金兰

出版发行：四川大学出版社有限责任公司
　　　　　地　址：成都市一环路南一段 24 号（610065）
　　　　　电　话：（028）85408311（发行部）、85400276（总编室）
　　　　　电子邮箱：scupress@vip.163.com
　　　　　网　址：https://press.scu.edu.cn
印前制作：四川胜翔数码印务设计有限公司
印刷装订：四川盛图彩色印刷有限公司

成品尺寸：185 mm×260 mm
印　　张：24
字　　数：578 千字

版　　次：2025 年 5 月 第 1 版
印　　次：2025 年 5 月 第 1 次印刷
定　　价：298.00 元

本社图书如有印装质量问题，请联系发行部调换

版权所有　◆　侵权必究

扫码获取数字资源

四川大学出版社
微信公众号

编委会

主　编： 耿福能

副主编： 范振鑫　沈咏梅　岳碧松　刘　姝　孟　杨

编　者： 周　闯　李　静　张修月　李午佼　晋家正
　　　　　　麻锦楠　牟必琴　王　晨　宝　钲　刘　彬
　　　　　　马秀英　邓金根　姜顺日　吴桃清

序　言

美洲大蠊（*Periplaneta americana*）在世界范围广泛分布，自身携带病原致病微生物菌和致敏原，被认为是世界性的卫生害虫。然而，美洲大蠊入药在我国具有悠久历史。现代研究表明，美洲大蠊提取物具有抗肿瘤、保肝、促进组织损伤修复、增强免疫、保护心血管等多种药理活性，以美洲大蠊为原药制成的康复新液、肝龙胶囊等中药在临床上具有很好的效果，广泛用于创面修复、黏膜修复以及肿瘤等疾病的治疗。但目前对于美洲大蠊成药的基础研究还十分薄弱，特别是关键有效成分及其作用机制尚不清楚，阻碍了美洲大蠊相关药物的深度开发。

2015年，四川好医生攀西药业有限责任公司与四川大学签署了战略合作协议，共同资助研究生对药用美洲大蠊开展系统研究。我们率先于2016年联合完成了美洲大蠊的全基因组测序，采用Illumina公司的HiSeq 2000平台和PacBio SMRT平台相结合的方法，组装的基因组大小约为3.26Gb，重复序列占比高、杂合度高，表明美洲大蠊基因组为复杂基因组；研究共注释到14 568个蛋白质编码基因，为美洲大蠊遗传进化分析和药用资源挖掘打下了基础。随后，华南师范大学研究团队也完成了美洲大蠊全基因组的测序和分析工作，并进行了大量实验，进一步证明其基因组庞大而复杂，并预测到21 336个蛋白质编码基因，初步阐释了美洲大蠊环境适应性、天然免疫力和断肢再生能力的分子机制。

2022年，我们利用二代和三代测序数据，对美洲大蠊基因组进行了再组装，最终获得的基因组大小约为3.34Gb，组装质量获得提升。同年，香港中文大学研究团队利用二代和三代测序方法，结合转录组学和蛋白组学研究，进一步组装了美洲大蠊基因组，组装质量得到显著提升，共注释到29 939个蛋白质编码基因，获得了美洲大蠊基因组中重复区域、染色体特征和大规模重复事件信息全貌，为进一步系统深入分析美洲大蠊的基因组特征、基因调控网络及成药分子机制打下了坚实基础。

近年来，在四川好医生攀西药业有限责任公司的资助下，我们围绕美洲大蠊基因组做了相关分析，现集结成册，以供同行参考。本书内容均来自研究的初步探索，书中难免存在错误之处，还望各位读者批评和指正。

前　言

"生之本，本于阴阳"，阴阳是天地之本，也是生命之本。宇宙起源于混沌。在混沌的宇宙空间中，能量以阴阳粒子的形式存在。约137亿年前，阴阳粒子发生大爆炸，宇宙空间由此形成。宇宙中的正负粒子继续对撞（阴阳对撞），引发了宇宙空间的大爆炸，形成了宇宙空间的所有星系。约46亿年前，太阳星云中的尘埃和气体凝聚，正负粒子不断碰撞，形成了地球。地球上漂浮的阴阳形态的物质（尘埃、水汽、各类粒子）继续对撞，一阴一阳的物质在碰撞中不断演化，孕育出了早期的生命。《道德经》有云："万物负阴而抱阳，冲气以为和"。世间万事万物都是由一阴一阳构成的，它们处于一种对称的、动态的、平衡的状态。

宇宙空间形成的底层逻辑是阴阳作用，即正负粒子对撞。万变不离其宗，构成生命的基本物质，如核糖、核酸、基因等，也是以阴阳形式不断演化。

DNA作为遗传信息的载体，从简单的原核生物到复杂的真核生物，都依赖于DNA来编码生命信息。地球上所有生命的DNA序列，如同无穷无尽的碱基序列，交织在一起，构成了生命的多样性。基因的双螺旋链在缠绕和渗透中不断复制，创造出新的生命形式。

自生命最初出现以来，无论是动物还是植物，基因都记录了生命的演化和地球的变化。在基因组学的研究中，古生物类动物，尤其是存在了三亿八千万年的美洲大蠊（*Periplaneta americana*），为我们提供了解读和破译基因密码的重要线索。除了外伤，人类疾病大多与基因变异有关，基因的碱基对数量越多，突变的可能性越高，这些突变还可能遗传给后代。美洲大蠊的基因组约有33亿个DNA碱基对，与人类相近，但其基因表现出极高的保守性，外观和体型在漫长的岁月中保持稳定。这种物种的细胞分裂时复制DNA的高准确率，赋予了它强大的免疫系统和解毒能力，使其获得了"金刚不坏之身"的美誉，并成为中药材的一部分。

蜚蠊科有超过4600种，而美洲大蠊以其庞大的体型和药用价值在蜚蠊科中独树一帜，被誉为"高富帅"。虽然名为"美洲大蠊"，但它的分布并不局限于美洲。在中国，美洲大蠊入药的历史已有3000多年，是昆虫研究、中药应用和创新的典范。《神农本草经》等历代医书均有记载其药用价值。作为动物药，美洲大蠊成分多样、特异性强、药效显著，用量小而穿透力强，是植物药无法比拟的。作为世界上现存最古老且繁衍成功的昆虫类群之一，美洲大蠊身上蕴藏着许多待发掘的"秘密"。

作为三亿八千万年前的古老物种，美洲大蠊是名副其实的"活化石"。地球历史上共有12个纪元，美洲大蠊起源于古生代的志留纪，气候温暖湿润，适宜生物生长。白垩纪末期，随着地球和气候的变化，许多大型动物如恐龙、始祖鸟等无法适应新生代而灭绝，而美洲大蠊以其顽强的生命力存活下来，基因保持稳定，关键在于其能随外界条件变化而自我调整。为了生存和繁衍，美洲大蠊不断进化，放弃了不必要的特征，保留了关键的能力，从而在大自然中求得生存。美洲大蠊能在断头后产卵，而在地球氧气稀薄时期，它们放弃了中枢呼吸，进化出了7~12个气孔。这种物种通过自我调整，适应了不断变化的地球环境，一代代生存和繁衍，为我们提供了宝贵的启示。美洲大蠊的进化历程，其基因记录了地球上数亿年的历史变迁。研究美洲大蠊的基因，就像是与三亿八千万年前的古生物对话，越研究越觉得有趣，越研究越充满敬意。

人们根据美洲大蠊的特性，总结出了"六奇三多"。"六奇"包括：一、美洲大蠊在地球上已生存了三亿八千万年，体型和容颜大体不变；二、具有超强的抗辐射能力，在广岛原子弹爆炸后，首先出现的生物就是美洲大蠊，且在核污染环境下基因稳定；三、即使断头后，美洲大蠊仍可存活7天以上，怀孕的雌虫甚至能产卵；四、天生对多种病毒具有免疫功能；五、民间有用其治疗癌症的方法；六、体内含有与人体EBF蛋白序列接近的Col蛋白，这在其他生物中尚未发现。"三多"则指：一、制成的药品多功能，如修复创面、保肝、抗癌、增强免疫力等；二、化学成分多样，达一万多种，包括肽类、氨基酸、多元醇类等；三、药物能针对人体多个器官的疾病进行治疗。

基因是自然界万物生命传承和生长的源泉，是遗传物质的基本单位和生物信息的基础。只有深入了解基因，理解其最小单元的组成，才能深入探索，提高对物种的认识。"六奇三多"虽然简短，却包含了美洲大蠊的众多未解之谜。基因作为生物的遗传物质，决定了个体和物种之间的巨大差异。研究"六奇三多"，必须深入基因研究。

研究美洲大蠊的基因，破译其基因密码，需要依赖基因测序技术。我们今天所说的"精准医学"，其发展基础就是基因测序技术。全基因组测序可以快速获取生命遗传信息，让我们深入了解一个物种。通过基因测序，我们能够找到美洲大蠊的功能蛋白与功能多肽，解读其对人体有效的物质。我们希望通过对美洲大蠊基因组的研究，发现其在稳定、保护和修复基因方面的功能物质对人体的作用。

基因测序技术也应用于原料的质量控制。根据古医书"白颈者良"的记载，我们了解到这是千年前祖先沿用的优良品种，但不能完全从外观辨别。为了选出真正能入药的种类，我们对白颈美洲大蠊进行了全基因组测序，从性状和基因角度确定了"白颈者良"这一物种。

在基因组研究中，我们发现美洲大蠊提取物对肿瘤细胞株生长具有抑制作用，在癌症治疗领域表现出色。康复新液+美洲大蠊研粉配合现代医学辅助治疗，缓解癌症患者症状，提高生活质量和延长生命周期，一些患者得以治愈，晚期患者生存期延长。许多难以坚持放化疗的患者，通过使用康复新液+美洲大蠊研粉，完成了整个疗程。这与古医书中美洲大蠊"化癥瘕积聚"的功效相契合，让我们对古人的智慧深感敬佩。

美洲大蠊作为中药材，千百年来默默守护着中华民族的健康。虽然我们对美洲大蠊的认识只是冰山一角，但我们仍希望尽可能研究清楚，并传播给关心中医药发展和健康的人群。2020年，我们在前人研究的基础上，结合现代科研成果，出版了《中药美洲大蠊大全》。经过深入研究，形成了大量科研成果。继美洲大蠊后，我们开始系统研究如何正确使用以美洲大蠊为原料的康复新液，更好地发挥其价值，解决家庭日常问题，形成了《康复新液临床研究与应用》及普及版。《药用美洲大蠊基因组学研究》是系列丛书的第四本，全面介绍美洲大蠊的生物学特性、中医药应用历史，并通过基因组学视角深入剖析其基因结构与功能，揭示其在基因稳定、保护和修复方面的独特作用。同时，结合康复新液临床案例，展示美洲大蠊提取物在医药领域的广泛应用和显著疗效。

基因是遗传与生物信息的最小单元，只有在充分理解基因概念的基础上，才可能领悟美洲大蠊的生物学特征及演化规律。我们不仅对美洲大蠊进行了全基因组测序，还为其基因进行注释，希望通过这本美洲大蠊基因科普，让人们完整认识这一味中药材，并对进一步研究有所启示。未来，我们将研究美洲大蠊的化合物分子单元，从分子细胞层面解释中医药的药理作用，解答中医药是否有效、如何起效、什么成分起效、起效过程等问题，让世界人民认可和共享中医药。

五千年前，我们在这里；五千年后，我们仍在这里；再过五千年，我们依然在这里。这就是中华民族，这就是中华民族的医药。中医用药历史悠久，一脉相传，在五千年的历史长河中，祖先积累了一万八千多种中草药。每一味药都是一本内涵丰富的生命健康宝典，博大精深，难以穷尽，我们需要不断探索、解读和思考。

在中医药的深入研究和现代化探索中，我们需要融合古今智慧。阴阳学说虽古老，却历久弥新。传承与创新的碰撞，或许能开启新的大门。未来，我们希望用基因组学研究赋能中医药，让古老的中医药焕发活力，保护、传承、发展、创新中医药宝库，古为今用，让现代科技与古书记载相融相通，让中医药插上"科技之翼"，让这一国粹继续焕发时代光芒，不负"中医药大有可为"的嘱托。

目 录

第一章 几种蜚蠊线粒体基因组的比较分析及其应用 1
- 第一节 昆虫线粒体基因组的结构及其应用 1
- 第二节 几种蜚蠊线粒体基因组的比较及系统进化分析 6
- 第三节 DNA条形码技术在美洲大蠊物种鉴定中的应用 19
- 第四节 基于COⅠ基因的美洲大蠊快速鉴定初探 29

第二章 美洲大蠊全基因组测序、组装与注释 41
- 第一节 美洲大蠊全基因组测序与质量控制 44
- 第二节 美洲大蠊基因组组装与评估 49
- 第三节 美洲大蠊基因结构与功能注释 59
- 第四节 基因家族聚类与美洲大蠊进化分析 67

第三章 美洲大蠊基因组重复序列分析 74
- 第一节 基因组重复序列概述 74
- 第二节 美洲大蠊基因组重复序列分析 80

第四章 美洲大蠊基因组微卫星序列分析与应用 97
- 第一节 美洲大蠊基因组中微卫星分布规律 97
- 第二节 美洲大蠊基因组微卫星序列特征 122
- 第三节 美洲大蠊转录组微卫星序列的分布特征 138
- 第四节 美洲大蠊基因组微卫星标志物的筛选 149
- 第五节 基于微卫星标志物的美洲大蠊遗传多样性分析 160

第五章	美洲大蠊转录组测序分析	183
第一节	美洲大蠊不同虫态转录组测序、组装和注释	184
第二节	美洲大蠊差异表达转录本分析	195
第三节	美洲大蠊miRNA分析	227

第六章	美洲大蠊抗菌肽分析	258
第一节	抗菌肽简介	258
第二节	美洲大蠊抗菌肽序列分析	264
第三节	美洲大蠊抗菌肽基因*AMPPA13*的原核表达	268
第四节	美洲大蠊抗菌肽基因*AMPPA13*的真核表达	277

第七章	美洲大蠊胸腺素基因的克隆与表达研究	288
第一节	胸腺素简介	288
第二节	美洲大蠊胸腺素基因生物信息学分析	297
第三节	美洲大蠊胸腺素基因克隆、表达及活性分析	312
第四节	美洲大蠊胸腺素促皮肤创伤修复的研究	324
第五节	美洲大蠊胸腺素基因的表达模式	344
第六节	大肠埃希菌刺激对美洲大蠊胸腺素表达的影响	353

第一章 几种蜚蠊线粒体基因组的比较分析及其应用

第一节 昆虫线粒体基因组的结构及其应用

一、昆虫线粒体基因组的结构与特点

线粒体在控制昆虫的新陈代谢、生命周期和病害等方面起着重要作用。线粒体作为真核细胞内主要的供能细胞器，其主要位于需要三磷酸腺苷（adenosine triphosphate，ATP）的结构附近，或者位于细胞进行氧化作用所需要的燃料附近，如昆虫的飞行肌中和卵内。自1985年首个昆虫线粒体基因组公开后，越来越多的昆虫线粒体基因组得到测序。

昆虫线粒体基因组均为环状闭合结构，大小一般为15～18kb，包含37个基因，其中有13个蛋白质编码基因（PCGs）、2个核糖体RNA（rRNA）、22个转运RNA（tRNA）。13个蛋白质编码基因是与氧化磷酸化相关的功能基因，包括NADH-Q还原酶的7个亚基（ND1～ND6及ND4L）、细胞色素C氧化酶的3个亚基（COⅠ～Ⅲ）、ATP合成酶的2个亚基（ATP6和ATP8）、细胞色素还原酶的1个亚基（Cytb）。2个rRNA分别为12SrRNA和16SrRNA。22个tRNA中，除了丝氨酸和亮氨酸的tRNA有2种，其余18种tRNA分别对应18种不同的氨基酸。除少数派生物种存在少量基因缺失外，其余所有后生动物线粒体中均存在这37个基因。

昆虫线粒体基因排列比较保守，一般把果蝇的线粒体基因排列方式作为典型，大多数昆虫线粒体基因都遵循这个排列方式，但有些类群会在进化过程中发生重排。

此外，昆虫线粒体基因组中还包含多样的非编码结构序列，其中最长的非编码区为A+T富集区。A+T富集区中有控制昆虫线粒体复制和转录的起始信号元件。之前对几种果蝇的线粒体A+T富集区的研究发现，其控制区可划分为明显的2个区域：A区为保守区，包括与tRNA-Ile基因相邻的一部分序列，含T-臂和Ⅱ形元件；B区为非保守区，核苷酸的长度和排列均比较多样，B区包含T-臂、Ⅰ形元件和Ⅱ形元件。A区和B区均存在短重复序列，Solignac等（1986）研究认为，非保守区的长度与保守区重复序列的数量成负相关关系。然而，蝗虫、蚊子及蝴蝶的控制区与果蝇有所不同，它们的控制区不能明显地区分为保守区和非保守区，不同的保守结构元件是散乱分布于A+T富集区各

个部分的，双翅目和直翅目昆虫的A+T富集区主要包括5种保守序列元件（Zhang等，1997）。

1．Poly T结构，其位于控制区近tRNA-Ile的位置，该结构也许与控制区转录与复制有关。

2．［AT（A）］$_n$序列区，其位于Poly T结构和茎环结构元件之间。

3．保守的茎环结构，其也许在调控线粒体基因组的复制中起到了重要作用。

4．保守的茎环结构侧翼，其往往包括了N端保守的"TATA"序列及C端保守的"G（A）$_n$T"序列，C端的侧翼序列也与脊椎动物及植物线粒体L链上复制起始子序列有较高的相似性。

5．G+A富集区，其位于保守的茎环结构下游的位置，在双翅目和直翅目昆虫的A+T富集区中较为常见。

目前，对昆虫A+T富集区的功能研究尚未有详细报道，只是认为A+T富集区包括调控线粒体DNA（mtDNA）复制和转录的信号，对A+T富集区结构和功能的深入研究有助于其在分子进化研究中的应用。

二、线粒体DNA在昆虫分子进化研究中的应用

利用分子生物学技术研究昆虫遗传进化和系统发育始于20世纪80年代，Wolstenholme等（1983）对2种果蝇的线粒体DNA共4 696bp的序列进行了比较研究。目前，利用线粒体DNA进行分子进化研究的文章涉及包括蜚蠊目（Blattodea）在内的各类昆虫。Kambhampati（1995）基于线粒体rRNA构建系统发育树，探讨了蜚蠊目及其近缘种之间的亲缘关系。Djernæs等（2012）基于线粒体基因（COⅠ、COⅡ、16SrRNA）及核基因（18SrRNA、28SrRNA），认为蜚蠊目、等翅目（Isoptera）和螳螂目（Mantodea）昆虫有较近的亲缘关系，应隶属网翅总目（Dictyoptera），并发现辉蠊科+蜚蠊科与䗛蠊科+地鳖蠊科、隐尾蠊科+等翅目构成姐妹群。Maekawa等（2000）基于COⅡ基因研究，认为蜚蠊科与姬蠊科+硕蠊科构成姐妹群，地鳖蠊科位于蜚蠊目的基部。Legendre等（2015）的研究（线粒体基因：12SrRNA、16SrRNA、COⅠ、COⅡ；核基因：18SrRNA、28SrRNA）则认为姬蠊科+硕蠊科处于蜚蠊目的基部位置，且地鳖蠊科+䗛蠊科与蜚蠊目中其他物种构成姐妹群。

线粒体中部分基因可用于系统发育关系的研究，线粒体全基因组则能提供更丰富的遗传信息。Bourguignon等（2018）发表的论文基于119种蜚蠊线粒体基因组进行了比较详细的分析，除阐述蜚蠊目下主要科的亲缘关系外，还对不同进化支的分化时间进行了计算，重塑了不同蜚蠊物种的历史分布格局与大陆板块运动之间的关系。

三、A+T富集区在昆虫分子进化研究中的应用

A+T富集区是昆虫中最大的非编码区，由于其具有多样的结构和串联重复序列，A+T富集区序列的多样性比线粒体基因组其他部位都高（Zhang等，1995）。重复序列可以为种群遗传学和系统地理学提供有用的信息。在等翅目的研究中，不同重复序列的存在与否可以用于解释白蚁科物种早期的分化模式（Cameron等，2012）。Mancini等

（2008）的研究发现，重复序列的重复次数可以用来阐述种群间的遗传结构。笔者的研究中，䗛螂目物种控制区重复序列的有无与系统发育关系没有相关性，表明这些控制区的重复序列可能是一些独立起源事件。此外，在䗛螂目中这些重复序列相似性极低，没有发现同源序列或保守序列，其序列的多样性也意味着不同的历史起源。

A+T富集区中还存在一些保守序列，这些保守序列不仅与线粒体复制起始有关，也可以作为分子标记，用于系统发育研究。Cameron等（2012）在白蚁的研究中发现，茎环结构可以对鳖蠊科+（隐尾蠊属+白蚁）分支中的物种进行定义。而新翅下纲下物种茎环结构序列的差异也能将其与其他白蚁物种进行区分。

总之，昆虫A+T富集区是线粒体DNA上碱基序列和长度变异最大的区域，与线粒体其他基因序列相比突变率较高，因此A+T富集区序列是用于研究亲缘关系较近的物种进化起源的优势分子标记。此外，通过分析不同物种A+T富集区的同源性，研究人员可以从分子生物学角度阐明不同昆虫间的亲缘关系，这对于研究昆虫的起源进化具有重要意义。

四、DNA条形码在昆虫研究中的应用

DNA条形码（DNA barcoding）是一段相对较短的标准的基因片段（标准序列）。DNA条形码技术则是通过对样本的该段标准序列进行测序后，与来自不同样本的同源序列进行多重比对和聚类分析，从而对样本进行物种鉴定、系统进化分析以及发现新种和隐存种等。DNA条形码技术已应用于真菌、植物、鱼类、两栖类、鸟类及哺乳动物等多个类群的研究领域。

DNA条形码技术最初是Hebert等在2003年提出的，他们通过对不同分类阶元物种的线粒体COⅠ基因近N端一段长为658bp的基因片段进行测序分析，发现该段序列可以为物种的分子鉴定提供新的思路。目前，除COⅠ基因外还有许多基因片段也被用于DNA条形码研究，例如，COⅡ基因、细胞色素B基因、核糖体DNA转录间隔区、核糖体16SrRNA、核糖体12SrRNA、NADH脱氢酶亚基1和脱氢酶亚基2等。然而，在昆虫分类学研究中，线粒体COⅠ基因是目前物种鉴定应用最广泛和最有效的分子标记。COⅠ基因有2个主要的优点（Hebert等，2003）：第一，这个基因有许多通用引物，这些引物可以运用到大多数的动物类群中；第二，比起线粒体的其他基因，COⅠ拥有更多的系统进化信号。与其他蛋白质编码基因一致，COⅠ基因的第三位核苷酸位点有较高的替换频率，它比12SrDNA或16SrDNA的分子进化速率快3倍。事实上，它的进化速率不仅仅可以区分属下不同的种，更可以区分同一种的不同地理种群，具有在种间进化快而在种内进化慢的优点。

（一）昆虫物种鉴定

昆虫是世界上数量最多的类群，而传统的形态学鉴定方法往往比较困难。第一，由于趋同进化，仅仅从表型来区分物种有时会产生错误的分类结果。第二，传统的形态学鉴定方法往往忽视了隐存种的存在。第三，传统的形态学鉴定方法仅能针对特定时期的昆虫进行鉴定，对卵、幼体或雄、雌虫等是难以鉴定的。第四，昆虫分类专家往往需要累积多年的分类学知识，并具备丰富的昆虫样本解剖及观察经历，才能进行传统的形

态学鉴定。

昆虫形态多样，许多昆虫具有变态发育等复杂的生活史，还有不同的生态类型和性别多态，因此，不同生活史阶段、不同性别或生态环境都有可能使得同一种昆虫有不同的形态特征。翅型多态性存在于许多昆虫目中，导致相同物种的不同个体有长翅和短翅之分。且长翅和短翅并不仅仅由性别决定，还可能是光周期、生长温度、营养条件及种群密度共同作用的结果。在丽郝氏蠊的分类中，翅型的不同会导致鉴定出现错误。蜚蠊目物种中，除了雌雄异型，近缘种的形态结构比较保守，成虫和若虫的差异大也导致了鉴定困难。

DNA条形码技术则能有效界定物种边界，弥补了传统的形态学鉴定方法的不足。近年来，DNA条形码技术在昆虫物种鉴定中的应用越来越广泛，Yue等（2014）结合传统的形态学鉴定方法与DNA条形码技术，成功鉴定了在中国采集的15只丽郝氏蠊样本。Che等（2017）基于COⅠ基因，运用系统发育模型（GMYC模型），首次对中国44个地区的姬蠊科物种进行鉴定，并成功鉴定了姬蠊科中52个形态种，肯定了DNA条形码技术在蜚蠊目鉴定中的有效性。Hashemi-Aghdam等（2017）基于线粒体COⅠ序列并结合限制性片段长度多态性聚合酶链反应（PCR-RFLP），成功对5种不同属蜚蠊进行了鉴定。

麦蚜也有不同的形态，过去传统的形态学鉴定方法都是通过将麦蚜幼虫养成成虫进行种类鉴定，这样的鉴定方法费时费力。Kevin等（2011）的研究显示，通过DNA条形码技术可以成功鉴定不同发育阶段和不同发育形态的麦蚜。摇蚊科物种丰富，一些摇蚊科的物种是进行孤雌生殖的，雌摇蚊难以通过传统形态学鉴定方法进行鉴定，Ekrem等（2010）对挪威中部保护区采集的摇蚊个体进行鉴定，发现利用DNA条形码技术可以将雌虫中大部分的个体鉴定到种，其余22.4%个体可以鉴定到属。在进行物种丰富度评估时，将雌虫考虑在内，可以使数据更加真实。

（二）发现新种和隐存种

准确对物种进行鉴定是保护物种多样性的前提。然而，目前地球上生物物种的数目远远高于已描述的物种数量，特别是非脊椎动物类群，其中一个重要原因是非脊椎动物类群中存在许多未被发现的新种和隐存种。由于隐存种与已知物种具有较高的形态相似度，往往很难通过传统形态学鉴定方法进行鉴定。DNA条形码技术则为未知种的鉴定提供了方便、快捷的途径。

Qi等（2017）在国内发现双翅目摇蚊科伪摇蚊族（Pseudochironomini）物种，并结合传统形态学鉴定方法及DNA条形码技术，成功鉴定Manoa属新种Manoa xianjuensis。Renaud等（2012）基于蝇科（Muscidae）1114个形态学样本，扩增COⅠ序列，虽然不同种的种内和种间不存在明显的DNA间隙，但是通过系统发育树的构建，还是成功将98%的物种进行了分类。此外，通过构建蝇科DNA条形码数据库，他们还成功鉴定了5只未知雌蝇，重新定义了16个形态学物种，为之后蝇科物种鉴定提供了依据。

Hebert等（2004）是最早运用DNA条形码技术实现隐存种识别的。他们对2000多只哥斯达黎加普通蝴蝶Astraptes fulgerator进行研究，对其中400多只成虫进行DNA条形码研究，发现本来被认为是同一个物种的哥斯达黎加普通蝴蝶是由至少10个隐存种构成的复合体，这些隐存种在毛毛虫阶段有所不同，并且所食植物类型也有不同。Williams等（2012）通过大数据分析，对全球33个国家红光熊蜂（*Bombus s. str.*）亚属物种559条DNA条形码COⅠ序列进行系统发育（GMYC模型）研究，揭示出红光熊蜂亚属中存在隐存种。在欧洲，库蠓属（*Culicoides*，双翅目蠓科）是蓝舌病（bluetongue）病毒的主要传播媒介，其也在医学和兽医昆虫学领域有重要的研究价值。库蠓属物种种内形态学差异度较高，意味着库蠓属内存在未知隐存种。Talavera等（2017）对灰黑库蠓（*C. pulicaris*）和刺螯库蠓（*C. punctatus*）中71个形态学相似种进行研究，传统形态学鉴定方法及DNA条形码技术均证实库蠓属中存在2种隐存种。

（三）种群遗传学研究

随着分子生物学的发展，分子标记技术越来越多地被应用到昆虫种群遗传学研究中。线粒体COⅠ基因序列是昆虫系统发育分析中应用极广的分子标记之一。虽然DNA条形码技术最初不是用于探讨物种间系统发育关系（Hajibabaei等，2006），但由于线粒体COⅠ基因序列片段具有单倍体、母系遗传、相对较快的变异速率等特点，因而可以用于研究属及以下低级阶元的系统发育关系（Simon等，1994）。

DNA条形码技术用于种群遗传学研究在许多物种中都有报道。Kim等（2007）对韩国地区蜻蜓目蜓科6个地区侏红蜻蜓（*Nannophya pygmaea*）种群进行了遗传多样性、生物地理学及系统进化分析，发现*N. pygmaea*种群具有相对较低的遗传多样性，不同地理种群间分化不明显。Dã等（2015）基于COⅠ基因序列和微卫星不稳定性，对哥伦比亚地区最新发现的入侵种烟粉虱进行研究，发现哥伦比亚地区烟粉虱的入侵起始点应该是加勒比沿海地区。但是DNA条形码技术用于蜚蠊目种群遗传距离分析的报道较少见，国外仅见于Beeren等（2015）的研究，他们对美国16个州284个美洲大蠊进行COⅠ基因序列测序，通过建树分析，发现美洲大蠊分为3个单倍群，不同单倍群之间的遗传距离为2.4%～4.7%，单倍群内的遗传距离≤0.6%，存在明显的条形码间隔。

相信随着越来越多的条形码序列及相应的个体地理信息上传至数据库，DNA条形码技术在生物地理学研究中也将被广泛地运用。

（四）昆虫系统发育关系研究

在蜚蠊目的系统发育研究中，使用单一COⅠ基因序列的较少，大多是结合多基因构建系统发育树。Djernæs等（2012）以6个科的蜚蠊目及47种螳螂目昆虫为内群、17种非变态类昆虫为外群进行研究，通过构建贝叶斯（BI）树和最大似然（maximum likelihood，ML）树，结合线粒体COⅠ、COⅡ，16SrRNA，细胞核18SrRNA与28SrRNA基因进行分析，发现硕蠊科归属于姬蠊科，穴蠊科与地鳖蠊科是姐妹群，辉蠊科与蜚蠊科是姐妹群，等翅目可以划归为蜚蠊目且与隐尾蠊科为姐妹群。他们的研究为今后蜚蠊目系统发育研究中外群的选择提供了有效证据。肖永刚等（2014）对9属17种菱蜡蝉亚科昆虫COⅠ基因序列进行分析，并基于不同方法构建菱蜡蝉亚科系统发育树，发现同属及同一地理种群物种均能聚为一支，且有较高的置信度，表明DNA条形码技术不仅能对菱蜡蝉亚科物种进行区分，还能用以探讨科下不同族间及属间的系统发育关系。姜丽等（2015）基于线粒体COⅠ基因序列，对摇蚊亚科39属48个物种构建系统发育树，发现总体上系统发育关系与形态学分类相一致，但长跗摇蚊属群的物种与形态学分类有一定差异，部分属物种由于缺少形态学相关研究，系统发育关系有待进一步阐述。

第二节 几种蜚蠊线粒体基因组的比较及系统进化分析

目前已知蜚蠊目物种包括460个属4600多个物种，其中部分物种是世界性害虫（Beccaloni，2014；Robinson，2005）。这些物种不仅是多种疾病的传播媒介，而且可能导致严重的过敏反应（Appel等，2002）。蜚蠊亚科已记载约有24个属324个物种（Louis，2003），但是绝大多数物种缺乏分子数据，它们之间的系统发育关系也不明确（Djernæs等，2012）。

依据形态学和解剖学特征、亲缘关系等研究，蜚蠊目、等翅目和螳螂目物种有较近的亲缘关系，应隶属网翅目（Djernæs等，2012、2015）。然而，一些研究发现等翅目是陷入蜚蠊目进化支的（Cameron等，2012；Xiao等，2012），并且网翅目以下水平的系统发育关系尚存争议。大多数的研究认为姬蠊科和硕蠊科聚为一支（Maekawa等，2000；Klass等，2006；Cheng等，2016），但是它们在蜚蠊目中的位置还不清楚（Maekawa等，2000；Klass等，2006；Lo等，2000）。地鳖蠊科、蜚蠊科、螯蠊科、辉蠊科、工蠊科和隐尾蠊科的系统发育关系也有待阐述。Maekawa等（2000）的研究认为蜚蠊科与姬蠊科+硕蠊科构成姐妹群，地鳖蠊科位于蜚蠊目的基部。然而Legendre等（2015）的研究则认为姬蠊科+硕蠊科处于蜚蠊目的基部，且地鳖蠊科+螯蠊科与蜚蠊目中其他物种构成姐妹群。Djernæs等（2012）发现辉蠊科+蜚蠊科与螯蠊科+地鳖蠊科+隐尾蠊科+等翅目构成姐妹群。基于形态学—生物学特征的系统进化研究也有不同的系统发育关系。Grandcolas（1996）认为蜚蠊目下的拓扑学结构应该是蜚蠊科+［地鳖蠊科+（姬蠊科+硕蠊科）］，而基于雄虫外生殖器构建的系统发育树则发现蜚蠊目以下水平的系统发育关系为蜚蠊科+｛［（地鳖蠊科+辉蠊科）+（隐尾蠊科+等翅目）］+（姬蠊科+硕蠊科）｝（Klass等，2006）。

昆虫线粒体基因组是环状闭合的双链DNA，共包含37个基因（Cameron，2014）。此外，昆虫线粒体基因组不同位置中存在非编码结构，最长的非编码区被称为A+T富集区，A+T富集区中包含许多保守结构原件（Zhang等，1997）。线粒体基因组由于具有高进化速率、母系遗传和基因重组率低等特点，被大量运用于研究种群结构、分子进化、系统地理学及系统发育等（Avise，1994；Fenn等，2008；Cameron等，2012；Nelson等，2012）。与单基因或多基因相比，线粒体基因组能提供更丰富的分子生物学信息，如基因的组成和结构、密码子多样性、tRNA和rRNA的二级结构、复制和转录的调控形式等（Simon等，2006）。

笔者新测序了澳洲大蠊（*Periplaneta australasiae*）、褐斑大蠊（*P. brunnea*）和菱叶斑蠊（*Neostylopyga rhombifolia*）线粒体基因组，并和已报道的蜚蠊目线粒体基因组进行比较研究。褐斑大蠊和澳洲大蠊是蜚蠊科蜚蠊亚科大蠊属物种，它们都是广布的世界性的城市害虫（Guthrie等，1968）。

蜚蠊亚科中，斑蠊属雌雄虫均无后翅，前翅退化，呈两小叶片，位于中胸背板两侧。澳洲大蠊起源于热带地区，其与美洲大蠊有相似的形态结构，最显著的差异为前胸背板处。澳洲大蠊前胸背板为淡黄色，中部具两黑色斑，后缘有一明显黑带。褐斑大蠊也主要分布在全球热带及亚热带地区，但其前胸背板暗色斑纹不明显，雄性肛上板后缘圆截形，下生殖板后缘微凹。

研究中笔者首先对澳洲大蠊、褐斑大蠊和菱叶斑蠊线粒体基因组进行了测序、分析和注释，以美洲大蠊线粒体基因组为参考，与目前已报道的蜚蠊目线粒体基因组进行比较分析，同时构建直翅总目物种系统发育树，阐述网翅目，特别是蜚蠊目下科之间的系统发育关系，为今后深入研究蜚蠊目分类及系统进化提供有价值的参考数据。研究中用到的分类方法主要遵从Louis（2003）的定义。

一、材料与方法

（一）样本收集与DNA提取

澳洲大蠊采集于广东省东莞市，褐斑大蠊采集于广东省广州市，菱叶斑蠊采集于广西壮族自治区玉林市博白县。新鲜样本采集后立即放在无水乙醇中，置于－20℃保存。保存的样本用天根生化科技（北京）有限公司的基因组DNA提取试剂盒提取总DNA。

（二）PCR扩增与测序

引物设计时首先以美洲大蠊（Xiao等，2012）和黑胸大蠊（Yamauchi等，2004）的保守序列为模板，之后根据已扩增、测序的两端序列分别设计特异性引物。引物详细信息见表1-1。引物Nr1F和Pa1F参照Du等（2016）的引物修改而来，引物Nr9F、Nr9R、Nr10F和Pa9F引用自Xiao等（2012）的文章。PCR扩增使用PTC-100 Thermal Cycler PCR扩增仪和金唯智Taq DNA聚合酶。

表1-1 用于扩增澳洲大蠊、褐斑大蠊和菱叶斑蠊线粒体基因组的PCR引物

引物名称	上游引物	下游引物	退火温度（℃）
Nr1	174-AAGCTAATGGGTTCATACC[a]	1616-TATGATGAAGGCATGAGCAGT	54
Nr2	1349-TACTCCTATAGAATTGCATTCTA	3778-CTTGCTTTCAGTCATCTGATG	53
Nr3	3332-TATTGCAGTTCCATCCTTACG	5362-GTAGTCCGTGGAATCCTGTTG	55
Nr4	4890-AATGATGACGAGATATTGTACG	6641-TGCTTGGTTTGGATACGA	54.5
Nr5	6118-TCCAGTTAAGGAAATGTGTAG	7374-CATCTACTTTGGTTACTGCA	51.3
Nr6	6872-AAACGAAATGAATAACAGACAGT	8481-AGATCTTGTAATATGGCGGC	55
Nr7	8087-TCACTGACACCACAAATCAGTA	9870-TTTTAATGTCAGAGGGTAGT	54.3
Nr8	9543-AAAGCACCTTCACAAACAGA	11030-AAAGTATGGGTGGAATGGAA	55
Nr9	10814-TGAGGACAAATATCATTTTGAGG[b]	13089-GGACGAGAAGACCCTATAGAGT[b]	59
Nr10	12757-CCGGTCTGAACTCAGATCATGT[b]	14643-TGCCAGCAGTTGCGGTTATAC	55

续表

引物名称	上游引物	下游引物	退火温度（℃）
Nr11	14022-CGGTACAGCCACTATGTTACGACTT	406-TAAGAATAGCAATGTTGAGGAAGC	61.4
Pa1	174-AAGCTAATGGGTTCATACC[a]	1602-GGTTGACCAAGTTCAGCACGA	57
Pa2	1349-TACTCCTATAGAATTGCATTCTA	3778-CTTGCTTTCAGTCATCTGATG	53
Pa3	3536-GCTGCCGACGTTCTTCAT	5433-AGCTGCTGCTTCAAATCC	57
Pa4	5142-GCTATCCTTCTCGCTTCAGG	6646-TTTAGGTGGTTGATTTGGATA	54
Pa5	6159-AACTTATTACTTTAGCGGTTG	8487-ATGAGCGTTTAGGTAGACGAAGT	52.3
Pa6	7707-CTAATCCTAATCCATCTCAAC	9349-TTATGTTTTCAATATCGGGTT	54
Pa7	8820-TTGAACCTGAAACCGGAGCT	11725-TTGGGTTCGTGGTACAATAC	56
Pa8	11415-CATGAAGTGGAGCACGACCAG	13288-TTCTCGCATGTTTATCAAAAAC	54
Pa9	12757-CCGGTCTGAACTCAGATCATGT[b]	14643-TGCCAGCAGTTGCGGTTATAC	55
Pa10	14381-CCTCTAAAAAGACTAAAATACCGCC	532-GGAATCATCAGTGAAAGGGAGC	61.3
Pb1	1-RATRAAGTGCCTGAAWAAAG	1486-AATCATAARGAYATTGGAACGC	57
Pb2	970-AGGTGGTTTACCTCCATTTGT	2603-TAGGGGCAGTATTCGCAATT	53
Pb3	2372-CATCAGCTACTATAATTATTGC	3401-TGATATTGAAGWTATGAATA	55
Pb4	3118-ACAAGACAGAGCATCACCTATTA	3908-TTCTATCCCACAAATAATACCCC	54
Pb5	3258-TAGAAGGGCAAATAATTGAA	4688-ATTCAATCATATGTATTTGCWG	55
Pb6	4091-GATCCATCAACAAGTATAATAA	5557-AGTATATTTGACTTCCAATCAA	55
Pb7	4791-CATGGCCATTAACTGGTGCT	6190-TTACTTTAGCGGTTAAACTCCGTT	56
Pb8	6191-ACCTTTAGCGGTTAAACTCC	7468-AGCTGCAGGAAGTCAAGAAG	54
Pb9	6683-CCAAATCAACCCCCTAAAAA	9259-CGAAAAATTGATTCTCTTGCC	55
Pb10	9028-ATACCAACCAATAATGGCAAA	10402-CGACAAATAAATTAATGAATAAACC	52
Pb11	10324-ACAATTATATTAGCCTCATCA	11875-ATACTAGCATATTCCGCTAA	55
Pb12	10907-AGTATGGGGAGGTTTCGCTG	12881-ACTCTCAGAAAAGATTACGCTGT	54
Pb13	11874-AATTCTAGCATATTCAGCCAA	13196-ACTAATGATTATGCAACCTTTGC	55
Pb14	13068-AAACTCTATAGGGTCTTCTCG	15571-ACCGACCTGCATAAAAATTAC	58
Pb15	15125-ATGAGATCTATAGGATATATGG	292-ATCTAATTCATGATTAGGGGC	53

注：a，引自Du等，2016；b，引自Xiao等，2012。

（三）基因的拼接与注释

测序结果中相互重叠的序列利用DNAStar软件包中的DNA SeqMan对序列进行拼

接。tRNA利用在线工具tRNA-SE（Lowe等，1997）进行预测，其中tRNAS（AGN）由于缺少DHU臂，只能通过与近缘种的同源序列对比后进行结构预测。蛋白质编码基因则用ORF Finder在线工具寻找开放阅读框（open reading frame，ORF）。rRNA的位置通过相邻的tRNA及同源序列比对来确定。用MEGA5.0对核苷酸的A+T含量、遗传距离及同义密码子使用率进行计算（Tamura等，2011）。线粒体A+T富集区中茎环结构通过在线软件mfold web server进行预测（Zuker，2003），串联重复区用软件Tandem Repeat Finder v4.07进行预测（Benson，1999）。

（四）系统发育分析

基于直翅总目线粒体基因组中13个蛋白质的氨基酸和核苷酸序列分别建立BI树和ML树。其中包括了GenBank中下载的60个物种序列，外加此次新测序的3条序列，包括16种蟑螂、20种白蚁、8种螳螂、8种蝗虫、8种竹节虫和1种螳䗛。以蜻蜓目的*Papilio protenor*和*Biston panterinaria*作为外群，构建系统发育树。所有的蛋白质编码基因用GenScalpel软件提取。13个基因按照相同的基因顺序进行排列。核酸序列和氨基酸序列用MEGA5.0进行相似性比对，蛋白质编码基因先翻译成氨基酸进行序列对比，删除空缺位置后用于建树。

最适的分段方案和进化模型用PartitionFinder 2.1.1（Lanfear等，2016）按基因分段计算，并在Bayesian Information Criterion（BIC）准则、unlinked branch lengths和greedy search algorithm参数下选择最适模型。分段BI树及ML树分别基于MrBayes v.3.2.6（Ronquist等，2012）和RAxML v.8.2.10（Stamatakis，2014）软件在线运行CIPRES Science。贝叶斯分析共运算1000万代，每100代对样本进行取样。ML树使用具有1000次自举重复的GTR GAMMA模型进行分析。

为了更好地阐述侧缘佘氏蠊（*Shelfordella lateralis*）与大蠊属物种之间的关系，我们从美国国家生物技术信息中心（National Center for Biotechnology Information，NCBI）上下载了大蠊属与佘氏蠊属CO Ⅰ单倍型序列。相似性比对截取为598bp的长度，用于计算物种间K2P遗传距离（Kimura，1980）（表1-2）。

表1-2 基于COⅠ基因的5个大蠊属物种和侧缘佘氏蠊之间的K2P遗传距离

物种	1	2	3	4	5	6	7	8	9	10	11	12	13	14	15	16	17	18	19	20	21
美洲大蠊|JX402724.1|		0.009	0.010	0.004	0.009	0.009	0.009	0.009	0.003	0.010	0.010	0.009	0.010	0.010	0.015	0.015	0.015	0.015	0.018	0.018	0.015
美洲大蠊|KF640070.1|	0.045		0.007	0.009	0.002	0.002	0.005	0.004	0.009	0.007	0.006	0.002	0.007	0.007	0.015	0.015	0.015	0.014	0.018	0.018	0.015
美洲大蠊|KM577024.1|	0.052	0.027		0.009	0.007	0.007	0.007	0.007	0.002	0.003	0.002	0.007	0.003	0.003	0.015	0.015	0.015	0.015	0.017	0.017	0.015
美洲大蠊|KM577049.1|	0.008	0.042	0.049		0.008	0.008	0.009	0.009	0.009	0.009	0.009	0.008	0.009	0.009	0.015	0.015	0.015	0.015	0.017	0.017	0.015
美洲大蠊|KM577080.1|	0.043	0.003	0.029	0.040		0.003	0.005	0.004	0.002	0.007	0.007	0.003	0.007	0.007	0.015	0.015	0.015	0.015	0.018	0.018	0.015
美洲大蠊|KM577135.1|	0.045	0.003	0.027	0.042	0.007		0.004	0.003	0.008	0.007	0.006	0.002	0.006	0.007	0.015	0.015	0.015	0.014	0.017	0.018	0.015
美洲大蠊|KM577145.1|	0.045	0.014	0.031	0.042	0.015	0.014		0.004	0.009	0.007	0.007	0.004	0.006	0.007	0.015	0.015	0.015	0.014	0.017	0.017	0.015
美洲大蠊|KM577147.1|	0.047	0.008	0.029	0.043	0.010	0.008	0.012		0.009	0.007	0.006	0.003	0.007	0.007	0.015	0.015	0.015	0.015	0.017	0.017	0.015
美洲大蠊|KM577150.1|	0.007	0.042	0.049	0.002	0.040	0.042	0.042	0.043		0.009	0.009	0.007	0.009	0.009	0.015	0.015	0.015	0.015	0.018	0.017	0.016
美洲大蠊|KM577152.1|	0.056	0.027	0.007	0.052	0.027	0.027	0.031	0.029	0.052		0.002	0.007	0.003	0.002	0.015	0.015	0.015	0.014	0.017	0.017	0.015
美洲大蠊|KM577154.1|	0.052	0.024	0.003	0.049	0.026	0.024	0.027	0.026	0.049	0.003		0.006	0.002	0.002	0.015	0.015	0.015	0.014	0.017	0.018	0.016
美洲大蠊|KM577156.1|	0.043	0.002	0.026	0.040	0.005	0.002	0.012	0.007	0.040	0.026	0.022		0.006	0.006	0.015	0.015	0.015	0.014	0.018	0.017	0.016
美洲大蠊|KM577157.1|	0.054	0.026	0.005	0.051	0.027	0.026	0.029	0.027	0.051	0.005	0.002	0.024		0.002	0.015	0.015	0.015	0.014	0.017	0.017	0.016
美洲大蠊|KM577126.1|	0.054	0.026	0.005	0.051	0.027	0.026	0.029	0.027	0.051	0.002	0.002	0.024	0.003		0.015	0.015	0.015	0.014	0.017	0.017	0.016
澳洲大蠊|AM114928.1|	0.124	0.122	0.120	0.122	0.124	0.120	0.118	0.118	0.122	0.126	0.122	0.120	0.122	0.124		0.002	0.013	0.011	0.016	0.016	0.016
澳洲大蠊|KX640825|	0.122	0.120	0.118	0.120	0.122	0.120	0.116	0.116	0.120	0.124	0.120	0.118	0.120	0.122	0.002		0.013	0.011	0.016	0.016	0.016
褐斑大蠊|AM114930.1|	0.120	0.118	0.120	0.116	0.120	0.120	0.112	0.114	0.116	0.122	0.118	0.118	0.118	0.120	0.101	0.099		0.013	0.016	0.016	0.017
黑胸大蠊|AB126004.1|	0.118	0.110	0.114	0.116	0.112	0.112	0.104	0.108	0.116	0.116	0.112	0.110	0.112	0.114	0.078	0.076	0.093		0.013	0.013	0.015
日本大蠊|AM114929.1|	0.170	0.168	0.168	0.164	0.170	0.170	0.158	0.162	0.164	0.170	0.166	0.168	0.164	0.168	0.130	0.132	0.139	0.114		0.002	0.017
日本大蠊|JQ350708.1|	0.168	0.166	0.166	0.162	0.168	0.168	0.156	0.160	0.162	0.168	0.164	0.166	0.162	0.166	0.128	0.130	0.137	0.112	0.002		0.017
侧缘佘氏蠊|NC_030003.1|	0.126	0.127	0.133	0.126	0.131	0.129	0.129	0.126	0.126	0.141	0.137	0.127	0.139	0.139	0.130	0.128	0.163	0.130	0.158	0.156	

二、结果

（一）线粒体基因组基本特征

澳洲大蠊、褐斑大蠊及菱叶斑蠊线粒体基因组都是典型的闭合环状结构，长度分别为15605bp、15604bp及15711bp，介于目前已知的蜚蠊目物种之间（黑胸大蠊14996bp至东方水蠊18724bp）（表1-3、图1-1）。包括美洲大蠊在内的所有蜚蠊亚科物种线粒体基因排列顺序和昆虫纲祖先的基因组相一致，没有基因重排和重复现象（表1-4）。与其他网翅目昆虫一致，蜚蠊目物种均有较高的AT含量，且有明显的A偏移现象。

表1-3 蜚蠊目物种线粒体碱基组成

物种	T	C	A	G	A+T	总长度(bp)
美洲大蠊	32.1	15.6	42.0	10.3	74.1	15365
黑胸大蠊	33.0	14.5	42.1	10.3	75.1	14996
澳洲大蠊	32.8	14.9	42.1	10.1	74.9	15553
褐斑大蠊	32.6	14.9	42.4	10.1	75.0	15604
侧缘佘氏蠊	32.2	15.6	42.0	10.2	74.2	15605
菱叶斑蠊	32.7	14.9	42.3	10.2	75.0	15711
德国小蠊	35.4	15.0	39.2	10.4	74.6	15025
双纹小蠊	34.8	15.2	39.5	10.4	74.4	16034
古巴蜚蠊	34.8	15.2	39.5	10.4	74.4	16034
中华真地鳖	31.6	17.5	40.4	10.5	72.0	15601
Cryptocercus kyebangensis	28.4	15.9	46.0	9.7	74.4	15718
Cryptocercus relictus	28.2	16.3	45.4	10.1	73.6	15584
Nauphoeta cinerea	34.6	17.0	37.2	11.2	71.8	15923
马达加斯加发声蟑螂	34.3	17.9	36.4	11.3	70.8	15992
疑仿硕蠊	33.7	17.5	38.7	10.2	72.3	16045
东方水蠊	33.8	17.4	38.9	9.9	72.7	17340

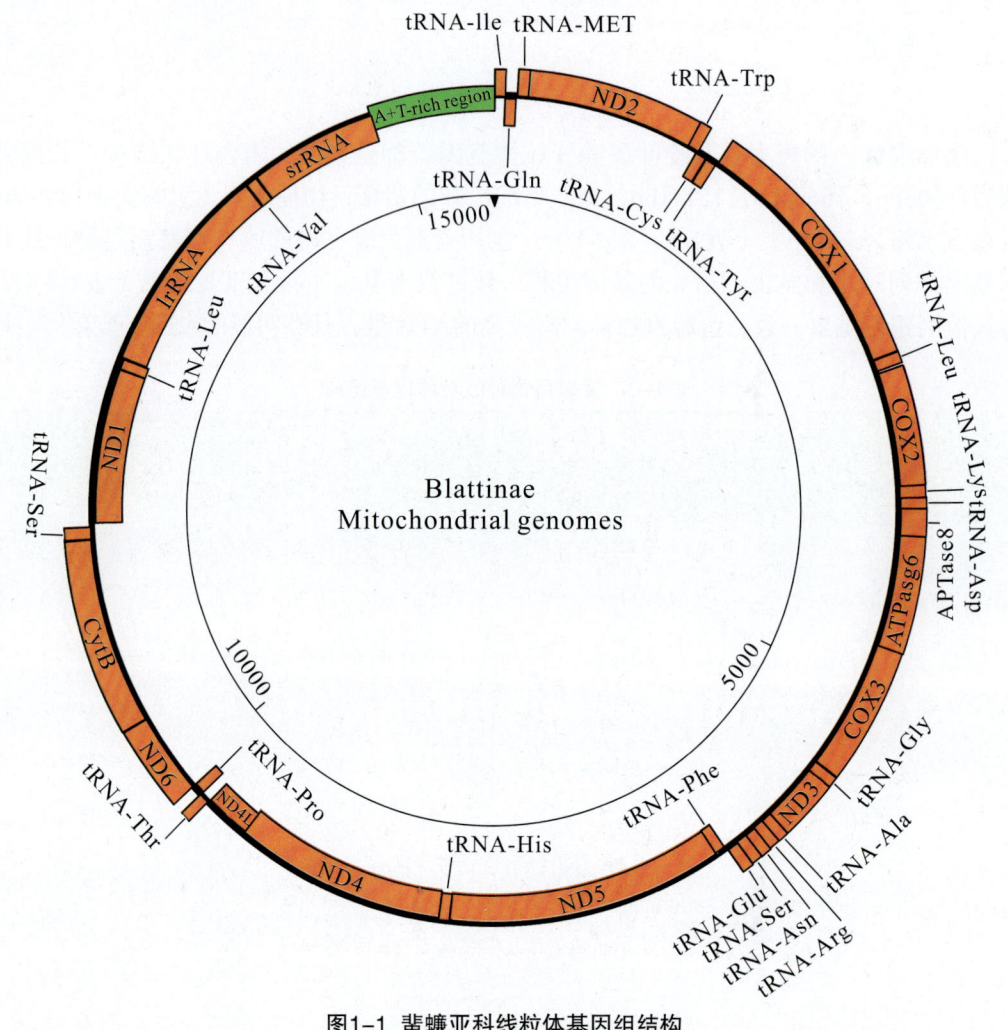

图1-1 蜚蠊亚科线粒体基因组结构

注：正链的基因位于环外，负链的基因位于环内；COX1、COX2和COX3代表细胞色素C氧化酶的3个亚基；CytB代表细胞色素B；ATPase6和ATPase8代表ATP酶的2个亚基；ND1～ND6和ND4L代表NADH脱氢酶的亚基。

表1-4 萤蠊亚科粒体基因组的注释信息比较分析

基因	正链反链	定位 Pa	Pf	Pu	Pb	Nr	Sl	起始/终止密码子 Pa	Pf	Pu	Pb	Nr	Sl
窗体顶端 trnI	J	1~69	1~66	1~67	1~69	1~67	1~66						
trnQ	N	67~135	64~132	65~133	67~135	65~133	64~132						
trnM	J	156~221	140~206	141~207	157~223	141~207	154~219						
nad2	J	222~1247	207~1235	208~1236	224~1252	208~1233	220~1245	ATG/TAA	ATG/TAA	ATG/TAA	ATG/TAA	ATG/TAA	ATG/TAA
trnW	J	1247~1317	1239~1301	1236~1306	1252~1322	1233~1303	1254~1324						
trnC	N	1310~1378	1298~1363	1299~1366	1315~1380	1296~1365	1317~1385						
trnY	N	1403~1472	1372~1442	1376~1444	1390~1457	1384~1453	1412~1482						
cox1	J	1477~3012	1444~2982	1449~2984	1459~2997	1458~2996	1487~3022	TTG/TAA	ACC/TAA	TTG/TAA	ACT/TAA	TTG/TAA	TTG/TAA
trnL (UUR)	J	3027~3096	2988~3054	2990~3055	3009~3076	3004~3067	3040~3109						
cox2	J	3100~3784	3060~3744	3072~3756	3092~3776	3069~3753	3113~3797	ATG/T-	ATG/T-	ATG/T-	ATG/T-	ATG/T-	ATG/T-
trnK	J	3785~3855	3745~3815	3757~3827	3777~3847	3754~3824	3798~3868						
trnD	J	3856~3919	3816~3880	3828~3892	3848~3911	3825~3888	3869~3932						
atp8	J	3920~4078	3881~4039	3893~4051	3912~4070	3889~4047	3933~4091	ATT/TAA	ATT/TAA	ATT/TAA	ATC/TAA	ATT/TAA	ATT/TAA
atp6	J	4072~4752	4033~4712	4045~4724	4064~4744	4041~4721	4085~4765	ATG/TA-	ATG/TA-	ATG/TA-	ATG/TAA	ATG/TAA	ATG/TAA
cox3	J	4752~5540	4713~5501	4725~5513	4745~5533	4721~5509	4765~5553	ATG/TAA	ATG/TAA	ATG/TAA	ATG/TAA	ATG/TAA	ATG/TAA
trnG	J	5545~5608	5506~5571	5518~5582	5538~5604	5514~5578	5558~5622						
nad3	J	5609~5962	5572~5923	5583~5934	5605~5958	5579~5932	5623~5974	ATT/TAG	ATT/T-	ATT/T-	ATT/TAG	ATT/TAG	ATT/TAG
trnA	J	5961~6025	5924~5988	5935~6000	5957~6021	5931~5994	5975~6039						
trnR	J	6025~6089	5988~6054	6000~6066	6021~6087	5994~6060	6039~6103						
trnN	J	6089~6154	6054~6119	6066~6131	6087~6155	6065~6130	6103~6168						

续表

基因	正反链	定位 Pa	Pf	Pu	Pb	Nr	Sl	起始/终止密码子 Pa	Pf	Pu	Pb	Nr	Sl
trnS (*AGN*)	J	6155~6221	6120~6186	6132~6198	6156~6222	6131~6198	6169~6235						
trnE	J	6223~6293	6188~6257	6200~6269	6225~6289	6200~6263	6236~6304						
trnF	N	6292~6359	6261~6326	6271~6337	6296~6363	6264~6329	6308~6375						
nad5	N	6360~8090	6327~8057	6338~8068	6364~8094	6331~8058	6376~8106	ATT/TAA	ATG/TAA	ATG/TAA	ATG/TAG	ATA/TAA	GTG/TAA
trnH	N	8091~8159	8058~8123	8069~8134	8095~8160	8062~8127	8107~8173						
nad4	N	8164~9501	8126~9463	8137~9474	8163~9500	8134~9471	8179~9516	ATG/TAA	ATG/TAA	ATG/TAA	ATG/TAA	ATG/TAA	ATG/TAA
nad4L	N	9495~9779	9457~9741	9468~9752	9494~9778	9465~9749	9510~9794	ATG/TAA	ATG/TAA	ATG/TAA	ATG/TAA	ATG/TAA	ATG/TAA
trnT	J	9782~9845	9744~9807	9755~9818	9781~9844	9753~9816	9797~9860						
trnP	N	9846~9911	9808~9873	9819~9885	9845~9910	9817~9881	9861~9926						
nad6	J	9914~10414	9876~10375	9888~10387	9913~10416	9884~10386	9929~10429	ATT/TAA	ATT/TA-	ATT/TA-	ATT/TAA	ATT/TA-	ATC/TAA
cob	J	10414~11547	10376~11507	10388~11519	10416~11549	10388~11519	10429~11562	ATG/TAA	ATG/T-	ATG/T-	ATG/TAA	ATG/T-	ATG/TAA
trnS (*UCN*)	J	11548~11618	11508~11578	11525~11595	11549~11619	11521~11591	11562~11632						
nad1	N	11636~12583	11601~12548	11621~12568	11637~12584	11609~12556	11650~12597	ATG/TAA	ATG/TAA	ATG/TAA	ATG/TAA	ATG/TAA	ATG/TAA
trnL (*CUN*)	N	12587~12652	12552~12616	12572~12635	12588~12655	12560~12625	12601~12666						
rrnL	N	12653~13944	12617~13916	12636~13943	12656~13960	12626~13921	12667~13963						
trnV	N	13945~14015	13917~13987	13944~14014	13961~14032	13922~13993	13964~14034						
rrnS	N	14016~14820	13988~14788	14015~14826	14033~14842	13994~14808	14035~14834						
A+T富集区	N	14821~15584	14789~14996	14827~15605	14843~15604	14809~15711	14835~15601						

注：TA-和T-代表不完全终止密码子。Pa、Pf、Pu、Pb、Nr、Sl分别代表美洲大蠊、黑胸大蠊、澳洲大蠊、褐斑大蠊、菱叶斑蠊和侧缘佘氏蠊。

澳洲大蠊和菱叶斑蠊线粒体基因组相对同义密码子使用情况见表1-5。澳洲大蠊中使用频率最高的密码子是UUA（L），其次是CGA（R）和ACA（T）；褐斑大蠊中使用频率最高的密码子是UUA（L），其次是CGA（R）和CCA（P）；菱叶斑蠊中使用频率最高的密码子也是UUA（L），其次是CGA（R）和GUA（V）。使用频率较高的密码子往往有较高的AT含量，并偏向于以NNU或NNA为密码子。黑胸大蠊中，UUA（L）密码子使用频率也高达3.43，其次为CGA（R）和GUA（V）（Xiao等，2012）。

表1-5　6种蜚蠊线粒体基因组蛋白质白编码基因密码子的使用情况

蛋白质	密码子	RSCU Pa	Pf	Pu	Pb	Nr	Sl	蛋白质	密码子	RSCU Pa	Pf	Pu	Pb	Nr	Sl
Phe	UUU（F）	1.52	1.56	1.54	1.51	1.56	1.53	Tyr	UAU（Y）	1.67	1.63	1.63	1.65	1.62	1.65
	UUC（F）	0.48	0.44	0.46	0.49	0.44	0.47		UAC（Y）	0.33	0.37	0.37	0.35	0.38	0.35
Leu*	UUA（L）	2.66	3.43	3.69	3.30	3.44	2.86	Stop	UAA（*）	1.24	1.34	1.36	1.39	1.21	1.30
	UUG（L）	1.12	0.80	0.78	0.82	0.94	1.00		UAG（*）	0.76	0.66	0.64	0.61	0.79	0.70
Leu（L）	CUU（L）	1.07	0.63	0.45	0.92	0.75	0.92	His	CAU（H）	1.43	1.43	1.44	1.42	1.45	1.63
	CUC（L）	0.16	0.17	0.18	0.28	0.28	0.18		CAC（H）	0.57	0.57	0.56	0.58	0.55	0.37
	CUA（L）	0.85	0.86	0.81	0.47	0.48	0.87	Gln	CAA（Q）	1.83	1.83	1.81	1.78	1.85	1.76
	CUG（L）	0.14	0.12	0.08	0.19	0.11	0.17		CAG（Q）	0.17	0.17	0.19	0.22	0.15	0.24
Ile	AUU（I）	1.64	1.73	1.70	1.71	1.66	1.63	Asn	AAU（N）	1.54	1.65	1.61	1.58	1.58	1.57
	AUC（I）	0.36	0.27	0.30	0.29	0.34	0.37		AAC（N）	0.46	0.35	0.39	0.42	0.42	0.43
Met	AUA（M）	1.42	1.61	1.55	1.40	1.42	1.41	Lys	AAA（K）	1.42	1.42	1.51	1.36	1.46	1.32
	AUG（M）	0.58	0.39	0.45	0.60	0.58	0.59		AAG（K）	0.58	0.58	0.49	0.64	0.54	0.68
Val	GUU（V）	2.10	1.17	1.69	1.58	1.35	1.49	Asp	GAU（D）	1.48	1.74	1.64	1.53	1.45	1.50
	GUC（V）	0.37	0.23	0.22	0.46	0.32	0.60		GAC（D）	0.52	0.26	0.36	0.47	0.55	0.50
	GUA（V）	1.29	2.34	1.75	1.58	2.18	1.49	Glu	GAA（E）	1.41	1.67	1.69	1.51	1.60	1.57
	GUG（V）	0.24	0.26	0.33	0.38	0.16	0.43		GAG（E）	0.59	0.33	0.31	0.49	0.40	0.43
Ser*	UCU（S）	0.77	0.80	0.91	0.76	0.87	0.74	Cys	UGU（C）	1.21	1.18	1.33	1.06	1.20	1.17
	UCC（S）	0.79	0.59	0.73	0.47	0.68	0.83		UGC（C）	0.79	0.82	0.67	0.94	0.80	0.83
	UCA（S）	1.66	2.22	2.14	1.83	2.03	1.79	Trp	UGA（W）	1.14	1.28	1.27	1.13	1.18	1.04
	UCG（S）	0.36	0.32	0.31	0.30	0.32	0.30		UGG（W）	0.86	0.72	0.73	0.87	0.82	0.96
Pro	CCU（P）	1.29	1.39	1.13	1.17	1.21	1.47	Arg	CGU（R）	0.36	0.78	0.51	0.50	0.74	1.19
	CCC（P）	0.73	0.34	0.52	0.69	0.65	0.97		CGC（R）	0.97	0.00	0.10	0.70	0.32	0.43
	CCA（P）	1.81	2.19	2.13	2.03	2.02	1.39		CGA（R）	2.18	2.83	2.87	2.10	2.63	1.73
	CCG（P）	0.17	0.08	0.22	0.11	0.12	0.17		CGG（R）	0.48	0.39	0.51	0.70	0.32	0.65
Thr	ACU（T）	1.15	1.22	0.95	1.04	1.03	1.09	Ser	AGU（S）	1.20	1.19	1.13	1.06	1.09	1.06
	ACC（T）	0.84	0.61	0.66	0.91	0.77	0.89		AGC（S）	0.92	0.66	0.66	0.92	0.73	1.01
	ACA（T）	1.69	1.99	2.15	1.60	1.86	1.65		AGA（S）	0.99	1.08	1.04	1.02	1.09	0.97
	ACG（T）	0.32	0.18	0.24	0.44	0.35	0.37		AGG（S）	1.33	1.14	1.08	1.32	1.19	1.33
Ala	GCU（A）	1.28	1.42	1.56	1.63	1.18	1.20	Gly	GGU（G）	1.17	1.30	1.10	1.29	1.10	1.39
	GCC（A）	0.59	0.36	0.49	0.54	0.69	0.87		GGC（G）	0.49	0.21	0.49	0.34	0.61	0.44
	GCA（A）	1.88	2.08	1.82	1.68	2.12	1.70		GGA（G）	1.53	2.07	2.04	1.35	1.66	1.33
	GCG（A）	0.25	0.13	0.13	0.15	0.00	0.23		GGG（G）	0.81	0.42	0.37	1.02	0.64	0.83

注：Pa、Pf、Pu、Pb、Nr和Sl分别代表美洲大蠊、黑胸大蠊、澳洲大蠊、褐斑大蠊、菱叶斑蠊和侧缘奈氏蠊。RSCU表示相对同义密码子使用率。L、L*、S和S*分别代表tRNALeu（CUN）、tRNALeu（UUR）、tRNASer（AGN）和tRNASer（UCN）。

（二）蛋白质编码基因

蜚蠊亚科物种各基因的位置、长度、蛋白质编码基因的起始和终止子的信息见表1-4。13个蛋白质编码基因中，4个位于反链（N-strand）上（ND5、ND4、ND4L、ND1），其余9个位于正链（J-strand）上。澳洲大蠊13个蛋白质编码基因中，9个基因以ATG作为起始密码子，此外，COX1以TTG为起始密码子，ATT是ATP8、ND6和ND3的起始密码子。菱叶斑蠊中，除了COX1（TTG）、ATP8、ND6、ND3（ATT）、ND5（ATA），其余8个蛋白质编码基因都以ATG为起始密码子。同样，除COⅠ（ACT）基因以外，褐斑大蠊起始密码子中9个基因以ATG开始，NAD3和NAD6以ATT为起始密码子，ATP8则以ATC为起始密码子。对比发现，蜚蠊目线粒体基因起始密码子除COⅠ比较多样外（表1-4），其余基因起始密码子大部分均以ATN形式出现。蜚蠊科蜚蠊中也呈现出丰富的COⅠ基因起始密码子多态性，美洲大蠊、澳洲大蠊及侧缘佘氏蠊均以TTG为起始密码子，黑胸大蠊和褐斑大蠊的起始密码子分别为ACC和ACT（图1-2）。6个蜚蠊亚科物种中TAA和TAG是常见的终止密码子，但其中也有部分基因以不完全密码子做终止密码子。

	tRNA^{Tyr} ← COX1 →	
Blattella germanica	CCTATTACTCAGCCATTCTACTAAC TTG AAA CGA TGA ATA TTT	MKRWMF
Blattella bisignata	CTATTTACTCAGCCATTCTACTAAC TTG AAA CGA TGA ATA TTT	MKRWMF
Panchlora nivea	ACCTTCATCTCAGCCATTCTACTAA TTG AAA CGA TGA TTA TTT	MKRWLF
Blaptica dubia	TATCTCAGCCATTCTACTTCAATAA TTG AAA CGA TGA TTA TTC	MKRWLF
Nauphoeta cinerea	TTACTTCTCAGCCATTCTACTAGAA TTG AAA CGT TGA TTA TTC	MKRWLF
Cryptocercus kyebangensis	TATTACCTCAGCCATTCTACTAAAA TTG AAA CGA TGA TTA TTT	MKRWMF
Cryptocercus relictus	TATTAACTCAGCCATTCTACTAAAA TTG AAA CGA TGA TTA TTT	MKRWMF
Shelfordella lateralis	TTTAACCTCAGCCATTCTACTAAAC TTG CAA CGA TGA ATA TTT	MQRWMF
Neostylopyga rhombifolia	TTTGATCTCAGCCATTCTACTAACT TTG CAA CGA TGA ATA TTT	MQRWMF
Periplaneta australasiae	ATTTAACTCAGCCATTCTACTAACC TTG CAA CGA TGA ATA TTT	MQRWMF
Periplaneta americana	TTCAACCTCAGCCATTCTACTAACT TTG CAA CGA TGA ATA TTT	MQRWMF
Opisthoplatia orientalis	ACCTATTTTCTCAGCCATTCTACT ATA TTG AAA CGG TGA TTA	MLKRWL
Gromphadorhina portentosa	ACCTTAAATTCTCAGTCATTCTACT ATT ATT GAA CGT TGA TTA	MIEEWL
Eupolyphaga sinensis	CACCTATTACTCAGCCATTCTACTC ATT ATT CAA CGT TGA TTA	MIQRWL
Periplaneta fuliginosa	CTATTTAACTCAGCCATTCTACTT ACC CTG CAA CGA TGA ATA	MLQRWM
Periplaneta brunnea	CCTTCATATCTCAGCCATTCTACTT ACT CTG CAA CGA TGA ATA	MLQRWM

图1-2 蜚蠊目线粒体COⅠ基因起始区序列对比

注：图右侧为COⅠ基因起始位置的氨基酸和核苷酸序列。阴影部分的为预测的COⅠ起始密码子。左侧下划线为部分tRNA-Tyr核苷酸序列。

（三）tRNA

澳洲大蠊22个tRNA的长度为64～71bp，褐斑大蠊及菱叶斑蠊为64～72bp，长度在昆虫中均比较保守。澳洲大蠊和褐斑大蠊中，除tRNAS（AGN）的DHU臂外，其余

tRNA均能构成三叶草结构。菱叶斑蠊中，除了tRNAS（AGN），较长的T臂也可能导致tRNAR无法在tRNAScan-SE中成功识别。无法在tRNAScan-SE中成功识别的tRNA，通过与之前已发表的蜚蠊亚科物种进行对比，可确定其二级结构（Xiao等，2012；Cheng等，2016）。澳洲大蠊tRNA基因有29处错配，其中24处G-U错配、3处U-U错配、1处A-C错配、1处U-C错配。褐斑大蠊有20处错配，其中12个tRNA均发现有G-U错配，所占比例最高。菱叶斑蠊的错配有34处，其中有28处为G-U错配；其余6处错配中，2处U-U错配发生在tRNA-Leu（CUN）中，一处U-U错配和一处A-A错配发生在tRNA-Ser（AGN）中，一处A-C错配和U-C错配分别发生在tRNA-Met和tRNA-Trp中。

（四）非编码区

通常，昆虫线粒体基因组表现出极为精简的组织结构，但是在一些物种中也存在较大的基因间隔区。蜚蠊亚科中，包括澳洲大蠊、褐斑大蠊及菱叶斑蠊在内的6个物种中只发现短的非编码片段，没有较长的基因间隔区。澳洲大蠊中，有两个长度大于10bp的基因间隔区，分别位于tRNA-Leu（UUR）和COX2（16bp）、tRNA-Ser（UCN）和ND1（25bp）之间。褐斑大蠊中一段间隔区与澳洲大蠊一致，位于tRNA-Ser（UCN）和NAD1（17bp）之间，另一段位于tRNA-Glu和tRNA-Met（21bp）之间。菱叶斑蠊中也有两段相对较长的基因间隔区，长度分别为18bp（位于tRNA-Cys和tRNA-Tyr之间）和17bp［位于tRNA-Ser（UCN）和ND1之间］。我们发现，蜚蠊目中除了隐尾蠊属物种，其余物种线粒体基因组在tRNA-Ser（UCN）和ND1之间均有一段非编码片段，长15bp（中华真地鳖）至58bp（马达加斯加发声蟑螂，*Gromphadorhina portentosa*），其中蜚蠊亚科物种的该段间隔区介于17～25bp，均包含了一个长度为7个碱基的共同序列（WACTTAA）（图1-3）。这段区域也许是转录终止子的结合位点。

图1-3　14种蜚蠊基因间隔区序列对比

注：方框中是一致性序列，点代表的是省略的碱基。

（五）系统进化分析

我们运用2种方法，分别基于13个蛋白质的核苷酸序列及氨基酸序列构建直翅总目系统发育树。不同的建树方法和数据类型对系统发育树拓扑结构和节点支持率均有影响。不同的数据类型主要影响目间关系，而不同的建树方法主要影响节点支持率。4个系统发育树共得出3种拓扑学结构，蜚蠊科、硕蠊科、姬蠊科、地鳖蠊科、隐尾蠊科及等翅目都能构成单系，等翅目也与隐尾蠊科有较近的亲缘关系。

不同拓扑结构的差别主要在于两个方面：一个是直翅目单复系问题，另一个是地鳖蠊科的位置。基于氨基酸序列的研究发现直翅目为复系，地鳖蠊科位于蜚蠊目基部的位置。基于核苷酸构建的最大似然树及BI树均支持直翅目为单系，但BI树中地鳖蠊科与（隐尾蠊科+等翅目）形成姐妹群，ML树中地鳖蠊科则与［蜚蠊科+（隐尾蠊科+等翅目）］有较近的亲缘关系。节点支持率方面，同一数据的BI树拥有比ML树更高的节点支持率。不同数据对节点支持率影响不大，主要影响科间的拓扑学结构。

三、讨论

本研究中的6种蜚蠊亚科物种美洲大蠊、黑胸大蠊、澳洲大蠊、褐斑大蠊、菱叶斑蠊和侧缘佘氏蠊都保留了昆虫纲祖先的基因组成和结构（Benson，1999）。碱基组成、密码子使用情况与其他蜚蠊目昆虫高度相似，说明蜚蠊目线粒体基因组进化相对保守。相反，网翅目中其他物种，如白蚁和螳螂，它们的基因顺序和核苷酸组成均有较高的差异性（Ye等，2016）。进化选择压、生活史特征或物种数量动态的研究能为蜚蠊目物种较低的核苷酸进化率提供有价值的信息。

A+T富集区是蜚蠊目物种中最大的非编码区，由于其具有多样的结构和串联重复序列，A+T富集区序列的多样性比线粒体基因组其他部位都高（Zhang等，1995）。蜚蠊目昆虫A+T富集区从黑胸大蠊的208bp到东方水蠊的3967bp，较长的A+T富集区往往有较多的长串联重复序列。重复序列可以为种群遗传学和系统地理学提供有用的信息。在等翅目的研究中，不同重复序列的存在情况可以用于解释白蚁科物种早期的分化模式（Cameron等，2012）。Mancini等（2008）的研究发现，重复序列的重复次数可以用来阐述种群间的遗传结构。在我们的研究中，蜚蠊目物种控制区重复序列的存在情况与系统发育关系没有相关性，表明这些控制区的重复序列可能是一些独立起源事件。此外，在蜚蠊目中这些重复序列相似性极低，没有发现同源序列或保守序列，其序列的多样性也意味着不同的历史起源。

我们发现蜚蠊亚科中美洲大蠊、澳洲大蠊、褐斑大蠊、菱叶斑蠊及侧缘佘氏蠊A+T富集区有三个保守序列框。蜚蠊亚科中保守序列框A与直翅目、双翅目相比缺少Poly T结构（Zhang等，1995），在蜚蠊亚科物种中比较保守，也许其可以作为一种分子标记对蜚蠊亚科物种进行鉴定。另外两个保守序列框在网翅目（Ye等，2016）、鳞翅目（Taylor等，1993）、𧉈翅目（Schultheis等，2002）昆虫中都比较常见。

昆虫线粒体基因组在研究物种系统发育关系方面具有重要作用（Cameron，2014），构建系统发育树时不同分析方法的有效性也得到了广泛的检验（Fenn等，2008；Cameron等，2012；Timmermans等，2015）。此次研究中，不同建树方法和数据类型对网翅目下主要支系的影响不大，蜚蠊科、硕蠊科、姬蠊科、地鳖蠊科都能构成单系，等翅目也与隐尾蠊科有较近的亲缘关系。网翅目下，螳螂目总是位于树基部的位置，这与之前的研究相一致（Louis，2003；Klass等，2006）。然而，当将蠊蠊科物种加入分析时，却发现*Nocticola* spp.与螳螂目构成姐妹群（Lo等，2007），这说明在网翅目下的系统进化中，螳螂目可能并不是最先分化出来的物种，同时也说明在系统进化研究中，足够的取样特别是一些关键种的取样对系统进化分析影响很大。此外，我们的研究结果均表明白蚁与隐尾蠊有较近的亲缘关系，这也与Inward等（2007）提出的等翅目应该被归为蜚蠊亚目下白蚁科的分类观点一致。

蜚蠊目下科属的系统发育关系一直不太清楚，地鳖蠊科与其他科之间的关系比较混乱。Cheng等（2016）基于蛋白质编码基因构建邻接（neighbor-joining，NJ）树和最大简约（maximum parsimony，MP）树，发现地鳖蠊科位于蜚蠊亚目基部的位置。Pellens等（2007）联合12SrRNA、16SrRNA、18SrRNA、COX2构建的系统发育树则发现地鳖蠊科与隐尾蠊科+等翅目+蜚蠊科构成姐妹群。当螶蠊科物种加入分析后，研究发现地鳖蠊科与螶蠊科亲缘关系最近，用不同数据构建系统发育树时，它们在蜚蠊目下的位置也有所不同（Djernæs等，2012；Inward等，2007）。因此可以看出，不同分子标记、建树方法和不同的取样都会对地鳖蠊科的位置产生影响。

硕蠊科与姬蠊科之间有较近的亲缘关系，它们合称为硕蠊总科（Kambhampati，1995、1996；Lo等，2007）。之前的研究也发现硕蠊总科与其他科的位置关系不确定。大部分基于不同分子标记的文章均支持硕蠊总科与蜚蠊亚目其他物种构成姐妹群（Djernæs等，2012、2015；Legendre等，2015），然而也有一部分的研究认为硕蠊总科与蜚蠊科才是姐妹群的关系（Kambhampati，1995；Maekawa等，1999；Cheng等，2016）。只有极少数的研究认为硕蠊总科与地鳖蠊科关系更近（Lo等，2000、2003）。我们的结果也与大部分的研究相一致，认为硕蠊总科应该位于蜚蠊目基部的位置（Pellens等，2007；Roth等，2009）。不过要解决蜚蠊目系统发育中遇到的难题，更充足的样本依然是需要的（Kuzmenko等，2014；Yue等，2015）。

本次研究中，蜚蠊科中只包含蜚蠊亚科的3个属物种，但值得注意的是，系统发育关系中，侧缘余氏蠊陷入大蠊属物种中，且与美洲大蠊形成姐妹群，这一现象也在之前的研究中出现过（Kambhampati，1996；Grandcolas等，2001）。有研究表明，基于遗传距离可以有效对物种的亲缘关系进行界定（Hebert等，2003），因此，我们基于COⅠ基因计算了侧缘余氏蠊与大蠊属物种之间的K2P遗传距离，结果显示大蠊属物种种间遗传距离为0.076~0.170，侧缘余氏蠊与大蠊属物种之间的遗传距离为0.126~0.163。同样，Maekawa（2000）基于COⅡ基因的研究中，也发现侧缘余氏蠊与大蠊属物种间不存在遗传距离。形态学方面，侧缘余氏蠊与大蠊属物种生殖器也高度相似，早期分类学也将侧缘余氏蠊归为大蠊属，并命名为*Periplaneta lateralis*（Walker，1868）。基于系统发育关系、遗传距离和形态学证据，我们认为侧缘余氏蠊应该被归为大蠊属，而不是余氏蠊属。

第三节　DNA条形码技术在美洲大蠊物种鉴定中的应用

美洲大蠊是世界性分布的蜚蠊昆虫，危害相对较大。美洲大蠊广泛栖息于室内和室外城市环境，从城市垃圾填埋场、污水处理厂到世界各地的地下排水管道均能看见它们的身影。美洲大蠊排泄物中含有聚集信息素，可以促进成虫和若虫的聚集。在种群数量过多、食物有限的情况下，成虫和若虫会从首选栖息地进行大规模迁移。美洲大蠊是杂食性物种，取食范围较广，包括奶制品、啤酒、茶叶、皮革、面包、淀粉、书籍、胶水、头发、皮脂、肉、植物、衣物等（Bell等，1981）。其不仅侵入人类正常的生活环境，还传播多种致病菌（肖小芹，2008）。美洲大蠊惊人的繁殖能力和环境适应力，也给防制工作带来了巨大的困难。

长期以来，人们对美洲大蠊的研究不仅在害虫防制方面，也逐渐发现其有重要的医药价值。由美洲大蠊开发的康复新液等药，在抗炎消肿、创面修复等方面具有一定疗效，深受患者欢迎（罗廷顺等，2012）。因此，对美洲大蠊进行准确鉴定不但有助于美洲大蠊的综合防制，也有利于美洲大蠊的开发和利用。过去蜚蠊目昆虫的鉴定主要依靠传统的形态学分类方法，许多大蠊属物种形态差异较小，缺乏经验的鉴定者极容易鉴定错误，而且传统的形态学分类方法需要完整的样本和清晰的形态特征，对残缺样本、幼虫或虫卵鉴定困难。因此，开发美洲大蠊的分子检测技术是十分必要的。

如本章第一节所述，DNA条形码技术是一种用于实现个体鉴定、系统进化研究、发现新种和隐存种的较新的生物分类方法（Versteirt等，2015；Feng等，2011；Talavera等，2017；Hebert等，2004）。线粒体基因具有母系遗传、无内含子、多拷贝、进化速率相对较快等特点（Cameron，2014），自Hebert等（2003）首次用线粒体COⅠ基因对13320个脊椎动物和非脊椎动物进行DNA条形码验证后，DNA条形码技术在昆虫识别和鉴定中得到广泛的应用。这些研究主要涉及鳞翅目（Marín等，2017）、双翅目（Barr等，2012）、半翅目（Zhu等，2017）和鞘翅目（Seabra等，2010）等。但是目前DNA条形码技术用于蜚蠊目物种的研究相对较少，仅有几项研究报道。Yue等（2014）将传统形态学分类方法与DNA条形码技术相结合，成功对我国采集的15只丽郝氏蠊样本进行鉴定。王锦锦（2014）对姬蠊科18属41种的95只雄虫样本进行COⅠ测序，基于遗传距离重新定义了中华伪截尾蠊的归属问题，研究还发现姬蠊科昆虫中除矩歪尾蠊和双印玛蠊外，其余物种的种内遗传距离与种间遗传距离之间存在明显的DNA条形码间隔，为姬蠊科物种的鉴定提供了有力工具。陈壮志等（2016）基于蜚蠊线粒体COⅠ及Cytb基因，成功对6种蜚蠊进行了分子鉴定。Beeren等（2015）对美国16个州284只美洲大蠊进行COⅠ测序，通过建树分析，发现美洲大蠊分为3个单倍群，从而推测出美洲大蠊入侵种群的不同来源。本研究共采集到我国39个地区包括美洲大蠊在内的18种2072只蜚蠊目样本，结合GenBank中大蠊属物种COⅠ单倍型序列，确定美洲大蠊种内遗传距离阈值，丰富蜚蠊目DNA条形码数据库，为美洲大蠊物种鉴定提供分子依据。

一、材料与方法

（一）样本来源与保存

本研究在我国39个地区进行了样本采集，一部分美洲大蠊样本购自各地养殖场。采集样本基本信息见表1-6，样本采集后立即浸泡在无水乙醇中，置于−80℃保存。

表1-6 采集样本基本信息

种名	样本编号	采样编号	采集地点	成功扩增样本数
美洲大蠊	PAXC01-PAXC120	1	好医生西昌养殖基地	120
	PAZG01-PAZG30	2	好医生自贡荣县养殖基地	30
	PAAH01-PAAH30	3	安徽省宣城市养殖场	30
	PAHA01-PAHA30	4	江苏省淮安市养殖场	30
	PAYJ01-PAYJ30	5	广东省阳江市养殖场	30
	PAWZ01-PAWZ30	6	浙江省温州市养殖场	30
	PACQ01-PACQ30	7	重庆市	30
	PADL01-PADL30	8	云南省大理市养殖场	30
	PATA01-PATA31	9	山东省肥城市养殖场	31
	PAGZ01-PAGZ08	10	广东省广州市	8
	PACD01-PACD33	11	四川省成都市	33
	PAHZ01-PAHZ32	39	广西省贺州市	32
	PACX01-PACX34	24	云南省楚雄彝族自治州	34
	PAQC01-PAQC30	29	安徽省亳州市谯城区养殖场	30
	PAHM01-PAHM30	22	广东省东莞市	30
	PAFZ01-PAFZ30	34	福建省福州市福建师范大学	30
	PASZ01-PASZ05	36	广东省深圳市盐田区鹏湾花园	5
黑胸大蠊	FUCD01-FUCD64	11	四川省成都市	64
	FUYB01-FUYB06	12	四川省宜宾市	6
	FULS01-FULS9	13	四川省乐山市	9
	FUYS01	14	四川省南充市营山县	1
	FUSM01	15	四川省雅安市石棉县栗子坪保护区	1
	FULZ01-FULZ03	16	四川省南充市阆中市	3
	FUMY01-FUMY30	17	四川省绵阳市安县沸水镇	30
	FUKM01-FUKM33	18	云南省昆明市	33
	FULN01-FULN19	19	云南省曲靖市陆良县	19
	FUHN01-FUHN08	20	湖南省娄底市双峰县	8

续表

种名	样本编号	采样编号	采集地点	成功扩增样本数
黑胸大蠊	FUGN01	32	云南省文山州广南县	1
	FUZT01-FUZT30	35	云南省昭通市威信县	30
	FUSY01-FUSY30	38	湖南省邵阳市新邵县严塘镇白水村	30
澳洲大蠊	AUYL01-AUYL04	21	广西省玉林市博白县	4
	AUDG01-AUDG06	22	广东省东莞市厚街镇	6
	AUYX01-AUYX30	23	云南省玉溪市华宁县	30
	AUCX01-AUCX05	24	云南省楚雄彝族自治州	5
	AUFJ01	34	福建省福州市福建师范大学	1
	AUSZ01-AUSZ06	36	广东省深圳市盐田区鹏湾花园	6
褐斑大蠊	PBGZ01-PBGZ03	10	广东省广州市	3
	PBKM01	18	云南省昆明市	0
菱叶斑蠊	NRYL01-NRYL04	21	广西省玉林市博白县	4
丽郝氏蠊	HEFJ01	34	福建省福州市福建师范大学	1
侧缘佘氏蠊	SHSX01-SHSX07	27	安徽省淮南市寿县养殖场	7
德国小蠊	GECD01-GECD12	11	四川省成都市	12
	GEHZ01-GEHZ15	25	浙江省杭州市	15
	GECX01-GECX05	24	云南省楚雄彝族自治州	5
	GECQ01-GECQ05	7	重庆市沙坪坝大学城富力城校区	5
	GEAH01-GEAH02	26	安徽省滁州市	2
	GEKM01	18	云南省昆明市	1
	GEJH01-GEJH09	30	天津市静海区静海镇	9
	GEBJ01-GEBJ06	37	北京市朝阳区北辰西路一号院	6
双纹小蠊	BIYL01	21	广西省玉林市博白县	1
红斑拟歪尾蠊	ESEM01	13	四川省乐山市峨眉山市峨眉山风景区	1
中华拟歪尾蠊	ZHZT01	35	云南省昭通市威信县	1
印度蔗蠊	SUCX01-SUCX04	24	云南省楚雄彝族自治洲	4
疑仿硕蠊	DUZS01-10	28	浙江省舟山市定海马岙养殖场	10

续表

种名	样本编号	采样编号	采集地点	成功扩增样本数
小沟口大光蠊	GKLJ01	31	四川省老君山自然保护区	1
大光蠊	NOLJ01-NOLJ02	31	四川省老君山自然保护区	2
东方水蠊	OOQZ01-OOQZ05	33	广西省钦州市浦北县龙门镇养殖场	5
真地鳖	NOCX01	24	云南省楚雄彝族自治洲	1
中华真地鳖	DBCD01-02	11	四川成都市药店	2

此外，本研究从GenBank网站下载了蜚蠊科大蠊属的COⅠ序列用于遗传距离和系统进化树分析，共下载13条，包括大蠊属2种大蠊单倍型的CO I序列。下载序列的基本信息见表1-7。

表1-7 本研究中用到的GenBank序列

GenBank编号	物种名称	城市/地区	国家
JQ350708.1	日本大蠊	—	韩国
JQ350707.1	美洲大蠊	—	韩国
KM577122.1	美洲大蠊	纽约	美国
KM577135.1	美洲大蠊	华盛顿	美国
KM577145.1	美洲大蠊	纽约	美国
KM577147.1	美洲大蠊	费城	美国
KM577150.1	美洲大蠊	华盛顿	美国
KM577154.1	美洲大蠊	华盛顿	美国
KM577157.1	美洲大蠊	纽约	美国
KM577152.1	美洲大蠊	布宜诺斯艾利斯	阿根廷
KM577049.1	美洲大蠊	加拉加斯	委内瑞拉
KM577080.1	美洲大蠊	鲁普努尼地区	圭亚那
KF640070.1	美洲大蠊	—	中国

（二）DNA提取

取成虫后足，用天根基因组DNA提取试剂盒提取供试样本DNA。

（三）COⅠ基因扩增与测序

PCR扩增的目的片段为线粒体COⅠ基因N端约658bp的片段。PCR扩增采用COⅠ基因通用引物LCO1490/HCO2198（Folmer等，1994），对扩增不出的样本我们重新设计了特异性引物，包括美洲大蠊特异性引物QF/QR、黑胸大蠊特异性引物HF/HR、澳洲大蠊特异性引物AUSF/AUSR及德国小蠊特异性引物GERF/GERR。COⅠ基因扩增引物序列见表1-8。

表1-8　COⅠ基因扩增引物序列

引物	引物序列（N端到C端）
LCO1490	GGTCAACAAATCATAAAGATATTGG
HCO2198	TAAACTTCAGGGTGACCAAAAAATCA
QF	CTCAGCCATTCTACTAACTTTGC
QR	CTATAATAGGAGATGCTCTGTCTTG
HF	TTACCTTCGAATCTGTTATGC
HR	GCTGATGTAAAATAAGCTCGTG
AUSF	ATCAATTTCCATATTTGGCTT
AUSR	GCTGATGTAAAATAAGCTCGTG
GERF	TACACTCGGAACCGTCAT
GERR	GGCTCGGGTATCCACATC

PCR扩增采用25μL反应体系，其具体配制方案见表1-9。

表1-9　PCR扩增反应体系配制方案

反应体系组分	用量（μL）
10×PCR buffer（TaKaRa）	2.5
2.5mmol/L dNTP	1.0
25μmol/L正向引物（F）	0.5
25μmol/L反向引物（R）	0.5
5U/μL Taq DNA聚合酶（诺维赞）	0.3
Template DNA（100ng/μL）	0.5
ddH$_2$O	19.7

PCR程序：①94℃预变性5分钟；②94℃变性30秒；③55℃退火30秒；④72℃延伸45秒；⑤重复步骤②~④35次；⑥72℃终延伸10分钟；⑦4℃保存。

（四）序列处理与分析

分别利用BioEdit软件及DNAStar软件包中的DNA SeqMan对序列进行读取和拼接。使用MEGA5.2软件（Tamura等，2011）进行序列比对，确定所测序列没有终止密码子及插入或缺失。用MEGA5.2分析碱基组成；基于K2P模型计算遗传距离，并做分布频率柱形图；以蜻蜓目的*Brachythemis contaminata*和*Hydrobasileus croceus* CO I 基因片段作为外群，采用MEGA5.2对序列进行系统发育分析，根据K2P模型构建NJ树（Felsenstein，1985），NJ树分支的置信度采用自举检验法（Bootstrap），随机重复抽样1000次。此外，还采用MrBayes 3.2.2（Ronquist等，2003）对序列进行系统发育分析，在构建BI树前，使用Modeltest ver. 3.7确定最佳建树模型为TrN+I+G。进行贝叶斯分析时，每次包含3个独立运算，每个运算包含4个MCMC链，由1个冷链和3个热链构成。共运算1000万代，每100代对样本进行取样。

二、结果

（一）PCR扩增结果

应用CO I 基因的通用引物LCO1490/HCO2198能够较好地对大多数样本进行扩增，但是对一些扩增出来的样本进行测序时，测序结果会出现双峰现象，推测有假基因的影响，设计的特异性引物则很好地避免了双峰现象的产生。

通用引物扩增样本的凝胶电泳图见图1-4。

图1-4 通用引物扩增样本的凝胶电泳图

（二）序列组成和变异

本研究成功扩增18种蜚蠊目昆虫共948个个体的CO I 序列片段。18种蜚蠊线粒体DNA CO I 序列的AT含量为66.1%，GC含量为33.9%，与昆虫纲祖先的碱基组成特点相一致（Simon等，2006）。经序列比对后得到CO I 序列长度为658bp，其中保守位点C387/658，变异位点V271/658，简约信息位点Pi243/658，自裔位点S28/658。

（三）遗传距离分析

采集样本的单倍型序列及从NCBI上下载的大蠊属物种DNA条形码序列均用于遗传距离分析。根据K2P替代模型计算的CO I 遗传距离显示，18个物种种内遗传距离为0.002~0.051，最大的种内遗传距离值出现在美洲大蠊内。种间遗传距离范围为0.068~0.275，种间遗传距离最小值出现在澳洲大蠊和黑胸大蠊之间，种间最大遗传距离出现在印度蔗蠊和真地鳖之间。CO I 基因的种内与种间K2P遗传距离分布频率直方图见图1-5。可以看出种内遗传距离和种间遗传距离之间存在明显的DNA条形码间隙。

蜚蠊科内（表1-10），平均种内遗传距离为0.017（0.002~0.015），平均种间遗传距离为0.124（0.068~0.182），平均属间遗传距离为0.146（0.124~0.182），遗传距离均随分类阶元的上升而有不同程度的增加，不同科内种内遗传距离与种间遗传距离也存在DNA条形码间隙。大蠊属内（表1-11），美洲大蠊种内遗传距离在0.002~0.051，大蠊属内种间遗传距离为0.068（澳洲大蠊与黑胸大蠊）~0.242（美洲大蠊与日本大蠊）。美洲大蠊与澳洲大蠊、黑胸大蠊、褐斑大蠊和日本大蠊之间的遗传距离分别为0.068~0.233、0.068~0.242、0.094~0.226、0.112~0.224。美洲大蠊种内遗传距离明显小于大蠊属内种间遗传距离，可将此段序列作为鉴别美洲大蠊的依据，且美洲大蠊物种鉴定时种内遗传距离的阈值为0.051。

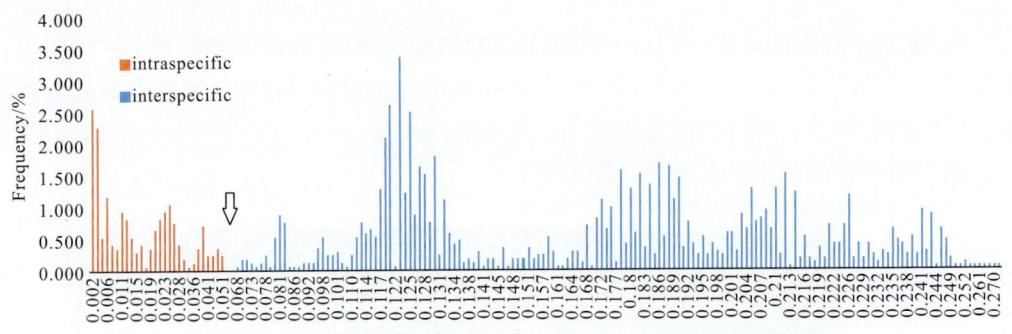

图1-5 COⅠ基因的种内与种间K2P遗传距离分布频率直方图

表1-10 蜚蠊目COⅠ基因在不同分类单元水平的K2P遗传距离

科	种内遗传距离			种间遗传距离			属间遗传距离		
	最小值	平均值	最大值	最小值	平均值	最大值	最小值	平均值	最大值
蜚蠊科	0.002	0.017	0.051	0.068	0.124	0.182	0.124	0.146	0.182
姬蠊科	0.002	0.003	0.005	0.086	0.149	0.184	0.174	0.178	0.184
硕蠊科	N	N	N	0.119	0.183	0.216	0.157	0.193	0.216
鳖蠊科	0.017	0.017	0.017	0.200	0.205	0.209	N	N	N

注：N表示只有一条序列用于分析。

表1-11 COⅠ基因的种内与种间K2P遗传距离最大值与最小值

物种	单倍型数量	种内遗传距离		种间遗传距离	
		最小值	最大值	最小值	最大值
美洲大蠊	21	0.002	0.051	0.108	0.252
黑胸大蠊	11	0.002	0.013	0.068	0.242
澳洲大蠊	5	0.002	0.019	0.068	0.233

续表

物种	单倍型数量	种内遗传距离 最小值	种内遗传距离 最大值	种间遗传距离 最小值	种间遗传距离 最大值
褐斑大蠊	2	0.002	0.002	0.094	0.226
日本大蠊	1	N	N	0.112	0.224
菱叶斑蠊	1	N	N	0.124	0.239
丽郝氏蠊	1	N	N	0.144	0.261
侧缘佘氏蠊	1	N	N	0.125	0.235
小沟口大光蠊	1	N	N	0.119	0.226
未鉴定到种（R. sp.）	1	N	N	0.119	0.259
东方水蠊	1	N	N	0.157	0.236
德国小蠊	5	0.002	0.005	0.089	0.245
双纹小蠊	1	N	N	0.089	0.230
红斑拟歪尾蠊	1	N	N	0.086	0.253
中华拟歪尾蠊	1	N	N	0.086	0.252
印度蔗蠊	1	N	N	0.194	0.275
疑仿硕蠊	1	N	N	0.184	0.270
真地鳖	1	N	N	0.200	0.275
中华真地鳖	2	0.017	0.017	0.200	0.267

注：N表示只有一条序列用于分析。

（四）系统发育树的构建

基于18种蜚蠊的59条CO I序列，构建NJ树和BI树。NJ树和BI树不仅在某些节点的支持率不同，在拓扑结构上也有差异，但相同物种均能聚为一支。黑胸大蠊与澳洲大蠊有较近的亲缘关系，它们与褐斑大蠊形成姐妹群，美洲大蠊单独聚为一支。日本大蠊虽然属于大蠊属，却没有与其他大蠊属聚为一支。硕蠊科物种单独聚为一支。姬蠊属与鳖蠊科构成姐妹群。BI树的拓扑结构可以看出同属物种均能聚在一起。大蠊属中，除日本大蠊外，其他物种的拓扑学结构和NJ树保持一致。BI树中日本大蠊陷入黑胸大蠊分支内，但从遗传距离来看，黑胸大蠊种内遗传距离在0.002~0.013，黑胸大蠊与日本大蠊遗传距离则为0.112，遗传距离之间不存在重叠。BI树中，姬蠊属与鳖蠊科依旧聚为一支，它们又与硕蠊科水蠊属构成姐妹群。斑蠊属菱叶斑蠊、赫蠊属丽郝氏蠊与大蠊属物种均为蜚蠊亚科，但没有聚在同一支，且在BI树和NJ树中，蜚蠊科的丽郝氏蠊都与姬蠊科的拟歪尾蠊属物种聚在一起并构成姐妹群。NJ树与BI树的拓扑学结构中，同种个体的聚集趋势十分显著，与遗传距离的分析具有一致性。两种建树方法中，美洲大蠊均能很好地聚为一支，形成单系。

三、讨论

目前全世界已知的蜚蠊种类有4600种，其数量远远低于鳞翅目、鞘翅目等物种丰富的类群。虽然蜚蠊目数量较少，但是它们在生态系统中扮演了重要角色，比如它们可以作为植物和动物尸体的分解者（Bell等，2007），一些物种还能作为生态变化的指标（Fisk，1983）。然而，目前仍有许多未知蜚蠊目昆虫有待描述和命名，其形态分类也存在诸多问题。一些近缘种的形态结构比较保守，而同一个种也会因为雌雄异型、成虫和若虫的差异导致鉴定困难（Che等，2017），对于种群调查、对有害种开展有针对性的防控和部分有药用价值物种的开发应用十分不利。DNA条形码技术则能界定物种边界，有效地进行物种鉴定，补充了传统分类学的不足（Blaxter，2004）。

但在用DNA条形码技术进行物种鉴定研究时，需要确定物种遗传距离的阈值。Hebert（2003、2004）之前的研究提出，用DNA条形码技术进行物种划分研究时，种内遗传距离均小于0.02，而属内种间遗传距离都大于0.02，种间遗传距离与种内遗传距离的比值应该大于10。虽然10倍阈值法的可行性已经在鱼类（Ward等，2005）、甲壳纲（Lefebure等，2006）、鳞翅目（Hajibabaei等，2006）等多种动物中被证实，但是10倍阈值法的准确性依旧存在争议。不同物种的遗传距离阈值是有差异的。首先，地理结构可能会导致物种界定错误，不同地理种群的物种在种群内部会产生遗传分化，从而扩大种内遗传距离，因此为了确定种内遗传距离阈值，样本收集时应尽量覆盖其地理分布区。其次，分析时包含的样本数量及物种丰富度也会对阈值的界定产生影响，包含近缘物种的样本尤为重要。Rebijith等（2014）对蓟马的研究中发现种间遗传距离与种内遗传距离的比值远未达10倍。Ashfaq等（2014）对巴基斯坦21种蚊子进行DNA条形码研究，发现种内遗传距离和种间遗传距离分别为0~0.024、0.023~0.178，因此不存在DNA条形码间隙。在本研究中，平均种内遗传距离为0.017（0.002~0.015），平均种间遗传距离为0.124（0.068~0.182），平均种间遗传距离与平均种内遗传距离的比值仅为7.29，也达不到10倍。Hebert等（2003、2004）仅在目水平进行了研究，没有对科、属或者种进行有效的比对分析，因此其提出的10倍阈值法是不准确的。

我们此次研究旨在运用DNA条形码技术对美洲大蠊进行鉴定。成功的鉴定需要满足两个条件：其一是种内遗传距离与种间遗传距离之间存在遗传间隙，其二是物种在系统发育树上为单系。我们采集了中国地区563只美洲大蠊样本，共9种单倍型外加以美国地区为主的12条美洲大蠊COⅠ单倍型进行分析。美洲大蠊种内各单倍型之间的遗传距离为0.002~0.051，最大种内遗传距离出现在中国地区采集的样本与美国及委内瑞拉样本之间，并与其他大蠊属物种之间存在明显的DNA条形码间隙。系统发育树的结果也表明，美洲大蠊单独聚为一支，且分支置信度高。因此，DNA条形码技术可以有效地对美洲大蠊进行分类鉴定。

本书中，我们基于大量的美洲大蠊样本确定了美洲大蠊DNA条形码鉴定的可行性。但是除美洲大蠊以外的蜚蠊目样本的鉴定还存在许多问题，如高级分类界元的不确定性、传统形态学分类鉴定困难、存在大量新种、样本稀缺等，都制约了人们对蜚蠊目的研究。截至2018年1月，在BOLD在线鉴定系统中仅有213个蜚蠊目物种有DNA条形码序列，只占现有蜚蠊目物种的4.63%。对于蜚蠊目来说，DNA条形码数据库的建设才刚刚起步，我们还需要更丰富的样本和更全面的数据来支持和发展蜚蠊目系统分类。

第四节　基于CO I 基因的美洲大蠊快速鉴定初探

对美洲大蠊的鉴定传统形态学分类方法主要依靠外部形态特征，而外部形态特征会因环境而发生变化或不同生长发育时期形态特征有差异，尤其是当样本为幼体或残体时，鉴定更为困难。而主要鉴定依据的雄性外生殖器结构解剖需要依靠有经验的分类学家才能完成，同时美洲大蠊的形态特征和大蠊属其他物种，如澳洲大蠊、淡赤褐大蠊、褐斑大蠊等极其相似，这些问题都对美洲大蠊的传统形态学鉴定提出了挑战（Bell等，2007；Evangelista等，2014）。目前对蜚蠊目物种分子鉴定方面的报道比较多，比如Che等（2017）基于CO I 基因对姬蠊科物种进行鉴定；Hashemi-Aghdam等（2017）运用PCR-RFLP技术，成功对伊朗地区5种常见蜚蠊进行鉴定。

但以上方法都要通过扩增、测序、序列比对计算遗传距离等，步骤繁琐，耗时长。分子生物学技术的发展为动物的鉴别提供了新的技术手段，尤其是特异性PCR技术，只需提取DNA，PCR扩增，然后通过电泳和成像，一天内即可对物种进行区分和鉴定。现已用于蛤蚧（顾海丰等，2012）、蛇类（唐晓晶等，2007）、鹿茸（王学勇等，2009）等动物类中药的鉴别。特异性PCR技术也同样广泛应用于世界性害虫的快速识别，如扶桑绵粉蚧（田虎等，2013）、甘蓝粉虱（陈苗苗等，2105）等。本研究基于线粒体DNA CO I 基因序列，设计美洲大蠊种特异性引物，以我国常见蜚蠊目物种为对象进行特异性检验，以期建立美洲大蠊快速、准确的鉴定方法。

一、材料与方法

（一）供试虫源

本研究中所使用的蜚蠊目样本基本采集信息如表1-12所示。所有样本保存于无水乙醇中，于−80℃保存备用。

表1-12　蜚蠊目样本基本采集信息

种名	采集地	采集时间
美洲大蠊	四川省成都市	2016年7月
黑胸大蠊	四川省成都市	2016年5月
澳洲大蠊	广西省玉林市博白县	2016年2月
褐斑大蠊	广东省广州市	2016年2月
菱叶斑蠊	广西省玉林市博白县	2016年2月

续表

种名	采集地	采集时间
德国小蠊	重庆市沙坪坝大学城富力城校区	2016年12月
双纹小蠊	广西省玉林市博白县	2016年2月
红斑拟歪尾蠊	四川省乐山市峨眉山市峨眉山风景区	2016年3月
印度蔗蠊	云南省楚雄彝族自治洲	2016年10月
真地鳖	云南省楚雄彝族自治洲	2016年10月

（二）DNA的提取

同前。

（三）COⅠ基因N端序列的扩增

以美洲大蠊及其他9种蜚蠊目（黑胸大蠊、澳洲大蠊、褐斑大蠊、菱叶斑蠊、德国小蠊、双纹小蠊、红斑拟歪尾蠊、印度蔗蠊、真地鳖）的DNA为模板，采用线粒体DNA COⅠ基因通用引物LCO1490/HCO2198（Folmer等，1994）进行PCR扩增。PCR反应体系及程序同前。

（四）美洲大蠊特异性引物的设计

根据美洲大蠊及其他9种蜚蠊目的线粒体DNA COⅠ基因测序结果，运用DNAMAN软件进行序列对比分析，选取美洲大蠊与其他物种COⅠ基因序列差异较大的区域设计美洲大蠊特异性引物一对（JMF/JMR），上游引物JMF的碱基序列为5'-TGCTGAGCTCGGGCAACCA-3'，下游引物JMR的碱基序列为5'-CTACTGATCATACGAAAAGGGA-3'（由成都擎科梓熙生物技术有限公司合成）。

（五）美洲大蠊特异性引物的种特异性检测

分别以德国小蠊、澳洲大蠊、黑胸大蠊、红斑拟歪尾蠊的DNA为模板，美洲大蠊为阳性对照，检测美洲大蠊特异性引物JMF/JMR的最适扩增温度。PCR反应体系及程序同前。

在最适温度下，将美洲大蠊与其他9种蜚蠊目进行特异性引物扩增，再次确定该特异性引物的特异性。

（六）确定美洲大蠊特异性引物的检测阈值

将美洲大蠊原模板DNA溶液（219.5ng/μL）稀释成浓度为50ng/μL的标准浓度样本，以2倍递减梯度对标准浓度样本进行稀释，以不同浓度的DNA样本溶液（50ng/μL、25ng/μL、12.5ng/μL、6.25ng/μL、3.13ng/μL、1.56ng/μL、0.78ng/μL、0.39ng/μL、0.20ng/μL、0.10ng/μL和0.05ng/μL）为模板测定其检测阈值。

二、结果

（一）美洲大蠊COⅠ基因N端序列的扩增

以线粒体DNA COⅠ基因通用引物LCO1490/HCO2198对美洲大蠊及其他9种蜚蠊目

进行PCR扩增。电泳检测结果显示，10种蜚蠊均能扩增出一条清晰的条带（图1-6）。之后将PCR产物进行双向测序，确定扩增片段的准确性。

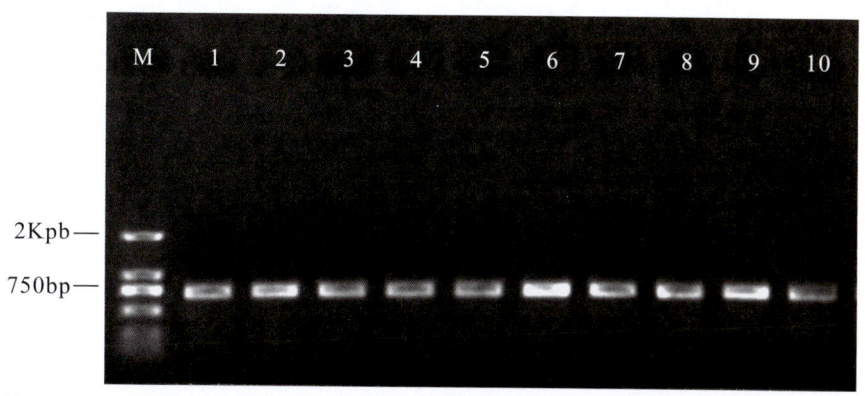

图1-6 基于通用引物LCO1490/HCO2198对美洲大蠊及其他9种蜚蠊目线粒体DNA CO Ⅰ的扩增结果

注：M，DNA分子量标准DNA marker；1，美洲大蠊；2，黑胸大蠊；3，澳洲大蠊；4，褐斑大蠊；5，菱叶斑蠊；6，德国小蠊；7，双纹小蠊；8，红斑拟歪尾蠊；9，印度蔗蠊；10，真地鳖。

（二）美洲大蠊特异性引物的种特异性检测

以美洲大蠊及德国小蠊、澳洲大蠊、黑胸大蠊、红斑拟歪尾蠊的DNA为模板，以所设计的美洲大蠊特异性CO Ⅰ引物JMF/JMR在不同退火温度下（68℃、65.5℃、60.1℃、55℃）进行PCR扩增。电泳结果显示，该特异性引物在65.5℃时只对美洲大蠊有扩增能力，且扩增条带明显，扩增出的条带大小为450bp左右（图1-7）。此外，当加入其他物种（黑胸大蠊、澳洲大蠊、褐斑大蠊、菱叶斑蠊、德国小蠊、双纹小蠊、红斑拟歪尾蠊、印度蔗蠊、真地鳖）进行扩增时，再次验证出JMF/JMR这对引物在65.5℃的温度下为美洲大蠊的特异性引物（图1-8）。

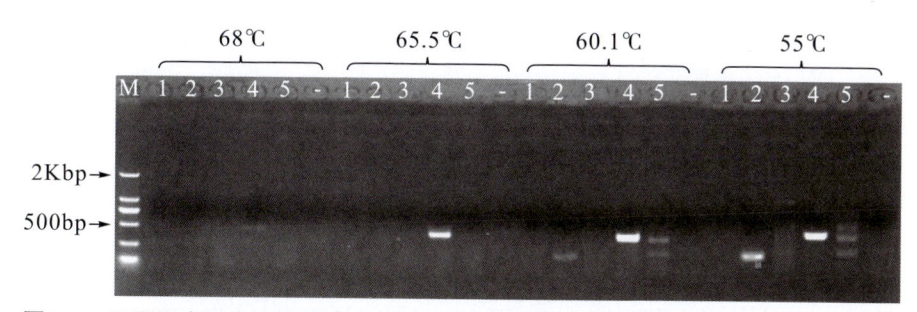

图1-7 不同退火温度下特异性引物JMF/JMR对美洲大蠊及其他4种蜚蠊目的扩增效果

注：M，DNA分子量标准DNA marker；1，德国小蠊；2，澳洲大蠊；3，黑胸大蠊；4，美洲大蠊；5，拟歪尾蠊；—，负对照。

图1-8 特异性引物JMF/JMR在65.5℃的特异性检验

注：M，DNA分子量标准DNA marker；1，美洲大蠊；2，黑胸大蠊；3，澳洲大蠊；4，褐斑大蠊；5，菱叶斑蠊；6，德国小蠊；7，双纹小蠊；8，红斑拟歪尾蠊；9，印度蔗蠊；10，真地鳖；—，负对照。

（三）美洲大蠊特异性引物检测阈值的确定

将标准浓度为50ng/μL的美洲大蠊DNA模板进行稀释，进行PCR扩增，当稀释至0.39ng/μL时，就无法扩增出目标片段（图1-9）。

图1-9 特异性引物JMF/JMR对美洲大蠊线粒体DNA的检测阈值

注：M，DNA分子量标准DNA marker；—，负对照；1~11，50ng/μL、25ng/μL、12.5ng/μL、6.25ng/μL、3.13ng/μL、1.56ng/μL、0.78ng/μL、0.39ng/μL、0.20ng/μL、0.10ng/μL、0.05ng/μL浓度DNA样本。

三、讨论

特异性PCR技术是在已知序列的基础上，寻找合适的DNA序列，该DNA序列应存在足够大的种间变异和相对保守的种内变异，之后对目标物种及其相似物种的特征片段进行比对，设计特异引物，从而对目标物种进行识别的分子技术（Darling等，2007）。线粒体DNA CO Ⅰ基因不仅存在足够的变异，而且又很少存在碱基的插入和缺失现象，比其他基因拥有更多的系统发育信号（Hebert等，2003）。CO Ⅰ基因特异性引物检测技术是在线粒体DNA CO Ⅰ基因序列分析基础上发展起来的一种特异性PCR技术，具有方便快捷、省时经济且可靠性强、灵敏度高等优点（Zhang等，2012），目前已在西花蓟马（Zhang等，2012）、枣实蝇（程晓甜等，2013）、扶桑绵粉蚧（田虎等，2013)、双钩巢粉虱(张桂芬等，2013)、番茄潜叶蛾(张桂芬等，2013)、大豆食心虫(王红等，2014)、番石榴果实蝇(余道坚等，2014；Jiang等，2013)等潜在和突发性入侵害虫的识别鉴定中得到了广泛应用，并将在外来入侵物种的防制中发挥巨大作用。

本研究基于线粒体COⅠ基因序列，设计美洲大蠊种特异性引物JMF/JMR，在目前研究的10种蜚蠊中，其仅对美洲大蠊具有扩增效果，对中国地区其他常见种类的蜚蠊目，如黑胸大蠊、澳洲大蠊、褐斑大蠊、菱叶斑蠊、德国小蠊、双纹小蠊、红斑拟歪尾蠊、印度蔗蠊及真地鳖不具有扩增能力。将此段序列放入NCBI中，进行序列比对后发现，该段452bp的序列与其他蜚蠊或昆虫均没有相似性，序列一致性均低于90%，表明特异性PCR技术理论上可以用于美洲大蠊的快速鉴定。该方法可用于中国地区美洲大蠊的快速鉴定，特别是美洲大蠊虫卵或幼虫的快速识别，有利于不同生态环境下美洲大蠊的入侵监测和虫害防制，同时也有利于美洲大蠊中药制品的快速检测和质量控制。然而，由于蟑螂种类较多，此次实验只涉及一部分物种，因此该特异性引物的有效性范围有待进一步确定。

参考文献

［1］陈苗苗，郭荣，张金良，等.基于种特异性COⅠ标记的新入侵种甘蓝粉虱快速鉴定技术［J］.昆虫学报，2015，58(5)：579-586.

［2］陈壮志，何苗，张成桂，等.基于COⅠ及Cytb基因的6种蜚蠊分子系统关系［J］.广州化工，2016，11(10)：48-51.

［3］程晓甜，阿地力·沙塔尔，张伟，等.枣实蝇特异引物PCR鉴定技术［J］.林业科学，2013，49(11)：98-102.

［4］顾海丰，夏云，徐永莉，等.中药材蛤蚧的特异性PCR鉴定［J］.四川动物，2012，31(2)：226-231.

［5］姜丽，闫娇.基于COⅠ基因的摇蚊亚科部分属的系统发育分析［J］.天津师范大学学报，2015，35(3)：1671-1114.

［6］罗廷顺，高孟婷，马芳芳，等.美洲大蠊药理作用及临床应用研究进展［J］.农业科学与技术(英文版)，2012，13(4)：888-892.

［7］唐晓晶，冯成强，黄璐琦，等.高特异性PCR方法鉴别乌梢蛇及其混淆品［J］.中国药学杂志，2007，42(5)：333-336.

［8］田虎，李小凤，万方浩，等.利用种特异性COⅠ引物(SS-COⅠ)鉴别扶桑绵粉蚧［J］.昆虫学报，2013，56(6)：689-696.

［9］王红，徐忠新，韩岚岚，等.基于线粒体COⅠ基因序列的大豆食心虫中国东北地理种群遗传多样性分析［J］.昆虫学报，2014，57(9)：1051-1060.

［10］王锦锦.基于DNA条形码技术的姬蠊科分类研究［D］.重庆：西南大学，2014.

［11］王学勇，刘春生，张蓉，等.位点特异性PCR方法的建立及对近源种鹿茸药材的鉴别研究［J］.中国中药杂志，2009，34(23)：3013-3016.

[12] 肖小芹.美洲大蠊生物学特性及药用价值研究［D］.长沙：中南大学，2008.

[13] 肖永刚，陈祥盛.基于线粒体COⅠ基因的17种菱蜡蝉亚科昆虫DNA条形码研究（半翅目：蜡蝉总科：菱蜡蝉科）［J］.山地农业生物学报，2014，33（2）：44-50.

[14] 余道坚，邓中平，陈志粦，等.PCR法检疫鉴定番石榴实蝇［J］.植物检疫，2004，18（2）：73-76.

[15] 张桂芬，郭建洋，王瑞，等.双钩巢粉虱的种特异性SS-COⅠ检测技术［J］.生物安全学报，2013，22（3）：157-162.

[16] 张桂芬，刘万学，郭建洋，等.重大潜在入侵害虫番茄潜叶蛾的SS-COⅠ快速检测技术［J］.生物安全学报，2013，22（2）：80-85.

[17] Appel A G, Smith L M. Biology and management of the smokybrown cockroach［J］. Ann Rev Entomol, 2002, 47（47）：33-55.

[18] Ashfaq M, Hebert P D N, Mirza J H, et al. Analyzing mosquito（Diptera：Culicidae）diversity in Pakistan by DNA Barcoding［J］. PLoS ONE, 2014, 9（9）：e97268.

[19] Avise J C. Molecular markers, natural history and evolution［M］. New York：Chapman & Hall, 1994.

[20] Barr N B, Islam M S, Meyer M D, et al. Molecular identification of ceratitis capitata（Diptera：tephritidae）using DNA sequences of the COI barcode region［J］. Ann Entomol Soc Am, 2012, 105（2）：339-350.

[21] Beccaloni G W. Cockroach species file online（version 5.0/5.0）［EB/OL］. World wide web electronic publication, 2014.

[22] Beeren C V, Stoeckle M Y, Xia J, et al. Interbreeding among deeply divergent mitochondrial lineages in the American cockroach（*Periplaneta americana*）［J］. Sci Rep, 2015, 5：8297.

[23] Bell W J, Adiyodi K G. The American cockroach［M］. Netherlands：Springer, 1981.

[24] Bell W J, Roth L M, Nalepa C. Cockroaches：ecology, behavior and natural history［M］. Baltimore：Johns Hopkins University Press, 2007.

[25] Benson G. Tandem repeats finder：A program to analyze DNA sequences［J］. Nucleic Acids Res, 1999, 27（2）：573-580.

[26] Blaxter M L. The promise of a DNA taxonomy［J］. Philos Trans R Soc Lond B Biol Sci, 2004, 359（1444）：669-679.

[27] Bourguignon T, Qian T, Ho S, et al. Transoceanic dispersal and plate tectonics shaped global cockroach distributions：Evidence from mitochondrial phylogenomics［J］. Mol Biol Evol, 2018, 35（4）：970-983.

[28] Cameron S L, Lo N, Bourguignon T, et al. A mitochondrial genome phylogeny

of termites (Blattodea: Termitoidae): Robust support for interfamilial relationships and molecular synapomorphies define major clades [J]. Mol Phylogenet Evol, 2012, 65 (1): 163-173.

[29] Cameron S L. Insect mitochondrial genomics: Implications for evolution and phylogeny [J]. Annu Rev Entomol, 2014, 59: 95-117.

[30] Che Y, Gui S, Lo N, et al. Species delimitation and phylogenetic relationships in ectobiid cockroaches (dictyoptera, blattodea) from China [J]. PLoS ONE, 2017, 12 (1): e0169006.

[31] Cheng X F, Zhang L P, Yu D N, et al. The complete mitochondrial genomes of four cockroaches (Insecta: Blattodea) and phylogenetic analyses within cockroaches [J]. Gene, 2016, 586 (1): 115-122.

[32] Dǎ-Az F, Endersby N M, Hoffmann A A. Genetic structure of the whitefly *Bemisia tabaci* populations in Colombia following a recent invasion [J]. Insect Sci, 2015, 22 (4): 483-494.

[33] Darling J A, Blum M J. DNA-based methods for monitoring invasive species: A review and prospectus [J]. Biol Invasions, 2007, 9: 751-765.

[34] Djernæs M, Klass K D, Eggleton P. Identifying possible sister groups of Cryptocercidae+Isoptera: A combined molecular and morphological phylogeny of Dictyoptera [J]. Mol Phylogenet Evol, 2015, 84: 284-303.

[35] Djernæs M, Klass K D, Picker M D, et al. Phylogeny of cockroaches (Insecta, Dictyoptera, Blattodea), with placement of aberrant taxa and exploration of out-group sampling [J]. Syst Entomol, 2012, 37 (1): 65-83.

[36] Du C, He S, Song X, et al. The complete mitochondrial genome of *Epicauta chinensis* (Coleoptera: Meloidae) and phylogenetic analysis among Coleopteran insects [J]. Gene, 2016, 578 (2): 274-280.

[37] Ekrem T, Stur E, Hebert P D N. Females do count: Documenting chironomidae (Diptera) species diversity using DNA barcoding [J]. Org Divers Evol, 2010, 10 (5): 397-408.

[38] Evangelista D A, Bourne G, Ware J L. Species richness estimates of Blattodea s.s. (Insecta: Dictyoptera) from northern Guyana vary depending upon methods of species delimitation [J]. Syst Entomol, 2014, 39: 150-158.

[39] Felsenstein J. Confidence limits on phylogenies: An approach using the bootstrap [J]. Evolution, 1985, 9: 783-791.

[40] Feng Y, Li Q, Kong L, et al. DNA barcoding and phylogenetic analysis of Pectinidae (Mollusca: Bivalvia) based on mitochondrial CO I and 16S rRNA genes [J]. Mol Biol Rep, 2011, 38 (1): 291-299.

[41] Fenn J D, Song H, Cameron S L, et al. A preliminary mitochondrial genome phylogeny of Orthoptera (Insecta) and approaches to maximizing phylogenetic signal found

within mitochondrial genome data [J]. Mol Phylogenet Evol, 2008, 49（1）: 59-68.

[42] Folmer O M, Black M B, Hoeh W R, et al. DNA primers for amplification of mitochondrial cytochrome c oxidase subunit I from diverse metazoan invertebrates [J]. Mol Mar Biol Biotechnol, 1994, 3（5）: 294-299.

[43] Fisk F. Abundance and diversity of arboreal Blattaria in moist tropical forests of the Panama Canal area and Costa Rica [J]. Trans Am Entomol Soc, 1983, 108: 479-489.

[44] Guthrie D M, Tindall A R. The biology of the cockroach [M]. New York: St. Martin's Press, 1968.

[45] Grandcolas P, D'Haese C. The Phylogeny of cockroach Families: Is the current molecular hypothesis robust? [J]. Cladistics, 2001, 17（1）: 48-55.

[46] Grandcolas P. The phylogeny of cockroach families: a cladistic appraisal of morpho-anatomical data [J]. Can J Zool, 1996, 74（3）: 508-527.

[47] Hajibabaei M, Janzen D H, Burns J M, et al. DNA barcodes distinguish species of tropical Lepidoptera [J]. Proc Natl Acad Sci USA, 2006, 103（4）: 968-971.

[48] Hashemi-Aghdam S S, Rafie G, Akbari S, et al. Utility of mtDNA-CO I barcode region for phylogenetic relationship and diagnosis of five common pest cockroaches [J]. J Arthropod-Borne Dis, 2017, 11（2）: 182.

[49] Hebert P D, Cywinska A, Ball S L, et al. Biological identifications through DNA barcodes [J]. Proc R Soc B, 2003, 270（1512）: 313-321.

[50] Hebert P D, Penton E H, Burns J M, et al. Ten species in one: DNA barcoding reveals cryptic species in the neotropical skipper butterfly *Astraptes fulgerator* [J]. Proc Natl Acad Sci, 2004, 101（41）: 14812.

[51] Hebert P D, Ratnasingham S, Dewaard J R. Barcoding animal life: Cytochrome c oxidase subunit 1 divergences among closely related species [J]. Proc Biol Sci, 2003, 270（S1）: S96-S99.

[52] Hebert P D, Stoeckle M Y, Zemlak T S, et al. Identification of birds through DNA barcodes [J]. PLoS Biol, 2004, 2: 1657-1663.

[53] Inward D, Beccaloni G, Eggleton P. Death of an order: A comprehensive molecular phylogenetic study confirms that termites are eusocial cockroaches [J]. Biol Lett, 2007, 3（3）: 331-335.

[54] Jiang F, Li Z H, Deng Y L, et al. Rapid diagnosis of the economically important fruit fly, *Bactrocera correcta*（Diptera: Tephritidae）based on a species-specific barcoding cytochrome oxidase I marker [J]. Bull Entomol Res, 2013, 103（3）: 363.

[55] Kambhampati S. A phylogeny of cockroaches and related insects based on DNA sequence of mitochondrial ribosomal RNA genes [J]. Proc Natl Acad Sci USA, 1995, 92（6）: 2017-2020.

[56] Kambhampati S. Phylogenetic relationship among cockroach families inferred from mitochondrial 12S rRNA gene sequence [J]. Syst Entomol, 1996, 21（2）: 89-98.

[57] Kevin A S, Gary J P. DNA barcoding to identify all life stages of holocyclic cereal aphids（hemiptera: Aphididae）on wheat and other poaceae [J]. Ann. Entomol Soc Am, 2011, 104（1）: 39-42.

[58] Kimura M. A simple method for estimating evolutionary rates of base substitutions through comparative studies of nucleotide sequences [J]. J Mol Evol, 1980, 16（2）: 111-120.

[59] Klass K D, Meier R. A phylogenetic analysis of dictyoptera（insecta）based on morphological characters [J]. Entomol Abh, 2006, 63（1-2）: 3-50.

[60] Kuzmenko A, Atkinson G C, Levitskyi S, et al. Mitochondrial translation initiation machinery: Conservation and diversification [J]. Biochimie, 2014, 100（100）: 132-140.

[61] Lanfear R, Frandsen P B, Wright A M, et al. PartitionFinder 2: New methods for selecting partitioned models of evolution for molecular and morphological phylogenetic analyses [J]. Mol Biol Evol, 2016, 34（3）: 772-773.

[62] Lefebure T, Douady C J, Gouy M, et al. Relationship between morphological taxonomy and molecular divergence within Crustacea: Proposal of a molecular threshold to help species delimitation [J]. Mol Phylogenet Evol, 2006, 40（2）: 435-447.

[63] Legendre F, Nel A, Svenson G J, et al. Phylogeny of dictyoptera: Dating the origin of cockroaches, praying mantises and termites with molecular data and controlled fossil evidence [J]. PLoS One, 2015, 10（7）: e0130127.

[64] Lo N, Bandi C, Watanabe H, et al. Evidence for cocladogenesis between diverse dictyopteran lineages and their intracellular endosymbionts [J]. Mol Biol Evol, 2003, 20（6）: 907-913.

[65] Lo N, Beninati T, Stone F, et al. Cockroaches that lack Blattabacterium endosymbionts: The phylogenetically divergent genus Nocticola [J]. Biol Lett, 2007, 3（3）: 327-330.

[66] Lo N, Tokuda G, Watanabe H, et al. Evidence from multiple gene sequences indicates that termites evolved from wood-feeding cockroaches [J]. Curr Biol, 2000, 10（13）: 801-804.

[67] Louis M R. Systematics and phylogeny of cockroaches（Dictyoptera: Blattaria）[J]. Orient Insects, 2003, 37（1）: 1-186.

[68] Lowe T M, Eddy S R. tRNAscan-SE: A program for improved detection of transfer RNA genes in genomic sequence [J]. Nucleic Acids Res, 1997, 25（5）: 955-964.

[69] Maekawa K, Kitade O, Matsumoto T. Molecular phylogeny of orthopteroid

insects based on the mitochondrial cytochrome oxidase Ⅱ gene [J]. Zool Sci, 1999, 16 (1): 175-184.

[70] Maekawa K, Matsumoto T. Molecular phylogeny of cockroaches (Blattaria) based on mitochondrial COⅡ gene sequences [J]. Syst Entomol, 2000, 25 (4): 511-519.

[71] Mancini E, De Biase A, Mariottini P, et al. Structure and evolution of the mitochondrial control region of the pollen beetle *Meligethes thalassophilus* (Coleoptera: Nitidulidae) [J]. Genome, 2008, 51 (3): 196-207.

[72] Marín M A, Cadavid I C, Valdés L, et al. DNA barcoding of an assembly of montane andean butterflies (Satyrinae): Geographical scale and identification performance [J]. Neotrop Entomol, 2017, 46 (5): 514-523.

[73] Nelson L A, Lambkin C L, Batterham P, et al. Beyond barcoding: A mitochondrial genomics approach to molecular phylogenetics and diagnostics of blowflies (Diptera: Calliphoridae) [J]. Gene, 2012, 511 (2): 131-142.

[74] Pellens R, D'Haese C A, Bellés X, et al. The evolutionary transition from subsocial to eusocial behaviour in Dictyoptera: Phylogenetic evidence for modification of the "shift-in-dependent-care" hypothesis with a new subsocial cockroach [J]. Mol Phylogenet Evol, 2007, 43 (2): 616-626.

[75] Qi X, Wang X H, Andersen T, et al. A new species of Manoa Fittkau (Diptera: Chironomidae), with DNA barcodes from Xianju National Park, Oriental China [J]. Zootaxa, 2017, 4231 (3): 398-408.

[76] Rebijith K B, Asokan R, Krishna V, et al. DNA barcoding and elucidation of cryptic diversity in Thrips (Thysanoptera) [J]. Fla Entomol, 2014, 97 (4): 1328-1347.

[77] Renaud A K, Savage J, Adamowicz S J. DNA barcoding of Northern Nearctic Muscidae (Diptera) reveals high correspondence between morphological and molecular species limits [J]. BMC Ecol, 2012, 12 (1): 24.

[78] Robinson W H. Urban insects and arachnids—A handbook of urban entomology [M]. Cambridge: Cambridge University Press, 2005.

[79] Ronquist F, Teslenko M, van der Mark P, et al. MrBayes 3.2: Efficient bayesian phylogenetic inference and model choice across a large model space [J]. Syst Biol, 2012, 61 (3): 539-542.

[80] Roth S, Fromm B, Gäde G, et al. A proteomic approach for studying insect phylogeny: CAPA peptides of ancient insect taxa (Dictyoptera, Blattoptera) as a test case [J]. BMC Evol Biol, 2009, 9: 50.

[81] Schultheis A S, Weigt L A, Hendricks A C. Arrangement and structural conservation of the mitochondrial control region of two species of Plecoptera: Utility of tandem repeat-containing regions in studies of population genetics and evolutionary history

［J］. Insect Mol Biol, 2002, 11（6）: 605-610.

［82］Seabra S G, Pina-Martins F, Marabuto E, et al. Molecular phylogeny and DNA barcoding in the meadow-spittlebug *Philaenus spumarius*（Hemiptera, Cercopidae）and its related species［J］. Mol Phylogenet Evol, 2010, 56（1）: 462-467.

［83］Simon C, Buckley T R, Frati F, et al. Incorporating molecular evolution into phylogenetic analysis, and a new compilation of conserved polymerase chain reaction primers for animal mitochondrial DNA［J］. Annu Rev Ecol Evol S, 2006, 37（1）: 545-579.

［84］Simon C, Frati F, Beckenbach A, et al. Evolution, weighting and phylogenetic utility of mitochondrial gene sequences and a compilation of conserved polymerase chain reaction primers［J］. Ann Entomol Soc Am, 1994, 87（6）: 651-701.

［85］Solignac M, Monerot M, Mounolou J C. Concerted evolution of sequence repeats in Drosophila, mitochondrial DNA［J］. J Mol Evol, 1986, 24（1-2）: 53-60.

［86］Stamatakis A. RAxML version 8: A tool for phylogenetic analysis and post-analysis of large phylogenies［J］. Bioinformatics, 2014, 30（9）: 1312-1313.

［87］Talavera S, Muñoz-Muñoz F, Verdún M, et al. Morphology and DNA barcoding reveal three species in one: Description of *Culicoides cryptipulicaris* sp. nov. and *Culicoides quasipulicaris* sp. nov. in the subgenus Culicoides［J］. Med Vet Entomol, 2017, 31（2）: 178-191.

［88］Tamura K, Peterson D, Peterson N, et al. MEGA5: Molecular evolutionary genetics analysis using maximum likelihood, evolutionary distance, and maximum parsimony methods［J］. Mol Biol Evol, 2011, 28（10）: 2731-2739.

［89］Taylor M F, McKechnie S W, Pierce N, et al. The lepidopteran mitochondrial control region: Structure and evolution［J］. Mol Biol Evol, 1993, 10（6）: 1259-1272.

［90］Timmermans M J, Barton C, Haran J, et al. Family-level sampling of mitochondrial genomes in coleoptera: Compositional heterogeneity and phylogenetics［J］. Genome Biol Evol, 2015, 8（1）: 161-175.

［91］Versteirt V, Nagy Z T, Roelants P, et al. Identification of belgian mosquito species（Diptera: Culicidae）by DNA barcoding［J］. Mol Ecol Resour, 2015, 15（2）: 449.

［92］Ward R D, Zemlak T S, Innes B H, et al. DNA barcoding Australia's fish species［J］. Philos Trans R Soc Lond B, 2005, 360（1462）: 1847-1857.

［93］Williams P, Brown M F, Carolan J, et al. Unveiling cryptic species of the bumblebee subgenus *Bombus s. str.* worldwide with CO Ⅰ barcodes（Hymenoptera: Apidae）［J］. Syst Biodivers, 2012, 10（1）: 21-56.

［94］Wolstenholme D R, Clary D O. Sequence evolution of *Drosophila* mitochondrial DNA［M］. New York: Springer New York, 1983.

[95] Xiao B, Chen A H, Zhang Y Y, et al. Complete mitochondrial genomes of two cockroaches, *Blattella germanica* and *Periplaneta americana*, and the phylogenetic position of termites [J]. Curr Genet, 2012, 58(2): 65-77.

[96] Yamauchi M M, Miya M U, Nishida M. Use of a PCR-based approach for sequencing whole mitochondrial genomes of insects: Two examples (cockroach and dragonfly) based on the method developed for decapod crustaceans [J]. Insect Mol Biol, 2004, 13(4): 435-442.

[97] Ye F, Lan X E, Zhu W B, et al. Mitochondrial genomes of praying mantises (Dictyoptera, Mantodea): Rearrangement, duplication, and reassignment of tRNA genes [J]. Sci Rep, 2016, 6: 25634.

[98] Yue H, Yan C, Tu F, et al. Two novel mitogenomes of Dipodidae species and phylogeny of Rodentia inferred from the complete mitogenomes [J]. Biochem Syst Ecol, 2015, 60: 123-130.

[99] Yue Q, Wu K, Qiu D, et al. A formal re-description of the cockroach *Hebardina concinna* anchored on DNA Barcodes confirms wing polymorphism and identifies morphological characters for field identification [J]. PLoS One, 2014, 9(9): e106789.

[100] Zhang D X, Hewitt G M. Insect mitochondrial control region: A review of its structure, evolution and usefulness in evolutionary studies [J]. Biochem Syst Ecol, 1997, 25(2): 99-120.

[101] Zhang D X, Szymura J M, Hewitt G M. Evolution and structural conservation of the control region of insect mitochondrial DNA [J]. J Mol Evol, 1995, 40(4): 382-391.

[102] Zhang G F, Meng X Q, Min L, et al. Rapid diagnosis of the invasive species, *Frankliniella occidentalis* (Pergande): A species specific CO I marker [J]. J Appl Entomol, 2012, 136(6): 410-420.

[103] Zhu X C, Chen J, Chen R, et al. DNA barcoding and species delimitation of Chaitophorinae (Hemiptera, Aphididae) [J]. Zookeys, 2017, 656: 25-50.

[104] Zuker M. Mfold web server for nucleic acid folding and hybridization prediction [J]. Nucleic Acids Res, 2003, 31(13): 3406-3415.

第二章　美洲大蠊全基因组测序、组装与注释

昆虫作为世界上最大的动物群体，具有丰富的物种多样性。随着测序技术的飞速发展，目前已经完成了6500多种昆虫纲基因组组装。昆虫基因组学已经成为昆虫学领域发展迅速的前沿分支。近年来，我国在功能基因组、进化基因组、生物信息学和基因组编辑等领域迅速发展（侯丽等，2017）。

自黑腹果蝇基因组在2000年公布之后（Adams等，2000），昆虫学研究进入了一个全新的领域。昆虫基因组时代的到来，为昆虫学研究提供了新的动力。由于二代测序技术的成熟和三代测序技术的应用，测序费用的大幅下降及各类组装软件的更新，很多实验室有能力加入昆虫基因组研究，大量的昆虫基因组测序得以完成。

2004年Group等完成了家蚕（*Bombyx mori*）基因组测序，对家蚕的激素调节和免疫相关基因进行了分析，由于家蚕具有很高的经济价值，因此2008年科研人员再次对家蚕基因组进行测序分析，得到了更为准确的基因预测结果，在此基础上与脊椎动物基因进行同源性分析，发现了部分与脊椎动物非同源的基因，并且分析得出家蚕在驯化过程中通过基因水平转移，得到了呋喃果糖苷酶基因。这也就解释了为何家蚕能够降解桑树叶中的有毒生物碱。蜜蜂（*Apis mellifera*）与人类生活息息相关，因此在2006年便有科研团队完成了蜜蜂基因组测序（Consortium，2006），并发现蜜蜂具有较多的嗅觉受体基因，这也暗示蜜蜂具有很强的化学信号识别能力，用于感受花香和识别同伴。除此之外，体虱（Kirkness等，2010）、豌豆蚜（Davis，2010）、褐飞虱（Xue等，2014）和臭虫（Benoit等，2016）等昆虫基因组测序也相继完成。在这些基因组当中，科研人员或是解释了物种起源进化问题，或是解答了某个物种专一食性的适应性和耐药性产生、共生等问题。

目前完成的昆虫基因组计划具有以下特点：基因组较小，杂合度低，易组装，并且除少数几个基因组外，其余的组装效果不理想。但也有一些超大基因组和高杂合度昆虫基因完成测序，如2014年公布的东亚飞蝗（*Locusta migratoria*）全基因组（Wang等，2014），通过对其研究，科研人员发现了在东亚飞蝗基因组中有55个新的基因家族，并通过基因组分析对飞蝗长距离迁徙行为进行了一定的阐释。但NCBI所注册的昆虫基因组计划数量远高于公布的昆虫基因组数量及已发表文章数量，很大程度上是由于大多数昆虫基因组复杂程度高，基因组拼接无法得到可靠的参考基因组序列，因而无法完成后

续基因组分析计划。

基因组大小是物种重要的基本生物学属性。基因组大小指成熟细胞内单倍体DNA含量的总和，常用C值（C value）表示，单位为pg（Picogram），1pg的基因组约等于978Mb的DNA序列。昆虫种类繁多，不同的昆虫间基因组的大小也具有十分显著的差异（Xue等，2009），可以通过多种方法来估算物种的基因组大小，如流式细胞仪测定法、光密度测定法和紫外线显微镜法等，当然也可以通过测序的方法进行分析。动物基因组大小数据库（Animal Genome Size Database）提供了大约1万种动物的基因组大小的数值，其中包括约2000条昆虫基因组大小记录，基因组最小的昆虫为双翅目的海滨摇蚊（*Clunio tsushimensis*），其基因组大小约68.5Mb，最大的为直翅目的斑腿蝗（*Podisma pedestris*），其基因组大小约为16.6Gb，两者相差242倍左右（丛宇阳等，2019）（表2-1）。

表2-1 昆虫基因组大小统计

目	物种数量	C值（pg）
石蛃目（Archaeognatha）	8	2.49~3.89
蜚蠊目（Blattodea）	26	1.05~5.15
鞘翅目（Coleoptera）	266	0.16~5.02
革翅目（Dermaptera）	1	0.53
双翅目（Diptera）	297	0.07~1.90
纺足目（Embiidina）	1	2.66
蜉蝣目（Ephemeroptera）	1	0.69
半翅目（Hemiptera）	75	0.18~7.01
膜翅目（Hymenoptera）	213	0.10~1.38
鳞翅目（Lepidoptera）	85	0.23~1.94
螳螂目（Mantodea）	5	2.92~4.53
长翅目（Mecoptera）	1	2.06
蜻蜓目（Odonata）	113	0.37~2.36
直翅目（Orthoptera）	49	1.55~16.93
节竹虫目（Phasmida）	11	1.95~8.00
虱目（Phthiraptera）	2	0.11
蚤目（Siphonaptera）	1	0.47
捻翅目（Strepsiptera）	2	0.11~0.13
缨翅目（Thysanoptera）	4	0.32~0.49

续表

目	物种数量	C值（pg）
缨尾目（Thysanura）	1	3.09
缺翅目（Zoraptera）	1	1.89

注：该表是基于动物基因组大小数据库的统计结果。基因组大小（Gb）=pg×978。

昆虫分布范围广，对环境适应性强，是研究基因组大小的最佳对象。昆虫基因组大小的变化是一个复杂的过程，是基因组序列丢失和获得的平衡，与转座子和微卫星序列的扩增和收缩有着密切的关系。基因组大小变化对昆虫的表型特征产生了重要的影响，但影响的程度和关系在不同的种群间有明显的差异，目前尚未总结出明显的规律特征，表现出一定的随机性。总体上，昆虫基因组大小的变化属于进化适应模型，现代昆虫基因组的大小是适应环境选择压力的进化结果（Cong等，2022）。部分亲缘关系相近的昆虫的基因组大小差异较大。有研究表明，昆虫纲的祖先基因组大小约为1Gb，绝大多数现代昆虫经历了较为频繁的基因组收缩与扩张，导致基因组大小发生了明显的变化。完全变态昆虫的基因组大小显著小于不完全变态昆虫。基因组的大小与各类重复序列元件数量，以及基因内含子长度等因素相关（Adamowicz，2003；Gregory，2004；Boulesteix等，2006）。当然这样的大小变化也受到自然选择压力的制衡，如研究发现社会性昆虫基因组一般较小，这样的结果可能是由于基因组大小变化与自然选择压力有关（Koshikawa等，2008）。研究还发现，基因组大小与昆虫个体大小没有明显的关联（Spagna等，2008），但与昆虫发育时间存在着某种联系（Koshikawa等，2008）。基因组大小的变化对于生物的意义不是十分明确，但是可以猜测这样的变化为生物体的环境适应能力和种群的优化提供了遗传信息（Petrov，2001）。

随着基因组研究的不断深入，昆虫功能基因组学（Functional genomics）发展也非常迅速，在转录组学、蛋白质组学、代谢组学、表观基因组学和基因编辑等各个方面都取得了一系列成果。功能基因组学又被称为后基因组学（Postgenomics），是利用结构基因组所提供的信息和产物，应用新的实验手段，通过在基因组或系统水平上全面分析基因的功能，使得生物学研究从对单一基因或蛋白质的研究转向对多个基因或蛋白质同时进行系统的研究。这是在厘清基因组静态的碱基序列之后转入对基因组动态的生物学功能学研究。研究内容包括基因功能发现、基因表达分析及突变检测，基因表达谱和转录组分析已经成为功能基因组学研究中最为常用的技术手段，为理解生物学现象提供了海量的信息。

蛋白质组学是一门大规模、高通量、系统化研究某一类型细胞、组织或体液中的所有蛋白质组成及其功能的新兴学科。蛋白质组学分析是对蛋白质翻译和修饰水平等研究的一种补充，是全面了解基因组表达的一种必不可少的手段。

代谢表型是生物表型的一种直接体现，某一时空节点下生物体液中代谢物的定性与定量信息能反映生命体当下的生理状态。因此，代谢组学在复杂生命科学问题研究中表现出广泛的应用价值。

表观遗传现象指基因表达发生改变但不涉及DNA序列的变化，能够在代与代之间传递。表观基因组学是从基因组水平来研究表观遗传现象的规律和机制，尤其是在DNA和组蛋白修饰、非编码RNA（ncRNA）等方面，是当前研究的重点。有关昆虫表观基因组学的工作，多在果蝇和社会性昆虫如蜜蜂、蚂蚁中开展，并取得一系列重要进展。

昆虫基因组学相关研究发展迅速。随着"i5K""1KITE"等国际昆虫基因组测序计划，以及蜂类基因组测序计划、500种社会性昆虫测序计划等的不断深入，昆虫基因组学研究发生了前所未有的深刻变化。这不仅为机制研究提供了序列基础，也使我们能从更全局的角度认识昆虫生命活动规律。特别是在基因组学和转录组学的基础上，通过基因功能的研究和挖掘，应用CRISPR-Cas9介导的基因组定点编辑技术和基因RNAi技术，将使害虫的防制和资源昆虫的利用发生革命性的变化。

第一节 美洲大蠊全基因组测序与质量控制

从确定DNA为生命遗传物质与发现DNA双螺旋结构之后，人类便进入了探索遗传序列信息的时代。1975年，Sanger博士发明了链终止法，Maxa博士发明了链降解法，第一代测序技术产生，开启了基因组测序时代。其后在技术需求之下，具有更快速度和更低价格的二代测序技术产生。二代测序技术的推广与大规模运用，对于生命科学研究具有重要意义。正是在二代测序技术的帮助下，数以百计的物种基因组信息得以展现于世人面前。虽然二代测序技术具有很多优点，但二代测序技术的一些弊端影响了基因组的组装与分析质量，如片段过短、PCR造成的测序错误等。这些问题在昆虫基因组学研究中表现得尤为明显，以scaffold N50为例，除了少数几个物种可以组装超过1Mb的片段，其他多数组装效果不理想。三代测序技术也许能够成为解决这一问题的方法之一。

二代测序技术很难解决一些高度杂合物种的基因组测序问题，而三代测序技术价格昂贵，因此有的研究开始采用二代和三代测序技术相结合的方法获取高质量的基因组学数据。本研究也采用了二代和三代测序技术相结合的方法对美洲大蠊基因组进行测序。

一、材料与方法

在以往对昆虫基因组进行的研究中，选择测序样本的方式有两种：一种是依照性别的确定机制，选择适当的雄性或雌性个体进行测序；另一种则是通过亲代间的自交，产生纯合个体，这样的方式往往需要进行数代自交，获得的样本才能用于基因组测序，并且效果不一定理想，适用于繁殖周期较短的物种。由于美洲大蠊从受精卵到性成熟最短也需要170天左右，因此在样本选择过程中并没有对其进行自交产生纯合个体，而是主要对雌性或雄性个体进行选择。

性别的决定机制多种多样，有学者将这些机制分为3种类型：第一类为合子型，由遗传差异决定性别；第二类为母代型，由母体决定性别；第三类为环境型，由环境条件决定性别（Sanchez，2008）。

在传统认知上，绝大多数物种性别的决定依靠X和Y染色体，当核型为XY时为雄性，当核型为XX时则为雌性。这也是最为人们所熟知的性别决定机制，哺乳动物和部分昆虫都是采用这样的机制决定性别。还有一种性别决定机制即Z-W型，当核型为ZZ时为雄性，当核型为ZW型时则为雌性。这样的性别决定机制在鸟类和鳞翅目昆虫中较为常见。此外，还有通过性指数、性染色体比例、染色体组倍数、性染色体数目和X染色体是否杂合等决定性别，这些都是由染色体决定性别的机制，即所谓的合子型。

美洲大蠊所属的蜚蠊目昆虫，性别决定机制主要取决于染色体，其中性染色体数目决定了昆虫的性别。

本研究中，测序用美洲大蠊样本由四川好医生攀西药业有限责任公司提供。这些样本由该公司在四川省西昌市建立的药用美洲大蠊养殖基地培育。由于美洲大蠊是世界性害虫，其体表携带有多种致病微生物，同时其肠道还有许多的共生菌群，为了尽可能地减少测序产生的污染序列，我们也需要对这些致病微生物和共生菌群做一定的处理。

（一）样本处理

四川好医生攀西药业有限责任公司提供3只美洲大蠊雄成虫，在对其翅膀、附肢等消毒之后，去除消化道。3只美洲大蠊分别编号AC1、AC2和AC3，并立即放入干冰中，其后送往杭州和壹基因科技有限公司进行核基因提取、测序文库构建及全基因组测序。

（二）测序文库构建及全基因组测序

所有测序的样本，利用专用的DNA试剂盒提取核DNA，并经过质量检测合格之后，分别用于二代测序和三代测序。

在二代测序中，提取到的核DNA被用于构建多个不同的长片段文库（long insert library）和短片段文库（short insert library）。其中AC1被用于构建3个短片段文库，插入片段长度分别为250bp、500bp和800bp，此外还构建了2个长片段文库，插入片段长度分别为2kb和5kb。AC2和AC3则分别被用于构建2个长片段文库，插入片段的长度为10kb和20kb（表2-2）。

表2-2 构建文库样本信息

文库类型	插入片段长度	建库数量	样本编号	基本信息
短片段文库	250bp	4		
短片段文库	500bp	6		
短片段文库	800bp	3	AC1	
长片段文库	2kb	6		雄成虫
长片段文库	5kb	6		
长片段文库	10kb	8	AC2	
长片段文库	20kb	4	AC3	
合计		37		

利用HiSeq2000测序平台进行测序，该测序平台相较于上一代测序技术具备更高准确性和更长的读区，以及相对便宜的价格。测序流程如下。

1．文库制备。将提取到的DNA片段化，通过聚合酶、核酸外切酶的作用将DNA片段与Illumina测序接头连接。

2．DNA簇的生成。带接头的单链DNA片段与测序通道上的接头相结合形成桥状结构，其后加入模板分子，用于后续的扩增。

3．测序。测序仪通过捕捉每次延伸加入脱氧核糖核苷三磷酸（dNTP）所释放的荧光，通过计算机软件的处理，从而获得DNA序列信息。

4．测序数据处理。在测序时，PCR扩增和测序过程中荧光信号的干扰等因素会造成一些测序错误。在完成初步测序后，需要过滤掉低质量与错误测序数据，从而获得高质量的序列用于后续分析。通过这样的二代测序，尽可能覆盖美洲大蠊所有的基因序列。

为了获得高质量的组装结果，除了传统的二代测序，美洲大蠊基因组也采用了三代测序技术，所得到的数据用于辅助基因组组装。二代测序建库剩余的DNA样本，利用目前主流的三代测序仪器（由PacBio公司生产的SMRT测序平台）进行三代测序。该测序平台可在原始DNA不被破坏的情况下，最长读长超过10kb，测序速度较快，可达到10个dNTP/s。但是该测序技术的弊端是错误率相对较高，而且出现错误的区域是完全随机的，并且不存在类似二代测序错误的偏向性问题。为了纠正这样的测序错误带来的影响，需要进行多次测序，并结合二代测序数据进行纠错。

（三）原始数据过滤

HiSeq 2000测序平台测序得到的最初文件是一些原始的图像文件，需要经过专业的碱基识别软件处理才能转化为fastq格式的序列文件。fastq格式的序列文件中一条序列一般包含4列：第一列以"@"开头为序列识别符；第二列为碱基序列；第三列为"+"，无实际意义；第四列为对应碱基测序质量。最开始得到的fastq文件便是原始序列数据（raw data）。

由于测序过程中荧光衰弱造成干扰，常常会出现一定的测序错误。为了避免测序平台造成的测序错误，可建立一定的条件对得到的原始数据进行过滤，从而得到高质量的测序数据，用于后续基因组的预估与基因组分析。本研究中设置了以下5个条件对二代测序数据进行过滤：

1．reads中N碱基占比达到或者超过5%，或者Poly A占到reads一定比例。
2．reads中低质量测序碱基含量超过40%。
3．reads中包含了接头序列。
4．成对的reads中有重叠部分的，重叠片段超过10bp，并且错配碱基个数小于3。
5．完全相同的reads。

对满足上述5个条件其中之一的reads都予以去除，同时对reads读长为150（PE150）的数据，去除头部5bp、尾部20bp低质量的测序数据，以保证序列质量的可靠性。

二、结果

二代测序原始统计结果如表2-3所示。在二代测序过程中，共7个类型的长短片段文库被构建用于美洲大蠊全基因组测序。其中，共构建了3个类型短片段文库，插入片段长度分别为250bp、500bp、800bp，共计13个库，其中250bp文库4个、500bp文库6个（PE150和PE250分别构建了4个和2个）、800bp文库3个，统计所有短片段文库共测得854.8Gb的原始数据量，预估测序深度达到267.13×；构建4个类型的长片段文库，插入片段长度分别为2kb、5kb、10kb和20kb，总共构建24个文库，包括2kb和5kb文库各6个、10kb文库8个、20kb文库4个，统计所有长片段文库共测得约2.1Tb的数据量，预估测序深度达到651.12×。在整个二代测序过程中，我们共构建了37个长短片段文库，共计得到2.9Tb数据量，预估测序深度超过900×。

表2-3 二代测序各文库原始测序量统计

文库类型	插入片段长度	建库数量	reads数量	数据量（Gb）	测序深度（×）	reads长度（bp）
短片段文库	250bp	4	1 823 346 670	273.4	85.44	150
短片段文库	500bp	6	2 397 712 104	409.4	127.94	150/250
短片段文库	800bp	3	1 146 407 272	172	53.75	150
长片段文库	2kb	6	4 195 882 914	610.78	190.87	150
长片段文库	5kb	6	4 270 124 726	640.6	200.19	150
长片段文库	10kb	8	2 953 387 300	443.2	138.5	150
长片段文库	20kb	4	2 593 450 460	389	121.56	150
合计		37	19 380 311 446	2938.38	918.24	

此外，通过三代测序SMRT测序平台，共获得了34.96Gb的三代原始数据，最大测序长度达到了51kb，预估测序深度10×（表2-4）。

表2-4 三代测序数据统计

Lib	Reads数量	Size_bd（Gb）	N50（bp）	最大测序长度（bp）	GC含量（%）
20kb	5 031 601	34.96	9 664	51 878	0.36

由于这些原始数据中包含有大量的错误测序数据，以及在二代测序中，每个read头端和尾端有较高的错误率，因此在这些原始数据的基础上，对满足过滤条件的reads数据进行删除，最终得到用于美洲大蠊基因组组装的数据。二代测序数据过滤之后的统计结果如表2-5所示。二代测序获得的2.9Tb原始数据经过滤后，剩余1.4Tb的clean数据用于美洲大蠊全基因组组装，预估测序深度超过400×，其中用于组装初始连续（contig）序列的数据量超过660Gb，预估测序盖深度达到200×。

表2-5 二代测序clean数据量统计

文库类型	插入片段长度	建库数量	reads数量	数据量（Gb）	测序深度（×）	reads长度（bp）
短片段文库	250bp	4	1 686 062 159	206.6	64.56	125
短片段文库	500bp	6	2 169 311 346	332.2	103.81	125/250
短片段文库	800bp	3	1 031 073 930	129	40.31	125
长片段文库	2kb	6	2 480 343 884	299.18	93.49	125
长片段文库	5kb	6	1 692 805 598	211.8	66.19	125
长片段文库	10kb	8	1 266 484 200	158.32	49.48	125
长片段文库	20kb	4	722 249 142	90.3	28.22	125
合计		37	11 048 330 259	1427.4	446.06	

同时，33.81Gb的三代数据也被保留用于后续基因组的组装分析，这些三代数据的统计信息如表2-6和图2-1所示。统计信息显示，过滤之后共5 012 701条reads被保留，这些reads长度皆大于1.5kb，N50为9.4kb，GC含量约占36%，预估测序深度10×。

表2-6 三代测序clean数据量统计

Lib	Reads数量	Size_bd（Gb）	N50（bp）	最大测序长度（bp）	GC含量（%）
20kb	5 012 701	33.81	9 454	51 878	0.36

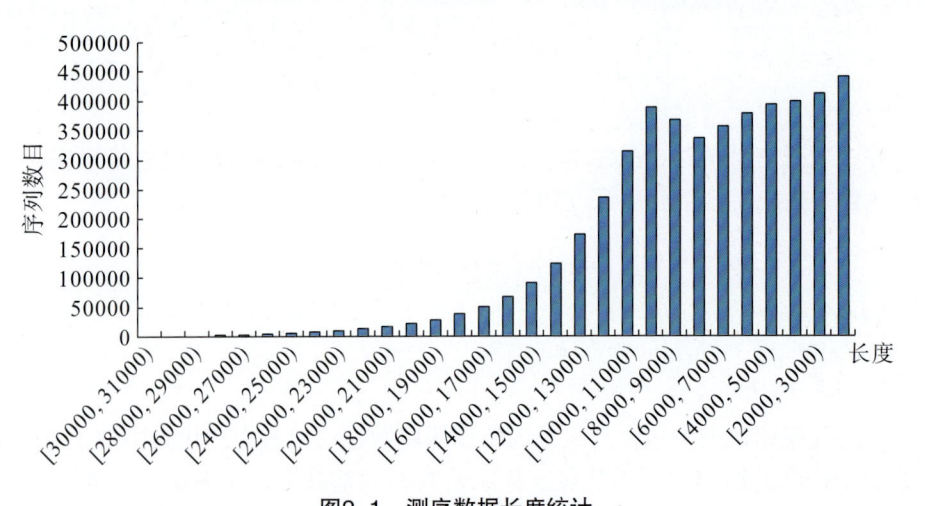

图2-1 测序数据长度统计

三、讨论

在整个测序过程中我们共获得19 380 311 446条二代测序reads，同时获得5 031 601条三代测序reads，这些原始数据预估测序深度分别达到918×（二代数据）和10×（三代数据）。过滤之后，保留下11 048 330 259条二代测序reads和5 012 701条三代测序reads，用于美洲大蠊基因组组装的数据量分别为1.4Tb和33.81Gb，过滤率达到51%。这表明测序效果不佳，大量测序reads为低质量reads，不适用于基因组组装。最终用于基因组组装的数据量测序深度超过400×。

我们比较了目前已经发表的几种节肢动物基因组的测序方法，由于该类群基因组复杂程度较高，类似于鸟类或者哺乳动物类的建库方法并不能完全适用于这个种群，因而不同物种的测序往往采用了不同的测序方法。例如，在臭虫基因组（Babb等，2017）中仅采用HiSeq 2000测序平台，而在金丝蜘蛛基因组（Babb等，2017）中不但使用了HiSeq 2000和HiSeq 2500测序平台，甚至使用了MiSeq测序平台。针对不同的物种所构建的长短片段文库存在差异，对于比较简单的物种构建短片段文库（180bp、250bp）和长片段文库（3kb、8kb）两个文库，但针对杂合情况比较严重的物种，不但需要构建传统测序的180bp、250bp、5kb和10kb文库，还需要构建其他类型的文库。例如，在最近发表的金丝蜘蛛基因组当中便利用HiSeq 2000测序平台测序插入片段为400bp、11kb、13kb、16kb和17kb的文库，再利用MiSeq测序平台再次测序400bp、11kb、13kb、16kb和17kb文库。在飞蝗基因组中，为了构建更加准确的基因组序列，甚至在文库构建过程中构建了插入片段为40kb的超长片段文库。针对测序深度的要求，不同物种的测序深度也不同，比较低的有二斑叶螨（*Tetranychus urticae*），仅测8.6×深度的数据量大小，测序深度比较高的有东方钳蝎（Cao等，2013），超过248×。在本次研究过程中，美洲大蠊全基因组测序共构建了7个类型文库，包括250bp、500bp、800bp、2kb、5kb、10kb和20kb，就已发表的节肢动物基因组测序来看，建库种类比较全面，测序共产生的原始数据量达到了2.9Tb，预估测序深度超过900×。在对原始数据过滤之后，用于基因组组装的数据量也达1.4Tb，预估测序深度达到446×。

本研究所采用的测序平台，也是在基因组研究计划中最常使用的、最成熟的HiSeq 2000测序平台。在测序深度比较上，美洲大蠊基因组测序深度已超过400×，是目前测序深度较高的物种之一。

第二节　美洲大蠊基因组组装与评估

目前基因组测序采用的鸟枪法，是将DNA小片段化来进行测序，所获得的测序数据皆为较小片段序列。以本研究中测得的数据为例，二代测序数据读长分别为150bp或者250bp，三代测序最长读长也才51kb，都远未达到基因组分析的要求。基因组组装是继测序之后基因组分析过程中关键的一步。基因组组装策略需要综合考虑测序平台、文库类型、测序读长及测序数据量不断进行优化（Richards等，2015），从而得到最佳的组装效果。

基因组组装可分为两种方式：第一种是在有参考序列的前提下，基于reads间的重叠及比对参考序列上的位置关系从而进行的组装；第二种是单纯基于测序reads间的重叠信息进行的从头（*De novo*）组装。适用于第二种方式的算法包括OLC算法、基于图论的DBG算法和String graph算法。

OLC算法适用于较长片段的组装，目前开发的软件包括Assembler、Newbler、Edena等。黑腹果蝇（*Drosophila melanogaster*）基因组组装就是基于这种算法，包括以下3个步骤。

1. reads间的比对，找出其中的重叠信息。
2. 构建contig序列：根据reads间重叠片段的组合关系，构建初始的contig序列。
3. 根据初始contig序列的质量结果，找出其中最重的质量路径，并获得相应的组装结果，用于后续的分析。

基于图论的DBG算法适用于二代测序reads数据的组装，早期仅运用于细菌类基因组的组装，到了后期基于SOAPdenovo、Allpath等软件的顺利开发，才运用到各种动植物基因组的组装。目前已公布的基因组数据大多都是基于DBG算法进行组装的，如东亚飞蝗、金丝蜘蛛等。

String graph算法也是基于reads重叠关系进行的，但是需要对重叠大小进行设置，从而生成长短不一的序列。String graph算法也有利于组装散列重复序列，目前基于这个算法的软件有SSAKE、VCAKE等。

不同的物种采用不同的测序方案，再采用不同的算法完成组装，当完成基因组组装之后，再利用现有的数据对组装质量进行评估。在本研究的基因组组装过程中，经过测序和数据过滤得到最后用于美洲大蠊组装的1.4Tb二代测序数据和33.81Gb三代测序数据。然后通过k-mer分析对美洲大蠊基因组大小、杂合情况和GC含量等进行分析，结果用于后续指导组装。由于目前没有可用的美洲大蠊基因组序列提供参考，因此在本研究中采用从头组装的方式进行美洲大蠊全基因组组装。由于重复序列的存在，reads间的关系变得非常复杂，通过重叠比较最终构建Graph，其后从Graph中得到最优路径，从而得到最初的contig序列，进一步延伸contig序列的长度，达到平常分析所使用的scaffold序列水平。通常评估的内容包括了GC含量、测序深度和基因覆盖度。关于这些方面的评估，主要是从组装版本的完整性、正确性、拼接长度、是否存在污染序列等几个方面对组装效果进行评价，用以判断其是否适用于后续基因组学的分析。

一、分析方法

（一）k-mer分析

为了了解美洲大蠊基因组的一般特征，利用过滤之后的高质量reads，采用k-mer分析（Liu等，2013）对美洲大蠊基因组大小、重复率和杂合度进行预先分析。

所谓的k-mer分析就是在序列当中以k为单位迭代地选取序列，当序列长度为L时，能够得到$L-k+1$个k-mer。具体分析原理：首先对测序物种做低深度测序，获得基因组序列信息。然后以长度为k对所有的测序序列进行迭代（序列以k为单位，每次滑动1bp迭代的滑动，每次得到的序列就是k-mer）。最后分别统计每个k-mer出现的次数，以及k-mer总数（k-mer_num），用k-mer出现的次数与k-mer的种类构建k-mer分布曲线，用于确定峰值（Peak_depth）。基因组的大小等于k-mer总数除以峰值（Genome_size=k-mer_num/Peak_depth）。

当基因组中没有重复序列或者杂合（所谓的杂合度指同源染色体间存在的差异）时，每个k-mer只可能出现一次。但这样的理想状态是不存在的，在实际检测过程中，由于杂合情况和重复序列的存在，对应k-mer出现的次数是不一定的，通过贝叶斯模型，分析k-mer次数与测序深度之间的关系，可以进行修正，从而反映研究物种的杂合度及重复序列含量情况。一般而言，影响k-mer分布曲线的两大因素是杂合度及重复序列。当所研究的基因组中杂合位点的数量足够多时，在k-mer分布曲线上将会出现2个峰值，一个为杂合峰，另一个为正常峰，且杂合峰的峰值为正常峰的一半左右，意味着所研究的物种杂合度高。

本研究使用Jellyfish软件（Marçais等，2011）对过滤后的二代测序reads进行k-mer分析，用于分析美洲大蠊基因组的杂合度和重复序列含量等问题，k值取17。

（二）基因组组装

通过对美洲大蠊基因组的预估，确定该物种基因组较大，而且重复序列偏多，杂合度高于0.5%，属于高度杂合物种。由于大量重复序列的存在，reads间的关系变得非常复杂，不利于整个基因组的组装拼接。本研究分别采用不同的软件分段组装，从而获得最后的基因组序列。具体思路：第一步，利用短片段文库组装初步可用的contig序列。第二步，由于组装中出现的大量冗余，以及错误的contig序列，因此对得到的初始contig序列进行去冗余。第三步，利用长片段文库构建scaffold序列。第四步，利用二代测序数据和三代测序数据进行补洞和纠错，同时对这些scaffold序列进行延伸。第五步，由于大量断裂基因的存在，利用已公布的美洲大蠊转录组数据，对得到的基因组数据进行连接，并衍生scaffold序列；再次利用原始数据填补scaffold序列中存在的空隙。

基因组组装的具体步骤如下。

1. contig序列构建：在这一步利用二代测序得到短片段文库中的250bp文库和h500B_PE250文库，采用DISCOVAR软件（Love等，2016）进行组装。该软件可以利用长度为250bp的reads与参考基因组进行比对，从而进行基因组组装，但也能在没参考基因组的情况下进行基因组的从头组装。

2. contig去冗余：由于美洲大蠊高度的杂合性及重复序列偏多，造成组装过程中产生的contig序列出现一些冗余和错误，因此需要对得到的初始contig序列去冗余。本研究基于k-mer分析，去除可能的冗余及错误序列，即利用k-mer分析结果，找出其中的unique k-mer信息，然后利用杭州和壹基因科技有限公司开发的软件去除那些冗余的序列。

3. scaffold序列构建：前面得到了去冗余之后的contig序列，这些contig序列基本包含了美洲大蠊所有基因片段，但绝大部分都断裂在不同的contig序列中，需要将这些contig序列进一步连接起来构建成scaffold序列。在这一步中主要使用BESST软件（Sahlin等，2014、2016）。BESST软件专门用于将contig序列进一步组装为scaffold序列，和其他几种软件如Abyss（Nielsen等，2009）、SSPACE（Boetzer等，2014）等相比，其错误率较低，更适应于这种高度杂合物种的基因组组装。在这一步当中我们选用部分短片段文库和长片段文库来构建scaffold序列，包括h450B_PE150、800bp、2kb、5kb、10kb和20kb文库。首先使用能够将差异度较小的序列比对到一个较大的参考基因组上的BWA软件，将这些长短文库的reads序列比对回已经去冗余的contig序列上，然后基于比对结果，使用BESST软件基于关系对早前组装的contig序列进行拼接，从而构建得到更长的scaffold序列。

4. 补洞：通过以上三个步骤得到的scaffold序列中间存在部分的空隙，为了使组装的序列更加完整，利用二代测序的短片段文库数据的双末端之间的配对关系连接contig序列，并利用测序数据与已组装的contig序列之间的覆盖关系，对contig序列之间的空隙进行补洞，从而延长contig序列。除此之外，我们也利用三代测序数据进一步延长contig序列。由于三代测序存在较高的错误率，首先需要对三代测序的原始数据进行筛选，找出其中高质量和读长较长的片段，再用这些片段补洞并延长scaffold序列。

5. 基于转录组数据的scaffold序列进一步延长：由于美洲大蠊的高度杂合性，采用从头组装的基因组，不能够完全排除断裂基因的存在，即基因断裂在不同的scaffold序列当中无法连接起来，这样对于后续分析十分不利。为尽可能地减少这样的情况，需要采用其他策略在后期对scaffold序列做进一步的连接，以保证基因尽可能完整。在以往的研究当中，已经得到了美洲大蠊一龄、二龄、成虫等个体的转录组数据，以这些转录组数据为参考，进一步延伸得到scaffold序列。这样也可以使部分断裂在几个scaffold序列当中的基因片段整合于一个scaffold序列当中，有利于保证基因的完整性，便于后续的分析。在这个步骤当中使用SCUbat软件（Zhu等，2016）进行scaffold序列的延伸，首先将所有的转录组数据与得到的scaffold序列利用blat进行比对，之后SCUbat软件利用blat比对的结果确认scaffold序列之间的关系，将那些有关联的scaffold序列连接起来。

（三）GC含量分析

GC含量分析常用于检测某个基因组的GC是否有明显的偏向，同时也用于检测样本和测序过程有无受到其他物种基因组的干扰。在一般情况下，一个物种GC含量区域分布在一个相对集中的区域，在GC含量明显偏高或偏低的区域，其测序深度相较于主区有明显的差异（一般而言是测序深度偏低）。如果GC含量偏高或偏低区域的测序深度异常，意味着组装完成的基因组中存在着其他物种的基因组信息，即污染序列。在本研究中，基于BWA-MEM比对将二代测序数据过滤后剩余reads比对到已组装完成的基因组上，用以获得测序深度。随后以10kb为窗口，在基因组序列上无重复地迭进，计算每个窗口的平均测序深度与GC含量，并做出GC含量点状图，用于分析美洲大蠊基因组中污染序列的情况。

（四）测序深度分析和基因覆盖度分析

在基因组组装完成之后，还需要进行测序深度分析。在这个步骤的分析中将短片段文库reads利用BWA软件比对回组装好的基因组上，然后利用soap.coverage软件统计相关的结果，同时统计各个短片段文库reads比对情况。最后利用R软件包做出测序深度分布图。

利用bowtie2（Langmead等，2012，采用local模式），将本研究前期已测序的美洲大蠊雄虫转录组reads比对回基因组。同时从NCBI上下载美洲大蠊表达序列标签（expressed sequence tags，EST）5315条，利用blat软件将其比对回到美洲大蠊基因组上，通过分析EST和转录组比对回美洲大蠊基因组的长度，分析该版本基因的完整性。

（五）BUSCO评估

BUSCO软件（Simão等，2015）是一个十分强大的软件，不仅可以评估基因组的完整性，也可以评估转录组数据的完整程度，使用也比较方便，目前已经取代了Cegma（Parra等，2007）软件（依照真核生物保守的248个基因做评估），成为基因组组装评估的主要软件。BUSCO软件的原理很简单。在物种当中存在一些保守性很高的基因，即单拷贝基因，BUSCO软件收集这些单拷贝基因，检测目标基因组或者转录组中这些基因的完整性，从而从侧面了解目标基因组或者转录组的完整性情况。目前，BUSCO软件已经根据OrthoDB数据库构建了几个大类群的单拷贝基因集，包括真核生物、哺乳动物、昆虫纲等几大分支。在实际分析过程中，首先利用Augustus软件进行基因结构预测，然后使用HMMER3与参考数据库进行比对，根据不同的物种选择不同的模式物种，最后根据比对上的比例，完整性评价拼接结果的准确性和完整性。

二、结果

（一）k-mer分析结果

基于Jellyfish对17bp-mer的统计，绘制了美洲大蠊基因组17bp-mer分布图（图2-2）。

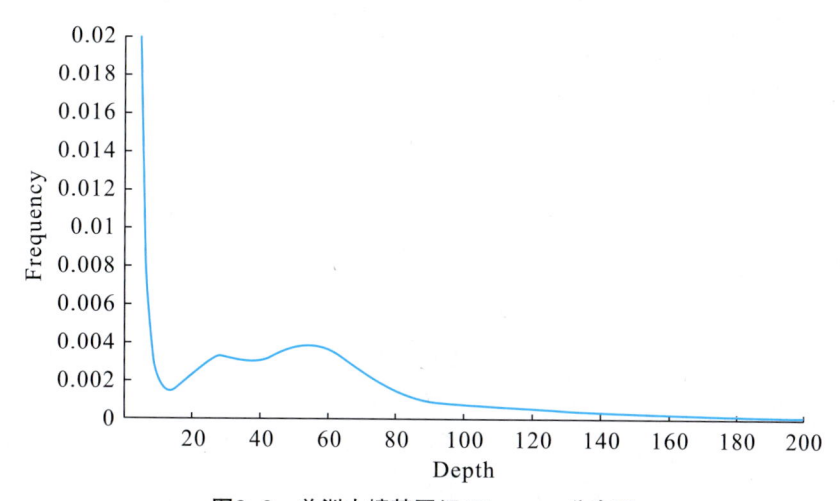

图2-2 美洲大蠊基因组17bp-mer分布图

该曲线主峰峰值为54，在其主峰的左侧出现一个杂合峰，表明美洲大蠊基因组杂合程度比较高。一般而言，如果杂合度低于0.2%，则认为该基因组是无杂合或轻度杂合，即简单基因组，这样的基因组组装较为容易；当杂合度为0.2%~0.5%时，认为是中度杂合基因组；当杂合度超过0.5%时，认为是高度杂合基因组，这样的基因组组装和分析的难度都比较大。经过计算，美洲大蠊杂合度为0.635%，为高度杂合基因组。此外，估算得出其重复序列含量已经超过70%，相较于已测得的几个双翅目和鞘翅目物种基因组（5%~20%）明显偏高，与哺乳动物的40%~60%相接近。这样的现象早前在飞蛾的研究中也曾被报道过，高重复序列含量和高杂合度，对于生物研究的意义目前还不是十分清楚，但是有人提出这样的杂合度其实是对多变环境的适应（Petrov，

2001），但究竟是什么样的杂合机制让昆虫能够适应多变的环境，依旧是个争论的话题。同时，我们基于17bp-mer的分析也预估出美洲大蠊基因组大小约为3.2Gb，但是这样的估算存在较大的偏差，因为存在大量的重复序列和较高的杂合度（表2-7）。

表2-7　k-mer分析结果

k-mer数量	峰值深度	基因组大小	重复率	杂合度
173 392 497 379	54	3 210 972 173	74.90%	0.635%

（二）基因组组装结果

通过整套的组装流程，最终获得的美洲大蠊基因组大小为3.26Gb，contig N50达到35kb，scaffold N50达到314kb，GC含量为0.346。所有美洲大蠊基因组的序列长度按照从长到短的顺序依次排列，其后从最长的序列开始依次相加，累加的长度等于总基因组长度的一半时，那条序列的长度即为该基因组的N50，这个数值常用于检测基因组的组装质量（表2-8）。

表2-8　美洲大蠊基因组组装结果

	scaffold序列	
	长度（bp）	数量
最大长度	3 757 585	
N90	24 742	14 519
N80	101 945	8 239
N70	170 856	5 807
N60	238 809	4 198
N50	314 539	3 012
N40	396 211	2 086
N30	498 085	1 351
N20	625 756	765
N10	820 695	309
总长度	326 152 269	
长度≥2000bp	53 791	
GC含量	0.346	

（三）GC含量分析结果

从GC含量分布图（图2-3）上可看出，所有的GC深度点分布于一个比较集中的区域，为0.35左右，没有明显差异的点。通过对美洲大蠊基因组GC含量的分析，得出该物种基因组GC含量在0.35左右，与组装结果相近。这显示该物种GC分布正常，无明显差异的GC分布，可以推测在该组装版本中没有明显的污染序列存在。后期进一步通过对nt库的比对，确认了该版本中不存在明显的污染序列。

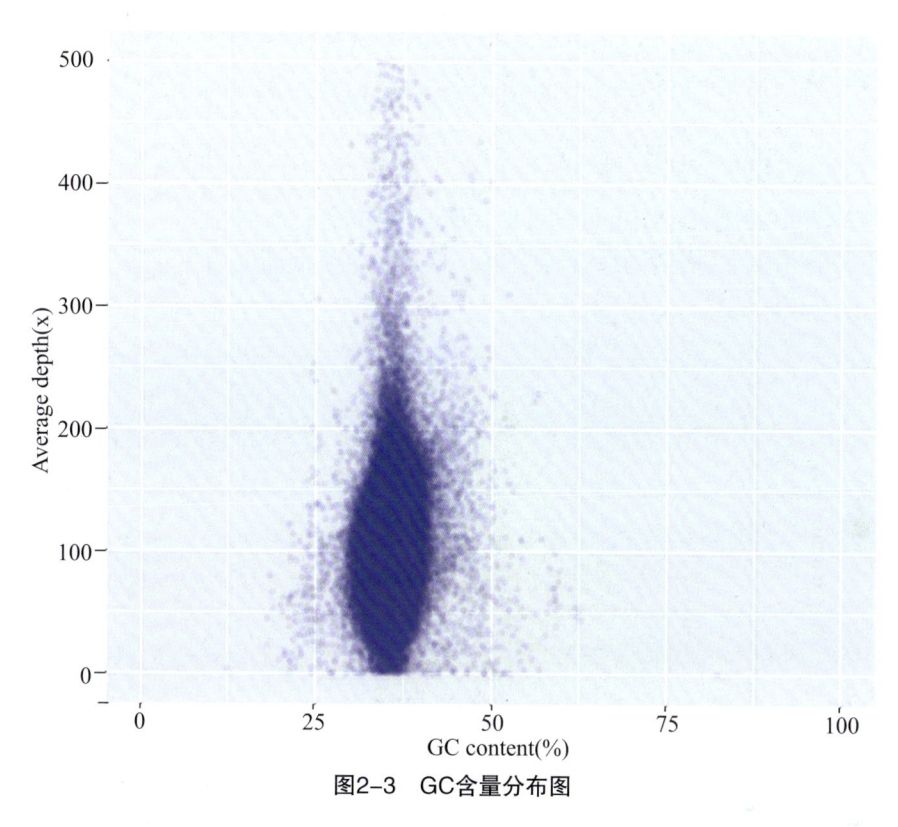

图2-3　GC含量分布图

（四）测序深度和基因覆盖度分析结果

所有reads的覆盖度统计结果显示，组装版本的reads覆盖度为96.23%，基本覆盖了基因组的全部区域（表2-9）。

表2-9　reads覆盖度统计

总测序Reads数量	覆盖的Reads数量	覆盖度（%）
326 152 269	3 067 730 554	96.23

表2-10为短片段文库比对回基因组的比对率，结果显示该组装版本的美洲大蠊基因组短片段文库的平均比对率在99%以上。考虑到杂合情况及错误率带来的影响，可以认为该组装版本的比对情况得到了一个极好的效果。

表2-10　reads比对率统计

文库插入片段长度	总测序Reads数量	比对上的Reads数量	比对率（%）	未比对上的Reads数量	未比对率（%）
250bp	1 686 062 159	1 682 083 639	99.76	3 978 520	0.24

续表

文库插入片段长度	总测序Reads数量	比对上的Reads数量	比对率（%）	未比对上的Reads数量	未比对率（%）
500bp	1 706 703 936	1 704 638 974	99.88	2 064 962	0.12
800bp	1 053 407 760	1 050 821 690	99.75	2 586 070	0.25
平均	1 482 057 952	1 479 181 434	99.81	2 876 518	0.19

在图2-4测序深度分布图上可以看出，碱基测序峰值在144左右，表明碱基准确性较高。但在这个主峰的左侧存在一个杂合峰，这个杂合峰的高度为主峰的一半左右，反映该基因组杂合度较高。

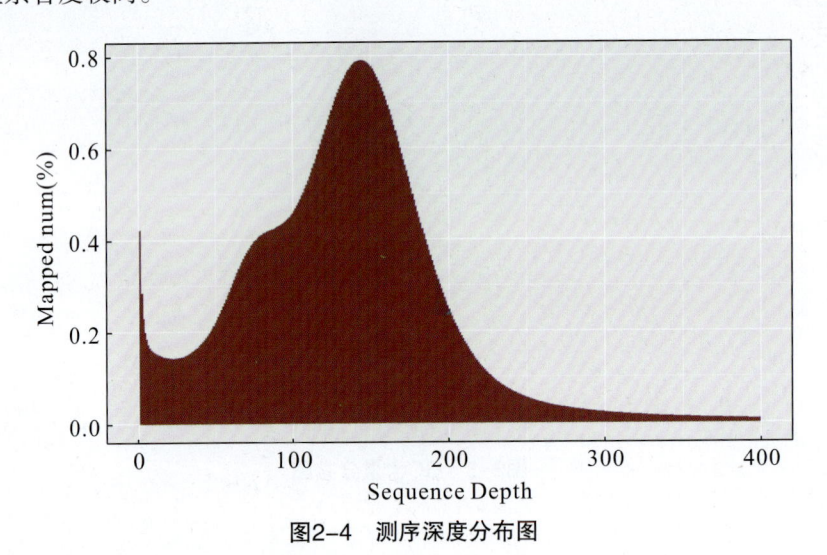

图2-4 测序深度分布图

在基因区完整性的评估中，从统计结果上可以看出（表2-11），95%以上的EST序列都在scaffold序列上存在比对结果。由于美洲大蠊的杂合度较高，EST序列较难完整比对，大于70%完整度的EST序列占60%以上，而大于50%完整度的EST序列占到了90%左右，表明组装结果有着较为完整的基因覆盖度。

表2-11 EST序列比对统计

数据集	数量	总碱基长度（bp）	组装能覆盖的碱基（%）	组装能覆盖的序列（%）	EST序列完整度>70% 数量	EST序列完整度>70% 百分比（%）	EST序列完整度>50% 数量	EST序列完整度>50% 百分比（%）
>0	5 315	2 308 240	78.71	95.82	3 190	60	4 707	89
>200	4 665	2 20 276	79.16	95.76	2 915	62	4 137	89
>500	2 259	1 406 967	80.53	96.59	1 549	69	2 047	91
>1000	1	1 021	94.71	100	1	100	1	100

（五）BUSCO评估

通过BUSCO单拷贝基因完整性的评估（表2-12），我们目前用于美洲大蠊基因组分析的基因组完整度大概为88.1%。其中与其他物种之间的单拷贝基因完整性为86.1%。这表明在该版本中，基因大部分比较完整，基本上达到组装的要求，可用于后续比较基因组学的分析。

表2-12　BUSCO基因完整性评估

BUSCO项目	数量	百分比（%）
完整的BUSCOs	267	88.1
单拷贝BUSCOs	261	86.1
多拷贝BUSCOs	6	2.0
片段化BUSCOs	23	7.6
缺少BUSCOs	13	4.3
总计	303	

三、讨论

经过k-mer分析，预估得到美洲大蠊基因组大小约为3.2Gb，重复序列占比74%，杂合度0.635%，分析结果表明美洲大蠊基因组较大，且重复序列占比高，与哺乳动物重复序列占比相接近。美洲大蠊基因组杂合度大于0.5%，重复序列含量超过70%，为高度复杂基因组，这样的高复杂性对于后续基因组组装与分析十分不利，这也是大部分已公布的昆虫基因组组装效果差的原因。目前的组装方案并不能解决这一问题，想要解决这一问题，一方面需要依赖测序技术的进步，另一方面需要依赖软件算法的优化与提高。

通过基因组组装，最终得到一个3.26Gb大小的美洲大蠊基因组，该结果与k-mer分析相近，contig N50达到35kb，scaffold N50达到314kb，GC含量为0.346。同时，对该组装版本的评估表明，转录组测序reads比对率达到96.23%，基因组测序短片段文库比对率超过99%，单拷贝基因完整性达到88.1%，这样的结果表明该基因拥有比较完整的基因区。但EST序列比对情况差，这有可能是由美洲大蠊基因组高度杂合造成的。GC含量分析显示，该组装版本的GC分布正常，没有明显的污染序列存在。

这些结果表明该组装版本组装效果较好，可作为美洲大蠊的参考基因组，用于后续分析。

比较几种昆虫组装效果（表2-13），由于昆虫类大多杂合度比较高，组装效果scaffold N50超过1Mb的物种十分稀少，目前只有伊蚊、二斑叶螨和德国小蠊等少数几个昆虫组装效果scaffold N50超过1Mb，其他物种基本上都只有几百kb左右，大部分为200~800kb。本研究目前组装版本的scaffold N50达到314kb，在昆虫物种中属于中等水平。目前，美洲大蠊的基因组大小在昆虫中也是除东亚飞蝗之外最大的，这样的组装结果对于一个杂合度超过0.5%、重复序列含量超过70%的物种来说，是可以被接受的。

表2-13 几种昆虫的基因组测序和组装结果比较

物种名	基因组大小	测序深度	测序方法	scaffold N50	contig N50
诗神袖蝶	269Mb		454+Illumina	212kb	51kb
山松甲虫	208Mb	700×	Illumina GAⅡ and HiSeq	581kb	
刺舌采采蝇	366Mb		454+Illumina+Sanger	120kb	
湿木白蚁	562Mb	98.4×	HiSeq 2000 WGS	740kb	20kb
飞蝗	6.5Gb	114×	HiSeq 2000	320kb	9.3kb
白纹伊蚊	1967Mb	314×	HiSeq 2000	195.54kb	17.28kb
美洲大蠊	3.26Gb	400×	HiSeq 2000	314kb	35kb

评估基因组完整性的方式很多，往往不同的物种选择不同的方式进行评估。对比不同物种间基因组完整性（表2-14），主要采用比对248个同源蛋白的Cegma软件。但是基于单拷贝基因评估的BUSCO软件出现之后，Cegma软件便不再更新，并推荐使用BUSCO软件进行基因完整性评估。除此之外，比较常用还有采用转录本序列比对回基因序列和已知基因比对回基因组。目前本研究所组装的版本在BUSCO评估中单拷贝基因完整性所占比例达到88%，这一数据与金丝蜘蛛基因组评估结果是比较接近的。在转录本序列和已知基因比对回基因组的比对率和其他物种相比，差距不是很明显。因而可以认为，该版本组装基因虽然有破碎情况，但在一定程度上是可以被接受的。

表2-14 几种昆虫组装完整性比较

物种名	基因组大小	评估方式	完整性
豌豆蚜虫	517Mb	Cegma	228（91.9%）
帝王蝶	273Mb	Cegma	98.50%
榕小蜂	294Mb	Cegma	100%
湿木白蚁	562Mb	Cegma	98.00%
南极蠓	99Mb	RNAmapped+Cegma	95%gene models were supported by at least one RNA-seq read. Cegma 93.95%
网蛱蝶	393Mb	RNA mapped	91.6%Mapped RNA-seq reads
褐飞虱	1967Mb	EST mapped + Cegma	96%（with >50% Sequence, Cegma 234 in one Scaffold）
金丝蜘蛛	2.44Gb	BUCUO	96.20%
美洲大蠊	3.26Gb	EST+RNA mapped +BUCUO	BSCUOs 88%，RNA mapped 92%, EST 96%mapping（length>70% just 60%）

第三节　美洲大蠊基因结构与功能注释

基因组注释指对基因组特性进行研究，包括基因结构注释和功能注释两个过程：基因结构注释是在基因组序列中寻找基因和其他功能元件，包括基因组重复序列、蛋白质编码基因和ncRNA等；功能注释就是应用生物信息学方法，将基因结构与具体生物学功能结合到一起的过程。

美洲大蠊基因组通过测序、组装以及评估的完成，得到了能够用于后续分析的参考基因组。基因的结构预测包括了预测基因数目以及每个基因的准确结构（起始子、终止位置、内含子、外显子等）。由于前期基因特征性评估时，预估美洲大蠊基因组重复序列高达74%，大量重复序列的存在并不利于基因结构注释，因此在注释功能性基因结构之前，对其重复序列先行进行注释，并在屏蔽掉部分重复序列的基础之上再做进一步的分析。对于美洲大蠊功能基因的结构注释我们采用了3种策略：第一种是根据基因的结构特征，比如内含子、外显子结构，包括一系列可变剪切位点等的特征，基于隐马尔可夫模型训练一些具有完整结构的基因集，从而得到描述基因结构特征的参数，最后使用这些训练出来的参数进行全基因从头预测，即从头预测。第二种则是根据相近物种的同源蛋白质序列进行的预测，这种方式称为同源预测。第三种则是利用转录组预测各个基因的外显子区域，最终预测到美洲大蠊的基因。通过这三种方式的预测，我们通过EVM整合的方式，经过人工检查，最终得到比较可靠的基因结构。

需要对所有预测到的基因进行功能注释。目前进行功能注释的方法主要有3种：第一种是基于最大相似性分析的功能注释；第二种即通过检索功能基因十分保守的区域，从而达到注释的方法，这些保守区域往往被称为模体（MOTIF）；第三种方法是直系同源簇（COG）搜索的方法，即通过基因聚类的方式，形成基因成簇，通过簇中已知基因来推测未知基因的功能。当然由于基因种类多样，且同类基因也许存在较大的变异，因此功能注释往往也不能完全注释到所有基因的功能。通过对这些基因的功能注释，可以挖掘出一些与基础代谢、疾病调控、代谢途径调控有关的基因。

一、注释方法

（一）重复序列注释

由于前期基因特征性评估时，预估美洲大蠊基因组重复序列高达74%，这意味着重复序列是美洲大蠊基因组的重要组成部分，对美洲大蠊重复序列的注释具有很高的研究价值。例如，通过研究物种的重复序列，可以完善基因进化、基因调控方面的研究；对注释的重复序列进行屏蔽，可为后续功能基因的结构预测提供相应的数据。

重复序列注释一般分为同源注释和从头注释两类。同源注释采用已知的同源重复序列进行全基因组搜索，从而达到注释目的。这样的注释结果可靠性高，但是预测结果不全面。从头注释则是利用重复序列的结构信息进行预测，这样注释比较全面，但可靠性不如同源注释高。

本研究对于美洲大蠊重复序列的注释，分别使用三种方案检索基因组中的重复序列。第一种是从头预测转座子，采用RepeatModeler软件检索所有可能的转座子，通过计算建模得到一个非冗余的重复序列数据库，然后利用RepeatMasker软件对这些重复序列进行识别。第二种是基于同源注释的方法注释转座子，是利用RepeatMasker软件通过比对RepBase数据库中的同源序列进行的。第三种是检索包含转座子相关蛋白质的重复序列，依赖于RepeatProtein软件进行。在这个步骤当中，对组装完成的美洲大蠊基因组使用RepeatModeler（Smit等，2010）、RepeatMasker（Smit等，2015）和RepeatProtein三种软件，分别检索不同的数据库。由于不同的检索会产生冗余，最后需要整合各个软件的结果，去除其中冗余的检索结果，对美洲大蠊基因组的重复序列进行屏蔽用于后续基因结构注释。

（二）基因结构注释

本研究采用三种方法对美洲大蠊基因进行结构注释。

第一种是从头预测，这种预测方式是基于隐马尔可夫模型进行的，该模型最初被用于语音识别。生物信息学兴起之后，该模型也被运用于生物学研究。基于隐马尔可夫模型，目前开发了许多基因结构预测软件，如Augustus（Stanke等，2005）、Glimmer（Delcher等，2007）、Genscan、GeneMark-Es（Lukashin等，1998）、SNAP等。在对美洲大蠊基因结构的从头预测中，采用了Augustus、GeneMark-Es、SNAP 3种软件，其中Augustus和SNAP软件需要利用物种已知的蛋白质序列进行模型构建，当然如果所需要预测的物种在原有数据库中已有相近物种，可利用相近物种的模型文件进行预测。对于Augustus软件，由于我们前期已获得美洲大蠊的转录组数据，可以通过转录组数据得到比较完整的蛋白质序列，因此可利用美洲大蠊自身的蛋白质序列进行模型构建，模型构建完毕后用于基因的预测。而对于SNAP软件，由于其不能直接利用蛋白质序列进行模型构建，因此只能采用其他方式，目前已测定的蜚蠊目昆虫基因组中，古白蚁、德国小蠊和美洲大蠊都具备十分相近的亲缘关系，因此我们利用古白蚁和德国小蠊的基因组和基因注释结果构建SNAP训练模型。GeneMark-Es软件是一个比较全能的软件，既能使用相近物种构建训练模型，也可以用本身的基因组序列构建训练模型，这样的软件具备有限模型选择，因而相较于其他软件具备更高的准确性。本研究中我们基于美洲大蠊基因组序列自身的特征构建训练模型，对美洲大蠊基因组进行结构注释。

第二种是同源预测。同源预测顾名思义是基于相近物种的序列进行的预测。我们首先从NCBI中下载古白蚁、赤拟谷盗（*Tribolium castaneum*）、蜜蜂（*Apis mellifera*）、德国小蠊、黑腹果蝇、人虱（*Pediculus humanus*）和豌豆蚜虫（*Acyrthosiphon pisum*）7个相近物种的基因组和注释文件，通过计算最长转录本提取最长的蛋白质序列，同时去除那些相似性很高的序列，得到一个可用于同源注释的非冗余蛋白质序列。使用tBlastn软件将这些蛋白质序列比对回基因组，E-value阈值设置为1e-5。比对到的区域利用SOLAR软件进行连接，得到比较完整的基因比对结构，同时只保留比对长度大于25%者作为候选基因区域，最后再利用GeneWise（Birney等，2004）确定外显子和内含子结构，从而确定基因结构。

第三种是转录组预测。利用现有的基因组序列和转录组的原始数据，对美洲大蠊的转录组重新进行有参组装。首先将原始转录组reads用bowtie比对回基因组，然后用

Trinity软件做转录组的有参组装。当我们得到重新组装的转录组数据后，使用Blast将这些序列比对回基因组，参数设置为identity＞90%、coverage≥90%，最后使用PASA软件进行基因预测，最终确定外显子和内含子结构。

从头预测、同源预测和转录组预测3种方式在预测过程中会产生大量的冗余，包含错误的基因结构。为了得到一个比较准确的结果，需对所有的预测结果进行整合，减少假阳性基因的存在。比较常用的基因整合软件有EVM和GLEAN等。本研究利用EVM软件对美洲大蠊基因预测结果进行整合，各种证据整合的权重设置为从头预测1、同源预测5和转录组预测10。为了尽可能地减少结果中的假阳性基因，对整合条件再次进行过滤，要求基因必须得到转录组预测和同源预测两种证据中其中一个的支持。

（三）基因功能注释

美洲大蠊基因功能注释主要是基于相似性进行的，将所有注释到的基因提取到蛋白质序列，将这些蛋白质基因使用Blast与各个蛋白质数据库相比对，最终得到基因功能的注释信息。本研究比对所用的数据库有非冗余蛋白质库（non-redundant database，NR，是指GenBank下非冗余蛋白质库）、KOG和Swiss-Prot。除了上述3个数据库的比对注释，我们还需要做KEGG（Kanehisa等，2000）和GO（Harris，2004）注释。KEGG注释是通过KAAS网站进行的，注释得到的基因对应KEGG号，再通过KEGG号调取注释到的功能。GO注释则是通过Interpro 5（Hunter等，2011）数据库进行比对分析的，通过Interpro 5数据库的注释到的结果，我们找出其中带有GO编号的条目，从中提取出相应GO号，最后利用在线网站WEGO找出相应的功能注释结果。

二、结果

（一）重复序列注释

最终我们整合3种软件注释结果，发现美洲大蠊的重复序列含量高达62.38%，这和k-mer分析预估的重复序列含量有所差别，且这一比例是偏高的。统计同源注释的4种重复序列类型（DNA transposons、LTR、LINE和SINE retrotransposons），发现在美洲大蠊中这4类转座子的长度为DNA transposons＞LINE＞LTR＞SINEs（表2-15）。

表2-15 美洲大蠊基于同源注释的重复序列

类型	数量	长度（bp）
DNA transposons	1 147 870	132 352 202
LINE	596 346	123 058 553
SINEs	100 607	6 592 773
LTR	300 619	23 862 691
未分类	60 882	6 479 185
合计	2 206 324	292 345 404

美洲大蠊基因组中的重复序列注释完成后，采用同源预测结果，即采用

RepeatMasker以及RepeatProtein软件注释得到的结果，将被注释到的序列采用硬屏蔽（用N代替这些重复序列），为后续基因结构注释的从头预测提供基础数据。最后我们所用于结构注释的基因组序列屏蔽掉了26%的重复序列。

（二）基因结构预测

我们统计了各个预测方式和预测软件的预测结果，其中从头预测的3种软件最少的预测到了8万多个基因、最多的预测到了14万个基因，同源预测方式预测到了3.5万多个基因，而转录组预测方式预测到了23万多个基因。最后我们利用EVM软件，在保留同源预测和转录组预测的基因之后，去掉仅有从头预测方式预测的基因和大量从头预测的冗余基因，最终得到14 568个比较可靠的基因序列，具体预测结果如表2-16所示。

表2-16　3种方法预测的美洲大蠊基因数

预测方式	软件	预测基因数目
从头预测	Augustus	89 530
	SNAP	148 560
	GeneMark	80 445
同源预测	GeneWise	35 701
转录组预测	PASA	237 134
整合	EVM	14 568

（三）基因功能注释

通过各种注释方法，最终在14 568个基因中，有13 464个基因能够被注释到，功能注释率达到92.4%。其中能被NR库比对注释得到的最多，其次是Interpro（表2-17）。通过统计主要4个数据库（NR、KOG、Interpro和Swiss-Prot）的注释结果（图2-5），4个库都能被注释到的基因达到10 773个，约为74%。只能被单个数据库注释到的基因，其中NR数据库和Interpro数据库最多，分别为671个和254个，分别约占能被注释到功能基因总数的5%和2%。这表示绝大部分能被注释到功能的基因都有2种或2种以上的证据支持，基因的功能注释是一个比较可靠的结果。

表2-17　基因功能注释统计

注释方式	数量
KOG	11 664
NR	13 195
Swiss-Prot	11 101
KEGG	4 745
GO	8 677

续表

注释方式	数量
Interpro	12 468
被注释到的基因数目	13 464
基因总数	14 568

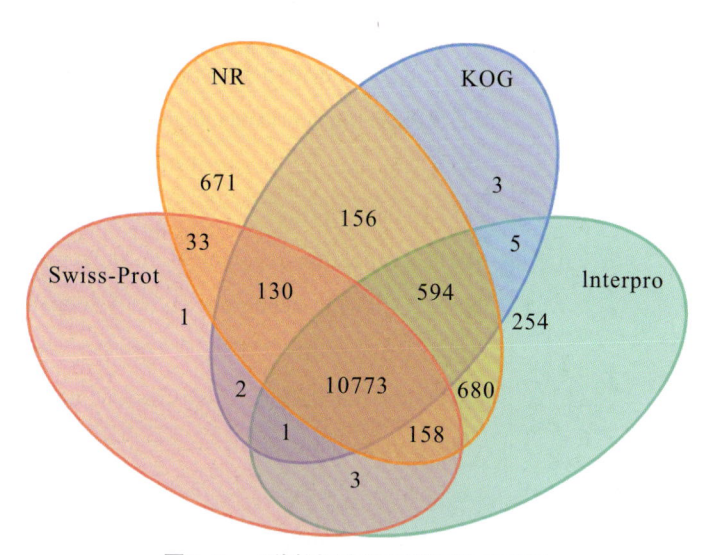

图2-5　4种数据库注释基因数韦恩图

随后我们对注释到的功能信息进行了统计，通过统计这些功能注释的结果，大概了解这些基因的主要功能。由于NR数据库和Swiss-Prot数据库注释到的是一个基因的具体功能，不能很好地统计基因在大方向上是在什么方面起作用，不能很直观地帮助我们了解基因，因此，在这个步骤中我们只统计了KOG、KEGG和GO数据库注释的结果。

通过分析KOG数据库注释结果（图2-6），共注释得到1.1万多个功能基因，其中普通功能基因数目最多，其次是信号传导基因，与翻译后修饰相关的基因也比较多。同时还有600多个基因功能尚未明确，与细胞运动相关的基因最少。通过KEGG数据库所能注释到的基因功能主要分布在6个主要的方向上（图2-7），其中信号传导途径、肿瘤、感染疾病和内分泌系统等代谢通路上分布着较多的基因。GO数据库注释结果表明（图2-8），分子功能方面主要集中在结合（binding）、催化作用（catalytic），细胞组分方面主要集中在细胞和细胞组件，生物学过程主要集中在细胞过程和代谢过程。

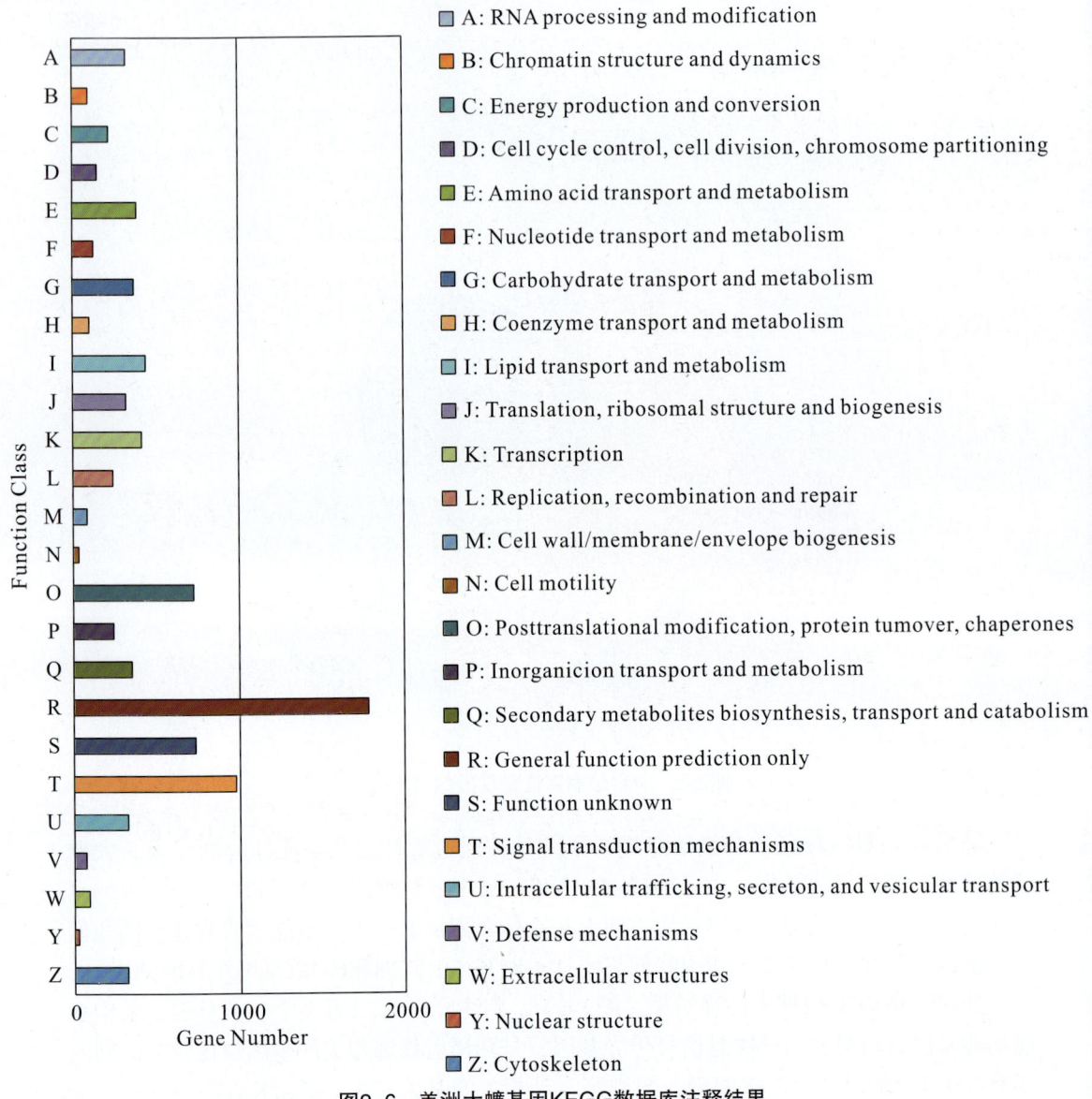

图2-6 美洲大蠊基因KEGG数据库注释结果

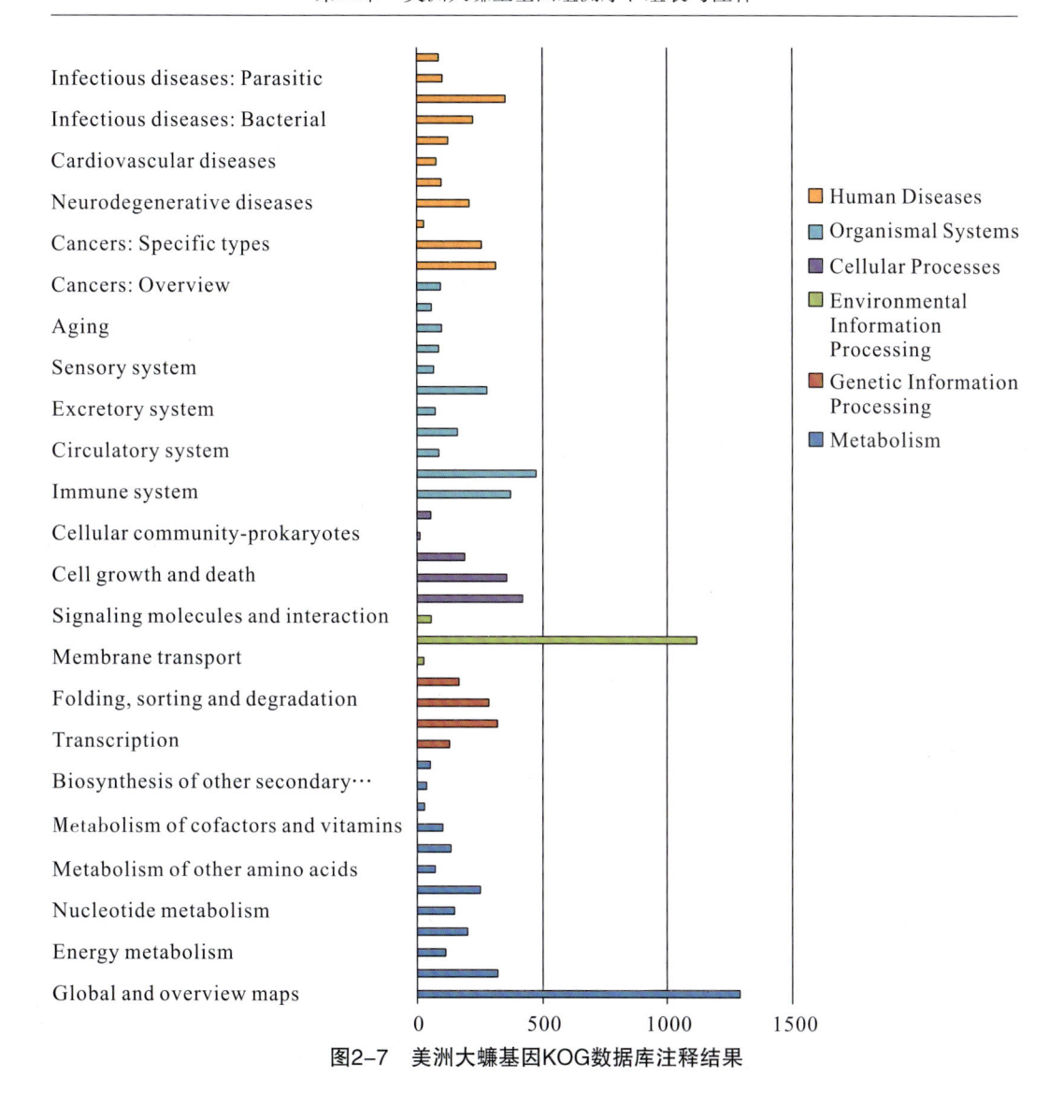

图2-7 美洲大蠊基因KOG数据库注释结果

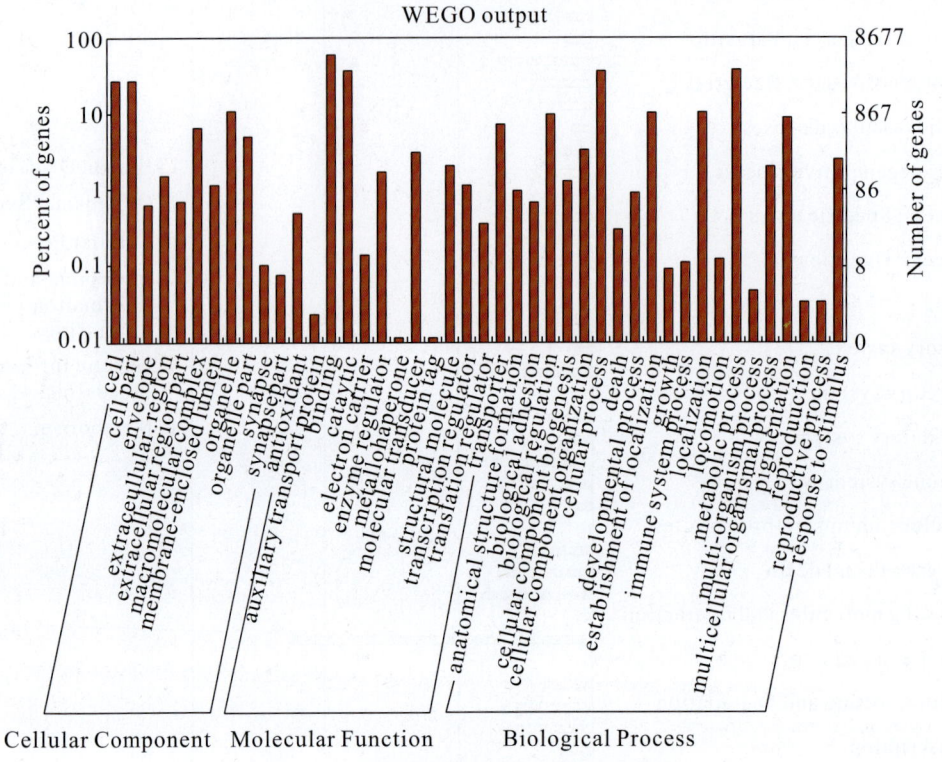

图2-8 美洲大蠊基因GO数据库注释结果

三、讨论

通过重复序列注释—基因结构注释—基因功能注释这样的流程，目前得到了美洲大蠊基因组的重复序列信息，已知美洲大蠊目前能够注释到14 568个基因，并得到了其中能够被注释到功能的13 464个基因，功能注释率达到92.4%。由于昆虫类快速进化，不同昆虫之间基因组的大小差异十分巨大，较小的如山松甲虫基因组大小仅为208Mb，较大的如飞蝗基因组达6.2Gb，是目前所测的最大昆虫基因组。在这样的背景下，各个物种基因组注释得到的基因数目差异也是十分巨大的，有的物种仅预测到8000个基因左右，有的则多达3万个。整体上而言，昆虫基因在1万~2.5万个。针对所注释到的基因做功能注释，功能注释率比较低的不到40%，功能注释率较高的如模式物种黑腹果蝇可达100%。一般而言，昆虫基因组功能注释率一般在60%~95%。

以往的研究表明，美洲大蠊和古白蚁有着很近的亲缘关系，甚至以前被认为是等翅目昆虫的古白蚁，目前已被重新归入蜚蠊目下。古白蚁基因组共注释到15 876个基因，功能注释率98%。相较于古白蚁的基因注释结果而言，我们可以认为美洲大蠊基因组的基因结构注释和功能注释结果是合理的，得到了一个比较好的注释结果。

几种昆虫基因数量与功能注释结果比较见表2-18。

表2-18　几种昆虫基因数量与功能注释结果比较

物种	基因组大小	预测基因数目	功能注释数目	功能注释率
小菜蛾	343Mb	18 071	15194	84.08%
山松甲虫	208Mb	雄虫13 088，雌虫12 873	雄虫12 040，雌虫11 585	92%
家蝇	691Mb	15 345	14178	92.40%
褐飞虱	1.14Gb	27 571	16418	59.55%
虎纹凤蝶	376Mb	15 695	14533	92.60%
白纹伊蚊	1967Mb	17 539	16416	93.60%
美洲大蠊	3.2Gb	14 568	13464	92.50%
飞蝗	6.5Gb	17 307	12980	74.90%

第四节　基因家族聚类与美洲大蠊进化分析

早在20世纪30年代，在基于行为学、肠道寄生虫的研究中，研究人员提出美洲大蠊与白蚁具有共同的祖先，在2007年基于分子生物学与形态学的研究中，研究人员发现白蚁和蜚蠊目昆虫关系极为相近，认为二者具有共同的祖先，同时建议将白蚁划入蜚蠊目（Inward等，2007）。基于白蚁具有社会性行为，有研究人员主张将等翅目全部划入蜚蠊目归入白蚁科，等翅目自此取消（Lo等，2007）。但在20世纪90年代，分类学家指出，以白蚁为代表的原等翅目昆虫和蜚蠊目、螳螂目昆虫存在很近亲缘关系，在分类学上可以作为网状总目下三个亚目（Desalle等，1992），后续研究也认为即使白蚁划入蜚蠊目，也应当作为亚目或者超科的分类地位存在（Xiao等，2012）。基于全基因组的系统进化研究有助于我们了解二者间的具体关系。

基因家族聚类主要指直系同源基因家族的聚类。直系同源是比较基因组学中一个非常重要的概念，认定直系同源主要有4个标准：第一是在进化上源于相同的祖先基因，在遗传进化过程中在垂直方向上传递；第二是分布于多个物种当中；第三是功能保守甚至相同；第四是基因序列和结构相似。在生命科学领域很多研究方向都依赖于直系同源基因的鉴定，如系统发生、适应性研究等。

目前生物体内的所有功能基因，都是由少数的祖先基因发生突变分化而产生的，由于同源基因间具有高度保守的序列及结构，因此可以通过比对分析最后进行聚类得出。这样的聚类方式需要首先比对基因序列间的相似性，然后基于聚类算法来识别相应的直系同源基因，这样的聚类算法具有识别速度快、灵敏度高的特点，但是出错率也较高。基于相似性聚类直系同源基因的方法有COG、OMA和OrthoSelect等。当然也有基于系统发生树来推断直系同源基因的方法，但这样的方法很容易因选择不当造成鉴定错误，这样的软件目前有TreeFam（Ruan等，2008）、PhylomeDB（Huerta-Cepas

等，2011）、OrthologID（Chiu等，2006）和PHOG等。除了以上两种方式，还有将两种鉴定方法相结合的方法，Ensemble Compara（Vilella等，2009）、OPM（Lomize等，2006）和PhyOP等软件都是基于这样的方法进行基因家族聚类的。

在基因组分析过程中，基因家族在进化过程中的扩张与收缩一直是研究者所关注的一个问题（Stuart等，2002；Zhang等，2012），早前在人与黑猩猩的研究中发现，二者虽然具有十分相似的基因序列，但是存在大量基因家族的扩张与收缩，并且研究发现那些扩张的基因与其适应性功能存在着某些关联（Hahn等，2007）。在昆虫当中也存在大量基因家族的扩张与收缩，并且有研究表明这些基因家族的扩张有利于其适应性功能的进化（Bao等，2009）。

一、材料与方法

（一）基因家族聚类

在本次研究中，18个物种的基因组文件及基因注释文件从NCBI上下载。由于这些注释文件中有相同基因的多个可变剪切，因此在开始分析前，通过实验室编写的程序提取每个基因的最长转录组序列。基因家族的聚类则采用Orthomcl（Li等，2003）方法进行鉴定，在分析过程当中氨基酸长度小于20的蛋白质序列被滤除，Blast的E-value阈值设置为1e-5，比对长度超过50%。完成Orthomcl聚类后，基因家族的聚类完成。然后使用自行编写的脚本对聚类结果进行分析，找出其中的1∶1直系同源基因和美洲大蠊所特有的基因家族，并对这些特有的基因家族进行GO富集分析。

（二）系统进化树构建

基于Orthomcl分析得到的1∶1直系同源基因的编码蛋白质序列被提取，并利用PRANK对每个基因家族的基因进行比对，在经过序列阵列比对之后，需要剔除插入/缺失或变异较大的区域。在本次研究当中，首先将每个编码序列划分3个区段，其后利用R语言中的Biostrings模块中的MultipleAlignment来对区段内的缺失位点数超过区段总位点数30%的区段进行删除，留下保守区段利用MEGA（Kumar等，2016）进行串联。在构建系统分化树之前，首先对数据特征进行评估，并利用modeltest 3.7结合puap4 linux beta评价串联序列的最适模型。

在构建过程中，为获得可靠的系统进化树，分别构建ML树、BI树和NJ树，从而获得正确系统进化树拓扑结构。利用phyml v20141029（Huerta-Cepas等，2011）的mpi版本和RAxML version 8.2.8（Guindon等，2009）进行1000次bootstrap来构建最大似然树。在phyml软件当中GTR被选为最适模型，其余参数采用默认设置；而在RAxML version 8.2.8建树过程当中，GTRCATX被选为最适模型。BI树的构建则使用MrBayes 3.2（Fredrik等，2012），基于马尔可夫蒙特卡洛（MCMC）方法，通过对原始数据的大量重复取值估计参数的后验概率，并可以根据后验概率模拟进化树的支持率，模型评价发现联合数据的3位密码子均适用GTR+I+G。MCMC参数设置如下：进行两步独立的起始运算，每步均使用4条链运行200万代MCMC，其中每100代重复取值一次。

（三）基因家族扩张与收缩

为了统计基因家族扩张和收缩情况，基于Orthomcl基因家族聚类结果和单拷贝基因建树结果，利用CAFÉ软件（Fredrik等，2012），对该树每个分支分别进行统计，其后对扩张与收缩的基因家族包含的基因进行GO富集分析。

二、结果

（一）基因家族

通过Orthomcl基因家族聚类，最终19个物种的基因被归入24 092个基因家族当中，其中1∶1直系同源基因家族537个。

（二）美洲大蠊系统进化分析

按节肢动物门内部关系的远近，我们将蛛形纲生物二斑叶螨作为建树外群。进化树分析结果显示，构建系统进化树的7目是17种昆虫纲动物，在支系之上，具有共同的祖先，每个目相应的物种对应聚集成相应的分支，整体上与目前分类关系保持一致，其中美洲大蠊与古白蚁和德国小蠊同属于一支，且古白蚁和美洲大蠊具有更近的亲缘关系。这样的结果表明，古白蚁划入蜚蠊目在全基因组水平上得到了支持，与以往基于线粒体基因组系统进化关系分析保持了一致。

（三）基因家族扩张与收缩分析

美洲大蠊与其他18个物种的基因家族采用Orthomcl方法进行聚类，利用其中单拷贝基因家族做系统进化树构建。其后利用CAFÉ软件对美洲大蠊基因家族的扩张和收缩情况进行分析。分析结果表明，美洲大蠊在1 104个基因家族中发生了扩张，在2 309个基因家族中发生了收缩，对于这些扩张与收缩的基因，我们采用GO注释的方式对其进行富集分析。

三、讨论

正如前文所提及原等翅目昆虫已被划入蜚蠊目，但其在蜚蠊目中应该以白蚁亚目、白蚁超科还是以白蚁科存在？这是一个具有争论的问题。在本次的研究中，利用全基因组获得的直系同源基因，建立一个保守的系统进化树，分析了蜚蠊目下古白蚁、德国小蠊和美洲大蠊的进化关系。

在构建的系统进化树当中，古白蚁、德国小蠊和美洲大蠊3个物种聚在一支上。三者当中，古白蚁与美洲大蠊关系最为接近，聚为姐妹群，与其他昆虫保持相对远的亲缘关系。在早前基于线粒体的研究中，有学者提出美洲大蠊与德国小蠊具有更近的亲缘关系，以古白蚁为代表的原等翅目昆虫应当作为一个超科的分类地位存在。而在2014年基于转录组学的研究中，首先确定了古白蚁与美洲大蠊具有很近的亲缘关系，这其实在转录组学上支持了白蚁并入蜚蠊目。如果被并入蜚蠊目的原等翅目昆虫应当以一个亚目的分类地位存在，那在系统进化树所表现出来的应当是德国小蠊与美洲大蠊具有更近的亲缘关系，但事实上并不是这样。时至今日，众多的系统进化研究都表明，古白蚁与以美洲大蠊为代表的大蠊科具有更近的亲缘关系，原等翅目昆虫作为一个亚目存在于蜚蠊目的这种假设没有更多的证据支持，这样的观点目前也得到了基因组证据的支持。除此之外，还有蜚蠊目、原等翅目和螳螂目昆虫具有相对较近的亲缘关系，且原等翅目与螳螂目聚为姐妹群，由于目前没有发表的螳螂目昆虫研究结果用于参考，因此这样的关系没有办法在基因组水平上做进一步的阐明。此外，由于目前已发表的蜚蠊目昆虫和原等翅目昆虫基因组仅有德国小蠊、古白蚁和大白蚁（*Macrotermes natalensis*）三种昆虫，基因组信息有限，在本研究过程中无法确定原等翅目昆虫应当是以白蚁总科的分类地位存在于蜚蠊目之下，还是以白蚁科的分类地位存在于蜚蠊总科（Blattoidea）之下。

参考文献

［1］丛宇阳，肖花美，李飞.昆虫基因组大小及其进化［J］.应用昆虫学报，2019，56（6）：1216-1223.

［2］侯丽，詹帅，周欣，等.中国昆虫基因组学的研究进展［J］.应用昆虫学报，2017，54（5）：693-704.

［3］Adamowicz S J. C-value estimates for 31 species of ladybird beetles（Coleoptera：Coccinellidae）［J］. Hereditas, 2013, 139（2）: 121.

［4］Adams M D, Celniker S E, Holt R A, et al. The genome sequence of *Drosophila melanogaster*［J］. Science, 2000, 287（5461）: 2185.

［5］Babb P L, Lahens N F, Correa-Garhwal S M, et al. The *Nephila clavipes* genome highlights the diversity of spider silk genes and their complex expression［J］. Nat Genet, 2017, 49（6）: 895-903.

［6］Bao R, Friedrich M. Molecular evolution of the drosophila retinome: Exceptional gene gain in the higher diptera［J］. Mol Biol Evol, 2009, 26（6）: 1273.

［7］Benoit J B, Adelman Z N, Klaus R, et al. Unique features of a global human ectoparasite identified through sequencing of the bed bug genome［J］. Nat Commun, 2016, 7（10165）: 10165.

［8］Birney E, Clamp M, Durbin R. GeneWise and genomewise［J］. Genome Res, 2004, 14（5）: 988-995.

［9］Boetzer M, Pirovano W. SSPACE-LongRead: Scaffolding bacterial draft genomes using long read sequence information［J］. BMC Bioinformatics, 2014, 15（1）: 211.

［10］Boulesteix M, Weiss M, Biémont C. Differences in genome size between closely related species: The *Drosophila melanogaster* species subgroup［J］. Mol Biol Evol, 2006, 23（1）: 162-167.

［11］Cao Z, Yu Y, Wu Y, et al. The genome of *Mesobuthus martensii* reveals a unique adaptation model of arthropods［J］. Nat Commun, 2013, 4（10）: 2602.

［12］Chiu J C, Lee E K, Egan M G, et al. OrthologID: Automation of genome-scale ortholog identification within a parsimony framework［J］. Bioinformatics, 2006, 22（6）: 699.

［13］Cong Y, Ye X, Mei Y, et al. Transposons and non-coding regions drive the intrafamily differences of genome size in insects［J］. iScience, 2022, 25（9）: 104873.

［14］Consortium H G S. Insights into social insects from the genome of the honeybee *Apis mellifera*［J］. Nature, 2006, 443（7114）: 931.

［15］Davis G K. Genome sequence of the pea aphid *Acyrthosiphon pisum*［J］. PLoS Biol, 2010, 8（2）: e1000313.

［16］Delcher A L, Bratke K A, Powers E C, et al. Identifying bacterial genes and endosymbiont DNA with Glimmer［J］. Bioinformatics, 2007, 23（6）: 673-679.

［17］Desalle R, Gatesy J, Wheeler W, et al. DNA sequences from a fossil termite in Oligo-Miocene amber and their phylogenetic implications［J］. Science, 1992, 257（5078）: 1933-1936.

［18］Fredrik R, Maxim T, Paul V D M, et al. MrBayes 3.2: Efficient Bayesian phylogenetic inference and model choice across a large model space［J］. Syst Biol, 2012, 61（3）: 539-542.

［19］Gregory T R. Insertion-deletion biases and the evolution of genome size［J］. Gene, 2004, 324（1）: 15.

［20］Group B A, Xia Q, Zhou Z, et al. A draft sequence for the genome of the domesticated silkworm（*Bombyx mori*）［J］. Science, 2004, 306（5703）: 1937.

［21］Guindon S, Dufayard J F, Hordijk W, et al. PhyML: Fast and accurate phylogeny reconstruction by maximum likelihood［J］. Infect Genet Evol, 2009, 9（3）: 384-385.

［22］Hahn M W, Demuth J P, Han S G. Accelerated rate of gene gain and loss in primates［J］. Genetics, 2007, 177（3）: 1941-1949.

［23］Harris M A. The Gene Ontology（GO）database and informatics resource［J］. Nucleic Acids Res, 2004, 32（suppl 1）: D258-D261.

［24］Huerta-Cepas J, Capella-Gutierrez S, Pryszcz L P, et al. PhylomeDB v3.0: An expanding repository of genome-wide collections of trees, alignments and phylogeny-based orthology and paralogy predictions［J］. Nucleic Acids Res, 2011, 39（Database issue）: D556.

［25］Hunter S, Jones P, Mitchell A, et al. InterPro in 2011: New developments in the family and domain prediction database［J］. Nucleic Acids Res, 2012, 40（Database issue）: D306-D312.

［26］Inward D, Beccaloni G, Eggleton P. Death of an order: A comprehensive molecular phylogenetic study confirms that termites are eusocial cockroaches［J］. Biol Lett, 2007, 3（3）: 331-335.

［27］Kanehisa M, Goto S. KEGG: Kyoto encyclopedia of genes and genomes［J］. Nucleic Acids Res, 2000, 28（1）: 27-30.

［28］Kirkness E F, Haas B J, Sun W L, et al. Genome sequences of the human body louse and its primary endosymbiont provide insights into the permanent parasitic lifestyle［J］. Proc Natl Acad Sci USA, 2010, 107（27）: 12168.

[29] Koshikawa S, Miyazaki S, Cornette R, et al. Genome size of termites (Insecta, Dictyoptera, Isoptera) and wood roaches (Insecta, Dictyoptera, Cryptocercidae) [J]. Naturwissenschaften, 2008, 95 (9): 859-867.

[30] Kumar S, Stecher G, Tamura K. MEGA7: Molecular evolutionary genetics analysis version 7.0 for bigger datasets [J]. Mol Biol Evol, 2016, 33 (7): 1870.

[31] Langmead B, Salzberg S L. Fast gapped-read alignment with Bowtie 2 [J]. Nat Methods, 2012, 9 (4): 357-359.

[32] Li L, Stoeckert C J, Roos D S. OrthoMCL: Identification of ortholog groups for eukaryotic genomes [J]. Genome Res, 2003, 13 (9): 2178-2189.

[33] Liu B, Shi Y, Yuan J, et al. Estimation of genomic characteristics by analyzing k-mer frequency in de novo genome projects [J]. Quantitative Biology, 2013, 35 (s1-3): 62-67.

[34] Lo N, Engel M S, Cameron S, et al. Save Isoptera: A comment on Inward et al [J]. Biol Lett, 2007, 3 (5): 562-563.

[35] Lomize M A, Lomize A L, Pogozheva I D, et al. OPM: Orientations of proteins in membranes database [J]. Bioinformatics, 2006, 22 (5): 623-625.

[36] Love R R, Weisenfeld N I, Jaffe D B, et al. Evaluation of DISCOVAR de novo, using a mosquito sample for cost-effective short-read genome assembly [J]. BMC Genomics, 2016, 17 (1): 1-10.

[37] Lukashin A V, Borodovsky M. GeneMark.hmm: New solutions for gene finding [J]. Nucleic Acids Res, 1998, 26 (4): 1107-1115.

[38] Marçais G, Kingsford C. A fast, lock-free approach for efficient parallel counting of occurrences of k-mers [J]. Bioinformatics, 2011, 27 (6): 764.

[39] Parra G, Bradnam K, Korf I. CEGMA: A pipeline to accurately annotate core genes in eukaryotic genomes [J]. Bioinformatics, 2007, 23 (9): 1061-1067.

[40] Petrov D A. Evolution of genome size: New approaches to an old problem [J]. Trends Genet, 2001, 17 (1): 23-28.

[41] Richards S, Murali S C. Best practices in insect genome sequencing: What works and what doesn't [J]. Curr Opin Insect Sci, 2015, 7: 1-17.

[42] Ruan J, Li H, Chen Z, et al. TreeFam: 2008 Update [J]. Nucleic Acids Res, 2008, 36 (Database issue): D735-D740.

[43] Sahlin K, Chikhi R, Arvestad L. Assembly scaffolding with PE-contaminated mate-pair libraries [J]. Bioinformatics, 2016, 32 (13): btw064.

[44] Sahlin K, Vezzi F, Nystedt B, et al. BESST-Efficient scaffolding of large fragmented assemblies [J]. BMC Bioinformatics, 2014, 15 (1): 281.

[45] Sanchez L. Sex-determining mechanisms in insects [J]. Int J Dev Biol, 2008, 52 (7): 837-856.

[46] Simão F A, Waterhouse R M, Ioannidis P, et al. BUSCO: assessing genome

assembly and annotation completeness with single-copy orthologs [J]. Bioinformatics, 2015, 31 (19): 3210-3212.

[47] Smit A F A, Hubley R. RepeatModeler version open-1.0 [EB/OL].Repeat Masker Website, 2010.

[48] Smit A F A, Hubley R, Green P. RepeatMasker version open-4.0, 2013-2015 [EB/OL]. Institute for Systems Biology, 2015.

[49] Spagna J C, Suarez A V, Tsutsui N D, et al. The evolution of genome size in ants [J]. BMC Evol Biol, 2008, 8 (1): 64.

[50] Stanke M, Morgenstern B. AUGUSTUS: A web server for gene prediction in eukaryotes that allows user-defined constraints [J]. Nucleic Acids Res, 2005, 33 (suppl 2): W465-W467.

[51] Stuart G W, Moffett K, Leader J J. A comprehensive vertebrate phylogeny using vector representations of protein sequences from whole genomes [J]. Mol Biol Evol, 2002, 19 (4): 554-562.

[52] Vilella A, Severin J V A, Heng L, et al. Ensembl compara gene trees: Complete, duplication-aware phylogenetic trees in vertebrates [J]. Genome Res, 2009, 19 (2): 327-335.

[53] Wang X, Fang X, Yang P, et al. The locust genome provides insight into swarm formation and long-distance flight [J]. Nat Commun, 2014, 5 (5): 2957.

[54] Xiao B, Chen A H, Zhang Y Y, et al. Complete mitochondrial genomes of two cockroaches, *Blattella germanica* and *Periplaneta americana*, and the phylogenetic position of termites [J]. Curr Genet, 2012, 58 (2): 65-77.

[55] Xue J, Cheng J A, Zhang C X. Insect genomes and their sizes [J]. Acta Entomol Sin, 2009, 52 (8): 901-906.

[56] Xue J, Zhou X, Zhang C X, et al. Genomes of the rice pest brown planthopper and its endosymbionts reveal complex complementary contributions for host adaptation [J]. Genome Biol, 2014, 15 (12): 521.

[57] Zhang G, Fang X, Guo X, et al. The oyster genome reveals stress adaptation and complexity of shell formation [J]. Nature, 2012, 490 (7418): 49-54.

[58] Zhu B H, Song Y N, Xue W, et al. PEP_scaffolder: Using (homologous) proteins to scaffold genomes [J]. Bioinformatics, 2016, 32 (20): 3193-3195.

第三章　美洲大蠊基因组重复序列分析

随着二代测序技术的飞速发展及三代测序技术的日渐成熟，越来越多的物种全基因组得以揭示，对于物种全基因组中鉴定重复序列的研究也越来越多。为了进一步解析美洲大蠊基因组的遗传信息，本研究使用从头预测和同源预测相结合的方法对美洲大蠊基因组中的重复序列类型进行了全面的搜索鉴定，并对重复序列占基因组的比例、蜚蠊目昆虫的重复序列的类型和含量、进化历程进行了系统比较。除此之外，本研究使用了Blastx和tBlastn两种方法分别对美洲大蠊基因组内含量最高的逆转录转座子（BovBs）和含量最高的DNA转座子（Tc1/Mariner）进行了鉴定，并就其结构、主要逆转录酶和转座酶序列在昆虫中的进化情况进行了细致的探讨研究。这些重复序列的研究不仅让我们了解了美洲大蠊重复序列的特性和利用价值，还对美洲大蠊的基因注释和功能分析提供必要的基础数据。

第一节　基因组重复序列概述

一、基因组重复序列的分类

重复序列是一类存在于真核生物基因组中的一段DNA序列，是几乎所有生物基因组的重要组成部分，在真核生物基因组中占有很高的比例（Waring等，1966；Britten等，1968），如重复序列在人类基因组中占比为66%（Koning等，2011），在家蚕基因组中占比为40%左右（Osanai-Futahashi等，2008），在玉米基因中占比甚至高达80%（Sanmiguel等，1998）。有一部分重复序列在基因组内发生自主的或不自主的跳跃和插入，其中多数的重复序列插入事件发生在500万年内，这对于基因组结构的重组和形成具有重要的作用（Sanmiguel等，1998）。

（一）串联重复序列与散在重复序列

重复序列可分成两类，第一类是在宿主基因组复制或重组过程中产生的序列，被称为串联重复序列。微卫星、小卫星和卫星DNA均属于串联重复序列（Jurka等，2005）。第二类为散在重复序列，主要组成成分为转座元件，又称转座子。转座子是一段能在宿主基因组中的一个位点经过转座作用转移到宿主基因组的另一个位点的DNA

片段。转座子从基因组的一个位置通过转座作用转移到另一个位置的过程中，发生的酶切、转座、插入整合，使原有基因组的结构序列发生变化，从而影响基因和基因组的功能。

（二）转座子的分类

按照转座机制，转座子分为Ⅰ型转座子和Ⅱ型转座子（Lisch，2013）。Ⅰ型转座子即通常所说的逆转录转座子，它编码的逆转录酶使RNA发生逆转录产生互补DNA（cDNA），cDNA在整合酶的作用下被插入基因组的其他位置，引起稳定突变，这种转座机制被称为"复制和粘贴"（copy and paste）（Eickbush，2002）。Ⅱ型转座子又称DNA转座子，主要是通过"剪切和粘贴"（cut and paste）机制发生转座，引起不稳定突变（Ohshima等，1996）。

1. DNA转座子：在真核生物中，根据DNA转座子的转座机制，DNA转座子可分为三类。

第一类是转座子转座酶编码序列编码的转座酶将DNA双链切除，然后该切除片段在结合酶的作用下被随机地插入宿主基因组的其他位置。这也就是常见的"剪切和粘贴"型转座子（Feshotte等，2007）。"剪切和粘贴"型转座子在DNA转座子中种类最多、分布最广。根据转座子的序列特征、转座子中转座酶的末端重复序列特征和转座酶序列的相似度，"剪切和粘贴"型转座子被分为*hAT*、*P*、*PIF*、*PiggyBac*、*Sola*和*Tc1/Mariner*（Wicker等，2009）等超家族，其中研究较多的为来自*Tc1/Mariner*、*PiggyBac*、*hAT*超家族内的SB、PB和Tol2转座子。这些类型的DNA亚家族转座子已在转基因研究和基因治疗等领域广泛使用，如在小鼠、斑马鱼和青鳉鱼中作为转基因载体研究（Palazzoli等，2010；Ivics等，2010；Munoz-Lopez等，2010；Voigt等，2016）。

第二类则使用滚环式复制机制，如*Helitron*，它在转座酶的作用下复制一段转座子的DNA核苷酸序列，然后在结合酶的作用下，此序列直接插到基因组的其他断裂位置的切口上，形成环状双链，最后经过DNA复制得到双链DNA，完成转座过程（Kapitonov等，2001）。

第三类为通过转座子的转座酶序列自身的复制过程产生的（*Maverick*，或称*Polinton*），是一类较少见的转座子，其主要的序列特征为偏好性地插入6bp靶位点重复序列（target site duplication，TSD），它的末端反向重复序列大概在几百bp，并且通常在N端以AG开头，C端以TC结尾（Kapitonov等，2006）。Maverick的转座过程需要DNA聚合酶、β丝氨酸蛋白酶及逆转录病毒整合酶等一系列特异性酶的参与（Feschotte等，2005；Kapitonov等，2006）。

所有的"剪切和粘贴"型转座子的转座酶序列区域均能自主转座编码形成末端反向重复序列（terminal inverted repeats，TIR）。Helitron没有末端反向重复序列，但是它的末端具有一段短的能编码Rep/Helicase的保守序列（Kapitonov等，2001；Ptitham等，2007）。在真核生物基因组中，DNA转座子主要为"剪切和粘贴"型（Feschotte等，2007）。

根据DNA转座子的靶位点重复序列、末端反向重复序列和转座酶等序列特征（同属于某一个家族的转座子的转座酶序列相似性很高），大致可将其分为23个超家族

（*CACTA*、*Ginger*、*hAT*、*ISL2EU*、*Kolobok*、*Merlin*、*MuDR*、*P*、*PIF/Harbinge*、*PiggyBac*、*Sola*、*Tc1/mariner*、*Transib*、*Politon*、*IS3EV*、*Dada*、*Gingerl/TDD*和*Zator*等）（Jurka，2000）。这些转座子的转座酶区域含有1～2个开放阅读框，并且在它们的催化区域序列当中含有一个保守的"DDD/E"三联体结构区域。

2．逆转录转座子：逆转录转座子是一类通过RNA进行逆转录的转座子。基因组DNA在RNA聚合酶Ⅱ的作用下形成RNA，该RNA在逆转录酶的作用下转换成cDNA，最后在整合酶的作用下将该双链DNA插入基因组的其他位置完成转座过程（Finnegan，1989）。

根据逆转录转座子的序列特征（转座子末端是否含有重复序列）及系统发生关系，其可分为长末端重复序列（long terminal repeats，LTRs）和非长末端重复序列。非长末端重复序列又称为散在重复序列（interspersed repetitive sequences）。非自主的非长末端重复序列称为短散在转座子（short interspersed nuclear elements，SINEs）。SINEs自身不编码有功能的逆转录转座酶，不能独立转座，只能依赖于相关的自主转座子进行转座。相反，自主的非长末端重复序列称为长散在转座子（long interspersed nuclear elements，LINEs），其自身能编码有功能的逆转录转座酶来完成转座过程。

LINEs又名长逆转录转座子，几乎存在于所有的真核生物基因组中。LINEs在转录过程中形成信使RNA（mRNA），然后以该mRNA为模板经逆转录形成双链DNA。LINEs逆转录得到的序列长度可以达到几千bp，但是它的末端缺少长的正向重复序列，尽管如此，在该逆转录转座过程中仍可以产生长短不一的靶位点重复区域。LINEs中的Pol开放阅读框前有一个与RNA聚合酶Ⅱ结合的启动子区域，并且这类转座子的末端通常有一个Poly A尾巴。开放阅读框中至少含有一个逆转录酶和核酸酶的编码区（Wicker等，2009）。

根据前人的研究，基于逆转录转座酶的结构相似的特征，LINEs主要含有5个超家族：*L1*、*I*、*Jockey*、*R2*和*RTE*。每个超家族又可分为多个亚家族，LINEs就被进一步分为了17个大的亚家族（Biedler等，2003）。*RTE*是LINEs中一类古老的超家族，仅包含一个开放阅读框。Jockey和L1结构非常相似，它们是LINEs超家族当中结构最多的。

SINEs的转座来源与LINEs有所不同。虽然SINEs是非自主的，但是它并不是LINEs的缺失衍生物。相反，它是从DNA聚合酶Ⅲ转录因子的逆转录区域得到的。SINEs较LINEs的长度短，通常在80～500bp，最典型的仅为150～200bp。与DNA转座子的末端反向重复序列相反，SINEs的2个末端的序列为正向重复序列，并且长度为5～15bp。典型的SINEs通常由N端头部区域（tRNA相关区序列）、中间区域部分（tRNA无关区序列）和C端尾巴区域（C端通常含有丰富的AT重复序列）三部分构成。但是仍有一些与此结构特征不一致的特定SINEs，它们的N端头部序列为该生物体细胞内的其他类型的RNA，中间部分和C端的尾部序列有可能非常短，更甚者可能存在着缺失等状况。除此之外，这些类型的SINEs有可能与其他类型的SINEs结合形成二聚体或者是更加复杂的三聚体（Kramerov等，2005）。

LTRs的末端通常含有长度从几百bp到5000bp不等的正向重复序列，并且分别在N端以TG开头、C端以CA结尾。它的转座过程与LINEs的转座过程其实有所不同，它是在类病毒颗粒中使用mRNA作为介质经逆转录形成双链DNA，最后将此双链DNA插入基因组序列的新位置。在该转座过程中，LTRs通常会产生一个长度为4~6bp的靶位点重复序列。常见的LTRs只有一个开放阅读框序列，用于编码Pol区和GAG蛋白（病毒颗粒的结构蛋白）。某些其他类型的该转座子也可能编码其他的开放阅读框，并且这个开放阅读框的功能还不能确定（Neumann等，2003）。LTR逆转录转座子主要包含*Bel/Pao*、*Gypsy*和*Copia*超家族等（Wicker等，2009），区别Gypsy和Copia的主要依据为开放阅读框编码的Pol区域中的逆转录转座酶的序列和INT区域序列的顺序有所不同。LTR在动物基因组中的含量不是很高，主要集中于植物基因组。

进化分析发现，LTRs和逆转录病毒间具有密切联系。据报道，*Gypsy*逆转录转座子可进化出逆转录病毒，它可以从该逆转录病毒的生活周期中得到一系列的调控序列及其他相关蛋白质和一个包膜蛋白（envelope protein，ENV）（Frankel等，1998）。虽然有报道显示黑腹果蝇的一些Gypsy亚家族可以入侵新的物种（Bucheton，1995），但是关于此类型的逆转录病毒的研究却主要集中于脊椎动物。所以，逆转录病毒可以被认为是LTRs的一个亚家族。

二、BovBs

BovBs属于LINEs，是一类通过逆转录酶（复制和粘贴）完成转座过程的逆转录转座子。它在真核生物基因组中的含量很高，可以通过复制、逆转录插入基因组的其他位置，对基因组的进化影响深远。具体来说，BovBs是*RTE*超家族中的一个亚家族，在不同物种的基因组中其长度、碱基组成、占基因组比例均有不同，但是这些BovBs的序列整体结构大致相同。完整的BovBs全长约3.2kb（Malik等，1998），两端分别为特征性区域，这是区别不同物种中BovBs的重要依据。与大多数*RTE*超家族不同的是，BovBs不止含有一个开放阅读框，在它的N端之后有一个长度约为100bp的开放阅读框1，然后为AP-EN区域，紧接着有一个长度约为580bp的开放阅读框2。开放阅读框1和开放阅读框2主要编码核糖核酸酶、DNA聚合酶等。开放阅读框2之后的序列区域为逆转录酶区域，逆转录酶帮助BovBs转录形成的mRNA完成逆转录过程，它是BovBs的核心区域，也是鉴定BovBs的重要依据（Adelson等，2013）。BovBs的核苷酸和氨基酸序列广泛应用于逆转录转座子的进化研究。

BovBs最开始被认为是一类逆转录转座子的SINEs，被命名为ART-2（Jobse等，1995；Modi等，1996）。之后，它被认为是反刍亚目中特有的重复序列（Duncan，1987；Majewska等，1988）。后来，研究者在牛科动物的基因组当中发现了更长的BovBs，并将其归类于LINEs（Szemraj等，1995；Ohshima等，1996）。在人类基因组中也发现了BovBs（Smit，1996）。意想不到的是，在沙蝰（*Vipera ammodytes*）的磷脂酶A2（*PLA2*）基因和蝰蛇科（Viperidae）的基因组中发现了高保守的BovBs序列。BovBs在进化距离很远的脊椎动物当中存在，根据转座子的不连续分布、核苷酸高相似度、遗传距离和进化关系，推测可能是一些寄生生物的入侵、携带和传递作用使BovBs在进化距离较远的物种中发生了水平转移现象（Kordis等，1996、1998、1999）。

Walsh等（2013）对哺乳类动物如牛、兔、马、袋鼠、猪、大象、羊、狗、老鼠、刺猬、羚羊、鼩鼱、鸭嘴兽、树鼩、犰狳，爬行类动物如变色龙，鸟类如斑胸草雀，鱼类如斑马鱼，昆虫如家蚕、蚊类、蜜蜂，以及无脊椎动物如海胆等的基因组的BovBs进行了系统研究。在家牛、非洲象、家绵羊基因组中搜索出含量高于10%的BovBs，在非洲蹄兔和小马岛猬基因组中搜索出含量在5%～10%的BovBs，在绿蜥蜴、短尾负鼠、鸭嘴兽和尤金袋鼠基因组中搜索出相对较少的BovBs（占基因组的1%～5%），在家马、紫色海球胆、家蚕和斑马鱼基因组中搜索出很少的BovBs（占这些基因组的比例均小于1%）。在其他的动物如普通鼩鼱、家犬、欧洲刺猬、豚鼠、西方蜜蜂、埃及伊蚊、小家鼠、九带犰狳、野猪*Sus scrofa*、大家鼠、北树鼩、蝇蛹金小峰和斑胸草雀中均没有发现相关的BovBs。在BovBs鉴定基础上，Walsh等（2013）进一步对这些物种的BovBs进行了进化分析，并且在反刍类动物家牛和有鳞类动物蛇当中找到了新的证据，证明它们之间的BovBs是通过水平转移传递的。

近年来，昆虫中的BovBs也陆续被研究，如鳞翅目的家蚕（Walsh等，2013）和肩突硬蜱（Tay等，2010）。此外，在RepBase数据库中，一些研究对蝇蛹金小峰、红带釉蝶、果蝇、埃及伊蚊、致倦库蚊和按蚊类基因组的BovBs进行了鉴定和结构分析（Clark等，2007；Nene等，2007；Webb等，2009；Arensburger等，2010；Consortium等，2012）。

三、*Tc1/Mariner*

*Tc1/Mariner*是一类典型的"剪切和粘贴"型DNA转座子，通过编码转座酶来完成转座过程。*Tc1/Mariner*是一个包含有Tc1-like、Mariner-like和Pogo-like三个超家族的DNA转座子（Robertson等，1995；Hartl等，1997）。

Tc1最早于线虫的重复序列中被鉴定出来，根据结构相似性原理，它被归类于Tc1-like超家族（Bessereau，2006）。Mariner最早在毛里塔尼亚果蝇（*Drosophila mauritania*）的突变白眼基因中被发现（Jacobson等，1986），在后期其他物种的研究中也陆续鉴定出了*Tc1/Mariner*类似的转座子序列，并将它们归类于Mariner-like超家族。后来，在黑腹果蝇中发现了*Tc1/Mariner*的另一类相似性序列，即*Pogo*转座子，属于Pogo-like超家族（Tudor等，1992）。在随后的研究中，*Tc1/Mariner*在很多后生动物、真菌、原生生物、植物和动物中被陆续发现（Robertson，1993；Radice等，1994；Jarvik等，1998；Arkhipova等，2000、2005；Silva等，2005；Ogasawara等，2009）。

（一）序列结构

*Tc1/Mariner*核苷酸全长一般为1 300～2 400bp，主要组成部分为一个编码转座酶的基因区，氨基酸长度为340～360AA。除此之外，*Tc1/Mariner*的末端区域含有末端反向重复序列，但长度不一，并且含有不同数量和形式的转座酶结合位点。转座酶结合位点序列在转座过程中必不可少（Plasterk等，1999）。根据末端反向重复序列的长度和是否含有正向重复序列等特征，*Tc1/Mariner*可以划分为四个大类的亚家族，分别为：末端反向重复序列长度在200～300bp，含有正向重复序列；末端反向重复序列长度在200～300bp，不含正向重复序列；末端反向重复序列长度小于100bp，含有正向重复序列；末端反向重复序列长度小于100bp，不含正向重复序列（Nguyen等，2014；沈丹

等，2017）。亚家族Tc1和Mariner的末端反向重复序列最简单，长度一般小于100bp；Tc3的末端反向重复序列长度大于400bp。除此之外，末端反向重复序列的长度在不同的物种间，甚至在同一个物种间可能均不同。

　　*Tc1/Mariner*末端反向重复序列中间的区域为该转座子的转座酶编码序列区。转座酶是*Tc1/Mariner*完成转座活动的必要条件，它的N端为DNA结合区域，此区域为Tc1/Mariner的结构功能分析主要集中区。根据二级结构预测和序列比对分析发现，DNA结合区域含有2个"螺旋-转角-螺旋"结构（HTH）（Franz等，1994；Vos等，1995；Pietrokovski等，1997；Plasterk等，1999），它能够识别相对应的末端反向重复序列。一些转录因子的Paired-like区域为第一种HTH的一部分（Franz等，1994；Ivics等，1996）。第二个HTH紧邻Paired-like区域，并且该HTH中嵌入了Homeo-like DNA区域（Plasterk等，1999）。在*Tc1/Mariner*的2个HTH之间存在一个保守的GRPR-like序列。Tc1/Mariner转座酶的C端为1个含有"DDE/D"三联体结构的催化结构区域，该区由2个天冬氨酸和1个谷氨酸或者仍然是1个天冬氨酸残基组成（Doak等，1994），它是Tc1/Mariner催化活性中心的重要组成部分。Mariner和Pogo转座子中的"DDD"结构变为"DDE"结构时，它们的转座酶将会失去转座活性（Hartl，2001）。"DDD/E"三联体结构域3个位置的氨基酸结构序列区的某个或某些氨基酸的突变，会提高或降低转座酶的转座活性（Medhora等，1991；Matesl等，2009；Newman等，2010）。除此之外，*Tc1/Mariner*的转座酶序列还包含有催化区和结合区之间的一个核定位信号（nuclear localization signal，NLS），它与DNA结合区部分重叠（Ivics等，1996）。催化区域、结合区及它们之间的核定位信号是完成转座活动的基础。

（二）转座机制

　　虽然*Tc1/Mariner*的亚家族序列间的变异程度很高（氨基酸相似度大约15%），但是*Tc1/Mariner*超家族成员都是单源的（Robertson，1995；Capy等，1996），并且含有相似的转座子序列结构和转座机制。当*Tc1/Mariner*发生转座时，2个转座酶序列分子分别识别转座子两端的末端反向重复序列，在转座酶亚基的作用下，HTH序列结构与末端反向重复序列配对结合形成突触复合物。接下来，转座酶促使*Tc1/Mariner*从基因组双链DNA序列上脱离下来，最后该游离转座子序列在结合酶的作用下与基因组其他位置被切断的互补TA双核苷酸切口位点相结合。转座子的供体DNA双链和最后的结合位置形成的单链间隙最后通过宿主的DNA修复机制的修复作用得到完整的DNA双链（Plasterk等，1999）。

　　宿主DNA的自我修复方式有非同源末端直接连接和同源重组2种方法。非同源末端连接法是直接将断裂的两段DNA序列连接上，而不是使用一个同源的模板。这种方法会形成末端重复序列片段而留下2~4bp的"足迹"（Ivics等，1996；Lampe等，1996；Arc等，1997；Luo等，1998）。同源重组有2种，一种是以同一染色体的同源DNA序列或者同源染色体序列为模板合成一条新DNA序列；另一种是直接通过单链退火方法进行重新连接修复。这种方式有可能会在切除位点产生缺失。

第二节　美洲大蠊基因组重复序列分析

美洲大蠊体内的很多活性成分（如抗菌肽）对人类的疾病防御、疾病治疗等有非常显著的功效，但是到目前为止，我们仍不能准确地鉴定出发挥作用的具体活性物质。对于控制这些主要活性物质的代谢过程及修饰途径的分子水平的信息知之甚少，美洲大蠊基因组的揭示将成为对该领域研究的重要基础。近年来，过敏原的核苷酸水平研究日趋增多，为我们解密美洲大蠊基因组提供了重要的数据基础，但是要全面了解美洲大蠊基因组的信息还远远不够。

在本研究中，我们以美洲大蠊全基因组序列作为研究对象，挖掘美洲大蠊基因组重复序列信息，并与同属蜚蠊目的德国小蠊及内华达古白蚁（*Zootermopsis nevadensis*）基因组的主要转座子类型进行比较。本研究的主要目的是鉴定美洲大蠊基因组重复序列，了解美洲大蠊转座子序列的含量、分布及进化历程，比较分析不同方法鉴定出的美洲大蠊基因组重复序列的差异情况并和近缘物种进行比较分析，阐明美洲大蠊重复序列的特征。

美洲大蠊基因组中重复序列的确定是美洲大蠊基因组学研究的必要过程，为随后的基因结构注释和功能分析提供必要的基础数据。同时，美洲大蠊重复序列本身具有很高的研究价值，如它们用于基因组进化、基因操控等方面的功能研究。因此，本研究结果可以为精细组装美洲大蠊基因组、解密美洲大蠊基因组信息提供重要的基础数据。

为了系统了解美洲大蠊基因组的重复序列信息，我们从以下两个方面仔细探索研究：

1. 以RepBase数据库内的重复序列核苷酸和蛋白质序列为参考，根据从头预测和同源预测原理，使用软件RepeatModeler、RepeatMasker及RepeatProtein扫描全基因组，鉴定出美洲大蠊基因组内的重复序列。比较不同方法鉴定的重复序列类型及占基因组比例等信息。

2. 使用上述方法对蜚蠊目的德国小蠊和内华达古白蚁基因组进行重复序列鉴定，并比较3个物种重复序列主要转座子的类型、占基因组比例及主要转座子的转座爆发历史。

一、材料与方法

（一）样本信息及处理方法

本研究对雄性美洲大蠊样本基因组进行测序。样本来自四川好医生攀西药业有限公司西昌饲养基地。样本收集后，迅速去除翅、足和消化道，将处理后的样本放入装有液氮的研钵中研磨，研磨组织用于总DNA的提取。使用DNA提取试剂盒（Sigma），按说明书操作提取总DNA。

（二）基因组测序及组装

详见本书第一章与第二章相关内容。

(三)重复序列的鉴定

使用三种方案分别预测并搜集基因组中的重复序列。

1. 从头预测转座子：使用RepeatModeler（version1.0.8）的多种重复序列从头预测工具检测基因组序列，收集所有可能的转座子。对不同转座子的特性进行计算机建模，得到非冗余的转座子数据库（Smit等，2014），然后使用RepeatMasker（version4.0.5）对基因组自身进行重复序列的搜索和识别（Smit等，2014）。

2. 基于同源比对注释转座子：使用RepeatMasker在基因组中搜索和RepBase（version19.09）重复序列数据库中序列同源的序列（Jurka，2000）。

3. 使用RepeatProtein（version4.0.5）搜索包含转座子相关蛋白质的重复序列（Hu等，2012）。

(四)重复序列种类和占基因组比例统计

重复序列的原始注释文件为RepeatMasker的输出文件（".out"）和RepeatProtein的输出文件（".annot"）。对重复序列进行统计之前，我们首先对每种类型的重复序列进行过滤，去掉核苷酸长度小于10bp和与重复序列库的一致性小于70%的重复序列（Chalopin等，2015）。这一过程使用Python语言编写的本地脚本完成。过滤得到的文件再使用shell和R语言统计每个物种基因组中重复序列的种类、占基因组的比例和制图。

(五)蜚蠊目重复序列比较分析

德国小蠊和内华达古白蚁的基因组均下载自NCBI（PRJNA203136和PRJNA203242）。用与美洲大蠊基因组中同样的方法搜索德国小蠊和内华达古白蚁基因组中的重复序列，然后使用Python语言编写的本地脚本和R语言统计它们的重复序列种类、占基因组的比例。3个基因组的各类统计量进行比较、制图同样是在R语言中完成。

(六)转座子活性分析

基因组特定转座子序列和其一致性序列间的Kimura值可用来描述转座子随基因组进化过程中的转座爆发事件。Kimura值可通过RepeatMasker的输出文件（".align"）所提供的信息计算得到（Kimura，1980）。

Kimura值与转换率和颠换率的关系公式：

$$K=-1/2\ln(1-2p-q)-1/4\ln(-2q)$$

式中，q表示颠换率、p表示转换率。

本文涉及的物种均使用此方法计算Kimura值。以各类转座子的Kimura值为横坐标，各类转座子占基因组的比例为纵坐标做条形图，可以反映物种转座子的转座爆发历史。

二、结果

(一)美洲大蠊基因组主要的重复序列和占基因组比例

短片段文库用于构建contig序列，长短片段文库用于构建scaffold序列，再使用二代测序数据填补空缺、三代测序原始数据自纠错和三代测序数据填补空缺。经过GC含量、测序深度和基因覆盖度等分析，最终得到了一个较为完整、准确的，大小约为3Gb

的美洲大蠊基因组。德国小蠊的基因组大小为1.71Gb，内华达古白蚁的基因组大小为464Mp。

在美洲大蠊基因组中，使用RepeatModeler从头预测方法贡献最大，得到了1862.3Mp的重复序列，占基因组的58.27%；使用RepBase同源比对注释得到了355.3Mp的重复序列，占基因组的11.12%；使用RepeatProtein软件识别的转座子蛋白质序列得到了417.5Mp的重复序列，占基因组的13.06%。综合以上3种方法，去除冗余后（不同方法可能在同一个位置预测出转座子），总共得到了1993.9Mp的非冗余重复序列，占基因组的62.38%，这一比例和人类基因组的重复序列占比相似（Kapitonov等，2001）。

在美洲大蠊基因组重复序列中，未知类型重复序列占总重复序列的1/3左右，占基因组的25.75%；已知类型转座子中DNA转座子总长度占基因组的16.18%，相对于逆转录转座子（占基因组比例为18.75%）较小，其中LINEs为13.64%。此外，RC/Helitron和LTRs比例均较小，只占约1.80%。其他类型的重复序列，如卫星重复序列、核糖体重复序列及其他简单重复序列占基因组的3.70%（表3-1、图3-1）。

表3-1　美洲大蠊基因组重复序列的类型和占基因组比例

类型	RepeatModeler从头预测 长度（Mp）	RepeatModeler从头预测 占基因组比例（%）	RepBase同源比对注释 长度（Mp）	RepBase同源比对注释 占基因组比例（%）	转座子蛋白质序列 长度（Mp）	转座子蛋白质序列 占基因组比例（%）	综合 长度（Mp）	综合 占基因组比例（%）
DNA转座子	442.4	13.84	112.9	3.53	141.9	4.44	517.0	16.18
LINEs	327.1	10.23	123.8	3.87	268.5	8.40	436.0	13.64
SINEs	112.3	3.52	9.5	0.30	0.0	0.00	113.9	3.56
LTRs	42.2	1.32	13.3	0.42	5.7	0.18	57.0	1.78
RC/Helitron	57.6	1.80	4.1	0.13	1.8	0.06	59.1	1.85
其他类型重复序列	86.8	2.72	99.8	3.12	0.0	0.00	118.2	3.70
未知类型重复序列	822.2	25.72	0.9	0.03	0.0	0.00	823.1	25.75
合计	1862.3	58.27	355.3	11.12	417.5	13.06	1993.9	62.38

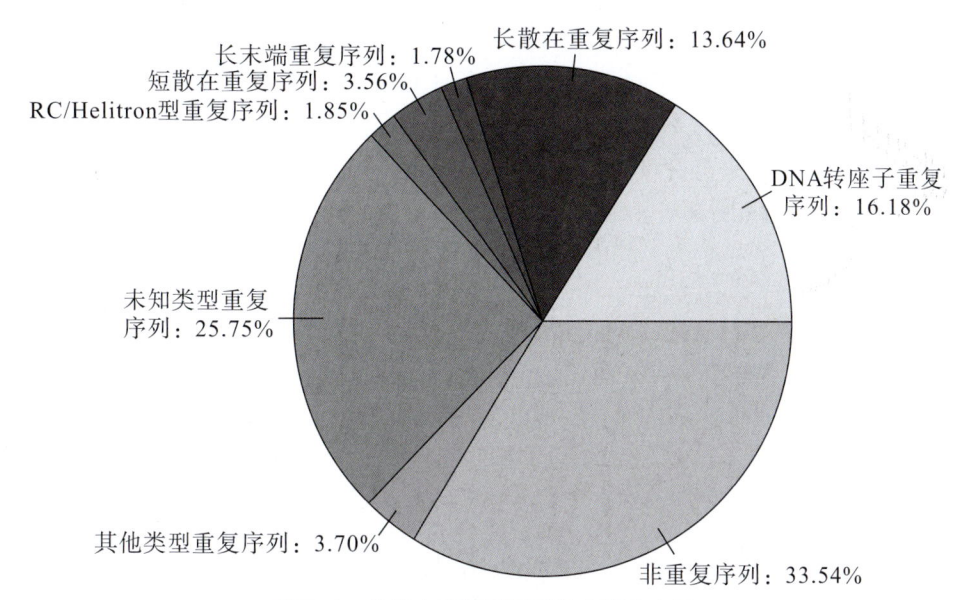

图3-1 美洲大蠊基因组重复序列分布图

（二）美洲大蠊主要转座子

美洲大蠊基因组中转座子类型和占基因组比例如图3-2所示，DNA转座子占基因比例较高的超家族为 *hAT*、*TcMar*，分别为6.09%和5.48%，其次为滚环型复制的 *RC/Helitron*（1.85%）及占基因组1.85%的 *CMC* 超家族，其他超家族相对较少。在逆转录转座子的LINEs中，BovBs的含量最高，占基因组的6.73%，也是美洲大蠊基因组中含量最高的重复序列。其次为 *L2*（2.46%）和 *CR1*（1.08%），其他类型的LINEs占基因组比例均不足1%。在LTRs中，*Gypsy* 含量占基因组的1.31%，仍远小于DNA转座子和LINEs。SINEs中，*tRNA* 的含量高达2.41%，且高于 *Gypsy*。

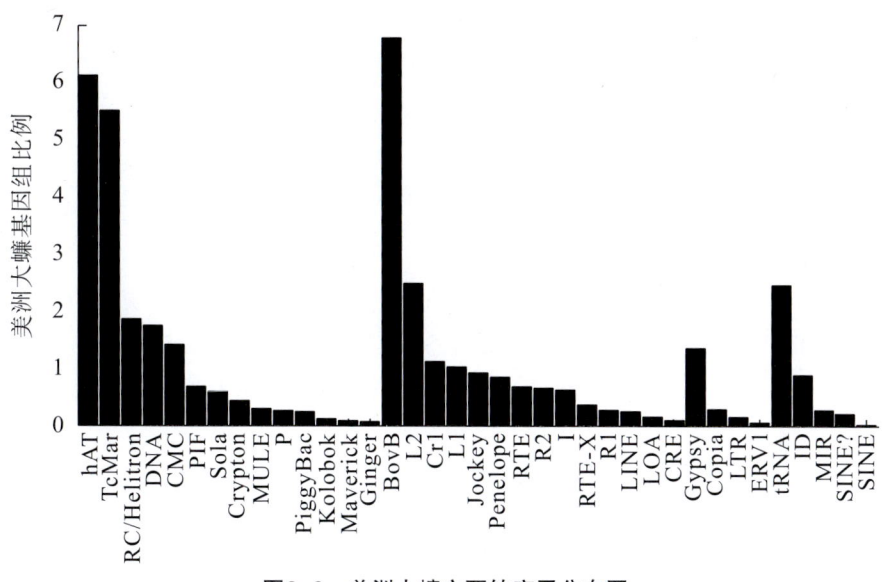

图3-2 美洲大蠊主要转座子分布图

(三) 3种蜚蠊目物种主要转座子类型比较分析

在3种蜚蠊目物种中，不同类型的转座子比较分析结果见表3-2。美洲大蠊基因组的重复序列含量（62.38%）略高于德国小蠊（61.94%），两者均远高于内华达古白蚁（35.84%）。这一结果与脊椎动物中随着基因组大小的增加，重复序列占基因组比例增大的趋势一致（Chalopin等，2014、2015）。DNA转座子是美洲大蠊和德国小蠊基因组中最丰富的重复序列类型，其中美洲大蠊的DNA转座子含量最高，达16.18%，德国小蠊次之（13.07%），均显著高于内华达古白蚁（6.20%）。这一现象也出现在同属于DNA转座子的RC/Helitron型重复序列中。而LINEs是内华达古白蚁基因组中最丰富的重复序列类型，约占基因组的10%，但这一比例仍然低于美洲大蠊（13.64%）和德国小蠊（12.13%）。SINEs在美洲大蠊和德国小蠊中的含量大致相当（大约3%），并且均高于内华达古白蚁（2.24%）。虽然大多数转座子类型占比在美洲大蠊基因组中都超过德国小蠊，但德国小蠊基因组中LTRs（5.02%）的含量却显著高于美洲大蠊（1.78%）。

表3-2 3种蜚蠊目昆虫转座子的比较

类型	美洲大蠊 长度（Mp）	美洲大蠊 占基因组比例（%）	德国小蠊 长度（Mp）	德国小蠊 占基因组比例（%）	内华达古白蚁 长度（Mp）	内华达古白蚁 占基因组比例（%）
DNA转座子	517.0	16.18	223.5	13.07	28.8	6.20
LINEs	436.0	13.64	207.5	12.13	46.4	9.98
SINEs	113.9	3.56	52.8	3.07	10.4	2.24
LTRs	57.0	1.78	85.8	5.02	26.5	5.70
RC/Helitron	59.1	1.85	3.9	0.23	1.5	0.32
其他类型重复序列	118.2	3.70	46.6	2.73	6.0	1.29
未知类型重复序列	823.1	25.75	569.2	33.32	66.4	14.31
合计	1993.9	62.38	1059.3	61.94	1666.4	35.84

在所有的重复序列类型中，DNA转座子亚家族（*Tc1/Mariner*、*hAT*）和LINEs亚家族（*BovBs*、*L2*）占3个基因组比例最高（表3-3、图3-3），尤其是BovBs在本研究中3个近缘物种基因组中的比例均最高，美洲大蠊的BovBs占比高于其他两个物种。而LTRs亚家族中，德国小蠊的*Copia*、*Gypsy*和*Pao*亚家族比例高于美洲大蠊。相反，美洲大蠊SINEs的ID亚家族比例明显高于德国小蠊。除此之外，内华达古白蚁的*BovBs*在其基因组中的比例最高（5.92%），且高于德国小蠊（4.50%）。

表3-3 蜚蠊目转座子家族比较分析

类型	亚家族	美洲大蠊 占基因组比例（%）	德国小蠊 占基因组比例（%）	内华达古白蚁 占基因组比例（%）
DNA转座子	hAT	6.09	2.84	1.76
	Tc1/Mariner	5.48	6.31	2.71
	RC/Helitron	1.85	0.23	0.31
	DNA	1.71	1.29	0.85
	CMC	1.38	1.29	0.33
	PIF	0.64	0.15	0.10
	Sola	0.56	0.21	0.08
	Crypton	0.40	0.65	0.06
	MULE	0.25	0.24	0.25
	P	0.23	0.11	0.08
	PiggyBac	0.21	0.51	0.11
	Kolobok	0.08	0.16	0.04
	Maverick	0.05	0.23	0.16
	Ginger	0.05	0.03	0.03
LINEs	BovBs	6.73	4.50	5.92
	L2	2.46	2.81	0.69
	CR1	1.08	0.70	0.79
	L1	0.98	3.67	0.92
	Jockey	0.89	0.43	0.47
	Penelope	0.81	0.52	0.33
	RTE	0.66	0.60	0.10
	R2	0.64	0.84	0.15
	I	0.59	0.29	0.19
	RTE-X	0.34	0.34	0.20
	R1	0.24	0.58	0.19
	LINE	0.22	0.18	0.05
	LOA	0.11	0.15	0.08

续表

类型	亚家族	美洲大蠊 占基因组比例（%）	德国小蠊 占基因组比例（%）	内华达古白蚁 占基因组比例（%）
LTRs	Gypsy	1.31	1.94	1.95
	Copia	0.23	1.89	2.31
	Pao	0.05	0.85	0.96
	LTR	0.12	0.04	0.04
	ERV1	0.02	0.22	0.26
SINEs	tRNA	2.41	2.88	1.21
	ID	0.85	0.00	0.03
	MIR	0.24	0.08	0.12
	未知SINE	0.19	0.14	0.16

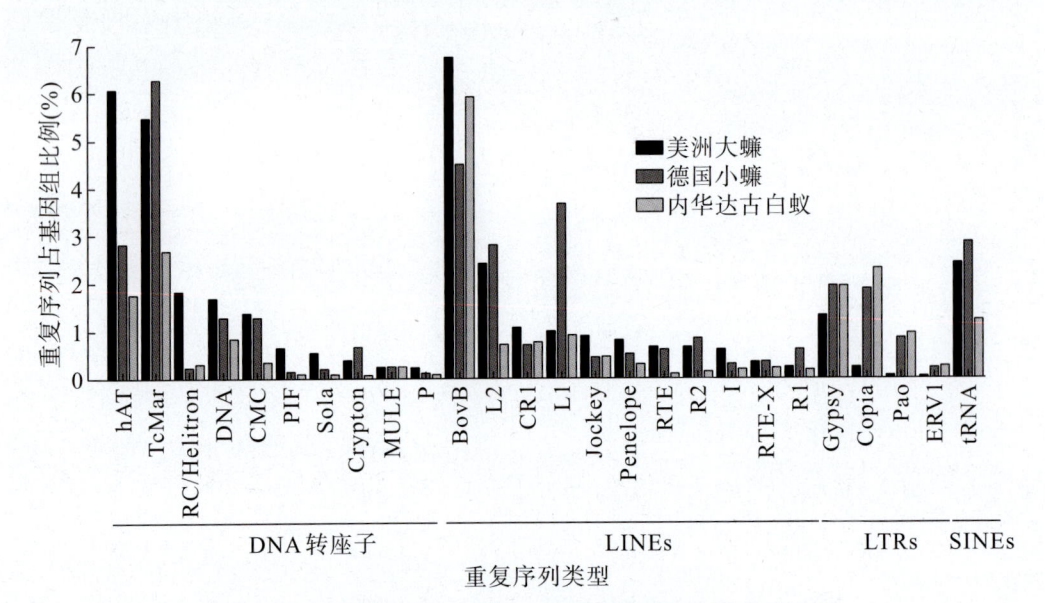

图3-3　3个蜚蠊目物种基因组主要转座子亚家族柱状分布图

（四）美洲大蠊转座子的转座爆发分析

基因组中每个转座子拷贝的Kimura值被用来反映转座子的"年龄"和转座爆发历史。Kimura值为每个转座子序列中颠换和转换等突变位点的累积与一致性序列的差异，这种差异称为拷贝分歧度。转座子的拷贝分歧度与其年龄和活性有关：Kimura值越大，累积的突变越多，意味着该转座子插入该基因组的时间越长，是更古老的转座子，它的年龄越大（图3-4横坐标的右边部分）；相反，Kimura值越小，累积的突变越少，意味着该转座子插入该基因组的时间较短，是比较年轻的转座子，即它的年龄越小

（图3-4横坐标的左边部分）。某一时期转座子占基因组的比例越高，意味着该阶段转座子的活性越高（图3-5）。

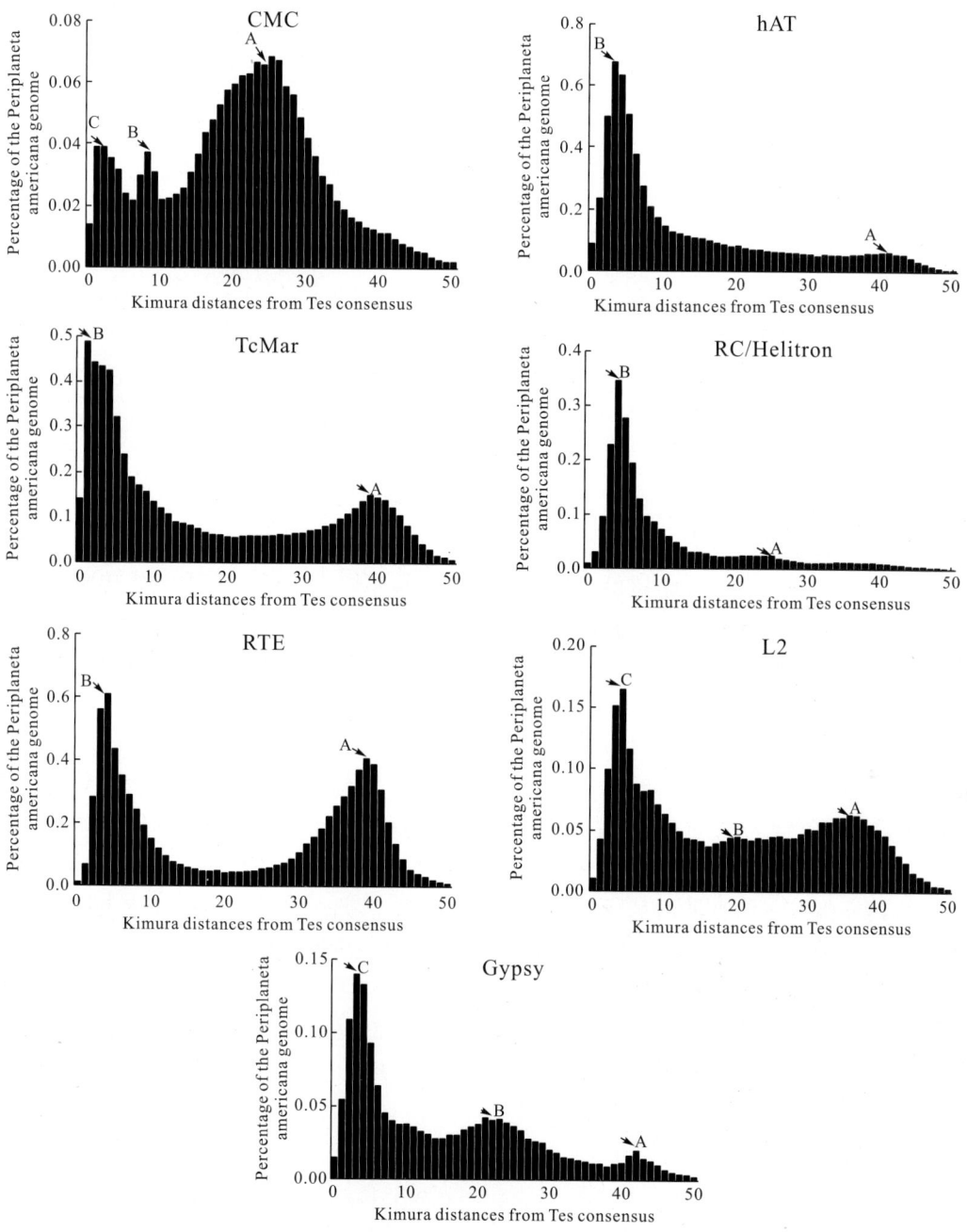

图3-4 美洲大蠊基因组主要转座子家族序列转座子变化图

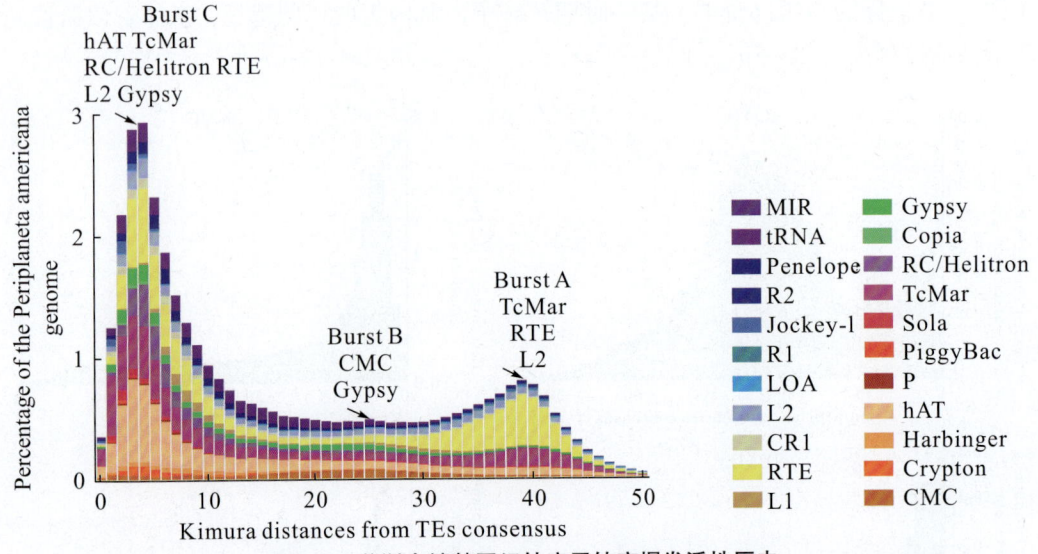

图3-5 美洲大蠊基因组转座子转座爆发活性历史

在美洲大蠊基因组的转座子中，我们发现3个时期的转座子变化事件，这意味着美洲大蠊基因组的进化过程中有3个主要的转座子爆发期。其中近期的转座爆发事件的转座子的类型和占基因组比例远远高于古老的转座爆发事件。在古老的转座爆发事件中，主要参与的转座子包含 *Tc1/Mariner*、*RTE* 和 *L2* 等，中期仅有 *CMC* 和 *Gypsy* 两种类型转座子的少量增加。最明显的爆发事件发生在近期，*Tc1/Mariner*、*RC/Helitron*、*hAT*、*RTE*、*L2* 和 *GyPsy* 均有不同程度的爆发式增长，其占基因组的比例均高于古老期和中期。

为了进一步了解美洲大蠊基因组中每种转座子超家族的相对贡献，我们分别分析了DNA转座子的 *CMC*、*Tc1/Mariner*、*RC/Helitron* 和 *hAT* 超家族，以及逆转录转座子的 *RTE*、*L2*、*GyPsy* 超家族的爆发历史。在DNA转座子家族中，*Tc1/Mariner* 在古老期和近期均出现了爆发，但近期占基因组比例明显高于古老期；*CMC* 在中期开始大量爆发，近期爆发较少且不是很明显；*hAT* 和 *RC/Helitron* 均是在近期大量爆发的。在逆转录转座子的散在转座子当中，*RTE* 在古老期和近期都有大量爆发且爆发前后其占基因组的比例差异不大；L2在古老期、中期和近期均有一定数量的爆发，且近期数量稍多，但差异不大。来自 *LTRs* 的 *Gypsy* 在古老期、中期和近期均有一定数量的爆发，其占基因组的比例也随之呈递增趋势（图3-5）。

（五）昆虫进化中的转座子活性比较分析

我们使用Kimura值评估3种蜚蠊目（美洲大蠊、德国小蠊、内华达古白蚁）和直翅目昆虫（东亚飞蝗）的主要类型转座子爆发历史。4大类主要转座子为DNA转座子，逆转录转座子LTRs、LINEs、SINEs（图3-6）。在蜚蠊目蜚蠊科的美洲大蠊和德国小蠊基因组中，DNA转座子和逆转录转座子的爆发历史大致相同，尤其是转座子的转座爆发时间大致相同，在古老期和近期均有DNA转座子和LINEs的大量爆发。SINEs在中期开始出现，且在近期的爆发较多。在内华达古白蚁中，逆转录转座子，尤其是LINEs的比例尤其明显，且它的爆发期主要集中在中期和偏古老期。在转座子的早期有一定数目的DNA转座子的爆发。在东亚飞蝗基因组中，DNA转座子与逆转录转座子占基因组比例大致相同，但它们的爆发时间有所不同，LINEs和LTRs在古老期有一小部分的爆发，随后LINEs逐渐增多且在近期出现了一个大量爆发的时期，DNA转座子从古老期就缓慢增长，到中期有一个小的爆发，在近期有一个较大的爆发。

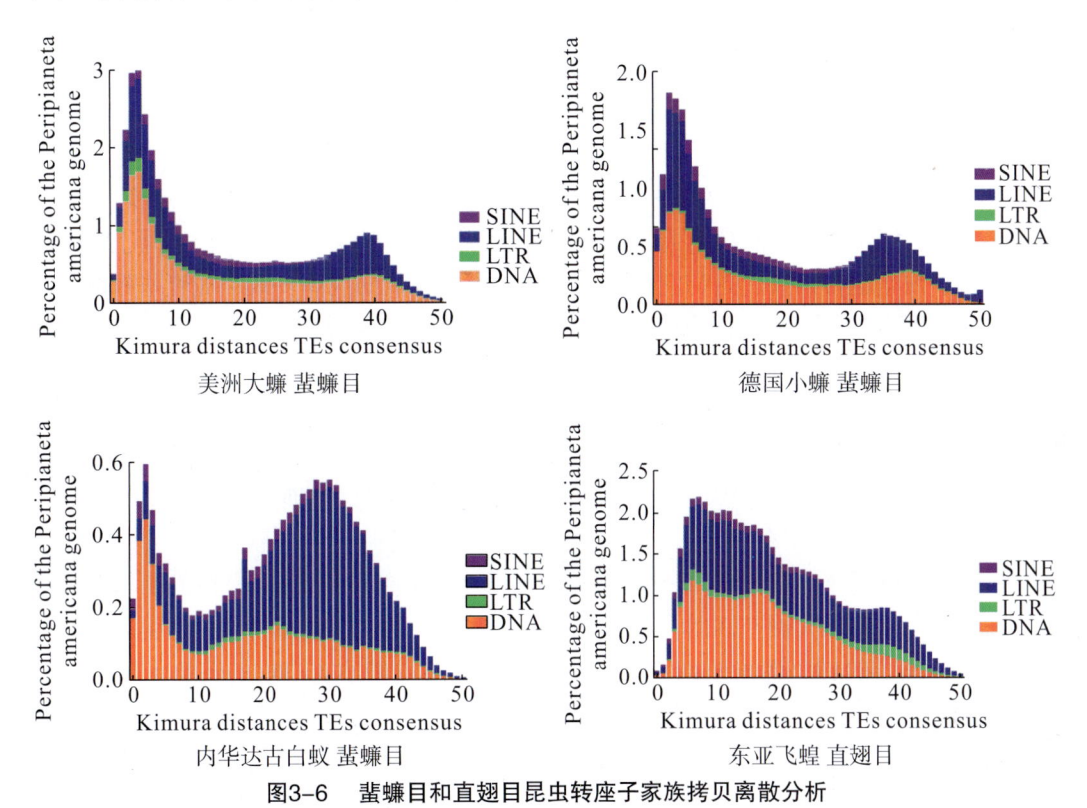

图3-6　蜚蠊目和直翅目昆虫转座子家族拷贝离散分析

三、讨论

转座子在基因组中随意转移，导致基因组序列出现删除、扩增、移位、断裂和重组等现象（Langley等，1988；Charlesworth等，1994），从而影响物种的正常生命活动（Le等，2006；Oliver等，2009）。近年针对昆虫重复序列的研究较少，已有的研究主要集中于鳞翅目和双翅目的果蝇属。例如，家蚕基因组中的*MITEs*、*Chapaev*、*Tc1/Mariner*等转座子的转座活动使基因组发生重组；果蝇属中*P*转座子的扩增和水平转移影响了基因组的大小和组成的变化（Zhang等，2014）。本研究首次对美洲大蠊基因组的重复序列进行了系统的统计描述，并结合近缘物种的重复序列比较分析，为美洲大蠊基因组研究提供了重要基础数据，也对昆虫重复序列研究提供重要资料。

在重复序列搜索方法中，使用从头预测方法鉴定得到的重复序列占基因组的比例（58.27%）明显高于同源预测的RepBase核苷酸重复序列库（11.12%）和RepBase蛋白质序列库（13.06%）。这可能是由于美洲大蠊基因组本身的重复序列类型较多，和已知的重复序列差异较大,因而,从头预测得到的重复序列相对于RepBase数据库中的已知类型重复序列更丰富。这种情况在未知类型的重复序列当中得到了很好的体现,从头预测得到的未知类型重复序列占基因组的25.72%,这一比例在其他两种方法中分别为0.03%和0。这说明重复序列类型和数量与我们使用的搜索策略、软件及方法有很大关系。如果要得到更全面、更精确的重复序列类型,应该结合多种方法综合分析,获取最优结果。

在DNA转座子类型中,两种蜚蠊科昆虫的DNA转座子占基因组比例均远远高于内华达古白蚁。这种差异主要表现在两种蜚蠊科昆虫DNA转座子中的两个超家族*hAT*和*Tc1/Mariner*占基因组的比例明显高于内华达古白蚁。在已知的逆转录转座子类型中,LTRs占基因组的比例为美洲大蠊明显低于德国小蠊,但其他转座子类型占比均是美洲大蠊略高于德国小蠊。从总体上看,美洲大蠊重复序列占基因组比例高于德国小蠊,德国小蠊高于内华达古白蚁,这与它们基因组大小依次递减的规律一致。随着基因组的增大,重复序列占基因组的比例也增大,这与此前研究转座子得到的规律一致(Chalopin等,2014、2015)。美洲大蠊重复序列最多的类型为未知类型(25.75%),说明其基因组中存在大量未知的重复序列类型,在这些未知类型的重复序列中除一部分简单重复序列外,可能存在一些物种特异的新类型重复序列,有必要进一步挖掘分析。

美洲大蠊基因组中的转座子主要爆发于古老期和近期,近期的爆发尤其明显。除了*CMC*转座子在中年期有一定的大量爆发,不论DNA转座子中的*hAT*、*Tc1/Mariner*、*RC/Helitron*,还是逆转录转座子中的*RTE*、*L2*和散在转座子的*Gypsy*,在近期均有大量的爆发。这说明美洲大蠊基因组在近期发生了较大的变化。在蜚蠊目当中,美洲大蠊和德国小蠊转座子的转座爆发时间和类型较一致,但与内华达古白蚁的转座子爆发时间有很大不同。从类型上,内华达古白蚁的逆转录转座子LINEs占基因组的比例明显高于DNA转座子,而其他两种昆虫却是DNA转座子占比高于逆转录转座子。除此之外,等翅目的东亚飞蝗的转座子也是近期爆发较多,与蜚蠊科的两个物种相似。出现这种差异的原因尚待探索。

重复序列是真核生物基因组序列的重要组成部分,其中转座子的转座、扩增和水平转移等对基因组的增加、减少、突变、新基因的产生及物种进化均具有重要的影响。本研究使用从头预测和基于同源比对预测相结合的方法,很好地鉴定出了美洲大蠊基因组中的重复序列。共鉴定出约占美洲大蠊全基因组62.38%的重复序列。研究发现,使用RepeatModeler软件进行的从头预测可以鉴定出最多的重复序列,而结合从头预测和RepatMasker基于RepBase库的核苷酸和已知蛋白质序列的同源预测方法,得到的重复序列类型和数量较单一的预测方法大大增加,因此该方法对后续其他物种重复序列的探索研究具有一定的借鉴意义。

美洲大蠊基因组中的DNA转座子较逆转录转座子更多。在散在重复序列中,逆转座子中LINEs最多,占基因组的13.64%,SINEs和LTRs相对较少,分别占基因组的3.52%和1.32%。美洲大蠊基因组的重复序列含量略高于德国小蠊,两者均远高于内华达古白蚁。美洲大蠊与德国小蠊相比,除了LTRs,其他类型的转座子占基因组的比例均高于德国小蠊。LINEs是内华达古白蚁基因组中最丰富的重复序列类型,但其占比仍然低于美洲大蠊和德国小蠊。但是内华达古白蚁的BovBs在其基因组中的比例最高，且高于德国小蠊。美洲大蠊和德国小蠊转座子的转座爆发时间和类型较一致，但与内华达古白蚁的转座爆发时间有很大不同。美洲大蠊基因组重复序列的系统分析在一定程度上促进了美洲大蠊基因组学的研究，并为后续美洲大蠊转座子功能研究等奠定了基础。

参考文献

［1］沈丹，陈才，王赛赛，等. Tc1/Mariner转座子超家族的研究进展［J］. 遗传，2017，39（1）：1-13.

［2］Adelson D L，Walsh A M，Kortschak R D，et al. BovB：Jumping the fine LINE between species［C］. Proc Int Plant Anim Genome Conf XXI，2013.

［3］Arc B，Zabalou S，Loukeris T G，et al. Mobilization of a Minos transposon in *Drosophila melanogaster* chromosomes and chromatid repair by heteroduplex formation［J］. Genetics，1997，145（2）：267-279.

［4］Arensburger P，Megy K，Waterhouse R M，et al. Sequencing of *Culex quinquefasciatus* establishes a platform for mosquito comparative genomics［J］. Science，2010，330（6000）：86-88.

［5］Arkhipova I R，Meselson M. Diverse DNA transposons in rotifers of the class Bdelloidea［J］. Proc Natl Acad Sci USA，2005，102（33）：11781-11786.

［6］Arkhipova I，Meselson M. Transposable elements in sexual and ancient asexual taxa［J］. Proc Natl Acad Sci USA，2000，97（26）：14473.

［7］Bessereau J L. Transposons in *C. elegans*［J］. WormBook，2006（18）：1-13.

［8］Biedler J，Tu Z. Non-LTR retrotransposons in the African malaria mosquito，*Anopheles gambiae*：unprecedented diversity and evidence of recent activity［J］. Mol Biol Evol，2003，20（11）：1811-1825.

［9］Britten R J，Kohne D E. Repeated sequences in DNA. Hundreds of thousands of copies of DNA sequences have been incorporated into the genomes of higher organisms［J］. Science，1968，161（3841）：529.

［10］Bucheton A. The relationship between the *flamenco* gene and *gypsy* in *Drosophila*：How to tame a retrovirus［J］. Trends Genet，1995，11（9）：349.

［11］Charlesworth B，Sniegowski P，Stephan W. The evolutionary dynamics of repetitive DNA in eukaryotes［J］. Nature，1994，371（6494）：215-220.

［12］Capy P，Vitalis R，Langin T，et al. Relationships between transposable elements based upon the integrase-transposase domains：Is there a common ancestor？［J］. J Mol Evol，1996，42（3）：359-368.

［13］Chalopin D，Fan S，Simakov O，et al. Evolutionary active transposable elements in the genome of the coelacanth［J］. J Exp Zool B Mol Dev Evol，2014，322（6）：322-333.

［14］Chalopin D，Naville M，Pasard F，et al. Comparative analysis of transposable elements highlights mobilome diversity and evolution in vertebrates [J]. Genome Biol Evol, 2015, 7（2）: 567-580.

[15] Clark A G, Eisen M B, Smith D R, et al. Evolution of genes and genomes on the *Drosophila* phylogeny [J]. Nature, 2007, 450（7167）: 203-218.

[16] Consortium T H G, Dasmahapatra K K, Walters J R, et al. Butterfly genome reveals promiscuous exchange of mimicry adaptations among species [J]. Nature, 2012, 487（7405）: 94-98.

[17] Doak T G, Doerder F P, Jahn C L, et al. A proposed superfamily of transposase genes: transposon-like elements in ciliated protozoa and a common "D35E" motif [J]. Proc Natl Acad Sci USA, 1994, 91（3）: 942.

[18] Duncan C H. Novel Alu-type repeat in artiodactyls [J]. Nucleic Acids Res, 1987, 15（3）: 1340.

[19] Eickbush T H. Repair by retrotransposition [J]. Nat Genet, 2002, 31（2）: 126-127.

[20] Feschotte C, Pritham E. Non-mammalian c-integrases are encoded by giant transposable elements [J]. Trends Genet, 2005, 21（10）: 551-552.

[21] Feschotte C, Pritham E J. DNA transposons and the evolution of eukaryotic genomes [J]. Annu Rev Genet, 2007, 41: 331.

[22] Finnegan D J. Eukaryotic transposable elements and genome evolution [J]. Trends Genet, 1989, 5（5）: 103-107.

[23] Frankel A D, Young J A. HIV-1: Fifteen proteins and an RNA [J]. Annu Rev Biochem, 1998, 67（1）: 1-25.

[24] Franz G, Loukeris T G, Diakoumakis G, et al. Mobile minos elements from *Drosophila hydei* encode a two-exon transposase with similarity to the paired DNA-binding domain [J]. Proc Natl Acad Sci USA, 1994, 91（11）: 4746-4750.

[25] Hartl D L, Lohe A R, Lozovskaya E R. Modern thoughts on an ancient mariner: function, evolution, regulation [J]. Annu Rev Genet, 1997, 31: 337-358.

[26] Hartl D L, Lozovskaya E R, Nurminsky D I, et al. What restricts the activity of mariner-like transposable elements [J]. Trends Genet, 1997, 13: 197-201.

[27] Hartl D L. Discovery of the transposable element mariner [J]. Genetics, 2001, 157（2）: 471-476.

[28] Hu Q, Tao M, Wang K, et al. The Yak genome database: an integrative database for studying yak biology and high-altitude adaption [J]. BMC Genomics, 2012, 13（1）: 600.

[29] Ivics Z, Izsvák Z. The expanding universe of transposon technologies for gene and cell engineering [J]. Mob DNA, 2010, 1（1）: 25.

[30] Ivics Z, Izsvák Z, Minter A, et al. Identification of functional domains and evolution of Tc1-like transposable elements [J]. Proc Natl Acad Sci USA, 1996, 93

(10): 5008-5013.

[31] Jacobson J W, Medhora M M, Hartl D L. Molecular structure of a somatically unstable transposable element in *Drosophila* [J]. Proc Natl Acad Sci USA, 1986, 83 (22): 8684-8688.

[32] Jarvik T, Lark K G. Characterization of Soymar1, a mariner element in soybean [J]. Genetics, 1998, 149 (3): 1569-1574.

[33] Jobse C, Buntjer J B, Haagsma N, et al. Evolution and recombination of bovine DNA repeats [J]. J Mol Evol, 1995, 41 (3): 277-283.

[34] Jurka J, Kapitonov V V, Smit A F. Repetitive elements: detection [M]. New York: John Wiley & Sons Ltd, 2005.

[35] Jurka J. Repbase update: A database and an electronic journal of repetitive elements [J]. Trends Genet, 2000, 16 (9): 418-420.

[36] Kapitonov V V, Jurka J. Rolling-circle transposons in eukaryotes [J]. Proc Natl Acad Sci U S A, 2001, 98 (15): 8714.

[37] Kimura M. A simple method for estimating evolutionary rates of base substitutions through comparative studies of nucleotide sequences [J]. J Mol Evol, 1980, 16 (2): 111-120.

[38] Kapitonov V V, Jurka J. Self-synthesizing DNA transposons in eukaryotes [J]. Proc Natl Acad Sci USA, 2006, 103 (12): 4540-4545.

[39] Koning A J D, Gu W, Castoe T A, et al. Repetitive elements may comprise over two-thirds of the human genome [J]. PLoS Genet, 2011, 7 (12): e1002384.

[40] Kordis D, Gubensek F. Ammodytoxin C gene helps to elucidate the irregular structure of crotalinae group II phospholipase A2 genes [J]. Eur J Biochem, 1996, 240 (1): 83-90.

[41] Kordis D, Gubensek F. Unusual horizontal transfer of a long interspersed nuclear element between distant vertebrate classes [J]. Proc Natl Acad Sci USA, 1998, 95 (18): 10704-10709.

[42] Kordis D, Gubensek F. Horizontal transfer of non-LTR retrotransposons in vertebrates [J]. Genetica, 1999, 107 (1): 121-128.

[43] Kramerov D A, Vassetzky N S. Short retroposons in eukaryotic genomes [J]. Int Rev Cytol, 2005, 247: 165-221.

[44] Lampe D J, Churchill M E, Robertson H M. A purified mariner transposase is sufficient to mediate transposition in vitro [J]. EMBO J, 1996, 15 (19): 5470.

[45] Langley C H, Montgomery E, Hudson R, et al. On the role of unequal exchange in the containment of transposable element copy number [J]. Genet Res, 1988, 52 (3): 223-235.

[46] Le R A, Capy P. Population genetics models of competition between transposable element subfamilies [J]. Genetics, 2006, 174 (2): 785-793.

[47] Lisch D. How important are transposons for plant evolution? [J]. Nat Rev Genet, 2013, 14(1): 49.

[48] Luo G, Ivics Z, Izsvák KZ, et al. Chromosomal transposition of a Tc1/mariner-like element in mouse embryonic stem cells [J]. Proc Natl Acad Sci USA, 1998, 95(18): 10769.

[49] Majewska K, Szemraj J, Plucienniczak G, et al. A new family of dispersed, highly repetitive sequences in bovine genome [J]. Biochim Biophys Acta, 1988, 949(1): 119-124.

[50] Malik H S, Eickbush T H. The RTE class of non-LTR retrotransposons is widely distributed in animals and is the origin of many SINEs [J]. Mol Biol Evol, 1998, 15(9): 1123-1134.

[51] Mates L, Chuah M K, Belay E, et al. Molecular evolution of a novel hyperactive sleeping beauty transposase enables robust stable gene transfer in vertebrates [J]. Nat Genet, 2009, 41(6): 753-761.

[52] Medhora M, Maruyama K, Hartl D L. Molecular and functional analysis of the mariner mutator element Mos1 in *Drosophila* [J]. Genetics, 1991, 128(2): 311-318.

[53] Modi W S, Gallagher D S, Womack J E. Evolutionary histories of highly repeated DNA families among the artiodactyla (mammalia) [J]. J Mol Evol, 1996, 42(3): 337-349.

[54] Munoz-Lopez M, Garcia-Perez J L. DNA transposons: Nature and applications in genomics [J]. Curr Genomics, 2010, 11(2): 115-128.

[55] Nene V, Wortman J R, Lawson D, et al. Genome sequence of *Aedes aegypti*, a major arbovirus vector [J]. Science, 2007, 316(5832): 1718-1723.

[56] Neumann P, Pozarkova D, Macas J. Highly abundant pea LTR retrotransposon Ogre is constitutively transcribed and partially spliced [J]. Plant Mol Biol, 2003, 53(3): 399-410.

[57] Newman M, Lardelli M. A hyperactive sleeping beauty transposase enhances transgenesis in zebrafish embryos [J]. BMC Res Notes, 2010, 3(1): 1-4.

[58] Nguyen D H, Hermann D, CARUSO A, et al. First evidence of mariner-like transposons in the genome of the marine microalga *Amphora acutiuscula* (Bacillariophyta) [J]. Protist, 2014, 165(5): 730.

[59] Ogasawara H, Obata H, Hata Y, et al. Crawler, a novel Tc1/mariner-type transposable element in *Aspergillus oryzae* transposes under stress conditions [J]. Fungal Genet Biol, 2009, 46(6-7): 441-449.

[60] Ohshima K, Hamada M, Terai Y, et al. The 3' ends of tRNA-derived short interspersed repetitive elements are derived from the 3' ends of long interspersed repetitive elements [J]. Mol Cell Biol, 1996, 16(7): 3756-3764.

[61] Oliver K R, Greene W K. Transposable elements: Powerful facilitators of

evolution [J]. Bioessays, 2009, 31 (7): 703-714.

[62] Osanai-Futahashi M, Suetsugu Y, Mita K, et al. Genome-wide screening and characterization of transposable elements and their distribution analysis in the silkworm, *Bombyx mori* [J]. Insect Biochem Mol Biol, 2008, 38 (12): 1046-1057.

[63] Palazzoli F, Testu F X, Merly F, et al. Transposon tools: Worldwide landscape of intellectual property and technological developments [J]. Genetica, 2010, 138 (3): 285-299.

[64] Pietrokovski S, Henikoff S. A helix-turn-helix DNA-binding motif predicted for transposases of DNA transposons [J]. Mol Gen Genet, 1997, 254 (6): 689.

[65] Plasterk RH, Izsvák Z, Ivics Z. Resident aliens: The Tc1/mariner superfamily of transposable elements [J]. Trends Genet, 1999, 15 (8): 326.

[66] Pritham E J, Feschotte C. Massive amplification of rolling-circle transposons in the lineage of the bat *Myotis lucifugus* [J]. Proc Natl Acad Sci U S A, 2007, 104 (6): 1895-1900.

[67] Radice A D, Bugaj B, Fitch D H, et al. Widespread occurrence of the Tc1 transposon family: Tc1-like transposons from teleost fish [J]. Mol Gen Genet, 1994, 244 (6): 606-612.

[68] Robertson H M, Hugh M. The mariner transposable element is widespread in insects [J]. Nature, 1993, 362 (6417): 241-245.

[69] Robertson H M, Lampe D J. Horizontal transfer of a mariner transposable element among and between Diptera and Neuroptera [J]. Mol Biol Evol, 1995, 12 (5): 850-862.

[70] Robertson H M. The Tcl-mariner superfamily of transposons in animals [J]. J Insect Physiol, 1995, 41 (2): 99-105.

[71] Sanmiguel P, Gaut B S, Tikhonov A, et al. The paleontology of intergene retrotransposons of maize [J]. Nat Genet, 1998, 20 (1): 43.

[72] Silva J C, Bastida F, Bidwell S L, et al. A potentially functional mariner transposable element in the protist *Trichomonas vaginalis* [J]. Mol Biol Evol, 2005, 22 (1): 126-134.

[73] Smit A F. The origin of interspersed repeats in the human genome [J]. Curr Opin Genet Dev, 1996, 6 (6): 743-748.

[74] Smit A F A, Hubley R, Green P. RepeatMasker version open-4.0, 2013-2015 [EB/OL]. Institute for Systems Biology, 2015.

[75] Szemraj J, Plucienniczak G, Jaworski J, et al. Bovine Alu-like sequences mediate transposition of a new site-specific retroelement [J]. Gene, 1995, 152 (2): 261-264.

[76] Tay W T, Behere G T, Batterham P, et al. Generation of microsatellite repeat families by RTE retrotransposons in lepidopteran genomes [J]. BMC Evol Biol, 2010, 10

(1): 144.

[77] Tudor M, Lobocka M, Goodell M, et al. The pogo transposable element family of *Drosophila melanogaster* [J]. Mol Gen Genet, 1992, 232 (1): 126-134.

[78] Voigt F, Wiedemann L, Zuliani C, et al. Sleeping beauty transposase structure allows rational design of hyperactive variants for genetic engineering [J]. Nat Commun, 2016, 7: 11126.

[79] Vos J C, Plasterk R H. Tc1 transposase of *Caenorhabditis elegans* is an endonuclease with a bipartite DNA binding domain [J]. EMBO J, 1995, 13 (24): 6125-6132.

[80] Walsh A M, Kortschak R D, Gardner M G, et al. Widespread horizontal transfer of retrotransposons [J]. Proc Natl Acad Sci U S A, 2013, 110 (3): 1012-1016.

[81] Waring M, Britten R J. Nucleotide sequence repetition: a rapidly reassociating fraction of mouse DNA [J]. Science, 1966, 154 (3750): 791-794.

[82] Webb C H, Riccitelli N J, Ruminski D J, et al. Widespread occurrence of self-cleaving ribozymes [J]. Science, 2009, 326 (5955): 953.

[83] Wicker T, Sabot F, Hua-Van A, et al. A unified classification system for eukaryotic transposable elements [J]. Nat Rev Genet, 2009, 10 (4): 973-982.

[84] Zhang H H, Feschotte C, Han M J, et al. Recurrent horizontal transfers of Chapaev transposons in diverse invertebrate and vertebrate animals [J]. Genome Biol Evol, 2014, 6 (6): 1375.

第四章　美洲大蠊基因组微卫星序列分析与应用

微卫星（microsatellite）又称短串联重复序列，广泛存在于真核生物、原核生物及病毒的基因组中。微卫星在基因组中无处不在，包括外显子上、内含子上及基因间区等（Tóth等，2000；Chen等，2009；Castagnone-Sereno等，2010）。微卫星在基因组中不是随机分布的，主要位于非编码区和内含子上（Tóth等，2000）。

与微卫星功能相关的研究表明，位于N端非编码区、C端非编码区及内含子的微卫星可以影响基因的转录和翻译活动，从而对基因的表达产生一定影响；位于外显子上的微卫星可以激活基因，也可以使基因失活（Li等，2004）。微卫星对基因的影响将直接影响蛋白质的功能，也可能对表型产生影响（Li等，2004）。

近年来，微卫星被广泛用于遗传标志物进行亲缘鉴定、群体遗传结构分析、种质鉴定、育种等活动（袁慧等，2008；候飞侠等，2012；杨世勇等，2012；Huang等，2015）。另外，微卫星的侧翼序列还可以用于系统发育推论。尽管微卫星的进化速度非常快，它的侧翼序列却比较保守，可以在漫长的进化中保持不变（FitzSimmons等，1995；Rico等，1996）。同源微卫星位点可以保留数亿年，海龟的同源微卫星位点可以保留3亿年（FitzSimmons等，1995），鱼的同源微卫星位点可以保留4.7亿年（Rico等，1996）。

蜚蠊目物种的基因组数据较少，也很少有人在基因组水平对其微卫星进行研究。本章详细分析了美洲大蠊基因组和转录组中微卫星分布规律、基因组微卫星序列特征，筛选出基因组中的微卫星位点并使用其中的位点对美洲大蠊的遗传多样性进行了分析。

第一节　美洲大蠊基因组中微卫星分布规律

本研究首次采用生物信息学的方法分析美洲大蠊基因组微卫星的分布规律，并与德国小蠊和内华达古白蚁基因组微卫星进行对比分析。使用微卫星搜索软件进行基因组微卫星搜索，对微卫星在基因组不同区域的分布情况进行详细分析，为以后研究美洲大蠊微卫星的功能和位点的筛选提供基础数据。此外，本研究对含有微卫星的基因进行了功能注释，为进一步研究微卫星对基因功能的影响提供一定的参考。

一、分析方法

（一）数据来源

美洲大蠊的基因组大小约3.2Gb，注释文件约24.8M，数据源于本研究的测序数据（详见本书第一章、第二章）。德国小蠊的基因组大小约2Gb，注释文件约28M，数据源于ftp：//ftp.hgsc.bcm.edu/15K-pilot/German_cockroach/。内华达古白蚁的基因组大小约491.1Mb，注释文件约9Mb，数据源于http：//www.termitegenome.org/?q=consortium_datasets。

（二）微卫星搜索

使用微卫星搜索及统计软件MSDB v2.4（Du等，2013），对3个物种的基因组进行分析，搜索其中的微卫星，得到相关的结果。在搜索过程中，搜索的标准为程序默认的标准：单碱基重复拷贝数12次以上、二碱基重复拷贝数7次以上、三碱基重复拷贝数5次以上，四碱基、五碱基和六碱基重复拷贝数均4次以上。

（三）微卫星定位

根据所分析物种的基因组注释信息，使用本研究室编写的Python脚本对搜索到的所有微卫星进行定位，判断其在基因组中的具体位置。

（四）Gene Ontology（GO）分析和通路分析

在进行同源性分析时，本研究分析的Fasta序列是外显子中含有微卫星的基因序列，使用Blastx（Altschul等，1997）将要比对的序列与N数据库进行比对，E-value阈值设置为1e-5。比对完的结果导入Blast2Go（Conesa等，2005）进行GO功能注释，其结果提交到WEGO（Ye等，2006）进行GO功能分类。其主要分成三大类：细胞组分（cellular component）、分子功能（molecular function）和生物学过程（biological process）。在通路分析过程中，将Fasta序列提交到KAAS（Moriya等，2007）与KEGG数据库进行比对，即可获得这些基因参与的通路信息。

（五）微卫星原始引物的筛选

为了方便后续微卫星引物的开发，本研究筛选出了微卫星原始引物序列。在筛选过程中，尽可能选择不同重复拷贝类别的四碱基重复微卫星序列。主要筛选原则：①选取完美型的四碱基重复类型；②设定其两端侧翼序列长度均大于200bp。

二、结果

（一）不同类型微卫星数量和丰度分析

对微卫星的各种重复类型进行统计，结果如表4-1所示。美洲大蠊基因组中共有微卫星1 321 861个，其中三碱基重复类型数量最多，占微卫星总数的40.75%，剩下由多到少依次是四碱基重复类型（28.59%）、单碱基重复类型（17.99%）、二碱基重复类型（6.9%）、五碱基重复类型（5.24%）和六碱基重复类型（0.53%）。德国小蠊基因组中共有微卫星604,386个，也是以三碱基重复类型为主，达37.54%，剩下由多到少依次是四碱基重复类型（24.88%）、单碱基重复类型（23.36%）、二碱基重复类型（10.07%）、五碱基重复类型（3.57%）和六碱基重复类型（0.59%）。在内华达古白蚁的基因组中，共有微卫星66 648个，其中单碱基重复类型、二碱基重复类型、三碱基重复类型丰度相似，分别占到微卫星总数的24.78%、24.54%、22.98%。由于这3个物种的基因组大小差距较大，在比较它们的微卫星含量差异时，我们选择对其丰度进行比较，如图4-1所示，这3个物种的三碱基重复类型和四碱基重复类型丰度差异较大。

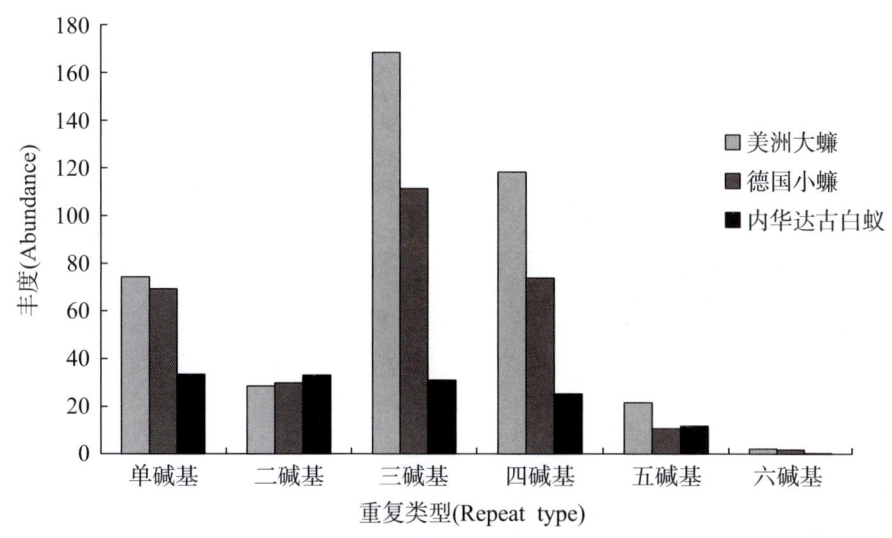

图4-1 美洲大蠊、德国小蠊和内华达古白蚁不同类型微卫星丰度分布情况

（二）不同类型微卫星重复拷贝数和微卫星长度分析

美洲大蠊、德国小蠊和内华达古白蚁不同类型微卫星重复次数的分布如图4-2所示。对于每个物种来讲，单碱基、二碱基、三碱基和四碱基重复类型的重复拷贝数变化范围较大，相对地，五碱基和六碱基重复类型的重复拷贝数变化范围较小。它们的单碱基重复类型重复拷贝数主要分布在12~32次，二碱基重复类型重复拷贝数主要分布在7~30次，三碱基重复类型重复拷贝数主要分布在5~28次，四碱基重复类型重复拷贝数主要分布在4~20次，五碱基和六碱基重复类型重复拷贝数主要分布在4~12次。在美洲大蠊的基因组中，发现重复拷贝数大于500次的微卫星17个，它们是TA（分别重复1293、1040、768次）、TTAG（分别重复1493、1413次）、AGAAG（分别重复1270、1249、923、673、631次）、ATGTT（分别重复765、639次）、GTATT（重复697次）、GTATA（重复545次）、CCATCA（重复1485次）、AGACAG（重复1185次）、TATAAT（重复715次）。德国小蠊和内华达古白蚁基因组中分别有2个微卫星重复拷贝数大于500，德国小蠊中的是TA（重复4180次）、TAT（重复1558次），内华达古白蚁中的是TTACC（重复602次）、TATG（重复597次）。

表4-1 美洲大蠊、德国小蠊和内华达古白蚁不同类型微卫星的数量分布情况

重复类型	美洲大蠊 微卫星数目	美洲大蠊 占微卫星总数的比例（%）	美洲大蠊 丰度（个/Mb）	德国小蠊 微卫星数目	德国小蠊 占微卫星总数的比例（%）	德国小蠊 丰度（个/Mb）	内华达古白蚁 微卫星数目	内华达古白蚁 占微卫星总数的比例（%）	内华达古白蚁 丰度（个/Mb）
单碱基	237 809	17.99	74.40	141 167	23.36	69.29	16 515	24.78	33.47
二碱基	91 268	6.90	28.55	60 877	10.07	29.88	16 357	24.54	33.15
三碱基	538 621	40.75	168.51	226 876	37.54	111.36	15 316	22.98	31.04
四碱基	377 912	28.59	118.23	150 355	24.88	73.80	12 495	18.75	25.32
五碱基	69 303	5.24	21.68	21 570	3.56	10.59	5 797	8.70	11.75
六碱基	6 948	0.53	2.17	3 541	0.59	1.74	168	0.25	0.34
微卫星总数	1 321 861	100.00	413.54	604 386	100.00	296.66	66 648	100.00	135.07
GC含量	34.64%			28.96%			36.51%		

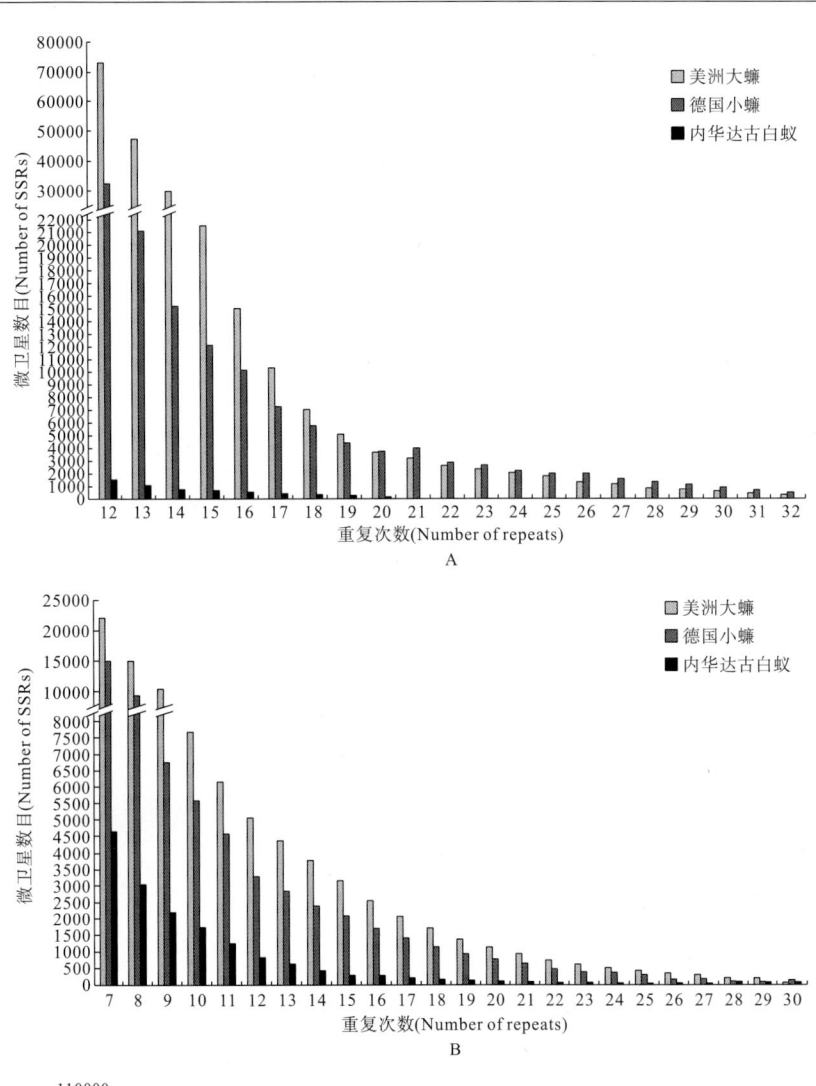

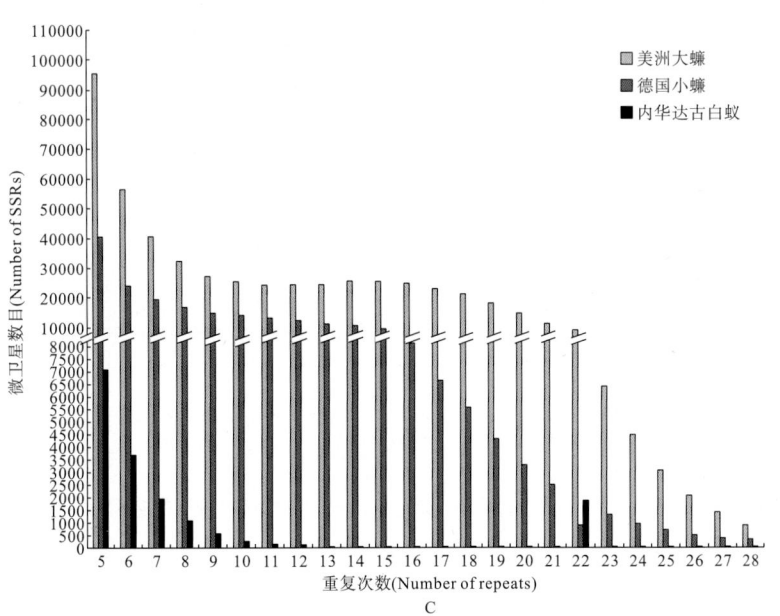

第四章 美洲大蠊基因组微卫星序列分析与应用

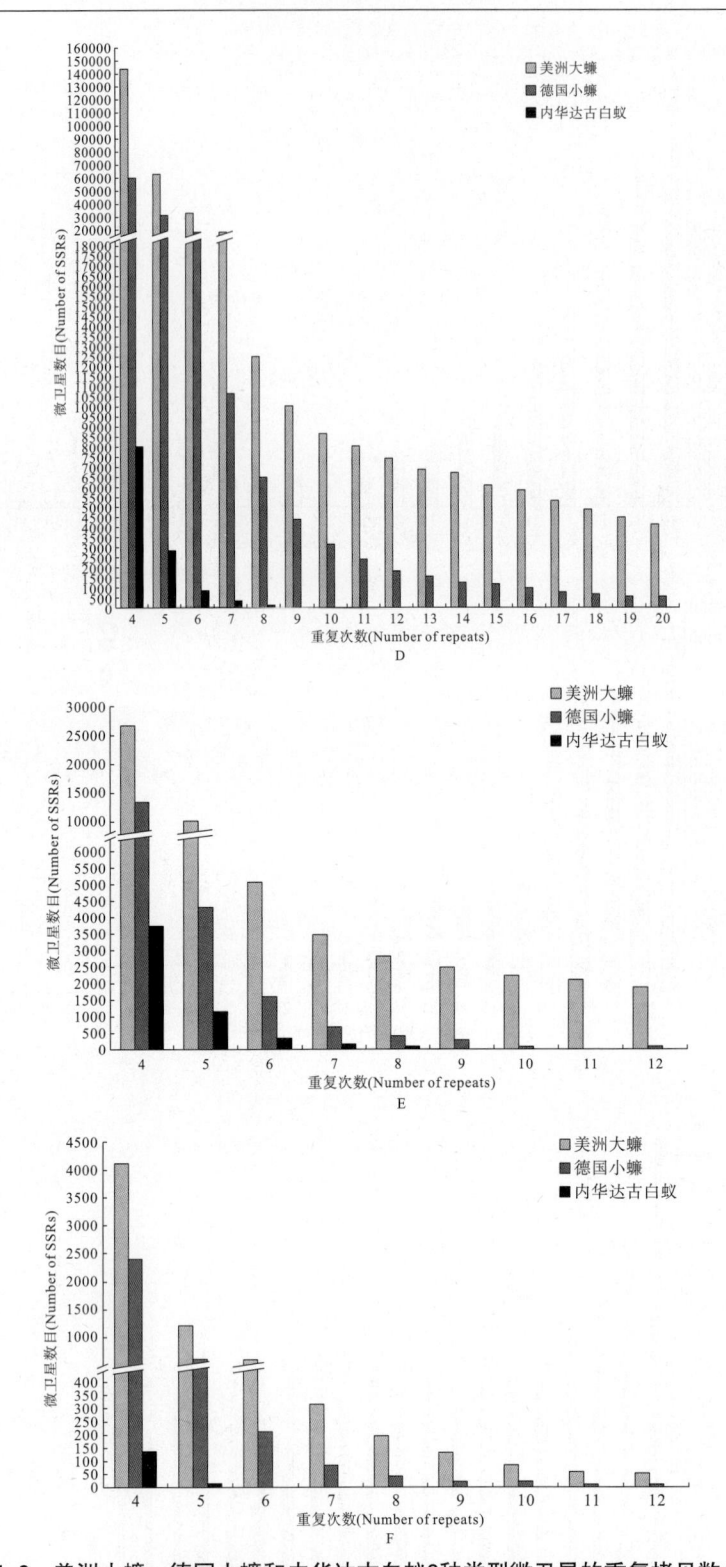

图4-2 美洲大蠊、德国小蠊和内华达古白蚁6种类型微卫星的重复拷贝数分布

A.单碱基重复类型；B.二碱基重复类型；C.三碱基重复类型；D.四碱基重复类型；E.五碱基重复类型；F.六碱基重复类型

美洲大蠊、德国小蠊和内华达古白蚁基因组中微卫星的长度分布如图4-3所示。这3个物种微卫星长度的分布具有一定的相似性，如长度为13的微卫星数量要明显低于长度为12和14的微卫星数量，长度为17的微卫星数量要明显低于长度为16和18的微卫星数量。美洲大蠊的微卫星长度主要在12~90bp，共1 291 861个，占微卫星总数的97.73%；德国小蠊的微卫星长度主要在12~60bp，共587 105个，占微卫星总数的97.14%；内华达古白蚁的微卫星长度主要在12~30bp，共63 885个，占微卫星总数的95.85%。

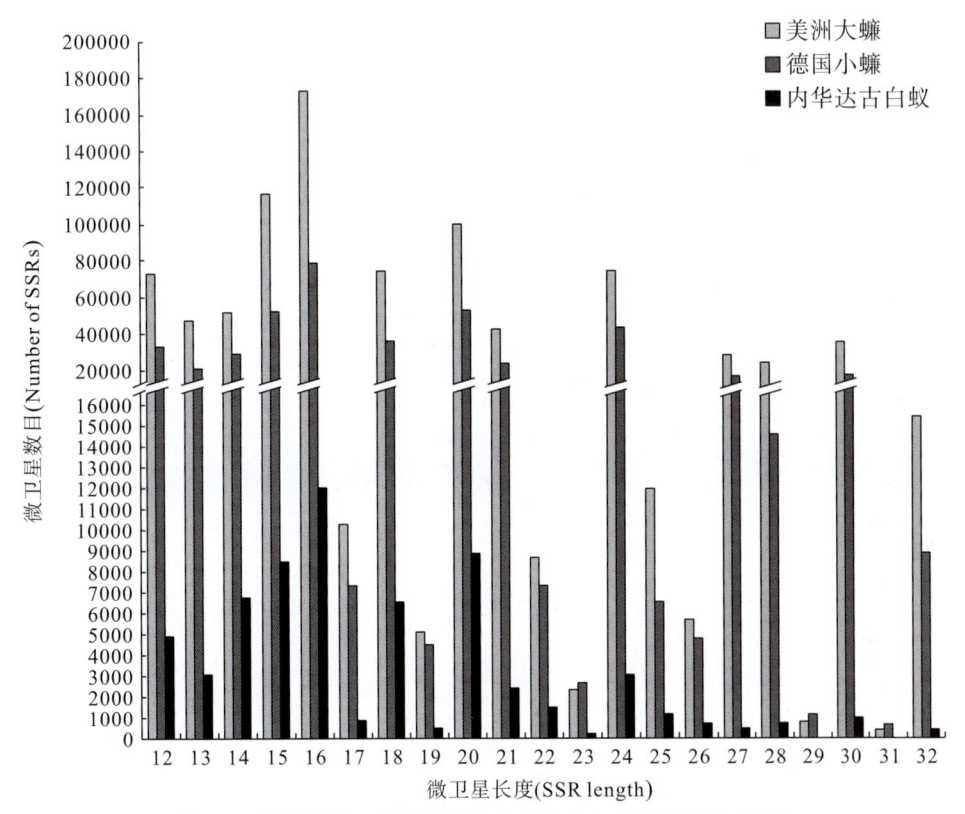

图4-3　美洲大蠊、德国小蠊和内华达古白蚁微卫星长度分布

（三）微卫星重复拷贝类别的数量分析

在美洲大蠊、德国小蠊和内华达古白蚁基因组中，同一类型不同重复拷贝类别的微卫星在数量上差异较大（表4-2），但它们的微卫星重复拷贝类别偏好还是有相似的地方，比如，对于这3个物种来讲，它们的二碱基重复拷贝类别都是以AT为主，含量可达40%以上；它们的三碱基重复拷贝类别都是以AAT为主，含量可达50%以上；它们的四碱基重复拷贝类别都是以AAAT为主，含量可达23%以上。它们的五碱基和六碱基主要重复拷贝类别差异较大。在美洲大蠊的基因组中，主要的13种重复拷贝类别是AAT、A、AAAT、ATC、ACT、ACAT、AAGT、AATG、AT、AGAT、AAG、AC、ATATC，共1 087 301个，占微卫星总数的82.26%。进一步分析发现，美洲大蠊基因组中有50种微卫星重复拷贝类别，其每种含量在1 000以上，共1 299 036个，占微卫星总数的

98.27%，其中不包含六碱基重复类型。德国小蠊基因组中，主要的13种微卫星重复拷贝类别分别是AAT、A、AAAT、AT、AACT、AAG、ATC、AG、AGAT、AC、AAC、ACT、AAAG，共535 305个，占微卫星总数的88.57%。德国小蠊基因组中有31种微卫星重复拷贝类别，其每种的含量在1 000以上，共588 023个，占微卫星总数的97.29%，其中不包含六碱基重复类型。内华达古白蚁最主要的13种微卫星重复拷贝类别是C、AAT、AT、A、AC、AG、AACCT、AAAT、AAG、AACT、ATC、ACAG、AAC，共55,653个，占微卫星总数的83.5%。内华达古白蚁基因组中有14种微卫星重复拷贝类别，其每种含量在1,000以上，共56,865个，占微卫星总数的85.32%，其中不包含六碱基重复类型。

表4-2 美洲大蠊、德国小蠊和内华达古白蚁不同类型主要微卫星重复拷贝类别

重复类型	美洲大蠊（%）	德国小蠊（%）	内华达古白蚁（%）
单碱基	A（90.92）	A（96.92）	C（60.21）
	C（9.08）	C（3.08）	A（39.79）
二碱基	AT（44.44）	AT（56.52）	AT（40.45）
	AC（27.88）	AG（28.82）	AC（33.88）
	AG（27.28）	AC（14.66）	AG（25.49）
	CG（0.39）	CG（0）	CG（0.18）
三碱基	AAT（62.95）	AAT（75.08）	AAT（51.72）
	ATC（13.32）	AAG（9.06）	AAG（15.67）
	ACT（12.10）	ATC（8.39）	ATC（12.31）
	AAG（4.73）	AAC（3.04）	AAC（7.97）
四碱基	AAAT（26.15）	AAAT（46.71）	AAAT（23.86）
	ACAT（16.16）	AACT（15.31）	AACT（17.13）
	AAGT（12.66）	AGAT（9.52）	ACAG（10.10）
	AATG（11.23）	AAAG（4.34）	AAAC（9.70）
五碱基	ATATC（36.29）	AAAAT（21.99）	AACCT（51.73）
	AATAT（11.05）	AAATT（12.60）	AAGGC（8.04）
	AATAC（6.56）	AATAT（8.74）	AATTC（7.07）
	ACTAT（5.23）	AGATC（5.92）	AATGT（4.52）

续表

重复类型	美洲大蠊（%）	德国小蠊（%）	内华达古白蚁（%）
六碱基	ACTGCT（13.53）	AAAAAT（14.8）	AAGGAG（26.19）
	ACCACT（10.72）	AAACTT（10.99）	AAAATT（10.71）
	AATGAT（7.94）	AATTAG（8.95）	AAATTT（2.98）
	ACCATC（4.58）	AATAGT（6.95）	ACTGCT（2.98）

（四）微卫星在基因组的定位

根据基因组注释文件，对美洲大蠊、德国小蠊和内华达古白蚁基因组中的微卫星进行了定位分析，分析结果如表4-3所示。美洲大蠊的外显子、内含子及基因间区，都以三碱基重复类型为主，分别占其所在区域微卫星总数的79.84%、39.25%和41.17%。其内含子和基因间区主要的三碱基重复拷贝类别为AAT、ATC和ACT，外显子中主要的三碱基重复拷贝类别为AGC、ACC和AAG。德国小蠊的外显子和基因间区以三碱基重复类型为主，分别占其所在区域微卫星总数的60.64%和37.83%。内含子中单碱基重复类型最多。内华达古白蚁的外显子区域以三碱基重复类型为主，占外显子区微卫星总数的75.85%，其主要的重复拷贝类别是ATC、AGC、AAG。内含子区域以二碱基重复类型为主，基因间区以单碱基重复类型为主。

表4-3 美洲大蠊、德国小蠊和内华达古白蚁基因组中微卫星在不同区域的数量、比例和丰度

物种		美洲大蠊			德国小蠊			内华达古白蚁		
区域		外显子	内含子	基因间区	外显子	内含子	基因间区	外显子	内含子	基因间区
基因组大小(Mb)		21.21	440.19	518.87	36	171.2	1091.74	20.26	121.62	254
比例(%)		2.16	44.9	52.93	2.77	13.18	84.05	5.12	30.72	64.16
单碱基	数量	33	46 988	43 221	477	20 782	79 638	26	4 044	13 937
	比例(%)	4.5	27	20.37	19.56	36.69	23.3	2.84	25.09	25.05
	丰度	1.56	106.74	83.3	13.24	121.41	72.95	1.28	33.25	54.87
二碱基	数量	26	15 644	15 802	212	5 210	34 419	37	4 103	13 899
	比例(%)	3.54	8.99	7.45	8.69	9.2	10.07	4.04	25.46	24.98
	丰度	1.23	35.54	30.45	5.88	30.44	31.53	1.83	33.74	54.72
三碱基	数量	586	68 315	87 356	1 479	17 787	129 331	694	3 812	12 678
	比例(%)	79.84	39.25	41.17	60.64	31.4	37.83	75.85	23.65	22.79
	丰度	27.63	155.19	168.36	41.05	103.91	118.46	34.25	31.34	49.91

续表

物种		美洲大蠊			德国小蠊			内华达古白蚁		
区域		外显子	内含子	基因间区	外显子	内含子	基因间区	外显子	内含子	基因间区
四碱基	数量	34	36 244	54 545	187	10 821	84 582	86	2 993	10 517
	比例(%)	4.63	20.82	25.71	7.67	19.11	24.74	9.4	18.57	18.9
	丰度	1.6	82.34	105.12	5.19	63.22	77.47	4.24	24.61	41.41
五碱基	数量	31	5 998	10 211	39	1 788	12 010	20	1 135	4 494
	比例(%)	4.22	3.45	4.81	1.60	3.16	3.51	2.19	7.04	8.08
	丰度	1.46	13.63	19.68	1.08	10.45	11	0.99	9.33	17.69
六碱基	数量	24	881	1 024	45	250	1 883	52	28	108
	比例(%)	3.27	0.51	0.48	1.85	0.44	0.55	5.68	0.17	0.19
	丰度	1.13	2	1.97	1.25	1.46	1.72	2.57	0.23	0.43
合计	数量	734	174 070	212 159	2 439	56 638	341 863	915	16 115	55 633
	比例(%)	100	100	100	100	100	100	100	100	100
	丰度	34.61	395.44	408.88	67.69	330.89	313.13	45.16	132.5	219.03

（五）不同区域的GC含量

对美洲大蠊、德国小蠊和内华达古白蚁基因组不同区域的GC含量进行分析，结果如表4-4所示。对于这3个物种来讲，外显子区域的GC含量要明显高于内含子、基因间区的GC含量；内含子和基因间区的GC含量相似。

表4-4　美洲大蠊、德国小蠊和内华达古白蚁不同区域的GC含量

物种	区域		
	外显子	内含子	基因间区
美洲大蠊	46.21%	34.22%	34.41%
德国小蠊	41.27%	30.26%	30%
内华达古白蚁	45.62%	35.66%	36.57%

不管是外显子、内含子还是基因间区，微卫星的丰度会随着GC含量的增加而增加，但是当GC含量在40%以上时，微卫星的丰度会急剧下降。

（六）对外显子中含有微卫星的基因进行分析

对美洲大蠊、德国小蠊和内华达古白蚁含有微卫星的基因进行详细分析，统计每个基因中的微卫星含量，结果如表4-5所示。经统计，美洲大蠊含有微卫星的基因（579个）中，80.83%的基因中只含有1个微卫星，19.17%的基因中含有2个及以上的微卫星。德国小蠊含有微卫星的基因（1 520个）中，73.75%的基因中只含有1个微卫星，26.25%的基因中含有2个及以上的微卫星；内华达古白蚁含有微卫星的基因（662个）中，81.42%的基因中只含有1个微卫星，18.58%的基因中含有2个及以上的微卫星。

表4-5　美洲大蠊、德国小蠊和内华达古白蚁基因中的微卫星含量

条目	基因数目（占比）		
	美洲大蠊	德国小蠊	内华达古白蚁
只含1个微卫星的基因	468（80.83%）	1 121（73.75%）	539（81.42%）
含有2个微卫星的基因	80（13.82%）	215（14.14%）	77（11.63%）
含有3个及以上微卫星的基因	31（5.35%）	184（12.11%）	46（6.95%）

（七）基因的GO分析和KEGG通路分析

美洲大蠊的基因组中共注释出基因14 439个，其中579个（4.01%）基因的外显子中含有微卫星；德国小蠊的基因组中共注释出基因28 141个，其中1 520个（5.4%）基因的外显子中含有微卫星；内华达古白蚁的基因组中共注释出基因19 070个，其中662个（3.47%）基因的外显子中含有微卫星。对外显子中含有微卫星的基因进行功能注释，比对结果表明，美洲大蠊171个基因有GO term，共得到564个GO term；德国小蠊359个基因有GO term，共得到1 108个GO term；内华达古白蚁139个基因有GO term，共得到377个GO term。3个物种含有微卫星的基因的GO分析如图4-4所示。

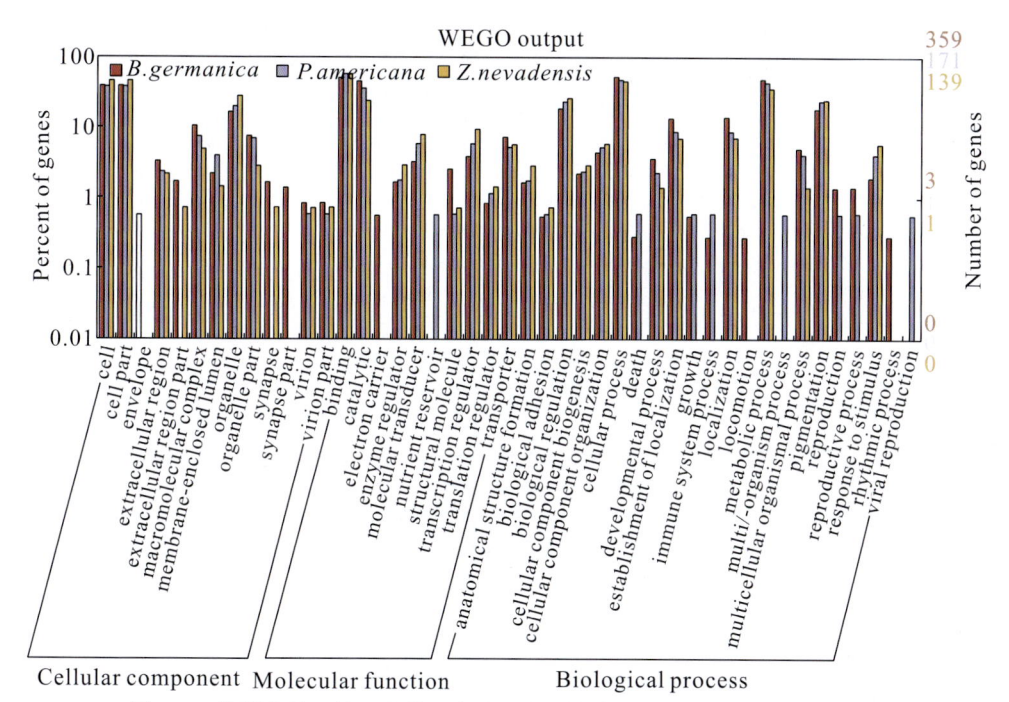

图4-4　美洲大蠊、德国小蠊和内华达古白蚁含有微卫星的基因的GO分析

GO功能分析结果表明，这3个物种含有微卫星的基因的功能分布有很多相似的部分：主要参与的细胞成分都是细胞（cell）和细胞部分（cell part），主要参与的分子功能都是结合活动（binding）和催化反应（catalytic），主要参与的生物过程都是细胞过程（cellular process）和代谢过程（metabolic process）。当然，它们的功能分布也存在差异，如在参与分子功能的基因中，只有德国小蠊的序列与电子载体（electron carrier）相关，只有美洲大蠊的序列与营养物质的存储活动（nutrient reservoir）相关。

基因的KEGG注释结果表明，美洲大蠊、德国小蠊和内华达古白蚁分别有254、583和283个基因获得了KO number，它们参与的代谢通路如图4-5所示。美洲大蠊注释出的基因中，与人类疾病相关的基因最多（137个），与代谢相关的基因次之（96个）。德国小蠊注释出的基因中，与代谢相关的基因最多（382个），其次是与有机系统相关的基因（321个）和与人类疾病相关的基因（297个）。内华达古白蚁的基因中，与人类疾病相关的基因最多（96个），其次是与有机系统相关的基因（73个）。

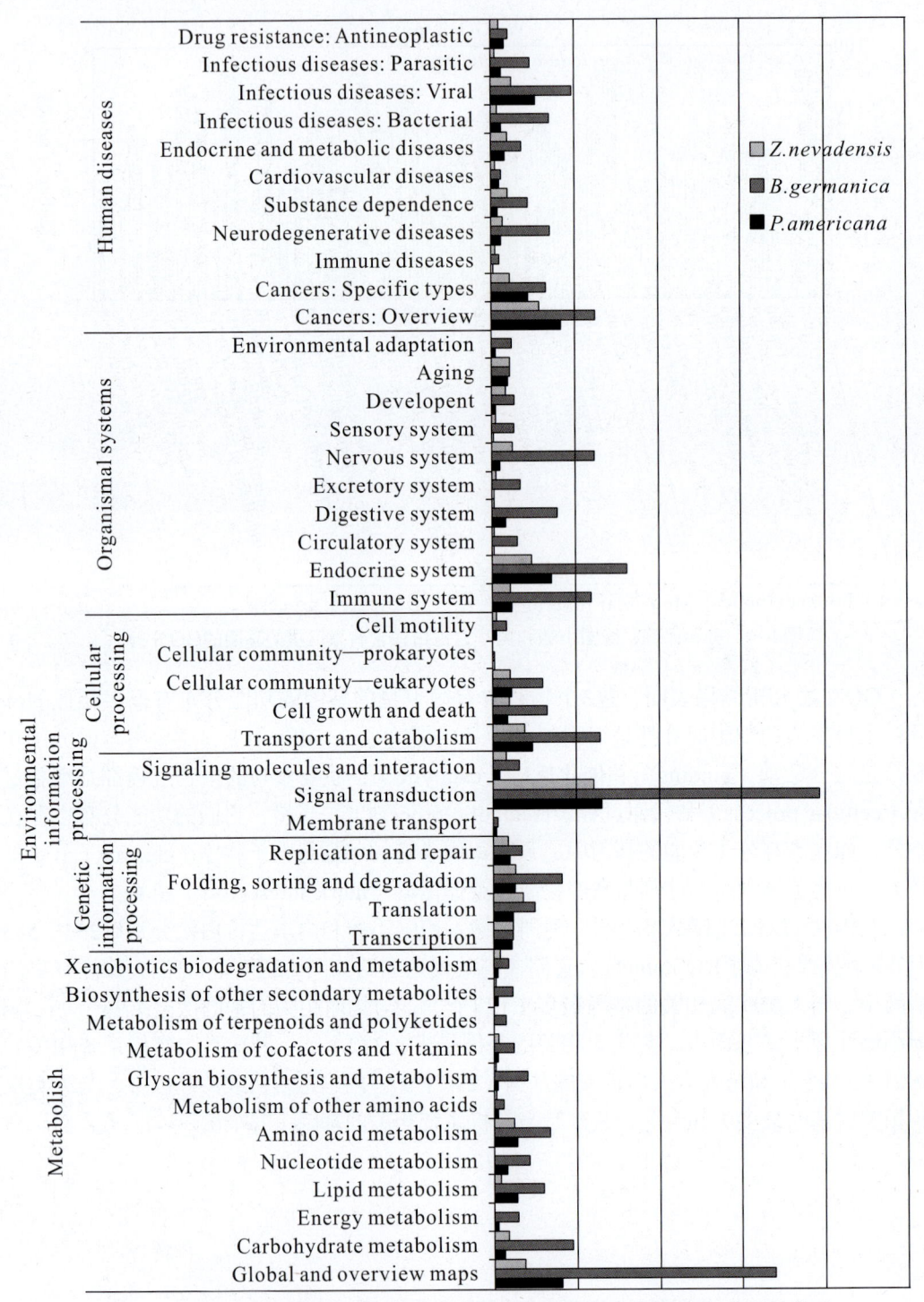

图4-5 美洲大蠊、德国小蠊和内华达古白蚁含有微卫星的基因参与的通路类别

（八）美洲大蠊四碱基微卫星原始序列的筛选

研究表明，相较于二碱基微卫星和三碱基微卫星，用四碱基微卫星开发标志物更为可靠，准确性也较高（Edwards等，1992），四碱基微卫星已经成为进行亲子鉴定的

首选分子标记。本研究共筛选出27条美洲大蠊微卫星原始序列,可用于后续微卫星引物的设计和微卫星分子标记的开发(表4-6)。

表4-6 美洲大蠊微卫星引物序列信息

编号	侧翼序列	核心序列
1	GTGTCATTATACTTTCAGCTTCCTTCAGTCTATTACACATGCTTCATATTTTAGAC ATCTGTATGCTGAATTATACTGTTCTGTTGTACTTGAACTTATTATAGTTGACTAA AATATATGTAGATTGAATTCCTTTCAAGCACATATGATATATAAGTTTCCAAATGA GAAAAAATATATAAGCAAATAAATAAATAAAT; AAAGTAAGAAATTAAGTAAGTATTTAATTGAGTAAGTAATCAAAGAAGTAATTA AATAAGTAATTAAATAAGTAATTAAATAAGTAATTAAATAAGTAATCAAATAAGT AATCAAATAAGTAATTAAATAAGTAATTAATTGAGTTCGTAATCAAATAATAAA TAATGAAGTAAGTAATTAATTAAATAAGTAATTAAA;	(AAAC)$_{16}$
2	TATTATTATTATTATTATTTAATATGGCGTCACACTGTAGTGGGCAAAGGTCAT TTTCAAAAATGCAGTTGATAAAAAATCGACTCCGTATAACCATGAACCAAGATC GTCTATTAACATTCCTTTGCTTACTCAGCATGGAAAGTTACATTCTTCATGAAAT GGATTTTAAAAGAAATTATTGACATGTTTGCTGC; GAAAGCTTGTATAATAAGTACATAATTAGTGTTTAAGTGATGCCGCCTTGACAAC TTGTTTCTTTTCGAGAGCAGAGAGCGCATATAAATCTAACAATTACTTTAATTTTA ATTACTGTGGTAAAACTAATAATACAAAATTATTACATTATGTTATATTATAAACTT TTTCTTTTGTAATTTCCTTGGGCTACCGCCGG;	(AAAG)$_{15}$

111

续表

编号	侧翼序列	核心序列
3	CTCACTACATCTCGCCAAAATGTAAAAAAAATGTAAAAAAATGTAAAAAAA ATTGTACAAAATTGTAAAAATTGTAGAAAATTACTAAACTGTAGAACTATAAAA CTTTGTAAAAATTGTAATTGTAATATTGTAAAATGTTGACATGTTCCACATCTTA AAGCTTCATTGCTCATGTAAGATCTATGGAATAAAATA； CATGAATGAATGAATGAATGAATGAACAATCGAAAAGGGGCCTTGGACAGC AACAATCGAAAGCTATTAAACATAGCCTACAGACAATGTTTCTATGTTTGTATG AAGTAATATCAGAAGCTAAATTAACCGATTTGTATAATTAATTATTATTTCACCAT TGGAAAGTGTAGTTTCTCTAGAGGGACATAATGCTATA；	（AATG）$_{13}$
4	ATTAAATTTGCAGTTTTTCGAAAGTATATCTCACGTTGAAATAAGTTAAATTAA ATTTGTAAATTATATTAAATTAAAATAAATACTCTTTCATTGTACGATGACGCAG AATATCTGCATGGAAACATCATATATGTACTTCGGTACATTAAATAATATATATGA TATGCGAAGCCTGATGGCCTTAACTACGCCACAAC； CACTTTGTGATTTAAGACGGCGCTTATTCCGTCGGATCCTGGCCAATCAGTCA CTCATAACGAGTGCACCTCCGCACATATGTGGACATTGTGCTACGTTCATAGA CATCTAT GATGCAGTGCAGAGGACAGGCCACTAGAAGGAACCCAAGAGGTGGAACTT AAACTGAGACGATTCGATCCGACACCGGGATGGGAAT；	（AAAT）$_{15}$
5	TATGTAATTTTAATTTAAAGTATTACATGTGGGTACGACTTTATCTGAAAAGTT TTCTTGTCTATAGACAAAAATAAGAGGCAATTTAATTGATGTGCACAAGTCAC ATTCTTTTCAGCTCACCCACAGGGCTTGTATGTGTATTATAGATAGGCTACATAA ACACATACATACATACATACATACATACACACATACAC； ACAGTCCACACCTGTGGAGCATGGAGCAACGGTTAGCGCGTCTGGCCCGGGT TCGATTCCCGGTCGGTAACCATTTACCTGGTTGAGGTTTTTTCTGGGGTTTTCC CTTAACCCAATATGAGAAAATGCTGGGTAACTTTCGGTGGTGAACCCAGGACA CATTTCACCGGCATTATCACCTTCATCTCATTCAGACGCTA；	（ACAT）$_{14}$

续表

编号	侧翼序列	核心序列
6	CATTCATTCATCCATCCAGTCACCCATCTATCCATCCACCTACCTACCCACCCA ACCTCCTTCCCACCTATCCAGCCATCCATCCATCCATTCATCCATCTATTCATC CATCCAGTCATTCATACATCTATCCATCAACCTACCCAACCATCTATCCACCCA TCCATCCATCCATCCATTCATCCACCTATCTACA； ATCTATCTATCTATCTATCTATCTATCTATCTATCTATCTATCTATCTATCTATCTAT CTATCTATCTATCTATCTATCTATCTATCTAATCTATTCTAATCTAATCCGTCCGTC CGTCTATCTATCTGTCGATCCATCCATCCATCCATCCATCCAGCCATACAT CCATCCATCCATCCATCCATTCATCC；	（ACCT）14
7	CTGATAAGTCAGGAGTAGAGTAATGATGATCCTTTCTTTTTAAACCGATTATTTAA AAAATGCTATTTCAGTTATTCGACCATCTAGCGCCGATGAAAATGGTTGATAGCGA ATAGGTATTTGACGAAACGGTTTTGAGGATTCATCCACGAGATTACTTCACATTGG CTATACAATTGGAGAGTTTCTTGGAAAAGCCA； ATCGCAAGCGGAATTATTTGAACCCTCGCCCTAGCGCAGCTTCGGAGAAGGCGG TTCTGTACATATTTATACTCTATATTTATTTTTATTCTTCTTTATTCACGAGCAAGAT CTTATACTTGCAATAAATCTGCCACAGTGAATTAACAGGAATTTCTTTCCTTAAAC AGAATGAAAGTCTTACTTAGAATAATTTCCTC；	（AATC）12
8	AATAATCATATAATAATAATAATTAATTAATAATAATAATAATAATAATAATAAA ATTCATGTAGGCCTACAACATTCTGATAGATAGATAGATAGATAGATAGATAGATA GATTAGATAGATAGATATGATAGATAGATAGATAGTAGATAGATAGATTGATAGAT AGTTATAGATAGACAGACAGACAGGACAGA； GATAGATAGATAGATAGATAGTACAAGTAATTTAAAAATAGAAATAGATGTTGTT TATTCGTTCCATAATTATTCTTACATTTGCTTTTGCTCCTATATGAGCATAGAATAA AGAACATGTCCAATTCTTAAGTATTACAACTAAAATGCAAAATATGAAATATGGT ACAGAATAAATACCTTAATAACAATAATATTTT；	（ACAG）13

编号	侧翼序列	核心序列
9	CACTCACTCATTCATTTCATTAATCAGTTTACTCATCCATTTAGTAATAAAATCAA TCATTCGCTCACTGATTCGCTTATTAATTCAGGCACTAGCTTATTCATTCTCACAT TCGTTCATTTACTTCCTTATTCACCAACTTCATTTCGTCGTTCATTCACTCGTTTA TTAATTCACTCAACTCATTCACTCACTCACTA； ATTAAGTTCATTAATCCGTTGACACATCCATTTACTAATCAAATCATTCACTCACT AGCTTGCTGACACGTCCATAAATCTAAAACGGGTCTGGTTTACTTGAGAACCAC GCTAGAAGTTAACAGACGACATTCCTGTCACTAGTCTACATTTCTATGCCGAGGC AGTTAGCAAAGAAAAATGGAAATAAATCTTTTTTC；	(ACTC)₁₃
10	TTACACACAATTTATTTTATAAATATAGTGTTAGAGTTTGCATATGGTTCCACTATA ACTGGAAAGAGCAAGAAAAATTGTACAAAAAACCACAGCTATCTAAATTTCGAT TGAGGTTAGATGTCCGTCTTTGATATTAAGCTACTCAAATGTCAGAAGGAAGGAAGGAAGGAAGGAAGGAAGGAAGGAAGGAAGGAAGGTAGA； AAGAAATCGATTCAATTATTGTAGAATTTTATTTCAGAGTGTTTACAATTGTGGTC TTTACTACATAATTATTTTGTATGAAGTTTTACTAATTTGTAAATGAAACTAACATAATTATATGAAATGTTAAAATTCCGTTAAACGTAAGCGGAGTATTAAGCATAACATTGGCTGGTGTGTCCATGTTAACAGTCCGCGG；	(AAGG)₁₁
11	TAATAAGAAATGAAATTTACATAATTAAGTTAAAATCTCAAGCCTCAATTAATATG TGGAGGCTATGAAGGACTAATTTTCTAAATTCATTTCTTCAAGAAACCAATTTCTATTACCAATAATGCAAACATAACAGAGAATTTGTTATGCAATATGTTCCTGAGGAAAAAGTATACAAACAGAACTAGTAATCTCAAGA； AGCTACTCTACCAACCAAATATAGCTAATCCAATAGGAAAGTCACCATACCTTCTAACTGTGTTTCATATCTAGCTTCCAAAGTCAAACTATCTTCTGGAATCAAACTTCTCTGAGACTCTGACAGCTCCTTTTGCCGCTCGTCATCATCCTCTTCAGGACCAATCGTTGCTTCTCCATCTGTTTCTGTCTCATCTGTTT；	(AACC)₁₇

续表

编号	侧翼序列	核心序列
12	AAATGCATATAGAGTGTTAGTTGGGAGGCCGGAGGGAAAAAGACCTTTGGGAAGGCCGAGACGTAGATGGGAGGATAATATTAAAATGGATTTGAGAGAGGTGGGATATGATGATAGAGAATGGATTAATCTTGCTCAGGATAGGGACCAATGGCGGGCATATGTGAGGGCGGCAATGAACCTCCGGGTTCCTTAGAAGC； ATTATCTTAATCCTGGAATGTTTTTGTGTCTAGGAGTGACAGAGTTTACCTAACA CAGCATTAGTAGACGTTCATGGCGCTATCTGAAATTAAACTTTGTACTAAGAGCTTGATAGAAAGATCTAGGAGGGTTACTTAATGAAGTATTACACGTTCCGCATTTCAGTTCAGACATACAGCTCATTAGTCAACAGCGGGT；	（AAGT）$_{13}$
13	CATCTGACATAATTAGGAACATTAAATCCAGACATTTGAGATGGGGAGGGCATG TAGCACGTATGAACGAATCTAGAAGTGCATATAGAGTGTTAGTTGGGAGGCCGG AGGAGAAAAGACTTTTGGGGAGGCCGAGACCTAGATGGGAGGCAATTAACCTC CGGGTTCCTTAAAAACTATAACTAAGTAAATGAGTAAGT； AAGTAAGTAAGTAAGTAAGTAAGTAAGTAAGTAAGTAAGTAAGTAAGTAAGTAA GTAAGTAAGAGGTAATTCTTGTGTTGCGTAATTTCCGCTTCGACAGACAACAATT ACTAGTGCCTTGCATCGTCAGTGGCGAAAATATTTGAGTTGAAATTTCCAATGAA AACGATAAAAATTTCCCTGTGCGTTTGGTCTTCCTT；	（AAGC）$_{11}$
14	ACTAACTACCTAAACTAACTAACTAACTACCTAAACTAACTAACTAACTAACTAA CTAACCAACTAACTAGCTAACAACCTATAACTAACTAACTAACTAAACTAACTAA CCAACTAACTAACCAACTAACTAACΛACCTTAACTAACTAACTAACTAAACTAAC TAACTACCTAAACTAACTATCTAACTAACTACCTA； AACAACCTAAACTAACTAAACTAACTAACTATCTAACTAACTACCTAAACTAACT ACCTAAACTAACTACCTAAACTAACTAACTAACTAACTAACTAAACTAACT ACCTAAACTAACTACCTAAACTAACTAACTATCTAACTACCTAAACTAACTAACTAAACTAACTACCTAAACTAACTAACTA；	（AACT）$_{11}$

续表

编号	侧翼序列	核心序列
15	GAGCTGAGCAAATTGGATAAAGAAATAGTGTGCGAGCTCGTGTATATG TATATATATACACAGCGGTCGAAACGTCAGCCACCAACACCAAGACAA CGCGGTATAAGCCCCGAAGTTTGTCCAGAGACCATGTAGGCTACACC AACCGCGGAAGCCTACGCGAACAAAATAATGTTCAGTTTGTCTATTGA ATTAGATTA； AACAAACAAATACTGACTTTTAAACCTTTAGTCTGTTTTTAAAATGAT GAAACAC CTATATTTACATCTCAGTATTGTGCTTACACTTGACTTCTGTGAACTG CAAAACATAACCTCAACATTTTCTCGCCCTCTCCTAACATGCGCGAA ATATCGAGAGCATTGAAACATCGCTCTGATGAGCGGGGAAGAATGA TCTG；	（AACG）$_{15}$
16	CGAAAGTTACCCAGCAATTCTGCTACAATTGGTTGAAGAAAATCCCT GTAAAA ACCCAACCAAGTAACTTGTTCCAACCAGGATTTGAACCTGAGCCCGA TCGTTTC ACGGTCAGACGTGCTAACCGTTAGGCTTACACCACAGCGGTGGACGA CATCAGT GGCTTACTTGTACGGAACCGAAACGCCTTACACATTTC； AAACACTGGACCAATTAATCAGGAAGCTTTAATTCAGACAGCACTTG CTTTGTAT AAAGAAGGCTTTACACTCAGTTTAGAATATATTTTGCAGGAAACTCAC AAAATAC GAAACACTATAAATTAAAATTTCACGTTCCTCATTGCGGTAACTACTAA AAGCTATTTGATTCCAGTACAGAAGAAACGATGACAAAAAA；	（AATT）$_{15}$
17	TGCAAGCAGTAAAGCACATTGTCAGACCTTTTAGTACGTATTTAGCGA ATAGGAA TGGGCTAAAATAAATAAATAGATAGATAGATAGATAGATAGATAGATAG ATAGATA GATAGATAGATAGATAGATAGATAGATGGATGGATGGATGGATGG ATGGATG GATGGATGGATGGATGGATGGATGGATGG； AAGGAAGGATGGATGGATGGATGGATAGATAGATAGATAGATAGATAG ATAGATA GATAGAAGACGGACAGACAGACAGACAGACAGACAGACAGACAGA CAGACA GACAGACAGACAGACAGACAGACAGACAGACAGACAGACAGACAG ATAGATA GATAGATAGATAGATAGATAGATAGATAGATAAT；	（ACGG）$_{12}$

续表

编号	侧翼序列	核心序列
18	GGCATAACGCATTTCACTTTCAGATTTGAGATATATGTAACAATTCCTCTGACAC ATATCGAGTTGTATAATCTATTTTCGTTAATGCCGTCACATTTTGAAGTTCGTTAG CTGGAAAGCAACCGACCGACCGATCGACCGAGCAAACCAACCGATCGACCGA CCGACAGAGCAAACCAACCGACCGATCGACCAAGCAA；ACCAACCAACCAACCAACCAACCAATTATGTCATTGTAAAACTACTTTTTTATTA TAGTATAGTGATTTTGTTATTGCTAAGCTTCAAGTAGCTGCTGAAGAAATGGGCA TAATTACAGTATATGTTAAAAGTTTGCCTTTACACTAAAATATTCGACCTTCGAGA AGGCACGCACATATTTGTTACGTAATAAGGCGCG；	$(ACCG)_{11}$
19	AAGGAAACCAAGAACCTTGTACAAGTAATGGTCTGAAGAAAACTGTGGAGAAT TGACTTCATTACTGAATGTGTTGATTGTATATTATTTGTATATTATTGTTGACATCT TGTATGTCGGAATAACATGTATGTAACCGCATATTTATTATGTATTCACTCAGACG ATGCCACGAAATCATTGTATTTCCTAAGGCTAAT；ACCCACCCATCCATCCATCCATCCATCCATCCATCCATCCATCCATCCATCCATCC ATCCATCCATCCATCCATCTTTAGTAATAAGCCTGTAATGTAATTACAAACATCCA CAAAATTTGTACGCCTGAGAAGTCGACGCTAACTTGCTCTCTCCAAACATGACA GCTTACTGAAGCAGCTAAAATAGTCACAAAAAAC；	$(ATCC)_{14}$
20	CCGAGACTTAGATGGGAGGATAATATTAAAATGGTCTGAGGGAGGTGGATATGA TGGTAGAGACTGGATTAATCTTAGATAGATAGATAGATAGATAGATAGATAGATA GATAGATAGATAGATAGATAGATAGATAGATAGATAGATAGATAGATAGATAG ATAGATAGATAGATAGATAGATAGATAGATAGATAGATAGATAGATAGAT；AGAACAGACAGACAGACAGACAGATAGATAGATAGATTTATTCGTTCCATAATAT TCTTACATTTGCTTTATAGCATAGAATAAAGTACATGTCCAATTCTTACGTTTAACAATAAAATGCAATACATATAAAATGCAAATATGAAATATGTACAGAAATAATACCTTAATAACAATAATATTATATACAATGTAATATG；	$(AGGC)_{18}$

续表

编号	侧翼序列	核心序列
21	GTGAACATAGTTTTTTATAGTATCAATGATTATTTTTTAACCGGCAAATGCTTTTG TATGATTTTGTTTTCTGACGTTGCTATATATATATATATATATATATATATAT ATATGTGTGTTAAAGAAAGTACTGTCTGTCTGGCCATCCATCCATCCATCCATC CATCCATCTATCCACCCACCCACCCAC； TCCATCCTATCATCATCCATCCATCCATCCATCATCTATCTATCTATCTATCTA TCTATCTATCTATCTATCTATCTATCTATCTATCTATCTATCTATCTATCTATCTATCTATCTA TCTATCTATCTATCTATCAATTTTATTATTACATTACTTCCATTTGAGATTATTCTGCAAGAATGAGTCGGAATGTTTAAGT；	(CCCA)₁₈
22	GGTTGACTGACTGATTATCTAGCCGAGTGGTTGGATAAATAACTGATTTCTAACT AATGGACTTCTGTTGATTAACTGATTATCTAGCCGAGTGGTTGGATAAATAACTG ATTGCTAACTAACGGACTTCTGTTGATTAACTGATTATCTAGCCGAGTGGTTGGAT AAATAACTGATTGCTAACTAACGGACTTCTGTTA； ATCATCTATCCGAGTGGTTGGACGAATAATTGATTGCTAACTAATTGACTTCTGA TTGACTGACTGACTGATTATCTAGCCGAGTGGTTGGATAAATAACTGATTGCTA ACTAACGGACTTCTGTTGACTGAGTGATTATCTAGCCGGGTGGTTGGATGAATA ATTGATTACTAACTAATTGACTTCTGATTGACTGACT；	(ACTG)₁₅
23	TGTAGCTCGAGTATGATTTGATAACACATTTTTAATTTATTACACTTTCCCGGGG CTTGCATACATACATACATACATACATACATAAATACATACATACATAAATACATACATA CATACATACATACATACATACATACATACATACATACATACATACATACATACATACATACATACATA CATACATACATACATACATACATACATACATAC； ATACATACATACATACATACATACATACATACATACATACATACATACATACATACATA CATAC ATACATACATACATACATACATACATACATACATACATACGTAAGTGTTCTATCTT TCACTGTAAACCCAACATTCTCCAATTTTTCCTATTTTCTGCCTTCCTCTTAGTC TCCGCATATCTTAATGTCGTGTATCATCTGAAT；	(ATGC)₁₁

编号	侧翼序列	核心序列
24	GAATTTACTATTTACAATATGTCAAAATTAATAGTTTTTGTGAACTTTATGAATG GTTTTGTGTATTTATTCACTAAGCCACAATTGCTCATCGGCCAGTGGCAGTATG TATGTATGTATGTATGTATGTATGTATGTATGTATGTATGTATGTATGTATGT ATGTATGTATGTATGTATGTATGTATGTAT； GTATGTATGTAGGTAGGTAGATATGTATGTACAGGCAAAGTGAGGAAAGGGAA AGTTGAAGTACACATCTCGAACATTTATTAGAGATATCTAAGAAATTCTTTCAA CACAAGTAAGATAAAGGTGTAAGCAAAGAATAAATTGAAAAGTACCATTTTTA TCAATGAAAGAGGACCTCTCTGTATAAATAAAGCGTTCGT；	（GTAC）₁₂
25	ATATGATAAAAAGTCGATTTAGATAAGATGGGGGGAGTTTAAAATCAACTAG GGTGCTTCATAACAGCTGGGGTAACATTTTTGTAGCAACATTTTTGCGGGACA CCTAACTCTTTTGTAAAATAATGTATATAAAGTTTTAGCTTTCTTGATCGCCACC AGAGCTCAAATTTTCACACAATTTAATATCACACACACA； CACACACACACACACACACACACACACACACACACAGACGGTACTAGGCCGCT GTTATTATACGAGACGTGTTCTTAAAGTAAGTTCCAAAAGGGTGTACTAAGTA AACGGGAAGATATTTACAAACCATTTTTGTTGCATTGTATTCCCCACACTTCAA TTACTTCTCAACATAATCTCCACCATTATTGAGACATTTATC；	（CGCA）₁₉
26	ACACGATAACACGCTAGAAATTCCATATCACATATCAAGTCTGTATTCCTCATC TTTCACTGTTGCTACTTGTCACTGCAATTTTCTGTCGCCTGAAATCAAGGGCT GACGAACTTTGATTTCTTTTAAATGTAAATTAGAAGAATATCTTATGATGAGTT GGCAGACGTTGCGCGTTGTAAACATTTAATGCAATGTGT； GTCAGCCAGCCAGAAATATCAAAATTTTATTTCAAGTTTCAAACATCGTTACA ATCATAACCATGCACACAATGAAAATCACGAACAGCATAAACTTTTCACACAA TTGAAGGGTTCAGAACCATAGTAGGCCAAGCGCCATTTATTTTATTTATTTTTTT AGTAGGTTATTTTACGACGCTTTATCAACATCTAGGTTA；	（GCCA）₁₃

续表

编号	侧翼序列	核心序列
27	GATAGATAGATAGATAGATAGATAGATAGATAGATAGATAGATAGATAGATAGATAGATAGATAGACAGACAGACAGACAGATAGATAGGTAGGTAGACAGACAGACAGACAGACAGACAGACAGACAGATAGGTAGGTAGACAGACAGACAGACAGACAGACAGACAGACAGACAGACAGATAGATAGATAGGTC；AGGTAGGTAGGTAGGTAGGTAGGTAGGTAGGTAGGTAGGTAGGTAGATAGATAGATAGATAGATAGATAGATAGATAGATAGATAGATAGATAGATAGATAGATAGATAGATAGATAGATAGATAGATAGATAGATAGATAGATAGATAGATAGATAGATAGATAGAAGGATGGATGGATGGATGGATGGATGGATGGATGGATGGATGGAT；	（AGAT）₁₂

三、讨论

微卫星是生物基因组中变异频率最高的序列，不同物种间微卫星丰度有一定差异，微卫星密度和碱基组成也有所不同（黄杰等，2012）。美洲大蠊、德国小蠊和内华达古白蚁都属于蜚蠊目，但是它们的基因组大小差异较大，微卫星含量也差异较大。相比于美洲大蠊和德国小蠊，内华达古白蚁的基因组较小，微卫星含量也相对较低，它们之间的差异主要体现在三碱基重复类型和四碱基重复类型含量上。在美洲大蠊和德国小蠊的基因组中，三碱基重复类型数量最多，分别占微卫星总数的40.75%、37.54%，在已报道的节肢动物基因组中，很少有以三碱重复类型为主的物种，目前只有二斑叶螨与之相似（汪自立等，2013）。内华达古白蚁基因组中微卫星以单碱基重复类型为主，与肩突硬蜱（汪自立等，2013）、中华按蚊（王小婷等，2016）相似，其他的节肢动物如中国对虾（高焕，2006）、日本囊对虾（栾生等，2007）、蜜蜂（魏朝明等，2007）等的基因组都是以二碱基重复类型为主，赤拟谷盗（张琳琳等，2008）以六碱基重复类型为主。

对于美洲大蠊、德国小蠊和内华达古白蚁基因组中的微卫星，不管是哪种类型的微卫星，随着重复拷贝数的增加，微卫星的个数逐渐减少，这可能与微卫星的长度限制有关，微卫星长度越长，不稳定性越高（Wierdl等，1997），变异速率越快，受到的选择压力也越大（刘菁菁等，2011）。美洲大蠊的微卫星长度主要分布在12～90bp，德国小蠊的微卫星长度主要分布在12～60bp，内华达古白蚁的微卫星长度主要分布在12～30bp。也存在少量的微卫星重复次数非常高、长度非常长，美洲大蠊、德国小蠊、内华达古白蚁中分别存在17、2、2个重复拷贝数大于500的微卫星。长微卫星的缺乏，也可以验证选择作用，使得微卫星的长度维护在某一个特定的范围（Bowcock等，1994；Garza等，1995；Nauta等，1996）。另外，微卫星的长度分布也具有一定的相似性，如长度为13的微卫星数量要明显低于长度为12和14的微卫星数量，长度为17的微卫星数量要明显低于长度为16和18的微卫星数量。这可能是因为奇数的因数只能是奇数（微卫星的长度=微卫星单元的长度×微卫星的重复拷贝数），这些长度的微卫星只能由奇数碱基重复类型组成。

GC含量是基因组DNA序列碱基组成的重要特征，蕴含基因结构、功能和进化信息。表4-3表明，内含子和基因间区的GC含量相似；外显子区域的GC含量要明显高于内含子、基因间区的GC含量。微卫星定位分析结果表明，外显子中的微卫星丰度要明显低于其他区域，这可能与其GC含量较高有关，有研究表明微卫星丰度与GC含量成负相关关系（戚文华等，2015）。不管是外显子、内含子还是基因间区的微卫星丰度，与GC含量的关系都存在一个拐点。由于数据量有限，微卫星丰度与GC含量是否在某一范围内成负相关关系，需要进一步分析。另外，含有微卫星的基因受到强烈的选择作用，且相对于内含子和基因间区的微卫星要保守一点（Li等，2009），这也可能会影响外显子中的微卫星含量。在美洲大蠊、德国小蠊和内华达古白蚁的外显子中，均为三碱基重复类型最为丰富（分别占编码区微卫星总数的79.84%、60.64%和75.85%），这一结果与其他研究结果一致（Metzgar等，2000；Katti等，2001；Morgante等，2002；Zhang等，2004）。相较于其他类型的微卫星，三碱基重复微卫星的改变对基因读码框的影响最小，这也是编码区微卫星在基因中能够保存下来的重要机制（Metzgar等，2000）。比较特殊的是，美洲大蠊的外显子、内含子及基因间区都是以三碱基重复类型为主，这种情况在之前没有被报道过。

另外，本研究对基因中含有微卫星的数量进行了统计。结果表明，大多数含有微卫星的基因都只含有一个微卫星位点，这与蝎子的情况一致（Wang等，2016）。当然，也存在一种情况，一个基因中含有多个微卫星位点（≥3），这些微卫星位点是否保守、是否对基因功能有重要影响，需要进一步的深入研究。含有微卫星基因的GO注释结果表明：美洲大蠊、德国小蠊、内华达古白蚁含有微卫星的基因的功能分布有很多相似之处，它们主要参与的细胞成分、分子功能及生物学过程都是相似的，其不同之处在于只有德国小蠊的序列与电子载体相关，只有美洲大蠊的序列与营养物质的存储活动相关等。通路分析结果表明，美洲大蠊含有的微卫星中，与疾病相关的基因最多，与代谢相关的次之，主要与代谢通路和次级代谢产物的生物合成相关，与遗传信息进程相关的基因最少。微卫星均匀分布在基因组中，这些基因中的微卫星是否对所在基因的功能有重要影响需要进一步的分析和验证。

随着测序技术的飞速发展，测序需要的时间越来越短、测序价格也越来越低，开放数据库中基因组数据明显有所增加，为分析不同物种基因组中微卫星的分布规律创造了条件。以美洲大蠊为核心，对蜚蠊目下3个物种的基因组微卫星分析，为以后进一步研究微卫星的分布规律、微卫星的功能及微卫星标志物的开发打下了良好的基础。

第二节　美洲大蠊基因组微卫星序列特征

本研究通过对美洲大蠊基因组进行浅测序，利用生物信息学方法开发的微卫星搜索软件扫描获得的基因组序列，搜索并输出微卫星序列，首次对美洲大蠊基因组微卫星序列特征进行初步的统计和分析，描述美洲大蠊基因组中微卫星重复序列的种类、数量、丰度等分布特征，以期深化对美洲大蠊基因组的认识和了解，为后续筛选大量高质量的微卫星标志物提供数据支持，也为更加有效地利用美洲大蠊作为药用资源奠定理论基础。

一、材料与方法

（一）实验材料

美洲大蠊样本由四川好医生药业有限公司提供，选取活的雌成虫，去除肠道，利用血液/细胞/组织基因组DNA提取试剂盒［天根生化科技（北京）有限公司］提取美洲大蠊基因组DNA，并用1.5%琼脂糖电泳检测DNA的完整性，核酸检测仪检测DNA的纯度，−20℃保存备用。

（二）实验方法

1．基因组序列的测定。样本送至千年基因公司，基于HiSeq 2000测序平台，通过构建插入片段大小为300bp的文库，对美洲大蠊基因组进行浅测序。

测序的基本方法：首先在DNA片段两端加上序列已知的通用接头，再构建文库，文库加载到测序芯片Flowcell上，文库两端的已知序列与Flowcell基底上的Oligo序列互补，每条文库片段都经过桥式PCR扩增形成一个簇，测序时边合成边测序，即在碱基延伸过程中，每个循环反应只能延伸一个正确互补的碱基，根据4种不同的荧光信号确认碱基种类，保证最终的核酸序列质量，经过多个循环后，完整读取核酸序列。最终获得442 694 715对PE 100的reads，对低质量的reads进行过滤，并去除接头序列，采用idba（主要参数：--mink 20 --maxk 70 --step 10）进行组装，最终得到的基因组总大小为2.67Gb，序列以FASTA格式保存。

2．微卫星序列的统计术语。为了对美洲大蠊微卫星序列进行更加准确有效的统计，我们先对微卫星序列特征有关的统计术语进行介绍。

（1）重复类型。重复类型指微卫星序列中基本重复单元由几个碱基（bp）组成，微卫星序列共有6种重复类型，即单碱基重复（mononucleotide）、二碱基重复（dinucleotide）、三碱基重复（trinucleotide）、四碱基重复（tetranucleotide）、五碱基重复（pentanucleotide）和六碱基重复（hexanucleotide）。

（2）重复拷贝数。重复拷贝数指对一个微卫星序列来讲，其核心序列的重复次数，如（ACCC）$_{12}$，指这个ACCC拷贝类别的重复拷贝数是12。

（3）重复拷贝类别。重复拷贝类别指各重复类型具体是由哪些碱基构成，如三碱基重复类型ACC和AAC分别属于不同的重复拷贝类别，而AAC、ACA、CAA和TTG则属于相同的重复拷贝类别。

3. 微卫星序列的统计标准。利用MSDBv2.4软件对美洲大蠊基因组微卫星序列进行搜索和统计，设置的统计标准如下。

（1）重复拷贝数。单碱基微卫星重复拷贝数为12个及以上，二碱基微卫星重复拷贝数为7个及以上，三碱基微卫星重复拷贝数为5个及以上，四、五、六碱基微卫星重复拷贝数为4个及以上。

（2）重复序列两边的侧翼序列长度都是200bp。

（3）考虑到记数拷贝数起始碱基顺序的排列差异和碱基互补配对原则，将同类重复兼并为一种微卫星重复拷贝类别，单碱基至四碱基重复的重复拷贝类别兼并情况见表4-7。五、六碱基重复的重复拷贝类别兼并原则相同，由于这2种碱基重复拷贝类别的数量繁多且复杂，因此不再逐一列出兼并情况。

表4-7　单碱基至四碱基重复拷贝类别兼并

重复类型	重复拷贝类别	同类重复拷贝类别
单碱基	A	A、T
	C	C、G
二碱基	AC	AC、CA、TG、GT
	AG	AG、GA、TC、CT
	AT	AT、TA
	CG	GC、CG
三碱基	AAC	AAC、ACA、CAA、TTG、TGT、GTT
	AAG	AAG、AGA、GAA、TTC、TCT、CTT
	AAT	AAT、ATA、TAA、TTA、TAT、ATT
	ACC	ACC、CCA、CAC、TGG、GGT、GTG
	ACG	ACG、CGA、GAC、TGC、GCT、CTG
	ACT	ACT、CTA、TAC、TGA、GAT、ATG
	AGC	AGC、GCA、CAG、TCG、CGT、GTC
	AGG	AGG、GGA、GAG、TCC、CCT、CTC
	AGT	AGT、GTA、TAG、TCA、CAT、ATC
	CCG	CCG、CGC、GCC、GGC、GCG、CGG

123

续表

重复类型	重复拷贝类别	同类重复拷贝类别
四碱基	AAAC	AAAC、AACA、ACAA、CAAA、TTTG、TTGT、TGTT、GTTT
	AAAG	AAAG、AAGA、AGAA、GAAA、TTTC、TTCT、TCTT、CTTT
	AAAT	AAAT、AATA、ATAA、TAAA、TTTA、TTAT、TATT、ATTT
	AACC	AACC、ACCA、CCAA、CAAC、TTGG、TGGT、GGTT、GTTG
	AACG	AACG、ACGA、CGAA、GAAC、TTGC、TGCT、GCTT、CTTG
	AACT	AACT、ACTA、CTAA、TAAC、TTGA、TGAT、GATT、ATTG
	AAGC	AAGC、AGCA、GCAA、CAAG、TTCG、TCGT、CGTT、GTTC
	AAGG	AAGG、AGGA、GGAA、GAAG、TTCC、TCCT、CCTT、CTTC
	AAGT	AAGT、AGTA、GTAA、TAAG、TTCA、TCAT、CATT、ATTC
	AATC	AATC、ATCA、TCAA、CAAT、TTAG、TAGT、AGTT、GTTA
	AATG	AATG、ATGA、TGAA、GAAT、TTAC、TACT、ACTT、CTTA
	AATT	AATT、ATTA、TTAA、TAAT
	ACAG	ACAG、CAGA、AGAC、GACA、TGTC、GTCT、TCTG、CTGT
	ACAT	ACAT、CATA、ATAC、TACA、TGTA、GTAT、TATG、ATGT
	ACCC	ACCC、CCCA、CCAC、CACC、TGGG、GGGT、GGTG、GTGG
	ACCG	ACCG、CCGA、CGAC、GACC、TGGC、GGCT、GCTG、CTGG
	ACCT	ACCT、CCTA、CTAC、TACC、TGGA、GGAT、GATG、ATGG
	ACGC	ACGC、CGCA、GCAC、CACG、TGCG、GCGT、CGTG、GTGC
	ACGG	ACGG、CGGA、GGAC、GACG、TGCC、GCTT、CCTG、CTGC
	ACGT	ACGT、CGTA、GTAC、TACG、TGCA、GCAT、CATG、ATGC
	ACTC	ACTC、CTCA、TCAC、CACT、TGAG、GAGT、AGTG、GTGA
	ACTG	ACTG、CTGA、TGAC、GACT
	AGAT	AGAT、GATA、ATAG、TAGA、TCTA、CTAT、TATC、ATCT
	AGCC	AGCC、GCCA、CCAG、CAGC、TCGG、CGGT、GGTC、GTCG
	AGCG	AGCG、GCGA、CGAG、GAGC、TCGC、CGCT、GCTC、CTCG
	AGCT	AGCT、GCTA、CTAG、TAGC、TCGA、CGAT、GATC、ATCG
	AGGC	AGGC、GGCA、GCAG、CAGG、TCCG、CCGT、CGTC、GTCC
	AGGG	AGGG、GGGA、GGAG、GAGG、TCCC、CCCT、CCTC、CTCC
	AGGT	AGGT、GGTA、GTAG、TAGG、TCCA、CCAT、CATC、ATCC
	AGTC	AGTC、GTCA、TCAG、CAGT、TCAG、CAGT、AGTC、GTCA
	ATCG	ATCG、TCGA、CGAT、GATC、TAGC、AGCT、GCTA、CTAG
	CCGG	CCGG、CGGC、GGCC、GCCG

注：引自李玉芝.大熊猫基因组微卫星序列分析和遗传标记筛选［D］.成都：四川大学，2012.

二、结果

(一)各碱基重复类型的分布

1. 各碱基重复类型的总体分布特征。

利用本实验室开发的微卫星序列搜索软件MSDBv2.4,在美洲大蠊2.67Gb大小的基因组序列中,搜索到完美型的微卫星序列的分布特征如表4-8、图4-6所示。微卫星序列总数是1 498 458个,总长度为45 076 707bp,占基因组序列总长度的1.57%,平均长度为169.75bp,丰度为561.45个/Mb,在基因组中平均1Mb的序列就搜索到16 889.577bp的微卫星序列。

表4-8 美洲大蠊基因组微卫星序列各碱基重复类型的数量、比例和丰度

微卫星类型	总数(个)	总长度(bp)	平均长度(bp)	丰度(个/Mb)	密度(bp/Mb)
单碱基	204 108	3 297 112	15.73	76.48	1203.323
二碱基	125 408	24 230 601	26.29	46.99	1235.379
三碱基	671 830	24 230 601	36.07	251.72	9078.849
四碱基	434 659	12 272 504	28.23	162.86	4598.326
五碱基	55 425	1 854 285	33.46	20.77	694.773
六碱基	7 028	210 648	29.97	2.63	78.927
总体	1 498 458	66 095 751	169.75	561.45	16889.577

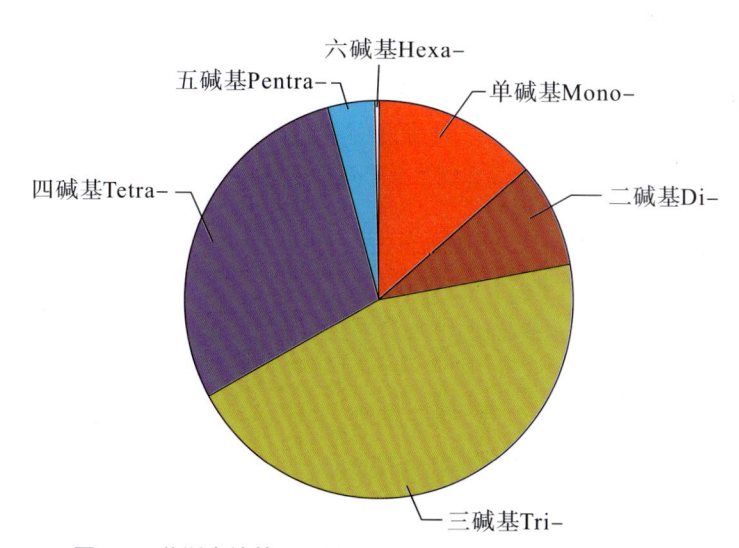

图4-6 美洲大蠊基因组微卫星序列各碱基重复类型的比例

美洲大蠊基因组微卫星序列中,三碱基重复的数量最多,为671 830个,约占微卫星总数的44.83%,丰度为251.72个/Mb;其次是四碱基重复,为434 659个,约占微

卫星总数的29.01%，丰度为162.86个/Mb；单碱基重复204 108个，约占13.62%，丰度为76.48个/Mb；二碱基重复125 408个，约占8.37%，丰度为46.99个/Mb；五碱基重复55 425个，约占3.70%，丰度为20.77个/Mb；六碱基重复的数量最少，为7 028个，仅占0.47%，丰度为2.63个/Mb。

2. 各碱基重复拷贝数分布。

单碱基重复类型微卫星重复拷贝数分布范围从12~68次，主要分布在12~35次，这些重复拷贝数所对应的碱基数量都在370个以上，占单碱基重复类型总数的97.24%；其中12~16次重复的数量尤其多，在12 000以上，重复12次的高达62 000多个；再次是重复拷贝数为17~28次，数量在1 000~9 000。二碱基重复类型微卫星重复拷贝数分布范围为7~34次，主要分布在7~27次，占97.03%，其中7~9次重复拷贝数的数量居多，都大于10 000个。三碱基重复类型的重复拷贝数分布范围为5~23次，主要分布在5~21次，占99.91%，个数都在16,000个以上，重复5次的高达98 459个（图4-7），可看出三碱基重复类型的重复拷贝数比较少、数量分布比较集中。

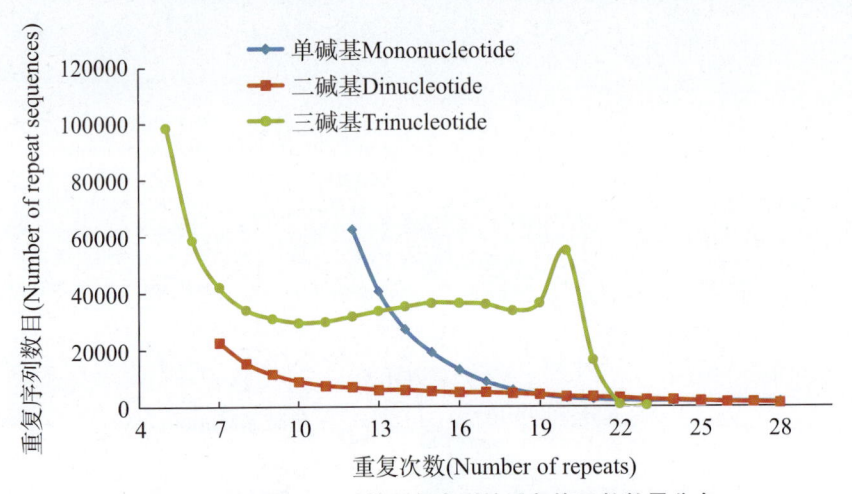

图4-7 单碱基至三碱基重复类型的重复拷贝数数量分布

四碱基重复类型的重复拷贝数分布范围为4~17次，主要分布在4~16次，占99.97%。五碱基重复类型的重复拷贝数分布范围为4~13次，主要分布在4~7次、12次和13次，占80.65%。六碱基重复类型的重复拷贝数分布范围为4~12次，主要分布在4~8次，占94.22%（图4-8）。

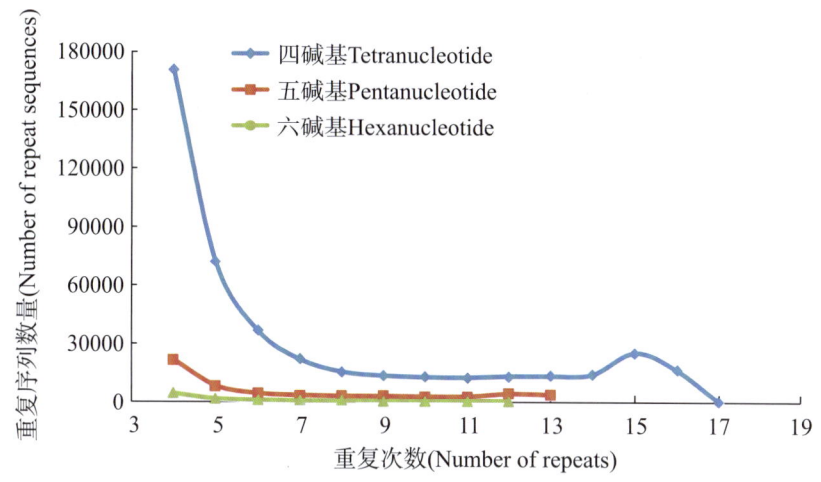

图4-8　四碱基至六碱基重复类型的重复拷贝数数量分布

（二）各重复拷贝类别的分布特征

在同种碱基重复类型的微卫星序列中，各重复拷贝类别的数量、丰度、密度也各不相同，下面将对单碱基至六碱基重复类型进行描述。

1. 单碱基重复类型。单碱基重复类型中，以A重复拷贝类别的数量最多，为101 214个，占单碱基重复类型序列总数量（204 108个）的49.59%；其次是T重复拷贝类别88 259个、G重复拷贝类别7 356个，分别占43.24%和3.60%；C重复拷贝类别的数量最少，只有7 279个，仅占3.57%（表4-9、图4-9）。可见单碱基重复类型中，A和T重复拷贝类别的数量相近，C和G重复拷贝类别的数量也相近，重复拷贝类别少，且每种拷贝类别占的数量多。

表4-9　单碱基重复类型中各重复拷贝类别的数量及其所占的比例

重复拷贝类别	数量（个）	总长度（bp）	平均长度（bp）	丰度（个/Mb）	比例（%）
A	101 214	1 607 193	15.88	37.92	49.59
C	7 279	106 215	14.59	2.73	3.57
G	7 356	107 655	14.63	2.76	3.60
T	88 259	1 390 494	15.75	33.07	43.24

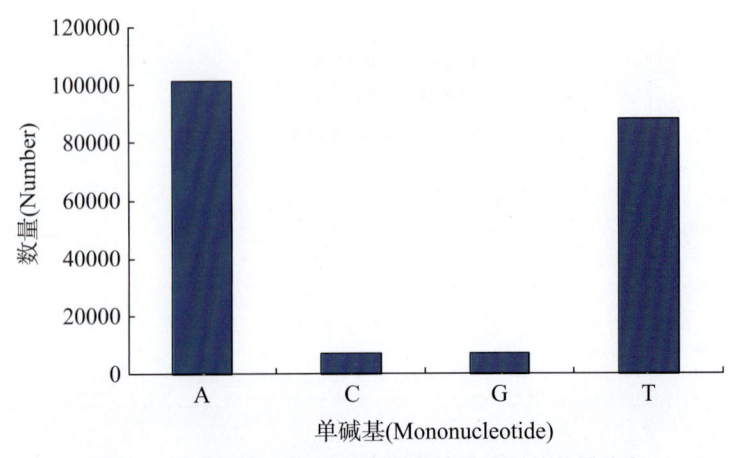

图4-9 单碱基重复类型中各重复拷贝类别的数量分布

2．二碱基重复类型。二碱基重复类型中，以AT重复拷贝类别的数量最多，为74 237个，占所有二碱基重复类型序列总量（125 408个）的59.20%；其次是AC和AG，分别为13 775个（10.98%）、13 495个（10.76%）；再次是GT和CT，分别是12 045个、11 508个；CG数量最少，为348个，仅占0.21%（表4-10和图4-10）。可看出二碱基重复类型序列中，AT重复拷贝类别最多，占一半以上，AC、AG、CT、GT四种重复拷贝类别的数量相近，CG数量较为稀少。

表4-10 二碱基重复类型中各重复拷贝类别的数量及其在所属类型中的比例

重复拷贝类别	数量（个）	总长度（bp）	平均长度（bp）	丰度（个/Mb）	比例（%）
AC	13 775	332 770	24.16	5.16	10.98
AG	13 495	287 098	21.27	5.06	10.76
AT	74 237	2 132 432	28.72	27.82	59.20
CG	348	5 398	15.51	0.13	0.21
CT	11 508	247 974	21.55	4.31	9.18
GT	12 045	291 440	24.20	4.51	9.60

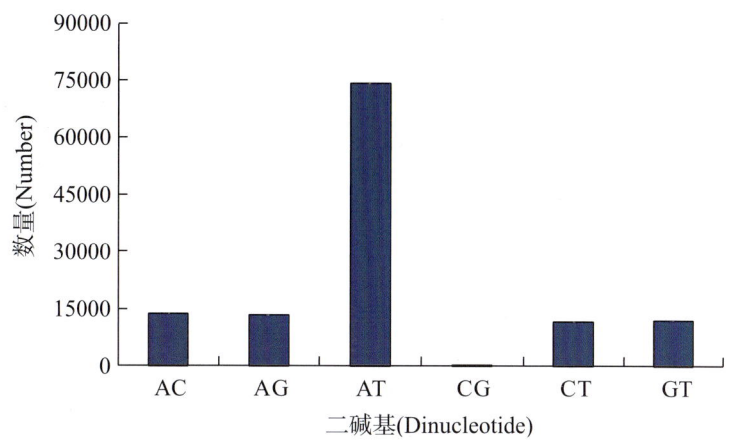

图4-10　二碱基重复类型中各重复拷贝类别的数量分布

3. 三碱基重复类型。三碱基重复类型中，共有20种重复拷贝类别，总数671 830个，以AAT、AAG、ACC、ACT、AGT、ATC、ATG、ATT、CTT为主，都占三碱基重复类型总数的1%以上。其中，以AAT数量最多，为245 412个，占36.53%，其次是ATT和ACT，分别为213 767个（31.82%）和39 773个（5.92%），CCG类别最少，为190个，仅占0.03%（表4-11、图4-11）。三碱基重复类型中，AAT和ATT的数量相近，都是30%以上，其他重复拷贝类别的数量都在5%左右。

表4-11　三碱基重复类型中各重复拷贝类别的数量及其在所属类型中的比例

重复拷贝类别	数量（个）	总长度（bp）	平均长度（bp）	丰度（个/Mb）	比例（%）
AAC	5 646	110 487	19.57	2.12	0.84
AAG	15 746	429 456	27.27	5.9	2.34
AAT	245 412	9 895 251	40.32	91.95	36.53
ACC	6 758	148 632	21.99	2.53	1.01
ACG	1 086	21 657	19.94	0.41	0.16
ACT	39 773	1 086 867	27.33	14.9	5.92
AGC	3 204	61 179	19.09	1.2	0.48
AGG	1 692	33 264	19.66	0.63	0.25
AGT	33 920	962 280	28.37	12.71	5.05
ATC	36 898	1 038 099	28.13	13.83	5.49
ATG	38 527	1 075 086	27.9	14.44	5.73
ATT	213 767	8 686 656	40.64	80.1	31.82
CCG	190	3 468	18.25	0.07	0.03

续表

重复拷贝类别	数量（个）	总长度（bp）	平均长度（bp）	丰度（个/Mb）	比例（%）
CCT	1 480	29 034	19.62	0.55	0.22
CGG	192	3 444	17.94	0.07	0.03
CGT	896	17 784	19.85	0.34	0.13
CTG	3 179	59 844	18.82	1.19	0.47
CTT	12 065	331 476	27.47	4.52	1.80
GGT	6 169	137 166	22.23	2.31	0.92
GTT	5 230	99 471	19.02	1.96	0.78

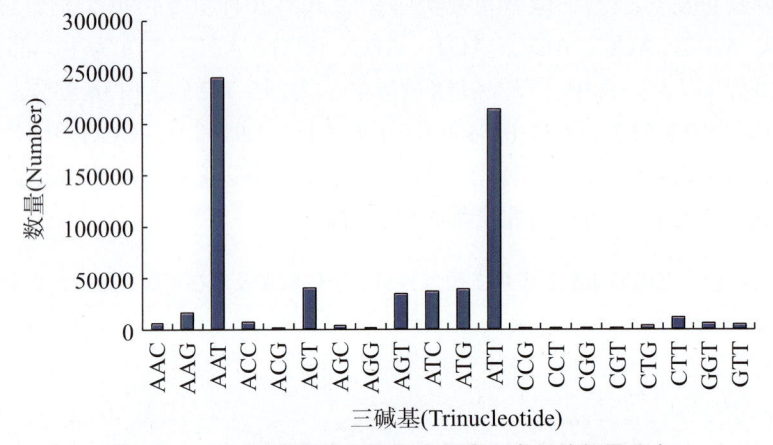

图4-11 三碱基重复类型中各重复拷贝类别的数量分布

4．四碱基重复类型。在四碱基重复类型中，AAAT重复拷贝类别最多，为100 932个，占四碱基重复类型（共434 659个）的23.22%；其次是ATTT和ACAT，分别为59 799个（13.76%）和34 805个（8.01%）。由于四碱基重复类型的重复拷贝类别较多，以下只列出数量较多的（大于4 500个）15种重复拷贝类别，依次是：ATGT，27 883个（6.41%）；AATG，27 763个（6.39%）；AAGT，21 500个（4.95%）；ATTC，21 185个（4.87%）；ACTT，19 759个（4.55%）；AAAG，18 963个（4.36%）；AGAT，12 663个（2.91%）；ATCT，8 579个（1.97%）；AATT，8 464个（1.95%）；CTTT，7 162个（1.65%）；ATCC，7 028个（1.62%）；ATGG，6 833个（1.57%）；ACAG，6 088个（1.40%）；CTGT，4 554个（1.05%）；AAAC，4 564个（1.05%）。其余数量较少的重复拷贝类别合计到一起列出，数量是21 426个，只占四碱基重复类型的4.93%，其中包括数量最少的重复拷贝类别CGCT，只有36个（表4-12、图4-12）。

表4-12 四碱基重复类型中各重复拷贝类别的数量及其在所属类型中的比例

重复拷贝类别	数量（个）	总长度（bp）	平均长度（bp）	丰度（个/Mb）	比例（%）
AAAC	4 564	92 796	20.33	1.71	1.05
AAAG	18 963	486 832	25.67	7.11	4.36
AAAT	100 932	2 526 632	25.03	37.82	23.22
AAGT	21 500	485 092	22.56	8.06	4.95
AATC	4 073	111 888	27.47	1.53	0.94
AATG	27 763	802 472	28.9	10.4	6.39
AATT	8 464	159 632	18.86	3.17	1.95
ACAG	6 088	147 448	24.22	2.28	1.40
ACAT	34 805	1 271 924	36.54	13.04	8.01
ACTC	3 423	124 024	36.23	1.28	0.79
ACTT	19 759	441 532	22.35	7.4	4.55
AGAT	12 663	559 828	44.21	4.74	2.91
AGTG	3 774	132 568	35.13	1.41	0.87
ATCC	7 028	181 884	25.88	2.63	1.62
ATCT	8 579	396 628	46.23	3.21	1.97
ATGG	6 833	177 712	26.01	2.56	1.57
ATGT	27 883	1 067 692	38.29	10.45	6.41
ATTC	21 185	638 324	30.13	7.94	4.87
ATTG	3 439	94 428	27.46	1.29	0.79
ATTT	59 799	1 583 132	26.47	22.41	13.76
CTGT	4 554	111 508	24.49	1.71	1.05
CTTT	7 162	214 028	29.88	2.68	1.65
others	21 426	11 808 004	642.34	154.83	4.93

图4-12 四碱基重复类型中各重复拷贝类别的数量分布

5．五碱基重复类型。五碱基重复类型中的重复拷贝类别较多，共55 425个，但是各重复拷贝类别对应的数量都比较少，以下只列出重复拷贝数量大于1 000个的重复拷贝类别，ATATC最多，为8 336个，占五碱基类型总数的15.04%，其次是ATATG，为7 598个，占13.71%。这两种重复拷贝类别都占10%以上。还有11种重复拷贝类别的数量也较多，依次是AATAT，3 947（7.12%）；ATATT，3 477（6.27%）；AATAC，2 018（3.64%）；ATTGT，1 874（3.38%）；AAATA，1 681（3.03%）；ACTAT，1 288（2.32%）；AAGAT，1 245（2.25%）；AGTAT，1 242（2.24%）；ATTTT；1 146（2.07%）；AACCT，1 080（1.95%）；AAGAG，1 050（1.89%）。其余的重复拷贝类别合计35 982个，占35.48%（表4-13、图4-13），其中包括仅有一个的重复拷贝类别CAACG、CTGGC、GAGTC、GCCCC、GCTAC、GGCCA、GTAGC、TTCGC。

表4-13 五碱基重复类型中各重复拷贝类别的数量及其在所属类型中的比例

重复拷贝类别	数量（个）	比例（%）
ATATC	8 336	15.04
ATATG	7 598	13.71
AATAT	3 947	7.12
ATATT	3 477	6.27
AATAC	2 018	3.64
ATTGT	1 874	3.38
AAATA	1 681	3.03
ACTAT	1 288	2.32
AAGAT	1 245	2.25
AGTAT	1 242	2.24

续表

重复拷贝类别	数量（个）	比例（%）
ATTTT	1 146	2.07
AACCT	1 080	1.95
AAGAG	1 050	1.89
others	19 443	35.08

图4-13　五碱基重复类型中各重复拷贝类别的数量分布

6. 六碱基重复类型。与五碱基重复类型相比，六碱基重复类型的重复拷贝类别更多，总数更少，共7 028个，各重复拷贝类别对应的数量也更少，没有重复拷贝数量大于1 000的重复拷贝类别，只列出重复拷贝数量大于100个的重复拷贝类别。ACTGCT最多，为499个，占六碱基微卫星类型总数的7.10%；其次是AGCAGT，497个，占7.07%。这两种微卫星的数量都很相近，都是7%以上。还有AATGAT，386（5.49%）；ACCACT，343（4.88%）；ATCATT，335（4.77%）；AGTGGT，311（4.43%）；ACCATC，185（2.63%）；ATGGTG，151（2.15%）；ACGATG，141（2.01%）；AGATAT，124（1.76%）；ATCGTC，124（1.76%）；AACAAT，123（1.75%）。其余的100多种重复拷贝类别总数仅为3 809个，占54.20%（表4-14、图4-14）。

表4-14　六碱基重复类型中各重复拷贝类别的数量及其在所属类型中的比例

重复拷贝类别	数量（个）	比例（%）
AACAAT	123	1.75
AATGAT	386	5.49
ACCACT	343	4.88
ACCATC	185	2.63

续表

重复拷贝类别	数量（个）	比例（%）
ACGATG	141	2.01
ACTGCT	499	7.10
AGATAT	124	1.76
AGCAGT	497	7.07
AGTGGT	311	4.43
ATCATT	335	4.77
ATCGTC	124	1.76
ATGGTG	151	2.15
others	3809	54.20

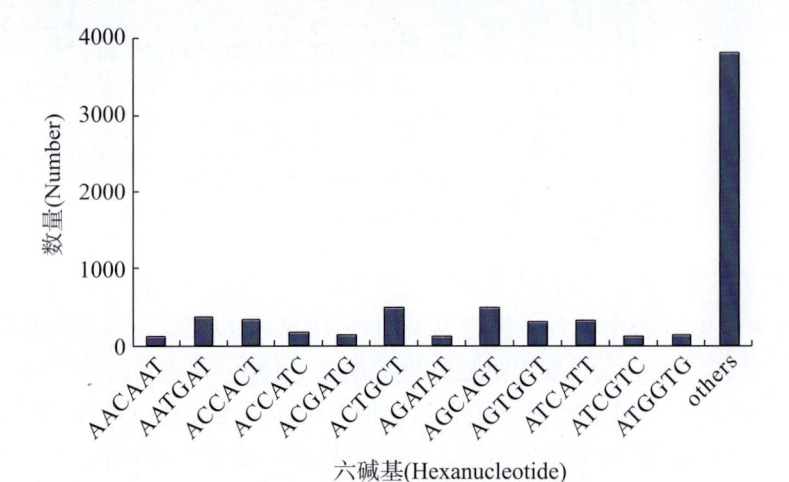

图4-14 六碱基重复类型中各重复拷贝类别的数量分布

（三）基因组微卫星中含量丰富的几种重复拷贝类别

按降序排列，美洲大蠊基因组中数量较多的重复拷贝类别是A、T、AC、AG、AT、CT、GT、AAG、AAT、ACT、AGT、ATC、ATG、ATT、CTT、AAAG、AAAT、AAGT、AATG、ACAT、ACTT和AGAT（图4-15）。这22种重复拷贝类别的数量都大于11 000个，而五碱基重复类型和六碱基重复类型中没有发现这么多重复拷贝数量的重复拷贝类别。这些重复拷贝类别一共有1 187 026个，占基因组全部微卫星序列总数的79.22%，其他重复拷贝类别的数量为311 432个，只占微卫星总数的20.78%。

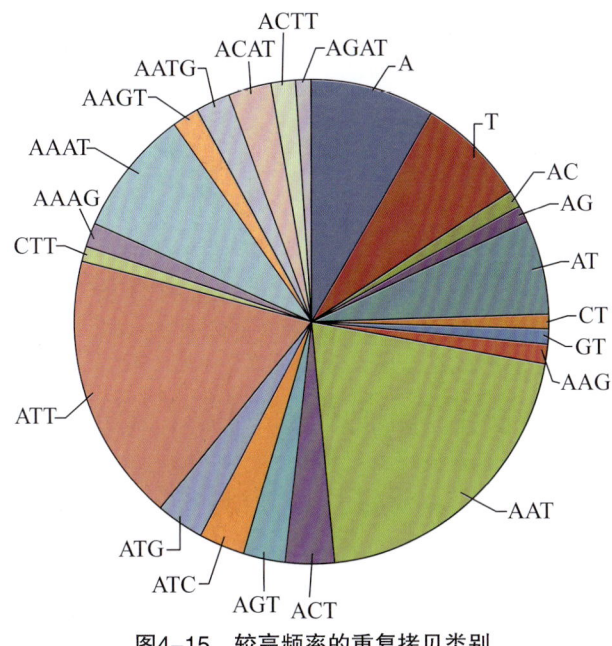

图4-15 较高频率的重复拷贝类别

三、讨论

（一）美洲大蠊基因组微卫星序列的分布特征

本研究利用软件MSDBv2.4对美洲大蠊基因组中的所有完美型微卫星序列进行搜索，并统计和分析了微卫星序列中的单碱基至六碱基重复类型的数量、密度、丰度及所占的比例等分布特征。为了验证研究结果的准确性和有效性，还设置相同的搜索参数，利用其他常用的微卫星搜索软件SciRoKo（Kofler等，2007）对美洲大蠊基因组中的完美型微卫星序列进行搜索和统计，结果和本研究相一致，证明了本研究统计和分析结果的准确性。

美洲大蠊基因组微卫星序列的统计结果显示，单碱基至六碱基重复类型的微卫星序列总长度是45 076 707bp，占整个基因组序列总长度的1.57%。在美洲大蠊基因组微卫星序列中，三碱基重复类型的数量最多，是优势重复类型，其重复序列的数量占微卫星序列总数的44.83%。这与二斑叶螨（汪自立等，2013）、德国小蠊（王晨等，2015）等物种中微卫星序列的分布特征一致。研究认为，三碱基重复类型占优势地位的原因可能是三碱基重复类型中的大多数能够形成复杂的环状折叠结构，从而通过这种结构来构成各种各样的DNA结构，DNA结构的多样化增加了三碱基重复类型的数量。（CCG)$_n$叉形重复结构形成的"发夹"，以及（GAA)$_n$/（CTT)$_n$结构形成的二重"三叶草"都包含简单的环状折叠，这些结构可能对基因表达的调控有着重要的作用。另外，较长的（CAG)$_n$/（CTG)$_n$重复在DNA变性及复性的过程中会产生特殊的二级结构（Pearson等，1996），这些稳定的DNA结构不但为基因的转录提供了有价值的解旋机制，而且还能帮助蛋白质识别仅有的核心重复序列（Catasti等，1999）。研究还表明，人类基因组序列外显子中数量最多的重复拷贝类别是（CAG）$_n$，它可以直接编码蛋白质，还与多种疾病的形成有关（舒青等，2004；刘梦瑶等，2012）。三碱基重复类型几乎不影响基因编码框，甚至可以忽略，这是基因编码区中的微卫星在基因组中得以稳定保存的重要原因（刘菁菁等，2011）。

不管怎样，在一些其他动物基因组中，如四川山鹧鸪（*Arborophila rufipectus*）（黄杰等，2015）、藏羚羊（*Pantholops hodgsonii*）（谭春敏，2014）、红原鸡（*Gallus gallus*）（黄杰等，2012）、大熊猫（*Ailuropoda melanoleuca*）（李玉芝，2012；黄杰等，2013）、北极熊（*Ursus maritimus*）（李午佼等，2014）等物种的基因组微卫星序列中，以单碱基重复类型数量最多，可能是因为高等生物基因组中的微卫星以单碱基重复类型为主。

还有二碱基重复类型占主导地位的情况，如油茶（*Camellia* spp.）（史洁等，2012）、日本囊对虾（*Penaeus japonicus*）（栾生等，2007）、黑腹果蝇、中国对虾（高焕，2006）、蜜蜂（*Apis mellifera*）（魏朝阳等，2007）。少数物种中六碱基重复类型的数目最丰富，如枣（*Ziziphus jujuba*）（马秋月等，2013）、二穗短柄草（*Brachypodium distachyon*）和玉米（*Zea mays*）（郑燕等，2011）。由此可见，优势微卫星重复类型在不同物种中的分布不一样。有研究报道称，基因组越小，单碱基重复类型越多，随着物种基因组的增大，其他类型微卫星逐渐占主导地位（Karaoglu等，2005）。

（二）美洲大蠊基因组微卫星重复拷贝类别

美洲大蠊基因组单碱基重复类型中，A占主导地位，这与大多数物种中的微卫星序列的统计结果相同，如四川山鹧鸪（黄杰等，2015）、赤拟谷盗（张琳琳等，2008）、红原鸡（黄杰等，2011）、绵羊（*Ovis aries*）和鸡（王月月等，2015）中都是A的含量最丰富。但是，也有少数物种基因组单碱基类型中C占主导地位，如根结线虫（*Meloidogyn incognita*）和太平洋线虫（*Pristionchus pacificus*）的基因组中C占单碱基重复类型的比例最高，分别是79.5%和80.6%（Castagnone-Sereno等，2010）。

在美洲大蠊的基因组微卫星序列中，AT在二碱基重复类型中的比例最高，CG的比例最小。在其他物种微卫星序列搜索中也发现一致的研究结果。对26个物种基因组测序，分析后发现大多数真核生物的基因组中，微卫星序列都呈现AT比例丰富、CG比例稀少的现象（Sharma等，2007）。在酵母、真菌类和有胚植物的基因组微卫星中，AT所占的比例是最高的（Edwards等，1996），线虫的多个种的二碱基重复类型中也都是AT比例最高（Castagnone-Sereno等，2010）。有人研究了6种脊椎动物的基因组后，对于AT比例高和CG比例低的解释：基因组中的CpG的甲基化，使得它成了一个突变热点，甲基化的胞苷酸C很容易经过脱氨基作用转变为胸腺嘧啶T，这可能是众多研究中CG比例低的一个重要原因（Schorderet等，1992；Lund等，2003），但少量的CG又是维持DNA热力学稳定性所必需的，这可能是导致CG含量偏少的原因（Tóth等，2000）。因此，CG也是必须存在的。除了以上重要原因，这种现象产生的原因还可能是：微卫星序列中AT的比例高，退火温度降低，DNA的双链容易解开，通过复制滑动和重组机制，产生富含AT碱基的概率增高（栾生等，2006）。还有之前提到的含有CG

的重复拷贝类别更稳定，因此AT比例丰富可能也与这个原因有关系，真正的原因有待进一步的分析研究（黄杰等，2013）。

另外，基因组中碱基排列的组成决定基因所编码的蛋白质，因此不同碱基组成的微卫星也会编码不同的蛋白质，使得不同微卫星在基因组中发挥不同的功能，所以，对物种全基因组微卫星中AT含量丰富和CG含量低的进一步分析和研究将推进对微卫星功能的深入了解（张琳琳等，2008）。

三碱基重复类型中，AAT的数量最多，占三碱基重复类型总数的36.53%；其次是ATT、ACT；CGG最少，仅占0.03%。这种趋势与在家蚕、酵母、中国对虾和日本囊对虾基因组中的研究结果一致（Katti等，2001；Prasad等，2005；高焕，2006）。但是，果蝇基因组中AGC最多，拟南芥（*Arabidopsis thaliana*）和秀丽隐杆线虫（*Caenorhabditis elegans*）含有较多的AAG。在四碱基重复类型中，AAAT最多，为100 932个，占四碱基重复类型（共434 659个）的23.22%；其次是ATTT和ACAT，分别为59 799（13.76%）和34 805（8.01%）。可见AAAX（X代表除A以外的任何碱基）重复拷贝类别在美洲大蠊基因组中含量最丰富。AAAX重复拷贝类别在啮齿类和灵长类中也都最丰富（Tóth等，2000）。

五碱基重复类型中，ATATC最多，为8 336个，占五碱基重复类型总数的15.04%；其次是ATATG，为7 598个，占13.71%。同样的，ATATX（X代表除A以外的任何碱基）重复拷贝类别在美洲大蠊基因组中含量最丰富。五碱基重复类型中，虽然总体还是AT比例高、CG比例低，但是重复拷贝类别中含有C/G碱基的微卫星序列的数量有所增多。

六碱基重复类型中含有C/G碱基的序列数量较多，以ACTGCT、AGCAGT和ACCACT三种最多。这种分布现象说明，随着微卫星重复单位长度的增加，含有C/G碱基的微卫星序列数量会增加，并且含有C/G碱基的重复拷贝类别会更稳定（Prasad等，2005）。其他生物的微卫星序列研究中，搜索到的五碱基重复类型和六碱基重复类型的数量都比较少，且重复拷贝类别较单碱基至四碱基重复类型多，但数量少。研究对这2种碱基的统计不完全，因此对它们没有比较标准。有待对更多物种的微卫星中五碱基和六碱基重复类型进行统计比较，再得出相应的结论。

（三）美洲大蠊四碱基重复类型的分布特征及应用

美洲大蠊基因组的微卫星中，四碱基重复类型是除三碱基重复类型以外数量最丰富的，四碱基重复类型中AAAT数量最多，占四碱基重复类型总数的23.22%，其次是ATTT和ACAT。研究表明，四碱基重复类型在DNA扩增过程中不容易形成滑带或阴影带，从而减少错误的基因分型，与单碱基、二碱基、三碱基等重复类型相比，四碱基重复类型是更精确和更可靠的微卫星遗传标志物（Archie等，2003）。因此，开发美洲大蠊四碱基多态性微卫星标志物对开展美洲大蠊种群遗传多样性和结构分析、亲子鉴定、连锁图谱构建等研究具有极其重大的意义。

根据美洲大蠊四碱基重复类型序列分析结果，四碱基重复类型的数量为434 659个，数量仅次于三碱基重复类型。四碱基重复类型共有32种重复拷贝类别，大量的四碱基重复类型及多样化的重复拷贝类别，为开发美洲大蠊四碱基微卫星标志物提供了充足的基础数据。并且，四碱基重复拷贝数分布范围广泛，4~17次都有分布，其中适合多态性标志物开发的、重复拷贝数分布于10~17次的四碱基重复类型共有106 065个，为开发适合设计引物的美洲大蠊四碱基微卫星序列数据库，以及为筛选大量高质量的美洲大蠊四碱基微卫星遗传标志物提供了重要的资源。可以根据需要，按照微卫星重复类型、重复拷贝数及侧翼序列等特征，选择适合的微卫星序列进行引物设计，最终筛选具有多态性的高质量微卫星标志物。目前，美洲大蠊基因组微卫星标志物未见报道，本研究在美洲大蠊基因组中用软件搜索微卫星序列，比传统的微卫星富集文库筛选法准确、有效、省时省力，是一种可行的办法。

本研究在获得的美洲大蠊的基因组序列中搜索到完美型的微卫星共1 498 458个，总长度为45 076 707bp，占基因组序列总长度的1.57%。其中，三碱基重复类型的数量最多，为671 830个，其次是四碱基、单碱基、二碱基、五碱基和六碱基重复类型，分别约占微卫星总数的29.01%、13.62%、8.37%、3.70%和0.47%。不同重复拷贝类别的数量差异较大，如单碱基重复类型中A数量最多，二碱基重复类型中AT数量最多，三碱基重复类型中AAT数量最多，四碱基重复类型中AAAT数量最多等。四碱基重复类型的数量为434 659个，占微卫星总数的29.01%，共有32种重复拷贝类别，大量的四碱基重复类型及多样化的四碱基重复拷贝类别为开发美洲大蠊四碱基微卫星遗传标志物提供了基础数据。

本研究首次对美洲大蠊基因组中微卫星序列的数量、密度及丰度等分布特征进行搜索、统计和分析，对美洲大蠊基因组中微卫星序列的分布特征有了大体的了解，这也有助于我们了解美洲大蠊基因组的特征。

第三节　美洲大蠊转录组微卫星序列的分布特征

本研究使用HiSeq 2000测序平台对美洲大蠊转录组进行测序，并利用本实验室开发的软件对转录组进行微卫星序列的搜索，对找出的微卫星重复序列进行分析，以了解美洲大蠊转录组序列所含微卫星重复序列的特征和组成情况。本研究可为美洲大蠊基因表达调控研究、微卫星标志物开发、基因组遗传进化提供数据基础。

一、材料与方法

（一）实验材料

美洲大蠊样本由四川好医生药业有限公司提供，选取美洲大蠊低龄若虫（3~4龄）、高龄若虫（7~8龄）、新羽化成虫、雌成虫和雄成虫，均为活体。5组美洲大蠊样本，利用RNA提取试剂盒提取总RNA，并用1.5%琼脂糖电泳检测RNA的的完整性，核酸测定仪检测RNA的纯度，—80℃保存备用。

（二）实验方法

1. 转录组序列的测定。

提取的美洲大蠊RNA样本送至北京诺禾致源生物信息科技有限公司，基于HiSeq 2000测序平台，对转录组序列进行测定。测序基本步骤：用带有Oligo$_{(dT)}$的磁珠富集

mRNA，在mRNA中加入Fragmentation Buffer使其碎化为短片段，再以片断为模板，用六碱基随机引物（random hexamers）合成cDNA第一链，并加入缓冲液、dNTP、RNase H和DNA聚合酶Ⅰ合成cDNA第二链。经过试剂盒纯化并加入EB缓冲液洗脱，经过末端修复、添加碱基A和测序接头，经琼脂糖凝胶电泳回收目的片段，并进行PCR扩增，构建RNA文库，再对构建好的文库进行上机测序。

经过质量控制，每组样本分别获得了35 718 099、31 505 768、58 573 112、34 455 335和40 364 085对高质量的双末端读本（PE reads），每组样本获得的reads数目都超过了3千万对。

由于美洲大蠊没有参考基因组，故采用从头组装的方式组装转录本。使用Trinity软件组装5组样本共同的参考转录本。组装的转录本中，除了250条为美洲大蠊内共生菌的转录本，得到291 000条美洲大蠊转录本序列。经过拼接组装后得到美洲大蠊229Mb大小的转录组序列，序列均以FASTA格式保存。

2. 微卫星序列的统计标准。

利用MSDB v2.4软件对美洲大蠊转录组微卫星序列进行搜索和统计，设置的搜索标准如下：

（1）重复拷贝数。单碱基重复类型在12次及以上、二碱基重复类型在7次及以上、三碱基重复类型在5次及以上，四碱基、五碱基、六碱基重复类型在4次及以上。

（2）侧翼序列长度。重复序列左右两边的序列分别是200bp左右。

二、结果

（一）各种碱基重复类型的分布特征

1. 各碱基重复类型的丰度和密度。

利用MSDBv2.4软件对美洲大蠊转录组进行微卫星序列的搜索，找到的完美型微卫星序列的分布特征如表4-15、图4-16所示。美洲大蠊转录组大小为229Mb，微卫星序列共38 082个，总长度为618 138bp，占转录组大小的0.3%，总丰度为183.51个/Mb，每1Mb的序列中有2978.54bp的微卫星序列。

美洲大蠊转录组微卫星序列中，单碱基重复类型的数量最多，为20 002个，约占微卫星总数的52.52%，丰度为96.38个/Mb；其次是三碱基重复类型，为9 334个，约占微卫星总数的24.51%，丰度为44.98个/Mb；四碱基重复类型4 939个，约占12.97%，丰度为23.8个/Mb；二碱基重复类型3 096个，约占8.13%，丰度为14.92个/Mb；五碱基重复类型612个，约占1.61%，丰度为2.95个/Mb；六碱基重复类型的数量最少，为99个，仅约占微卫星总数的0.26%，丰度为0.48个/Mb。

表4-15 各碱基重复类型的数量、比例和丰度

重复类型	数量（个）	总长度（bp）	平均长度（bp）	丰度（个/Mb）	密度（bp/Mb）	比例（%）
单碱基	20 002	301 188	15.06	96.38	1451.295	52.52
二碱基	3 096	51 922	16.77	14.92	250.19	8.13

续表

重复类型	数量（个）	总长度（bp）	平均长度（bp）	丰度（个/Mb）	密度（bp/Mb）	比例（%）
三碱基	9 334	162 462	17.41	44.98	782.834	24.51
四碱基	4 939	87 008	17.62	23.80	419.254	12.97
五碱基	612	12 810	20.93	2.95	61.726	1.61
六碱基	99	2 748	27.76	0.48	13.241	0.26
合计	38 082	618 138	115.55	183.51	2978.54	100

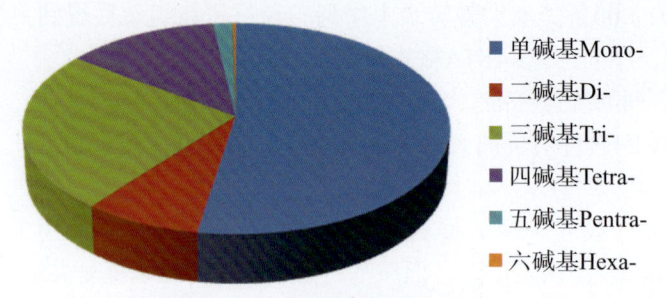

图4-16 各碱基重复类型的比例

2. 各重复类型的重复拷贝数分布。

单碱基重复类型的重复拷贝数分布范围为12～24次，主要分布在12～21次，占99.38%；二碱基重复类型的重复拷贝数分布范围为7～12次，主要分布在7～11次，占99.52%，如图4-17所示。

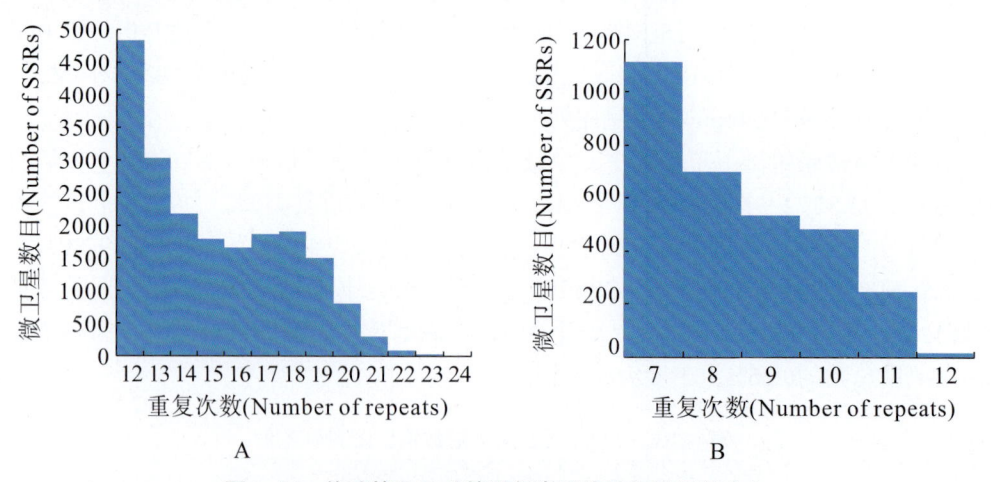

图4-17 单碱基和二碱基重复类型的重复拷贝数分布

A.单碱基重复类型；B.二碱基重复类型

三碱基重复类型的重复拷贝数分布范围为5～9次，主要分布在5～7次，占99.60%。

四碱基重复类型的重复拷贝数分布范围为4~8次、13次和25次，主要分布在4~6次，占99.83%，如图4-18所示。

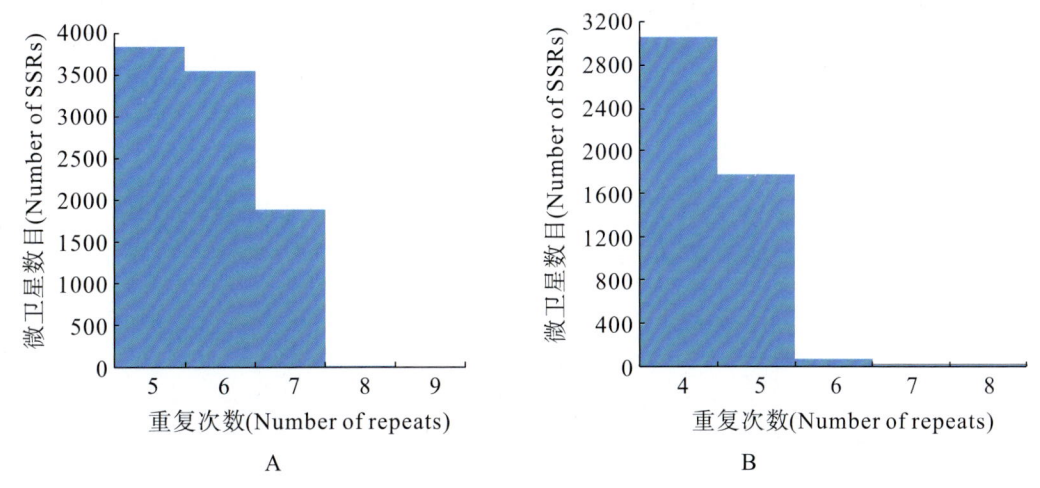

图4-18　三碱基和四碱基重复类型的重复拷贝数分布

A.三碱基重复类型；B.四碱基重复类型

五碱基重复类型的重复拷贝数分布范围为4~7次、9~11次、15~17次，主要分布在4次和5次，占98.76%。六碱基重复类型的重复拷贝数分布范围为4~7次、9次、11次、13次、15~17次、25次，主要分布在4~6次，占98.29%。从图中可以看出四碱基、五碱基和六碱基重复类型中重复拷贝数的分布范围不连续，有断层现象，每个重复拷贝数的数量有很大差距，如图4-19所示。

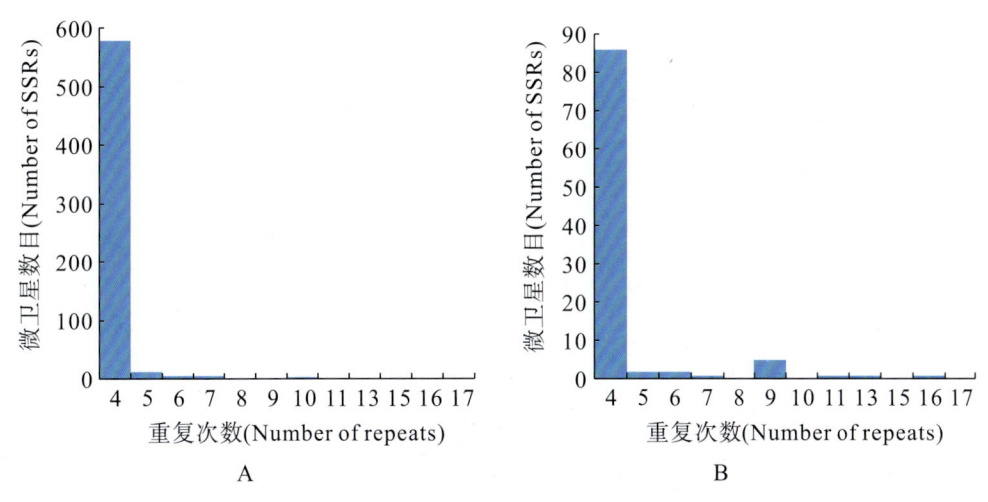

图4-19　五碱基和六碱基重复类型的重复拷贝数分布

A.五碱基重复类型；B.六碱基重复类型

（二）各重复拷贝类别的分布

在同碱基重复类型中，不同重复拷贝类别的数量都不一样，下面将对单碱基至六碱基重复类型分别描述。

1. 单碱基重复类型。

单碱基重复类型中,以A数量最多,为10 323个,占单碱基重复类型序列总数量(20 002个)的51.61%;其次是T 8 837个、G 479个,分别占44.18%和2.39%;C的数量最少,只有363个,仅占1.81%(表4-16、图4-20)。

表4-16 单碱基至三碱基重复类型中各重复拷贝类别的数量

重复拷贝类别	数量（个）	总长度（bp）	丰度（个/Mb）	密度（bp/Mb）	比例（%）
A	10 323	157 236	49.74	757.65	51.61
C	363	4 887	1.75	23.55	1.81
G	479	6 863	2.31	33.07	2.39
T	8 837	132 202	42.58	637.02	44.18
AC	519	8 828	2.5	42.54	16.76
AG	783	13 218	3.77	63.69	25.29
AT	702	11 270	3.38	54.31	22.67
CG	14	218	0.07	1.05	0.45
CT	462	7 830	2.23	37.73	14.92
GT	616	10 558	2.97	50.87	19.90
AAC	270	4 563	1.3	21.99	2.89
AAG	1 112	19 683	5.36	94.84	11.91
AAT	1 713	30 033	8.25	144.72	18.35
ACC	208	3 549	1	17.1	2.23
ACG	59	951	0.28	4.58	0.63
ACT	195	3 522	0.94	16.97	2.09
AGC	294	4 848	1.42	23.36	3.15
AGG	158	2 721	0.76	13.11	1.69
AGT	263	4 680	1.27	22.55	2.82
ATC	877	15 381	4.23	74.11	9.40
ATG	1 256	22 077	6.05	106.38	13.46
ATT	1 444	25 368	6.96	122.24	15.47
CCG	33	528	0.16	2.54	0.35

续表

重复拷贝类别	数量（个）	总长度（bp）	丰度（个/Mb）	密度（bp/Mb）	比例（%）
CCT	100	1 629	0.48	7.85	1.07
CGG	55	876	0.27	4.22	0.59
CGT	49	801	0.24	3.86	0.52
CTG	240	3 924	1.16	18.91	2.57
CTT	542	9 582	2.61	46.17	5.81
GGT	244	4 086	1.18	19.69	2.61
GTT	222	3 660	1.07	17.64	2.38

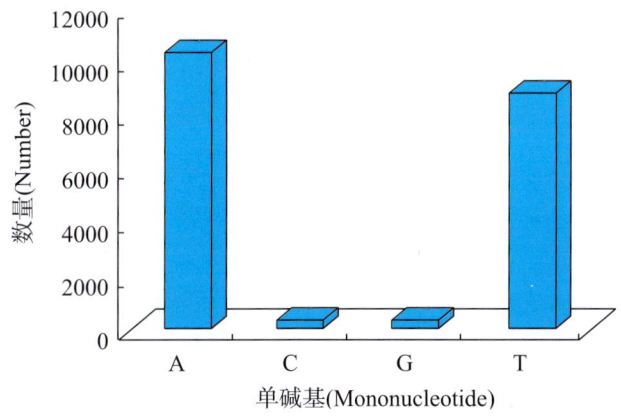

图4-20 单碱基重复类型中各重复拷贝类别的数量分布

2. 二碱基重复类型。

二碱基重复类型中，共有6种重复拷贝类别，以AG的数量最多，为783个，占所有二碱基重复类型序列总数量（3 096个）的25.29%；其次是AT和GT，分别为702个（22.67%）和616个（19.90%）；再次是AC和CT，分别是519个（16.76%）和462个（14.92%）；CG数量最少，为14个，仅占0.45%。可看出二碱基重复类型序列中，AT、AC、AG、CT、GT 5种重复拷贝类别的数量接近，CG的数量比较少（图4-21）。

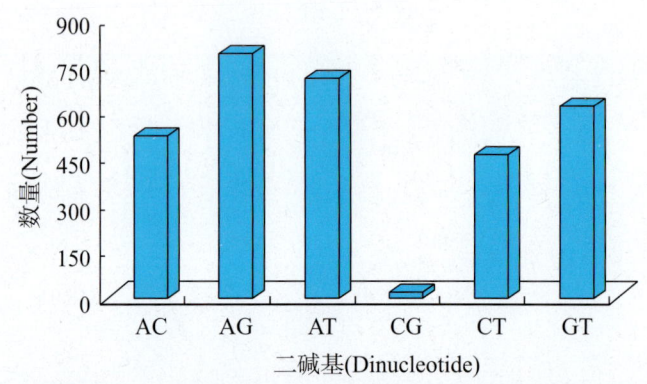

图4-21 二碱基重复类型中各重复拷贝类别的数量分布

3. 三碱基重复类型。

三碱基重复类型中，共有20种重复拷贝类别，总数9 334个，主要以AAG、AAT、ATC、ATG、ATT、CTT为主，数量都在500个以上。其中，以AAT数量最多，为1 713个，占三碱基重复序列总数的36.53%，其次是ATT和ATG，分别为1 444个（15.47%）和1 256个（13.46%），CCG最少，为33个，仅占0.35%（表4-16、图4-22）。三碱基重复类型中，AAT、ATT、ATG和AAG的数量相近，都是1 000个以上，其他重复拷贝类别的数量都很少。

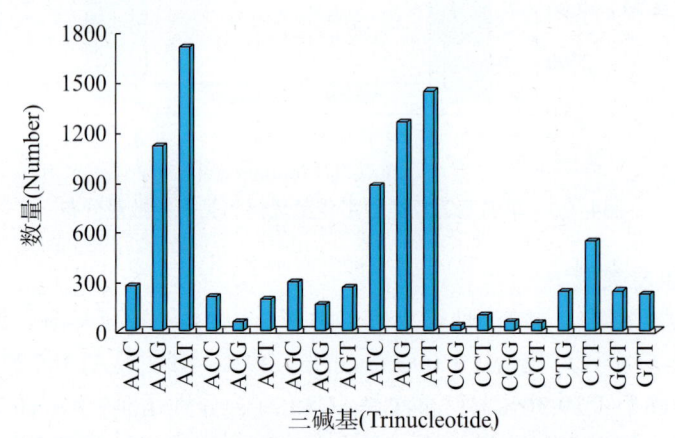

图4-22 三碱基重复类型中各重复拷贝类别的数量分布

4. 四碱基重复类型。

四碱基重复类型有59种，AAAT最多，为645个，占四碱基重复类型（共4 939个）的13.06%；其次是AAAG和ATTT，分别为564个（11.42%）和470个（9.52%）。由于四碱基重类型的重复拷贝类别较多，以下只列出数量较多的（大于100个）9种，依次是：AATG，342个（6.92%）；ATGT，333个（6.74%）；ACAT，271个（5.49%）；AAGT，258个（5.22%）；ATTG，224个（4.54%）；ACTT，210个（4.25%）；CTTT，207个（4.19%）；ATTG，120个（2.43%）；ATGG，115个（2.33%）（表4-17、图4-23）。

第四章　美洲大蠊基因组微卫星序列分析与应用

表4-17　四碱基重复类型中各重复拷贝类别的数量及其比例

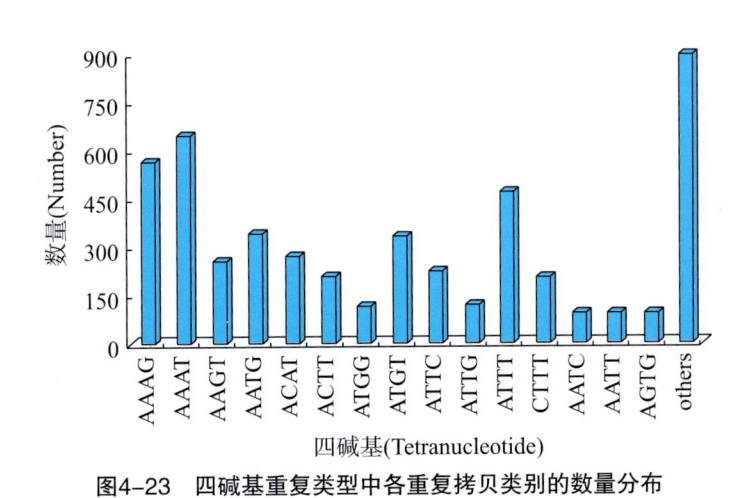

重复拷贝类别	数量（个）	总长度（bp）	丰度（个/Mb）	密度（bp/Mb）	比例（%）
AAAG	564	9 964	2.72	48.01	11.42
AAAT	645	11 064	3.11	53.31	13.06
AAGT	258	4 488	1.24	21.63	5.22
AATC	95	1 708	0.46	8.23	1.92
AATG	342	6 024	1.65	29.03	6.92
AATT	92	1 604	0.44	7.73	1.86
ACAT	271	4 896	1.31	23.59	5.49
ACTT	210	3 568	1.01	17.19	4.25
AGTG	96	1 764	0.46	8.5	1.94
ATGG	115	2 048	0.55	9.87	2.33
ATGT	333	6 008	1.6	28.95	6.74
ATTC	224	3 968	1.08	19.12	4.54
ATTG	120	2 172	0.58	10.47	2.43
ATTT	470	8 120	2.26	39.13	9.52
CTTT	207	3 712	1	17.89	4.19
其他	897	15 900	4.3	76.63	18.16

图4-23　四碱基重复类型中各重复拷贝类别的数量分布

5. 五碱基重复类型。

五碱基重复类型中含有很多种重复拷贝类别（109种），然而各种重复拷贝类别的数量都很少，下面仅列出数量在10个以上的重复拷贝类别，其中最多的是AAGAG，为31个，占五碱基重复序列总数（共612个）的5.07%；其次是AATAC，为28个，占4.58%。还有9种重复拷贝类别的数量也较多，依次是：ATATG，24个（3.92%）；ATTTT，22个（3.59%）；AAATA，21个（3.43%）；AGGTT，21个（3.43%）；AAAGA，18个（2.94%）；AATCT，18个（2.94%）；ATATC，18个（2.94%）；ATTGT，16个（2.61%）；AGATT，15个（2.45%）（图4-24）。

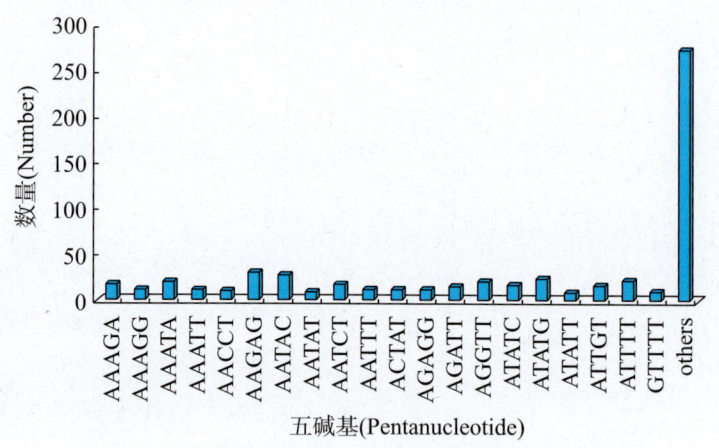

图4-24　五碱基重复类型中各重复拷贝类别的数量分布

6. 六碱基重复类型。

六碱基重复类型的重复拷贝类别共有66种，但总数少，共99个，各重复拷贝类别的数量就更稀少，有的只有几个。下面只列出数量大于3个的重复拷贝类别。ATAGTG最多，为5个，占六碱基重复类型总数的5.05%；其次是CAGTAG，为4个，占4.04%。其他还有AATATA，3个（3.03%）；ACCTTT，3个（3.03%）；GGCACC，3个（3.03%）；GGTAGG，3个（3.03%）；GGTGGA，3个（3.03%）。其余的重复拷贝类别合计75个，占75.76%（图4-25）。

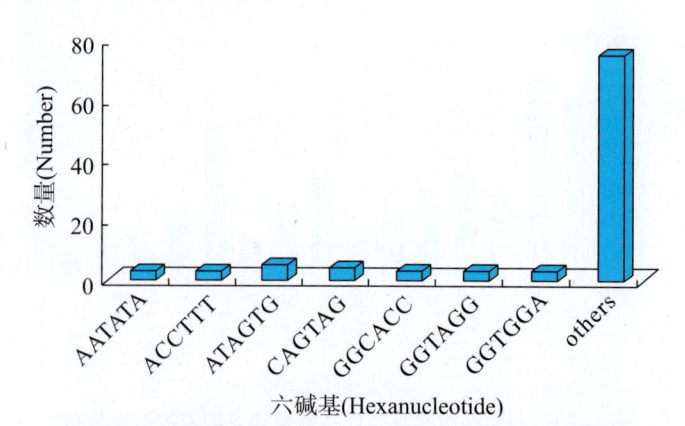

图4-25　六碱基重复类型中各重复拷贝类别的数量分布

7. 转录组中数目较多的重复拷贝类别。

按降序排列，美洲大蠊的转录组微卫星序列中数量最多的前14种重复拷贝类别依次是：A、T、AC、AG、AT、GT、AAG、AAT、ATC、ATG、ATT、CTT、AAAG和AAAT（图4-26）。这些重复拷贝类别在美洲大蠊转录组微卫星中的数量都多于500个，合计29 933个，占转录组微卫星序列总数（共38 082个）的78.60%。

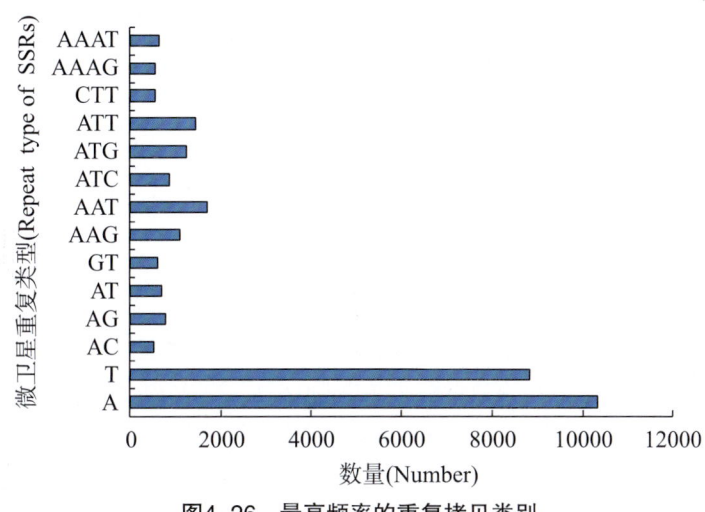

图4-26　最高频率的重复拷贝类别

三、讨论

（一）美洲大蠊转录组微卫星序列的分布特征

美洲大蠊转录组微卫星序列中，单碱基重复类型的数量最多，为20 002个，约占微卫星总数的52.52%。在扶桑绵粉蚧（*Phenacoccus solenopsis*）和黄粉虫（*Tenebrio molitor*）（罗梅等，2014；Zhu等，2013）中也发现类似情况。也有二碱基重复类型数量最多的，如茶树花（*Camellia sinensis*）（王丽鸳等，2014）、黑翅土白蚁（*Odontotermes formosanus*）和蠋蝽（*Arma chinensis*）（Xie等，2012；Zou等，2013）。而在碧桃花瓣（*Prunus persica* cv. *duplex*）（马秋月等，2015）、粘虫（胡艳华等，2015）、诸氏鲻虾虎鱼（*Mugilogobius chulae*）（蔡磊等，2015）等的研究结果中，却发现三碱基重复类型占优势地位。这可能是三联体密码子选择作用的结果，因为其他几种重复类型（六碱基重复类型除外）重复拷贝数的改变会导致阅读框的改变，引起移码突变，使基因表达产物产生完全不同的蛋白质或变短。由于三碱基和六碱基重复类型的重复拷贝数的变化不改变基因读码框，对基因表达产物的影响相对较小，所以编码区序列对三碱基及六碱基重复类型有更好的容受性，在选择作用下，会导致三碱基及六碱基重复类型的富集（王丽鸳等，2014）。不管怎样，本研究和先前的一些研究表明了一些物种是单碱基或二碱基重复类型最多。可见，物种不同，优势重复类型也不一样，这种重复类型数量的偏倚及类型的差异性，可能与物种自身的进化或功能特异性有关。

美洲大蠊转录组各微卫星重复类型中的不同重复类型的数量差异较大，如单碱基重复类型中A的数量最多，为10 323个。这与已研究的90%以上昆虫的单核苷酸重复以

A/T为主类似。二碱基重复类型中AG的数量最多，为783个，这与褐飞虱（*Nilaparvata lugens*）和黄粉虫（Xie等，2012；Zhu等，2013）相同，与细梢小卷蛾（*Rhyacionia leptotubula*）中AC含量高不同（Zhu等，2013），与桔小实蝇（*Bactrocera dorsalis*）、扶桑绵粉蚧（Zimmermann，2012；罗梅等，2014）中以AT数量最多也不相同。三碱基重复类型中最多的是AAT，为1 713个，这与扶桑绵粉蚧、黄粉虫和德国小蠊（Zhou等，2014）相同，与桔小实蝇中AGC最多、灰飞虱（*Laodelphax striatellus*）中AAC最多不同。同碱基重复类型中，不同重复拷贝类别的数量多不相同，可能与不同物种中相应编码蛋白质的使用频率有关（袁阳阳等，2013）。

蜚蠊目小蠊属中的德国小蠊开发了转录组微卫星标志物，找到了3 601个微卫星标志物（Zhou等，2014），对美洲大蠊精巢转录组进行测序组装拼接，并从中开发了14 195个表达序列标签-微卫星（EST-SSR）标志物（Chen等，2015），以后美洲大蠊微卫星标志物开发可从中借鉴。本研究在美洲大蠊转录组中搜索到38 082个微卫星序列，其中单碱基至六碱基重复类型的数量分别为20 002个、3 096个、9 334个、4 939个、612个和99个，为开发美洲大蠊四碱基重复类型遗传标志物提供了充足的数据支持。

（二）美洲大蠊转录组微卫星与基因组微卫星的比较

本研究结果发现，美洲大蠊转录组微卫星与基因组中的微卫星大有不同，数量上转录组共有38 082个，基因组则高达1 498 458个。这主要是因为基因的表达有组织和时间特异性，一个转录组不是所有基因的完全表达。另外，大量的基因间区或非转录区微卫星不会出现在转录组中。转录组以单碱基重复类型最多，而基因组中最多的是三碱基重复类型。转录组的单碱基重复类型中以A为主，二碱基重复类型中以AG为主，三碱基重复类型中以AAT为主，四碱基重复类型中以AAAT为主，五碱基和六碱基重复类型中分别以AAGAG和ATAGTG为主。而转录组微卫星中单碱基至六碱基重复类型的优势重复拷贝类别分别是A、AT、AAT、AAAT、ATATC和ACTGCT。可以看出，转录组和基因组中的单碱基至四碱基重复类型中的重复拷贝类别数量最多的都是相同的，只是五碱基和六碱基重复类型中的不相同，但都是A和T的含量最高。单碱基至六碱基重复类型中的各重复拷贝类别的重复拷贝数也不相同，转录组中同种碱基重复类型的重复拷贝数少，如单碱基重复类型的重复拷贝数在12～24次；基因组中同种碱基重复类型的重复拷贝数多，如单碱基重复类型的重复拷贝数分布范围是12～68次，重复12次的高达62 397个。这种现象的产生可能是因为转录组微卫星主要来自编码区序列，与基因组中非编码区序列相比，编码区序列受到的选择压力更大，相对不易发生变异（董迎辉等，2013），更利于物种基因功能的稳定。

（三）美洲大蠊转录组微卫星的应用研究展望

根据前人研究结果，微卫星的形成也许与DNA复制过程中的滑脱、核酸交替及基因重组不平衡有关（Tóth等，2000）。研究发现二碱基重复类型中CA、GA、GT等重复拷贝类别可以通过影响DNA的结构影响DNA重组，最终影响基因功能（Biet等，1999），因此微卫星中重复拷贝类别的组成在很大程度上会影响生物的生命活动。

微卫星分子标志物的多态性是判断它们可用性的重要依据，而微卫星的长度和重复次数又是影响其在物种中多态性的重要因素。很多研究者认为这种多态性是由复制过程中的滑动引起的（Sharopova，2008）。有研究总结认为，当微卫星长度大于或等于20bp时呈现高多态性，长度在12～20bp之间的呈现中等多态性，长度在12bp以下的呈现极低多态性（Tenmykh等，2001）。本研究在微卫星筛选过程中已经将多态性很低的（长度在12bp以下）微卫星过滤掉，最终发现高多态性的微卫星，这些具有高多态性的微卫星对美洲大蠊微卫星标志物的开发研究具有重要的价值。模拟分析认为，微卫星重复拷贝类别长度的变化与它的选择压力有关，长度越长，受到的选择压力越大，重复拷贝数就越少，所以基因组中较短的微卫星将具备较快的变异速率，而较长的微卫星变异速率会比较缓慢，相对较为稳定（Samadi等，1998）。尽管基因序列中的微卫星导致了基因的不稳定性，但是这样的不稳定性也恰好为基因的变异提供了动力。

虽然转录组微卫星相比于基因组微卫星而言，可利用率要低一些，因为内含子的存在可能对EST-SSR引物的扩增造成干扰，然而由于EST-SSR数量大，应用时可以选取没有跨越内含子的微卫星。近年来大量研究表明，基于高通量测序技术发掘的微卫星标志物，特别是从转录组数据中开发的微卫星位点，已经成为发掘非模式物种微卫星的主要方法之一（Fernandez-Silva等，2013；Sharma等，2007；程晓凤等，2011）。此外，具备高度变异功能的微卫星在调节物种基因表达、基因功能及其生物差异性表型的形成等方面具有关键作用（张棋麟等，2013），大量功能微卫星标志物的获得，使得生物表型变异的定性或定量研究成为可能。

微卫星序列广泛分布于真核生物基因组的编码区和非编码区，转录组中的微卫星位点位于外显子区域，对于在转录组序列中发掘的微卫星序列，它是具有基因功能的序列，因此更适合用于功能基因的定位和表达调控分析。本研究由于时间有限，未进一步利用转录组微卫星进行标志物的开发。EST-SSR具有多态性高、共显性表达、可重复性、操作及检测方便等优点（余利等，2012），因此，被广泛用作分子标志物。EST-SSR是近年来建立的一种既新型又有效的分子标志物，因为EST-SSR来自表达基因，对基因内部的变异能够直接做出评价，从而能与形态特征和生理特性建立联系（Schubert等，2001；Bozhko等，2003）。很多物种中都筛选了EST-SSR标志物，如从刺梨（*Rosa roxburghii*）转录组中筛选出12对具有多态性的引物（鄢秀芹等，2015），从扶桑绵粉蚧转录组中筛选出128对EST-SSR引物（罗梅等，2014），从黄粉虫中筛选出1004对EST-SSR引物（Zhu等，2013）。这些研究结果表明，从转录组中筛选微卫星标志物是可行的。

本研究对美洲大蠊转录组微卫星序列的分布特征进行初步分析，为转录组微卫星标志物的开发奠定数据基础，也有助于进一步了解和认识美洲大蠊基因组，同时在进一步研究转录组结构和功能、功能基因的筛选和定位方面具有重大意义。

第四节 美洲大蠊基因组微卫星标志物的筛选

美洲大蠊具有抗肿瘤、抗菌、消炎镇痛、组织修复等作用（何正春等，2009；戴云等，2005）。以美洲大蠊提取物为主要成分的三个药物已广泛应用于临床，康复新液具有修复创面、抗结核和肿瘤等作用（高秀珍等，1993；范湘玲等，2006；罗志宏等，

1998);心脉龙用于扩张肺血管,提高心排血量(李兴文等,1997);肝龙胶囊具有抗病毒作用(杜一民等,2006)。

与限制性片段长度多态性(restriction fragment length polymorphism,RFLP)、随机扩增多态性DNA(randomly amplified polymorphic DNA,RAPD)、扩增片段长度多态性(amplified fragment length polymorphism,AFLP)等分子标志物相比较,微卫星标志物具有高度多态性、可重复性和稳定性良好、呈孟德尔共显性遗传等优点(Huber等,2002;Ravel等,2002)。微卫星标志物是目前应用较多、有效的分子标志物之一,是目前种群遗传结构研究中分辨率高、揭示力强的DNA标志物(Barbazan等,1999;England等,1996),其越来越多地应用于昆虫学研究中(Groenenm等,1995;Hughes等,1993),如昆虫群体遗传结构的分析、行为和习性的研究、遗传图谱的构建、特定基因的定位和物种的进化与系统发生(Edwards等,1992;Dallas,1992)等方面。

微卫星的核心序列(重复序列)具有较高的突变率($10^{-5} \sim 10^{-3}$),这使得微卫星核心序列的重复次数多样化,即微卫星长度变化多样化。这也许是微卫星表现出多态性的原因之一(Anthony等,2000;Weber等,1989)。利用微卫星标志物进行分子研究的首要步骤是筛选稳定性好和多态性高的微卫星标志物。大量研究表明,二碱基重复类型微卫星在PCR扩增过程中容易出现阴影带(shadow bands)或滑带(stutter bands)(Archie等,2003),从而产生错误的基因分型结果,最终导致实验误差。相比于二碱基和单碱基重复类型微卫星,四碱基重复类型微卫星更精确、更稳定,因此开发大量稳定性好、多态性高的美洲大蠊四碱基重复类型微卫星标志物至关重要。传统筛选微卫星标志物的方法是利用磁珠富集法构建微卫星文库,从文库中挑选微卫星的阳性克隆。但是此方法要经过酶切、转化、克隆和测序等一系列复杂步骤(沈福军等,2005),费时、费力、费钱。随着基因组学和生物信息学的发展,很多物种的基因组计划研究进程不断加快,对已经测得基因组全序列或已知大量序列数据的物种,可以利用微卫星搜索软件直接搜索和筛选符合条件的微卫星序列,这种方法快速、简单、高效、节省成本,并且可以获得基因组不同位置的微卫星序列(Castagnone-Sereno等,2010)。

昆虫中很多物种都已筛选出大量的微卫星序列,如Evans(1995)用微卫星标志物检测一种蚂蚁(*Myrndca tahoensis*)群体的DNA多态性,结果发现既产雌又产雄的蚂蚁群体,个体间亲缘关系较低。国伟等(2004)用5对微卫星引物研究了中国15个麦长管蚜(*Sitobion miscanthi*)地理种群遗传结构。而美洲大蠊微卫星标志物的筛选研究未见报道。

本研究已对美洲大蠊基因组中微卫星序列的分布特征进行了分析,本节在此基础上,首先对美洲大蠊基因组中获得的大量四碱基重复类型微卫星序列进行筛选,然后在侧翼保守序列设计引物,再经过引物PCR条件优化,优化后对扩增稳定的引物进行荧光标记,在不同个体中进行扩增,进行基因分型扫描等多态性微卫星标志物的筛选,最终筛选出多态性高、稳定性好的美洲大蠊四碱基重复类型微卫星标志物,为美洲大蠊种质资源鉴定、遗传多样性评估,以及建立美洲大蠊亲缘鉴定体系等相关研究提供分子遗传学工具。

一、材料与方法

（一）样本采集

本研究中用于微卫星标志物筛选的美洲大蠊样本来源于不同的地理种群，还有野生和养殖样本，基本信息如表4-18所示。

表4-18 美洲大蠊样本来源

样本来源	简称
四川省自贡市荣县农户散养	ZGRX
四川省凉山州西昌市石榴基地散养	XCSL
四川省凉山州西昌市养殖	JDYZ
四川省凉山州礼州县蚕种场养殖	LSCZ
安徽省宣城市养殖	AHXC
江苏省淮安市养殖	JSHA
云南省大理市养殖	YNDL
广东省阳江市养殖	GDYJ
四川省凉山州西昌市野生	JDYS
浙江省温州市养殖	ZJWZ
山东省泰安市养殖	SDTA
重庆市养殖	ZGCQ

（二）美洲大蠊DNA提取

利用血液、细胞、组织基因组DNA提取试剂盒〔天根生化科技（北京）有限公司〕提取美洲大蠊样本中的DNA，－20℃保存备用。

选取32个美洲大蠊样本（8个种群，每个种群4个个体），去除肠道、翅膀，用剪刀从腿部取一小块，剪碎，放入1.5mL离心管中，按照试剂盒操作提取DNA。其余的样本用乙醇保存于－20℃备用。

（三）微卫星引物设计

微卫星引物设计的原始序列源于第一节"美洲大蠊基因组中微卫星分布规律"搜索到的美洲大蠊基因组中的四碱基重复类型微卫星序列，从中选择适于设计引物的微卫星序列，尽可能选择不同重复拷贝类别的四碱基重复类型微卫星序列，设计合适的引物。

利用本实验室开发的软件MSDBv2.4（Du等，2013）搜索出美洲大蠊基因组中的微卫星序列，再用MSDBv2.4软件中的SWR找出四碱基重复类型微卫星序列，进一步选取适合设计引物的四碱基重复类型原始序列，选取原则如下：

（1）选取完美型的四碱基重复类型微卫星序列。

（2）选取两侧保守序列完整的微卫星序列，利用软件Primer 3（Rozen等，2000）设计引物。设计的引物送到成都擎科梓熙生物技术有限公司合成，合成的引物在使用时稀释成25μmol/L。

（四）微卫星引物的条件筛选

优化微卫星引物时采用的PCR反应体系为25μL反应体系（表4-19）。

表4-19 PCR反应体系配制方案

反应体系组分	用量（μL）
10×Buffer（带Mg^{2+}）	2.5
dNTP（2.5mmol/L）	1.0
25μmol/L正向引物（F）	0.5
25μmol/L反向引物（R）	0.5
DNA	1.5
Taq DNA聚合酶（5U/μL）	0.3
ddH_2O	18.7
合计	25.0

PCR程序：95℃预变性4分钟，94℃变性30秒，52℃～62℃退火40秒，72℃延伸30秒，以上进行35个循环。72℃延伸10分钟，最后4℃保存。

为了提高微卫星引物的筛选效率和可靠性，本实验通过三次PCR扩增程序来筛选引物。

第一次PCR，52℃～62℃的温度梯度退火，因为所有引物设计和合成时的参考退火温度基本都是58℃。PCR扩增产物经浓度为1.5%的琼脂糖电泳，凝胶成像系统分析，根据凝胶成像检测结果分为三类：（a）没有带的引物；（b）有目的扩增产物但有非特异性扩增产物（有杂带）的引物；（c）有目的扩增产物且无非特异性扩增产物（无杂带）的引物。（a）类引物丢弃，（b）（c）类引物继续优化，进行第二次PCR。

第二次PCR，（b）类引物退火温度调整为55℃；（c）类引物退火温度调整为58℃。然后再根据凝胶成像检测结果，继续分为以上三类。确定扩增出（c）类引物的PCR条件。（a）类引物丢弃。（b）类引物继续优化，进行第三次PCR。

第三次PCR，将第二次PCR的（b）类引物退火温度调整为60℃。同第一次和第二次PCR一样，根据凝胶成像检测结果分类。考虑到微卫星引物的稳定性，（a）类和（b）类引物放弃优化。最终筛选出有目的扩增产物且无非特异性扩增产物（无杂带）的引物，以备后用。

（五）荧光引物标记及基因分型

将筛选得到的引物进行荧光标记（FAM、HEX），标记在每对引物的上游引物N

端。根据以上优化好的PCR扩增条件,用荧光标记的上游引物与原引物的下游引物扩增32个美洲大蠊DNA样本。PCR扩增产物经浓度为1.5%的琼脂糖电泳检测,将检测合格的产物FAM标记和HEX标记样本混合,并用锡箔纸包住,送成都擎科梓熙生物技术有限公司,利用ABI PRISM 3730进行毛细管电泳基因分型扫描,扫描结果利用Genescan和Genotyper软件进行分析。

等位基因数(allele,A)、观察杂合度(observed heterozygosity,Ho)、期望杂合度(expected heterozygosity,He)和多态信息含量(polymorphism information content,PIC)利用Cervus 3.0软件(Marshall等,1998)计算。Hardy-Weinberg平衡检验(HW平衡检验)利用Genepop 3.4软件(Raymond & Rousset,1995)进行分析。

二、结果

(一)美洲大蠊DNA提取及微卫星引物筛选电泳检测

首先对美洲大蠊DNA进行琼脂糖电泳检测质量和完整性,结果表明所提取的DNA质量好,可以用于下一步微卫星标志物的筛选。微卫星引物的筛选、PCR体系的优化、荧光标记引物在32个个体中的多态性扩增,由于结果较多,后文仅列出部分代表性检测结果。

(二)微卫星标志物筛选结果

经过PCR条件优化,在143对引物序列中,筛选出的有目的扩增产物且无非特异性扩增产物(无杂带)的微卫星标志物共38对,比例为26.57%。对这38对引物进行双色荧光标记,利用荧光标记引物PCR扩增所有32个美洲大蠊DNA样本,然后对扩增产物进行基因分型。根据基因分型结果,其中条带不具多态性或基因分型效果差的引物共2个,这两个引物是Pam123和Pam132,占筛选引物的5.26%。在32个美洲大蠊样本中,36对引物的基因分型结果表现出高度多态性,占筛选引物的94.74%,38对具有多态性的微卫星标志物筛选信息见表4-20。

表4-20　38对具有多态性的微卫星标志物筛选信息

位点	引物序列(N端到C端)	重复拷贝	荧光标记	退火温度(℃)	扩增长度(bp)
Pam5	F：TTCCAACACGCCCTACTGAA R：TGCATGCATACTGTACATGGA	(ATGT)$_{11}$	FAM	56	235
Pam7	F：AACAAACAAAATCTGCACCTGA R：ACCTTTCACTCTGTACAGCTCT	(ACTA)$_{11}$	HEX	55	276
Pam16	F：AGGGTTGTTCAAAAGTCACTAGA R：TAGAGAAGGGGTGGGAGTGA	(GTAT)$_{11}$	FAM	58	204
Pam17	F：TCCACGTGTAATGAGCCCAA R：TCCCCATCGTGTAACCTGTG	(ATTT)$_{11}$	HEX	57	242

续表

位点	引物序列（N端到C端）	重复拷贝	荧光标记	退火温度（℃）	扩增长度（bp）
Pam22	F：ACTACTTGGAACTGGTCTCCA R：CACTTGCATACATATTGCACACA	(ATGT)$_{11}$	FAM	57	241
Pam28	F：CCACGACCCACTACAGCATA R：CGTGCAAGTTCATCGTGTTG	(TATG)$_{11}$	HEX	57	250
Pam30	F：TGCGTGCGTATAGGATGGAT R：GCGCACCCAACTTTTGAAAT	(TATT)$_{11}$	FAM	58	206
Pam32	F：CTCCATCTAGTGTGCCTCGA R：TGCACTTTCCTTAACGCTCT	(CATT)$_{11}$	HEX	54	232
Pam35	F：TGCCATGGGAGAAAGAACAAC R：TGCTCTCTCTCTCTTTCCCTG	(TGAA)$_{11}$	HEX	55	222
Pam44	F：AAAATTGGACTGCGGCAAGT R：CCTCCTGGTGTATTCTGTGC	(CATT)$_{11}$	FAM	53	246
Pam48	F：ATGAAGAGAAAGGCGGAAAA R：TGCCTCAGAACAGAATTACT	(GAAT)$_{11}$	FAM	55	229
Pam50	F：TGAGCAAACTGAACTGAACT R：TTGAAGAGGGTCAGAAAGTG	(TTAC)$_{11}$	HEX	59	203
Pam51	F：CATGCACATTACACACTCAC R：GCGTTTCTCCTTCCATTTC	(GAAT)$_{11}$	FAM	58	208
Pam54	F：AACGGTTAGTCGACTCGGTT R：GAAAGCTCCTTGGGCAGAAC	(CATT)$_{11}$	HEX	57	239
Pam64	F：CAAGTGTTAGGATGGAACGA R：CGTTGGGGAGAAAACTATGA	(ATTC)$_{11}$	HEX	58	224
Pam68	F：GCAAAGTGAGTGTAACAATG R：ATGTGTAGATAGTCGGCCTA	(ATGT)$_{11}$	FAM	57	205
Pam71	F：AGACACAAAAGCAAACGTAG R：CTCTTCATCCCCTTTCTTCC	(CATA)$_{11}$	HEX	57	227

续表

位点	引物序列（N端到C端）	重复拷贝	荧光标记	退火温度（℃）	扩增长度（bp）
Pam76	F：GTGTGGGGATTTCAGAACTCC R：TACCGCTCTTGTAACGCGTA	(TGTA)₁₁	FAM	57	237
Pam82	F：CTTTGGACTGGGAGCTCTCA R：AGAGAAAGCAGGAGTCGACC	(TGAT)₁₁	FAM	57	249
Pam83	F：GATCCTCAAGAGACTCCGGG R：TTACGCCGAAAACCACACTG	(TTAT)₁₁	FAM	58	244
Pam84	F：TGATGACGTGCGATGAATGG R：CATGGCCATAACAGGAGCAC	(CAAT)₁₁	HEX	56	217
Pam89	F：CGAGTAACAACGGACGCCTA R：TCTCACATAGCGGACAGTCG	(TTCT)₁₁	FAM	56	248
Pam91	F：ACATTTACCCAAAACTGTGCAG R：TGCGAAGGATCTCGTGTACA	(GAAT)₁₁	HEX	56	230
Pam94	F：ACAACCACTCTCATATCGCCA R：AGCAACTCTGGATCGGTAGG	(TGTA)₁₁	HEX	55	247
Pam103	F：GAAAGAATTTCGACCCTTGC R：GCTGGACACTGAGTTATGAA	(ATGA)₁₁	FAM	56	239
Pam104	F：TCGGCATAGGAAACCAATGT R：ACCTGCCCAGAAAACTATGA	(CTCA)₁₁	HEX	55	249
Pam106	F：GACCAAAGAACCAAATGCAA R：CCTTCGTTGTTTTCTTTCGT	(AGAA)₁₁	FAM	55	221
Pam108	F：TTGTTCTTGTCGCATTTTCC R：CCGGGTTCCTTTGTAAGTAA	(AAGA)₁₁	HEX	59	215
Pam110	F：AAACGTCGTTCCTGAAAATG R：CTCATCCATCCATCAACCTA	(GATG)₁₁	FAM	58	239
Pam112	F：TCAGCATCTCTTCAGGGATA R：AGAGGAGCGATTGAAAACAT	(ACCA)₁₁	HEX	56	225

续表

位点	引物序列（N端到C端）	重复拷贝	荧光标记	退火温度（℃）	扩增长度（bp）
Pam114	F：CCAAGCGAGTTAAATGGTTT R：ATCTTCTCTCCTCCTGTC	(AGAA)$_{11}$	FAM	56	236
Pam118	F：TCCGACTTTAGTTTTGAGGT R：GTCCAAGCAATCAAGTAGCT	(GATG)$_{11}$	HEX	55	239
Pam123	F：TTCCTTCGTTCGTTCGTTCT R：AGCCGTCAAGTAAAACACGA	(TTCA)$_{11}$	FAM	58	248
Pam124	F：TGGTCGACGATGTGTGTAGA R：TCTTCACTGTTCGGATGAGC	(ATGG)$_{11}$	HEX	54	239
Pam131	F：GTGACCAAAAGAATCTCCCT R：CTGCTAGAAATGTGTCTGGT	(AGAA)$_{11}$	FAM	54	231
Pam132	F：GCAATGCTTTAGACAAACGT R：GATTGGAGAAAGCTGGGATT	(TTCA)$_{11}$	HEX	55	239
Pam138	F：GTACCCATGAGCTACTTCTG R：ACAGGCAGAGTTCAATGTAG	(TCAT)$_{11}$	FAM	54	242
Pam140	F：TGGTCTTCTTCTTTGCCTTT R：AAGAACTGGCGTAATGGAAA	(ATGT)$_{11}$	HEX	58	240

（三）微卫星标志物的多态性评估

在32个美洲大蠊个体样本中进行多态性参数评估，38对具有多态性的微卫星标志物的多态性参数如表4-21所示。多态信息含量（PIC）是衡量微卫星位点变异程度大小的一个重要指标。当PIC＞0.5时，该微卫星位点为高度多态性，具有大量的可提供的信息性；当0.25＜PIC＜0.5时，该微卫星位点为中度多态性，能够提供较为合理的信息；当PIC＜0.25时，该微卫星位点为低多态性位点，标志物可提供的信息量较差。

表4-21　38对具有多态性的微卫星标志物的多态性参数

位点	等位基因数（A）	个体数	观察杂合度（Ho）	期望杂合度（He）	多态信息含量（PIC）	HW平衡检验（P）
Pam5	9	1.000	0.818	0.799	0.0501	−0.1136
Pam7	10	0.750	0.815	0.776	0.5438	0.0310
Pam16	9	0.875	0.822	0.784	0.1771	0.0400

续表

位点	等位基因数（A）	个体数	观察杂合度（Ho）	期望杂合度（He）	多态信息含量（PIC）	HW平衡检验（P）
Pam17	16	0.531	0.891	0.866	0.0621	0.2516
Pam22	7	0.563	0.689	0.623	0.2022	0.0993
Pam28	13	0.625	0.859	0.830	0.0534	0.1592
Pam30	12	0.375	0.659	0.626	0.0719	0.2567
Pam32	17	0.781	0.919	0.897	0.0852	0.0688
Pam44	15	0.688	0.754	0.725	0.1682	0.0298
Pam35	21	0.656	0.942	0.923	0.0581	0.1703
Pam82	14	0.813	0.897	0.872	0.0744	0.0400
Pam54	13	0.656	0.809	0.770	0.0583	0.0998
Pam83	13	0.406	0.769	0.741	0.0617	0.3093
Pam91	14	0.500	0.869	0.841	0.0621	0.2617
Pam89	17	0.750	0.896	0.872	0.0748	0.0755
Pam94	17	0.750	0.894	0.869	0.0520	0.0756
Pam84	6	0.563	0.610	0.538	0.6475	0.0465
Pam76	8	0.281	0.689	0.635	0.0000	0.4130
Pam48	5	0.625	0.589	0.542	0.5155	−0.0227
Pam50	4	0.688	0.700	0.632	0.4647	−0.0006
Pam51	13	0.906	0.849	0.818	0.1574	−0.0508
Pam64	10	0.688	0.839	0.805	0.0522	0.0841
Pam68	9	0.563	0.677	0.644	0.2044	0.0697
Pam71	11	0.563	0.727	0.697	0.0068	0.1209
Pam103	12	0.594	0.870	0.842	0.0000	0.1869
Pam104	6	0.656	0.673	0.616	0.0445	0.0052
Pam106	11	0.656	0.839	0.807	0.0332	0.1215
Pam108	8	0.688	0.757	0.710	0.0843	0.0389
Pam110	7	0.688	0.711	0.662	0.8569	−0.0025
Pam112	8	0.781	0.688	0.633	0.0834	−0.0764

续表

位点	等位基因数（A）	个体数	观察杂合度（Ho）	期望杂合度（He）	多态信息含量（PIC）	HW平衡检验（P）
Pam114	6	0.594	0.703	0.654	0.1595	0.0902
Pam118	10	0.563	0.824	0.788	0.0000	0.1824
Pam123	8	0.219	0.312	0.296	0.0019	0.2193
Pam124	10	0.750	0.738	0.701	0.5869	−0.0248
Pam131	11	0.813	0.833	0.798	0.4968	0.0061
Pam132	10	0.344	0.494	0.466	0.0000	0.2414
Pam138	11	0.750	0.806	0.774	0.3744	0.0266
Pam140	13	0.594	0.890	0.863	0.0000	0.1935

等位基因数（A）的范围是4～21，平均值是10.89，其中A≥10的微卫星标志物为24个，占多态性微卫星总数的63.16%；5<A<9的微卫星标志物为13个，占多态性微卫星总数的34.21%；仅有一个位点的等位基因数是4个。

观察杂合度（Ho）的变异范围是0.219～1.000，平均值是0.639；期望杂合度（He）的变异范围是0.312～0.942，平均值是0.766。PIC的变异范围是0.296～0.923，平均值是0.730，其中低度多态性的微卫星标志物为0个；中度多态性的微卫星标志物为2个，比例是5.26%；高度多态性的微卫星标记为36个，比例是94.74%。

（四）HW平衡检验

HW平衡检验中，若$P>0.05$，则符合HW平衡，说明这个群体是随机交配群体；若$P<0.05$，则呈显著偏离平衡状态；若$P<0.01$，则呈极显著偏离平衡状态。如表4-21所示，38对多态性微卫星标志物中，28对标志物符合HW平衡，10对标志物偏离HW平衡。

三、讨论

（一）微卫星标志物筛选方法的可行性

传统筛选微卫星序列的方法是磁珠富集法，具体操作步骤：应用磁珠-生物素标记的微卫星探针与物种基因组的酶切片段进行杂交，构建微卫星文库，再应用探针筛选，通过转化、克隆、测序，获得微卫星序列（沈福军等，2005）。许多动物采用磁珠富集法筛选微卫星序列，如栉孔扇贝（*Chlamys farreri*）（战爱斌，2007）、玉筋鱼（*Ammodytes personatus*）和松江鲈（*Trachidermus fasciatus*）（任桂静，2012）、二斑叶螨（孙荆涛等，2012）、东方粘虫（*Pseudaletia separata*）（张国彦，2009）等。磁珠富集法比早期的小片段克隆文库法效率要高，但是依然耗时长、费用高、工作量大且繁琐，因此利用已报道的近缘物种的微卫星引物进行跨种筛选是另一种可选择的方法。然而研究发现，相同种的微卫星引物在不同物种中扩增稳定性不一样，多样性也不同

（Ravel等，2002；门秋雷等，2012）。同时，由于不同物种受到不同环境的影响，微卫星侧翼序列可能发生突变，或者微卫星位点消失等（段辛乐等，2015），跨种扩增受到很大的限制，而且美洲大蠊近缘物种微卫星报道较少，可利用资源有限，因此美洲大蠊微卫星序列的筛选需要采用新的方法。

随着很多物种基因组的报道，使用生物信息学的方法从基因组中搜索微卫星变为可能，目前已从黑腹果蝇、冈比亚疟蚊（*Anopheles gambiae*）、赤拟谷盗（孔光耀，2007；张琳琳等，2008）、意大利蜜蜂（*Apis mellifera*）（赵亚周等，2010）、家蚕（沈利等，2004）等全基因组中筛选了微卫星序列，并开发标记进行应用研究。本研究采用高通量测序，获得美洲大蠊基因组2.67Gb，并使用实验室自主开发的微卫星搜索软件从获得的基因组序列中搜索到完美型的微卫星序列共1 498 458个，避免了酶切、连接转化和克隆测序等一系列冗余步骤筛选微卫星的方法，直接获得大量的基因组微卫星序列，提高了美洲大蠊微卫星序列获得的效率。

（二）影响微卫星多态性的因素

1. 微卫星碱基重复类型对多态性的影响。

本节中筛选的微卫星标志物PIC在0.296～0.923，其中无低度多态性的微卫星标志物，中度多态性的微卫星标志物为2个，比例是5.26%，高度多态性的微卫星标志物为36个，比例是94.74%。PIC是随等位基因数目和频率变化的函数，反映了基因座位的变异程度，是衡量基因片段多态性的优良指标（白玉妍，2009）。在给定一个后代的基因型时，能够计算其亲本将它的一个等位基因传递给后代的概率。多态性基因的通常定义是其最频繁出现的等位基因不超过0.95个，这时它对应的杂合度和PIC不小于0.1，这也可以作为一个位点具有多态性的衡量标准（Hearn等，1992）。研究表明，二碱基重复类型的重复拷贝数在12次以上，微卫星标志物才有可能表现出较高的PIC（韩智科，2011）。

2. 杂合度对多态性的影响。

本研究筛选得到的38对微卫星标志物中，H_o的变异范围是0.219～1.000，平均值是0.639；H_e的变异范围是0.312～0.942，平均值是0.766。杂合度是衡量种群遗传多样性高低的重要指标，杂合度分为H_o和H_e，H_o是实际观察到的杂合子在样本中含有的数目所占的比例；H_e即基因多样度（贾舒雯，2012），是在样本中预期估计的杂合子所占的比例。杂合度的大小反映了一个样本中某个等位基因被抽取的情况下，其他等位基因被抽取组成杂合子的概率高低（高建伟，2012）。在种群中，群体的杂合度越高，说明这个特定群体是杂合子的概率就越高，即不同等位基因组合到一个受精卵中的概率就越高，研究者将$H_o \geqslant 0.10$的位点算作多态性位点（白玉妍，2009），因此，本研究中所有具有多态性的位点都是符合标准的，杂合度都>0.10。

3. HW平衡的影响。

HW平衡是指在数量上足够大并且能够随机交配的种群，处于理想状态下基因频率保持不变。然而，等位基因的杂合子不足或过剩都会导致种群偏离HW平衡。根据群体遗传学原理，造成群体偏离HW平衡的原因主要有以下几个方面：样本采集时多数具有亲缘关系；自然及人工选择的原因，导致群体内非随机交配及群体内部分群；地区内随机形成的遗传漂变；基因流及等位基因丢失等。美洲大蠊的样本来源于不同的种群，偏离HW平衡是正常的，这就是所谓的华伦德效应（Wahlund effect）（Hartl等，1997）。

背离HW平衡的位点可能存在无效等位基因，产生无效等位基因的原因主要为微卫星的侧翼序列发生变异，从而导致该微卫星位点无法正常扩增，而大片段等位基因缺失也会产生无效等位基因，这些在实验结果中均有所体现。无效等位基因的存在会降低实验的可靠性，对遗传学相关研究造成显著影响。在之后的微卫星标志物筛选实验中，可通过合理设计微卫星引物或者进行无效等位基因频率的估算来研究群体遗传学等。

（三）多态性微卫星标志物在美洲大蠊研究中的应用展望

由于微卫星两侧的DNA序列具有保守性，因此可以通过在两侧序列中设计出互补的特异性寡聚核苷酸引物，然后由基因组DNA进行PCR扩增，再利用琼脂糖凝胶电泳或具有更高分辨率的聚丙烯酰胺凝胶电泳对扩增的PCR产物进行检测，或进一步的基因分型。根据分型结果，通过软件可计算出DNA的多态性，即检测出了不同个体在同个微卫星位点上的差异性（国伟等，2004）。

微卫星标志物由于在基因组中广泛分布，具有丰富的含量及高度的多态性、群体内外变异范围宽、杂合度高等诸多优点，因此在生物学研究领域得到较广的应用。虽然微卫星标志物技术建立的时间不久，但是已经在细菌、人类及动植物中得到大范围的研究应用，并且取得了一系列重要的成果。二碱基重复类型微卫星在扩增过程中容易产生阴影带或滑带，特别是当PCR的模板DNA质量低时，这种现象更严重（Taberlet等，1999；Morin等，2001）。研究表明，与二碱基重复类型微卫星相比，四碱基重复类型微卫星更精确、更可靠（Archie等，2003）。研究发现重复拷贝数少的微卫星，可以在种群间产生多态性，然而重复拷贝数多的微卫星在种间和种内都能产生多态性。因此，本研究筛选获得的四碱基重复类型微卫星标志物适用于遗传多样性的检测（Smulders等，1997）。本研究选用美洲大蠊基因组中的四碱基重复类型微卫星进行标志物筛选，保证后续实验结果的可靠性。

本研究获得38对美洲大蠊基因组四碱基重复类型微卫星标志物，等位基因数（A）4～21个，期望杂合度（Ho）0.312～0.942，多态信息含量（PIC）0.296～0.923。本研究开发的这些优良的美洲大蠊四碱基重复类型微卫星标志物，将为美洲大蠊遗传多样性研究及种质资源鉴定等相关研究提供可靠的分子遗传学工具。

第五节　基于微卫星标志物的美洲大蠊遗传多样性分析

遗传多样性有广义和狭义之分。广义指种内或种间表现的遗传变异程度，分为分子、细胞、个体三个水平；狭义指种内不同群体或个体之间的遗传多样性程度。这里的群体指种群或居群，多样性也称多态性。遗传多样性是遗传变异的总和，是每一种生物所固有的特点，是生物在特定的生态环境中，通过长时间的自然选择和人工选择所形成的，能够稳定遗传的性状（张宏杰，2003）。

一个物种具有的遗传多样性系数越大，就越有潜力适应生存环境的变化，生存环境分布范围也越广，无性及有性繁殖的种群都相同。大量的理论和实验研究证明，种群中遗传多样性的大小与其进化速度成正相关关系。因此，对遗传多样性的研究可以揭示物种进化的时间、地点、方式等，也能为其进化潜能和未来的命运预测提供重要的资料，尤其是有助于稀有或濒危物种濒危原因及过程探讨（张宏杰，2003）。

人们主要在细胞、蛋白质和DNA三个层次研究遗传多样性（张学卫等，2009）。目前昆虫遗传多样性研究的方法很多，从传统的形态标记法、染色体标记法和生化标记法发展到现今的分子标记法。随着实验手段的不断改进，研究遗传多样性的方法也逐步改善和发展（马静等，2010）。目前使用最多的还是分子标记法，包括RFLP、RAPD、AFLP和微卫星标志物。四种方法各有优点，根据不同的物种可以选择不同的标记方法，如袁力行等（2000）使用四种标记方法研究玉米自交系遗传多样性，发现RAPD可靠性比较低，而RFLP和微卫星标志物比较可靠。

微卫星长度一般在200bp左右（Rafalski等，1996；Tautz，1989），其重复类型或重复拷贝数具有高度变异性，这些变异表现为微卫星重复拷贝数的成倍变异，或重复拷贝类别的差异，如$(ACC)_6$、$(AAC)_7$、$(ACC)_8$、$(A)_{12}$、$(AT)_{12}$和$(AAT)_{12}$等形式，因而形成多态性的微卫星位点（Valdes等，1993；Kruglyak，2011）。研究显示，在目前使用的分子标记系统中，微卫星标志物是变异率相对较高的标记，即能检测到的遗传多样性较多。另外，微卫星标志物还具备特异位点扩增、可重复性好、发生频率高及共显性遗传等显著优点（陈伯望等，2000；Catherine等，2000；黄秦军等，2002；Byrne等，1996），因而成为研究遗传多样性、构建遗传连锁图谱、分析亲缘关系、研究群体遗传结构和定位数量性状基因的重要方法（徐莉等，2002；王小国等，2013；牛素贞等，2012；杨丽芳等，2013；曾斌等，2012；韩冬伟等，2012）。昆虫在种群、个体、性别、组织之间呈现不同程度的遗传多样性，不同地理种群的同种昆虫，由于长期的地理隔离和对各自特定的生态环境的适应，最终导致了地理种群间的种质差异（刘全超等，2011），产生遗传多样性。相同的微卫星标志物在不同的种群中会产生不同的等位基因数目及等位基因频率，这也可以反映物种种群内及种群间的遗传差异。

美洲大蠊是蜚蠊目蜚蠊科大蠊属昆虫，在《神农本草经》中已有入药记载（黄丫丫等，2016），是重要的药用昆虫，基于其提取物开发的产品已进入临床使用，有抗肿瘤、组织修复、抗病毒等功能。随着市场需求量的增加，我国一些地方已形成了规范化的美洲大蠊人工养殖体系。人工养殖群体经过多代遗传，因不健康的遗传配种、近亲繁殖，或低遗传多样性建群等，种群质量会逐渐衰退，其繁殖力和有效药物成分等也会下降和减少。随着美洲大蠊产业化发展，优质种源的获得或培育显得尤为重要。在这种情况下，迫切需要进行种源普查，对不同地区养殖种群遗传多样性进行评价，为今后优质种源的筛选和培育奠定基础。

本研究利用我们筛选到的具有多态性的稳定的微卫星标志物，对不同地区人工养殖种群的美洲大蠊进行遗传多样性分析，获得不同地区人工养殖种群及野生种群多样性的差异，鉴定多样性高的种群及一些特有的遗传资源，为人工养殖优质种源的培育提供重要的基础资料。

一、材料与方法

利用基因组DNA提取试剂盒〔天根生化科技（北京）有限公司〕提取美洲大蠊样本中的DNA，每个样本提取30个个体的DNA，−20℃保存备用。

选取第四节"美洲大蠊转录组微卫星序列的分布特征"筛选得到的具有多态性的微卫星标志物16对，分别是Pam5、Pam7、Pam16、Pam17、Pam22、Pam28、Pam30、Pam32、Pam35、Pam44、Pam54、Pam82、Pam83、Pam89、Pam91和Pam94，分别在12个地理种群的基因组DNA进行PCR扩增，每个种群扩增30个个体。优化微卫星引物时采用的PCR体系为25 μL反应体系（表4-22）。

表4-22　PCR反应体系配制方案

反应体系组分	用量（μL）
10×Buffer（带Mg^{2+}）	2.5
dNTP（2.5mmol/L）	1.0
25μmol/L正向引物（F）	0.5
25μmol/L反向引物（R）	0.5
DNA	1.5
Taq DNA聚合酶（5U/μL）	0.3
ddH_2O	18.7
合计	25.0

PCR程序：95℃预变性4分钟，94℃变性30秒，52℃～62℃退火40秒，72℃延伸30秒，以上进行35个循环。72℃延伸10分钟，最后4℃保存。

对PCR产物用1.5%琼脂糖凝胶电泳检测。对条带大小符合的产物，将FAM标记和HEX标记样本混合，用锡箔纸包住，送成都擎科梓熙生物技术有限公司进行基因分型。分型结果利用Genescan分析仪和Genotyper软件进行分析。

微卫星位点的等位基因数（A）、观察杂合度（Ho）、期望杂合度（He）和多态信息含量（PIC）利用Cervus 3.0 软件（Marshall等，1998）计算。HW平衡检验等参数利用Genepop 3.4 软件（Raymond等，1995）进行分析。利用Popgene 32 软件计算Nei's遗传距离、群体遗传分化的F统计量（F-statistics，Fst）等参数，软件NTSYS-pc 2.1根据遗传距离和等位基因频率进行聚类分析。

二、结果

（一）微卫星标志物的多态性信息分析

本研究统计分析了 16 对微卫星标志物在12个地理种群360 个个体中的等位基因数（A）、多态信息含量（PIC）、观察杂合度（Ho）及期望杂合度（He）等（表

4-23）。16对微卫星标志物的A为16～32，共有392个，平均值是24.5个；最大值出现在位点Pam17中，为37个；最小值出现在位点Pam7中，为16个。Ho为0.481～0.906，平均值为0.698；He为0.625～0.928，平均值为0.840。无效等位基因F统计量中，Pam5为−0.0501，其余15个位点的变化范围为0.0520～0.5438。PIC为0.602～0.923，平均值为0.824，都处于高度多态性。

表4-23 16对微卫星标志物在12个种群中的多态性参数

位点	等位基因数（A）	个体数	观察杂合度（Ho）	期望杂合度（He）	多态信息含量（PIC）	无效等位基因F统计量
Pam5	24	360	0.906	0.821	0.799	-0.0501
Pam7	16	360	0.753	0.846	0.827	0.5438
Pam16	21	360	0.856	0.859	0.844	0.1771
Pam17	37	360	0.669	0.893	0.882	0.0621
Pam22	25	360	0.489	0.871	0.858	0.2022
Pam28	27	360	0.653	0.871	0.858	0.0534
Pam30	22	360	0.589	0.625	0.602	0.0719
Pam32	18	360	0.725	0.894	0.883	0.0852
Pam44	27	360	0.481	0.791	0.765	0.1682
Pam35	29	360	0.686	0.928	0.923	0.0581
Pam82	22	360	0.828	0.907	0.898	0.0744
Pam54	18	360	0.717	0.740	0.699	0.0583
Pam83	24	360	0.581	0.774	0.759	0.0617
Pam91	22	360	0.750	0.841	0.825	0.0621
Pam89	32	360	0.761	0.900	0.892	0.0748
Pam94	28	360	0.722	0.878	0.866	0.0520
平均	24.5	360	0.698	0.840	0.824	

(二) 种群的遗传多样性分析

HW平衡检验结果如表4-24所示，位点Pam5在所有种群中都偏离平衡，其余位点在某几个种群中偏离平衡。

表4-24 12个种群在16对微卫星标志物中的HW平衡

位点	西昌野生(XCYS)	安徽宣城(AHXC)	自贡荣县(ZGRX)	凉山礼州(LSLZ)	凉山西昌(LSXC)	广东阳江(GDYJ)	江苏淮安(JSHA)	云南大理(YNDL)	山东泰安(SDTA)	浙江温州(ZJWZ)	重庆(ZGCQ)	西昌养殖(XCYZ)
Pam5	0.0000	0.0000	0.0000	0.0000	0.0000	0.0000	0.0000	0.0000	0.0000	0.0000	0.0000	0.0000
Pam7	0.0498	0.0080	0.0947	0.0029	0.7971	0.3883	0.1693	0.0128	0.4629	0.2934	0.2061	0.6640
Pam16	0.5794	0.3298	0.0317	0.3664	0.2086	0.0407	0.7360	0.2492	0.0000	0.1114	0.5789	0.1266
Pam17	0.0000	0.0566	0.0000	0.0000	0.0031	0.0169	0.0155	0.0143	0.8930	0.1634	0.2052	0.0000
Pam22	0.0000	0.0000	0.0000	0.0000	0.0000	0.0001	0.0000	0.0000	0.0000	0.0027	0.0006	0.2216
Pam28	0.2608	0.0468	0.1667	0.0000	0.4132	0.0520	0.2630	0.2979	0.0232	0.0955	0.0000	0.0000
Pam30	0.0668	0.0054	0.7248	0.2944	0.8379	0.2183	0.1078	0.3235	0.4319	0.1112	0.0000	0.0000
Pam32	0.0051	0.0122	0.1235	0.0024	0.0026	0.0080	0.1634	0.0190	0.4815	0.0053	0.2696	0.1153
Pam44	0.0000	0.0000	0.0000	0.0142	0.0988	0.0043	0.0000	0.0003	0.3736	0.0000	No inf	0.1815
Pam35	0.0114	0.0043	0.0025	0.1726	0.0045	0.2550	0.5184	0.0000	0.3664	0.0000	1.0000	0.0012
Pam82	0.0270	0.4620	0.2992	0.1790	0.1578	0.0099	0.1357	0.0092	0.7049	0.0942	0.7053	0.1059
Pam54	0.6284	0.3012	0.5836	0.3924	0.1849	0.3796	0.2198	0.2131	0.0759	0.3724	0.5937	0.0009
Pam83	0.2697	0.0110	0.4530	0.0060	0.5721	0.0000	0.0000	0.0000	0.0000	0.0148	0.0240	0.0000
Pam91	0.0063	0.0310	0.0669	0.0039	0.0013	0.0215	0.0809	0.0000	0.0000	0.0000	0.0000	0.0000
Pam89	0.0164	0.2108	0.0575	0.3557	0.3361	0.0000	0.1116	0.0655	0.0003	0.4093	0.5401	0.0946
Pam94	0.3357	0.0000	0.2693	0.3835	0.9045	0.0036	0.0041	0.0036	0.8696	0.0262	0.3920	0.0560

通过Popgene 32软件检验，种群多态性信息如表4-25所示。12个地理种群的观测等位基因数（Na）为6.5000～12.0625个，平均8.8438个，最高的是西昌养殖种群，为12.0625个，最低的是重庆养殖种群，为6.5000个；有效等位基因数（Ne）为3.3198～6.5969个，平均5.2746个，山东泰安养殖群体最低，为3.3198个，西昌野生群体最高，为6.5969个。可以看出，西昌野生种群Na和Ne都是最高的，但是最低的Na种群和Ne种群却是不同的，说明两者之间没有必然关系。

表4-25　16个微卫星位点在12个种群中的遗传变异参数

种群	观测等位基因数（Na）	有效等位基因数（Ne）	香浓多样性指数（I）	基因多样性（Nei's）	观察杂合度（Ho）	期望杂合度（He）	多态位点百分率（%）
XCYS	0.7229	0.8341	0.8202	11.7500	6.5969	2.0339	100
AHXC	0.6917	0.7904	0.7772	10.4375	5.3928	1.8673	100
ZGRX	0.7146	0.8032	0.7899	10.9375	5.5033	1.9094	100
LSLZ	0.7000	0.8077	0.7942	11.0000	5.8001	1.9252	100
LSXC	0.7333	0.7969	0.7836	10.6875	5.2788	1.8702	100
GDYJ	0.6000	0.8610	0.8467	11.6250	6.3493	2.0258	100
JSHA	0.7229	0.8150	0.8015	10.3125	5.7383	1.8954	100
YNDL	0.6333	0.7766	0.7636	10.1250	4.8248	1.7928	100
SDTA	0.7396	0.6651	0.6540	6.2500	3.3198	1.3200	100
ZJWZ	0.6979	0.7508	0.7383	9.2500	4.5244	1.6970	100
ZGCQ	0.6250	0.6240	0.6136	6.5000	3.7907	1.3203	100
XCYZ	0.6771	0.8241	0.8103	12.0625	6.1755	2.0094	100
平均值	0.6882	0.7791	0.7661	10.0781	5.2746	1.8056	

Na为0.6000～0.7396，广东阳江群体最低，为0.6000，山东泰安种群最高，为0.7396，平均为0.6882；Ne为0.6240～0.8610，最低的是重庆养殖群体，为0.6240，最高的是广东阳江群体，为0.8610，平均为0.7791，可以看出Na和Ne之间也无必然联系。

香农多样性指数（Shannon's diversity index，SHDI）可用于种群内遗传分化的估算，香农多样性指数越大，遗传多样性越大，种群分化的程度越高。香农多样性指数在1.3200～2.0339，平均为1.8056，最低的是山东泰安群体，为1.3200，最高的是西昌野生群体，为2.0339。多态位点百分率可反映种群遗传多样性的大小，多态位点百分率就是多态位点占总位点的比例。种群水平上的多态位点百分率都是100%，都有很高的多态性。各种群香农多样性指数与种群多态位点百分率相比有一定的差异，说明香农多样性指数和多态位点百分率在说明种群遗传变异上有不同的结果。Nei's遗传距离在

0.6136~0.8467，最高的是广东阳江种群，最低的是重庆养殖种群，平均为0.7635，可以看出基地野生种群的遗传多样性比较丰富。

如表4-26所示，16对微卫星标志物的纯合度变异范围为0.0944~0.5194，平均值为0.3023，Pam5位点最低，Pam 44位点最高；观察杂合度的变异范围为0.4806~0.9056，平均0.6977，Pam44位点最低，Pam5位点最高。可见，观察到的纯合度与观察到的杂合度相反。

期望纯合度范围为0.0718~0.3749，平均为0.1600，最低位点为Pam35，最高位点为Pam30。期望杂合度为0.6251~0.9282，平均为0.8400，最低为Pam30，最高为Pam35，Nei期望杂合度范围为0.6242~0.9270，平均为0.8389，最低为Pam30，最高为Pam35。结果表明，期望纯合度与期望杂合度相反，期望杂合度的变化规律与Nei期望杂合度相同。

表4-26 各位点的纯合度与杂合度

位点	观察纯合度	观察杂合度	期望纯合度	期望杂合度	Nei期望杂合度
Pam5	0.0944	0.9056	0.1789	0.8211	0.8200
Pam7	0.2472	0.7528	0.1544	0.8456	0.8445
Pam16	0.1444	0.8556	0.1407	0.8593	0.8581
Pam17	0.3306	0.6694	0.1070	0.8930	0.8918
Pam22	0.5111	0.4889	0.1292	0.8708	0.8696
Pam28	0.3472	0.6528	0.1285	0.8715	0.8703
Pam30	0.4111	0.5889	0.3749	0.6251	0.6242
Pam32	0.2750	0.7250	0.1059	0.8941	0.8929
Pam44	0.5194	0.4806	0.2090	0.7910	0.7899
Pam35	0.3139	0.6861	0.0718	0.9282	0.9270
Pam82	0.1722	0.8278	0.0930	0.9070	0.9058
Pam54	0.2833	0.7167	0.2600	0.7400	0.7389
Pam83	0.4194	0.5806	0.2265	0.7735	0.7724
Pam91	0.2500	0.7500	0.1585	0.8415	0.8403
Pam89	0.2389	0.7611	0.0995	0.9005	0.8992
Pam94	0.2778	0.7222	0.1219	0.8781	0.8769
平均值	0.3023	0.6977	0.1600	0.8400	0.8389

1. 种群的遗传分化分析。

通过每个位点的固定指数总近交系数（Fis）、种群内的近交系数（Fit）和种群间分化系数（Fst）检验种群的遗传分化。Pam5、Pam16、Pam54、Pam91的Fis分别为—0.1445、—0.0629、—0.0182和—0.0427，其他位点在0.0179～0.3720。所有位点的平均Fis为0.0869。Fit范围为—0.1044（Pam5）到0.4378（Pam22），平均Fit为0.1682。Fis为负值，表明种群内没有出现近交现象，Fit为正值，表明亚种群内部有近交现象。Fst范围为0.0351～0.1665，位点Pam44显著地贡献于这一结果，位点Pam5的最低，平均种群间分化系数是0.0891。从Fst可知，美洲大蠊种群91.09%的遗传分化存在于地理种群内，地理种群间的遗传变异约为8.91%。在种群的水平上，根据公式Nem=（1—Fst）/4Fst计算种群间的基因流，Nem范围从位点1.2517（Pam5）到6.8773（Pam44），平均种群间的基因流为2.5573。各位点F统计量如表4-27所示。

表4-27 各位点F统计量

位点	总近交系数（Fis）	种群内的近交系数（Fit）	种群间分化系数（Fst）	基因流（Nem）
Pam5	—0.1445	—0.1044	0.0351	6.8773
Pam7	0.0519	0.1086	0.0598	3.9323
Pam16	—0.0629	0.0030	0.0620	3.7834
Pam17	0.1930	0.2493	0.0697	3.3356
Pam22	0.3720	0.4378	0.1048	2.1344
Pam28	0.1667	0.2499	0.0998	2.2540
Pam30	0.0179	0.0566	0.0394	6.0979
Pam32	0.1397	0.1880	0.0562	4.1976
Pam44	0.2701	0.3916	0.1665	1.2517
Pam35	0.1387	0.2598	0.1406	1.5280
Pam82	0.0227	0.0861	0.0649	3.6046
Pam54	—0.0182	0.0301	0.0475	5.0158
Pam83	0.1649	0.2484	0.1000	2.2511
Pam91	—0.0427	0.1075	0.1441	1.4853
Pam89	0.0556	0.1536	0.1038	2.1586
Pam94	0.0697	0.1764	0.1146	1.9307
平均值	0.0869	0.1682	0.0891	2.5573

根据Nei's遗传距离（D）和遗传相似度（I），可以分析不同地理种群间遗传关系的远近。从表4-28可以看出，本研究中的12个地理种群的遗传相似度范围在0.4224～0.9405。其中自贡荣县与西昌野生种群的遗传相似度最高，为0.9405；安徽宣

城与广东阳江种群的遗传相似度最低，为0.5436。云南大理、凉山礼州、江苏淮安、西昌野生、广东阳江、安徽宣城、自贡荣县散养和西昌养殖的地理种群间的遗传相似度I≥0.80，表明美洲大蠊这几个地理种群相互之间存在着较为频繁的基因交流。这些种群间的遗传距离在0.0613～0.8617，最近遗传距离的是西昌野生和自贡荣县养殖种群，最远的是山东泰安群体和云南大理群体。

2. 种群的聚类分析。

用Popgene32软件计算12个种群的Nei's遗传距离，再用软件NTSYSpc2.1进行UPGMA聚类分析，结果如图4-27所示。从总体分布来看，12个种群都分布较散，遗传距离也各不相同，山东泰安与重庆养殖种群遗传距离比较相近。12个地理种群总体聚为3组，重庆养殖种群单独为一组，山东泰安与浙江温州种群为一组，安徽宣城与余下的8个种群聚为一组。

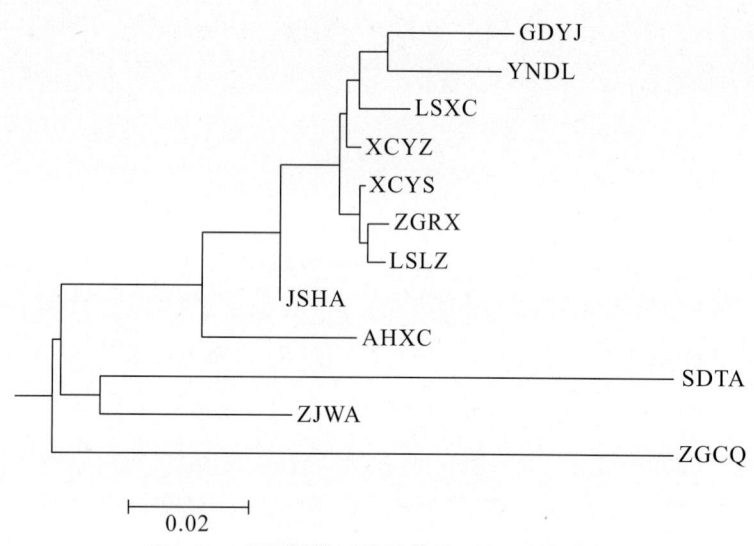

图4-27 根据遗传距离计算的UPGMA聚类图

表4-28　12个种群中Nei's遗传相似度和遗传距离

种群	XCYS	AHXC	ZGRX	LSLZ	LSXC	GDYJ	JSHA	YNDL	SDTA	ZJWZ	ZGCQ
XCYS	****	0.7497	0.9405	0.9256	0.9079	0.7728	0.8783	0.8234	0.5040	0.6454	0.5690
AHXC	0.2881	****	0.7567	0.7160	0.7125	0.6416	0.8150	0.6408	0.5724	0.7295	0.5258
ZGRX	0.0613	0.2788	****	0.9335	0.8820	0.7922	0.8834	0.8246	0.4517	0.6078	0.5383
LSLZ	0.0773	0.3341	0.0688	****	0.8840	0.7720	0.8734	0.8415	0.4892	0.5983	0.6250
LSXC	0.0966	0.3390	0.1256	0.1232	****	0.8119	0.8575	0.8467	0.5035	0.6332	0.5129
GDYJ	0.2577	0.4437	0.2329	0.2588	0.2084	****	0.7911	0.7976	0.4412	0.5594	0.4275
JSHA	0.1298	0.2045	0.1240	0.1353	0.1538	0.2344	****	0.8825	0.5448	0.6879	0.6118
YNDL	0.1943	0.4450	0.1929	0.1726	0.1664	0.2262	0.1250	****	0.4224	0.5405	0.5211
SDTA	0.6851	0.5579	0.7948	0.7150	0.6862	0.8183	0.6072	0.8617	****	0.6464	0.5471
ZJWZ	0.4379	0.3153	0.4978	0.5136	0.4570	0.5809	0.3741	0.6152	0.4364	****	0.6186
ZGCQ	0.5639	0.6428	0.6193	0.4700	0.6677	0.8498	0.4914	0.6518	0.6031	0.4803	****

注：****表示P＜0.00000001。

三、讨论

（一）美洲大蠊种群的遗传多样性

1. 多态性位点对遗传多样性的影响。

遗传多样性能够衡量生物遗传信息变异的程度，DNA是遗传信息的主要载体，因此，DNA的多样性可以直接反映物种遗传变异的程度。群体的遗传多样性主要表现在等位基因数、杂合度和多态信息含量三个方面。多态位点百分率是衡量物种遗传多样性较好的指标，如果$P>50\%$，则为高度多态位点；如果$25\%<P\leqslant50\%$，则为中度多态位点；如果$P\leqslant25\%$，则为低度多态位点（Botstein等，1980）。一般而言，广布种的遗传多样性高于狭域分布的物种。美洲大蠊分布于世界各地，应该是广布种，在本研究中，16对微卫星标志物上的多态位点百分率均为50%以上。这16对微卫星标志物均具有高度多态性，可作为有效的遗传标志物用于美洲大蠊地理种群遗传多样性和系统发育关系的分析，也表明美洲大蠊种群具有丰富的遗传多样性。

用于遗传多样性研究的微卫星标志物的数目，对于物种的遗传杂合度、遗传距离等估算的准确性和可靠性十分重要（鲁双庆等，2005）。有研究者建议，在测定家畜品种间的遗传距离时，所选用的微卫星标志物数目至少是25个，且彼此间不连锁，每个标志物上不低于4个等位基因（Debrauwere等，1997）。本实验选用的16对微卫星标志物，等位基因数都在4个以上，能基本满足美洲大蠊种群遗传多样性检测要求。

2. 杂合度对遗传多样性的影响。

杂合度有预期杂合度和观察杂合度，是指样本中两个等位基因不相同的概率，预期杂合度是根据群体内的优势等位基因频率计算出来的。研究表明，微卫星标志物有效等位基因的数目与样本的数量成正相关关系，而与预期杂合度无关（闫路娜等，2004；包文斌等，2007）。种群内或种群间的杂合体所占的比例平均值可以衡量种群间遗传分化程度的高低。群体杂合度的高低反映了种群的遗传同一性程度，两者成反相关关系，种群杂合度越高，表明该种群的遗传同一性越低，而种群遗传变异越高，种群遗传多样性越高（李伟丰等，2007）。本研究得到的结果中，12个地理种群的预期杂合度为0.7791，平均观察杂合度为0.6882。西昌野生群体和广东阳江群体相对其他地理位置群体的预期杂合度较高，表明这两个地理种群的遗传变异程度要高一些，遗传多样性相对更丰富。这说明在美洲大蠊的12个种群内和种群间都存在较高水平的遗传变异，遗传多样性也十分丰富。

3. 样本对遗传多样性的影响。

样本（包括样本的数量、样本的地理位置、样本间的亲缘关系等）的采集对实验的成功也是至关重要的，同时也是研究结果具有参考价值和可利用性的关键。样本具有代表性及实验结果具有可靠性的重要依据是样本采集数量足够大，实验样本量越大，检测到的微卫星标志物的等位基因数目及基因丰富度也越大。研究指出，小数量样本可以被接受的条件是在使用大数量微卫星标志物的遗传杂合度较低并且种群间遗传距离较大（Nei，1978）。随机抽样中，当品种内样本量≥60的时候，实验可靠性达到95%以上；当研究对象是大群体且大群体内包含亚群时，各亚群均要抽样，并且抽样数量>100个（陈幼春，1996）。某一物种被抽作样本的样本量物种应覆盖25%以上；品种内个体之间尽量要三代以内无亲缘关系，并能在表现型上代表该物种，雌雄各25个（Barker，1994）。本研究采集到8个不同地区人工种群的美洲大蠊，每个种群随机选取30个个体进行多样性检测，能反映各个养殖种群的遗传多样性状况。

（二）美洲大蠊种群的遗传分化

Fis是指亚群内个体间的近交系数，Fit是指总群内部亚群之间的近交系数，它们的取值范围均在-1~1。当 Fis 和 Fit 的值均为正值时，表示群体内部存在近交。Fst是反映各亚群间遗传分化程度的重要指标，可以表现出种群间的遗传分化的强弱程度，若Fst在0~0.05，则群体的遗传分化水平较小；若Fst在0.05~0.15，则群体的遗传分化水平中等；若Fst>0.15，则群体的遗传分化水平较大（Balloux等，2002）。本研究所得到的12个种群中，Fis 为0.0869、Fit为0.1682、Fst为0.0891，说明亚群内有轻度近交现象。

种群的遗传分化产生的原因有很多方面，如体细胞突变、有性生殖、自然选择、基因漂流、遗传漂变及环境的影响。研究经常用迁移个体数（Nem）来衡量不同地理种群间的基因流，当Nem<1时，基因流就不足以抵消种群独立演化所产生的遗传分化（Slatkin，2010）。本实验得到的种群间的Nem为2.5573（>1），说明这12个美洲大蠊种群之间有能力抵制种群内因遗传漂变引起的一定程度的种群分化。

（三）美洲大蠊种群的进化关系

通过遗传距离分析可大致估测种群间的进化关系，种群间遗传变异通常以等位基因频率计算遗传距离来表示，遗传距离的远近对品种间的遗传变异提供了最佳的、有效的、客观的描述。本文利用Popgene软件计算了遗传距离并进行了UPGMA聚类分析，关于计算遗传距离的公式非常多，目前应用较多的遗传距离指标是Nei在20世纪70年代提出来的（Nei，1978）。本研究根据Nei's遗传距离和等位基因频率构建的种群UPGMA聚类分析结果（图4-27）表明：12个地理种群聚为3组，表明遗传分化比较明显。

遗传距离计算的精确性与群体间的实际地理距离、所使用的微卫星标志物的数目、每个微卫星标志物的多样性程度、取样的个体数等都有关系，而且这些因素间彼此相关联（朱庆等，2003）。研究表明，对于遗传距离的计算和系统发育树的构建，检测大量的多态性微卫星标志物更可靠（Moazami-Guodarzi等，1997）。

（四）美洲大蠊遗传多样性研究的意义

遗传多样性是衡量种群遗传差异水平的重要指标，它反映了某个物种适应环境的能力及其被改造和利用的潜能。评判种群遗传多样性的指标包括多态位点百分率（P）、香农多样性指数（I）和基因多样性指数（Nei's）（刘佳妮等，2009）。香农多样性指数和多态位点百分率都可反映多样性高低，但香农多样性指数可把种群总变异分成种群内和种群间的变异，而多态位点百分率只能反映种群多样性。这两个指标反映的多样性深度是不同的。多态位点百分率只反映多样性的表面现象，而香农多样性指数则在一定程度上更深层次地反映种群多样性的某些本质特性。这些指标反映出种群的遗传一致性程度：值越低，表明该种群的遗传一致性程度越高，遗传多样性越低。微卫星标志物广泛应用于遗传多样性研究，如利用9对微卫星引物对中国、越南和泰国的11个桔小实蝇（*Bactrocera dorsalis*）地理种群的遗传多样性进行了研究，发现桔小实蝇种群具有非常丰富的遗传多样性（李伟丰等，2007）；针对我国禾谷缢管蚜（*Rhopalosiphum padi*）进行的微卫星位点的扩增稳定性及遗传多样性研究，筛选出稳定的用于遗传多样性研究的标志物（段辛乐等，2015）。

有效等位基因数是反映群体遗传变异大小的一个指标，其数值越接近所检测到的等位基因的绝对数，表明等位基因在群体中分布越均匀。12个美洲大蠊种群的平均预期杂合度是0.7791，基因多样性指数（Nei's）为0.7661，香农多样性指数（I）为1.8056。野生种群的遗传多样性比较丰富，可以作为较好的美洲大蠊种质资源。

综合本实验的所有结果来看，美洲大蠊的遗传多样性丰富，是不同地方的引种所致。

参考文献

［1］包文斌，束婧婷，许盛海，等. 样本量和性比对微卫星分析中群体遗传多样性指标的影响［J］.中国畜牧杂志，2007，43（1）：6-9.

［2］白玉妍. 应用微卫星DNA标记进行蓝狐*Aloopex lagopus*亲权鉴定和分子遗传多样性研究［D］.吉林：东北林业大学，2009.

［3］陈伯望，洪菊生，施行博. 杉木和秃杉群体的叶绿体微卫星分析［J］.林业科学，2000，36（3）：46-51.

［4］蔡磊，余露军，陈小曲，等. 诸氏鲻虾虎鱼转录组序列中微卫星标记的初步筛选及特征分析［J］. 生物技术通报，2015，31（9）：146-151.

［5］程晓凤，黄福江，刘明典，等. 454测序技术开发微卫星标记的研究进展［J］.生物技术通报，2011（8）：82-90.

［6］戴云，曾茗，项明志.蜚蠊的药用价值［J］.中药材，2005，28（9）：848-850.

［7］董迎辉，吴国星，姚韩韩，等.泥蚶34个EST-SSR标记的开发及在格粗饰蚶中的通用性检测［J］. 水产学报，2013，37（1）：70-77.

［8］杜一民，陈鸿珊，李树楠，等. 治疗乙型肝炎新药肝龙胶囊的药效学初步研究［J］.时珍国医国药，2006，17（8）：1369-1371.

［9］段辛乐，乔宪凤，彭雄，等. 我国禾谷缢管蚜微卫星位点扩增稳定性及遗传多样性［J］.植物保护学报，2015，42（3）：297-303.

［10］范湘玲，王文英，张兵.康复新液配合微波治疗宫颈糜烂临床观察［J］.中国中医药信息杂志，2006，13（1）：65-66.

［11］高焕.中国对虾基因组串联重复序列分析及其分子标记的开发与应用［D］.青岛：中国科学院海洋研究所，2006.

［12］高建伟.应用微卫星DNA标记对延边圈养黑熊进行亲子鉴定和遗传多样性研究［D］.延边：延边大学，2012.

［13］高秀珍，李冀文，宋全丽，等.康复新治疗肺结核30例疗效观察［J］. 河北医药，1993，15（1）：49.

[14] 国伟, 沈佐锐. 微卫星DNA标记技术及其在昆虫学上的应用 [J]. 生物技术, 2004, 14 (2): 60-61.

[15] 韩冬伟, 刘春燕, 胡振帮, 等. 利用SSR分析标记鉴定大豆育种中杂交真伪和后代系谱 [J]. 东北农业大学学报, 2012, 43 (10): 91-95.

[16] 黄秦军, 苏晓华, 张香华. SSR分子标记与林木遗传育种 [J]. 世界林业研究, 2002, 15 (3): 14-20.

[17] 黄丫丫, 刘光明, 李婧炜. 美洲大蠊蛋白多肽纳米粒的制备 [J]. 中成药, 2016, 38 (1): 67-72.

[18] 韩智科. 三疣梭子蟹 *Portunus trituberculatus* 近交家系遗传变异分析 [D]. 上海: 上海海洋大学, 2011.

[19] 何正春, 彭芳, 宋丽艳, 等. 美洲大蠊化学成分及药理作用研究进展 [J]. 中国中药杂志, 2007, 32 (21): 2326-2331.

[20] 候飞侠, 刘芹, 张修月, 等. 利用线粒体控制区和微卫星分析大渡裸裂尻鱼的遗传多样性及种群结构 [C]. 兰州: 中国海洋湖沼学会、中国动物学会鱼类分会2012年学术研讨会, 2012.

[21] 胡艳华, 李敏, 张虎芳, 等. 粘虫转录组中SSR位点的信息分析 [J]. 山西农业大学学报: 自然科学版, 2015 (5): 484-489.

[22] 黄杰, 杜联明, 李玉芝, 等. 红原鸡全基因组中微卫星分布规律研究 [J]. 四川动物, 2012, 31 (3): 358-363.

[23] 黄杰, 李玉芝, 杜联明, 等. 大熊猫基因组微卫星序列的分布特征分析 [C]. 北京论坛: 文明的和谐与共同繁荣——回顾与展望: "保护的新希望" 学生论坛论文及摘要集, 2013.

[24] 黄杰, 周瑜, 刘与之, 等. 基于454 GS FLX高通量测序的四川山鹧鸪基因组微卫星特征分析 [J]. 四川动物, 2015, 34 (1): 8-14.

[25] 贾舒雯. 脊尾白虾微卫星引物筛选及群体遗传多样性分析 [D]. 青岛: 中国海洋大学, 2012.

[26] 孔光耀. 赤拟谷盗ESTs和全基因组序列中微卫星的丰度分析及ESTs中多态性位点的筛选 [D]. 西安: 陕西师范大学, 2007.

[27] 李伟丰, 杨朗, 唐侃, 等. 中国桔小实蝇种群的微卫星多态性分析 [J]. 昆虫学报, 2007, 50 (12): 1255-1262.

[28] 李午佼, 李玉芝, 杜联明, 等. 大熊猫和北极熊基因组微卫星分布特征比较分析 [J]. 四川动物, 2014, 33 (6): 874-878.

[29] 李兴文, 王伯龄, 戴路明. 心脉龙治疗肺心病心衰Ⅱ期临床研究 [J]. 昆明医学院学报, 1997, 18 (2): 30-32.

[30] 李玉芝. 大熊猫基因组微卫星序列分析和遗传标记筛选 [D]. 成都: 四川大学, 2012.

[31] 梁军辉, 任东, 叶青培, 等. 中国蜚蠊目昆虫化石研究 [J]. 动物分类学报, 2006, 31 (1): 102-108.

［32］刘佳妮，李正跃，桂富荣，等.云南省苹果棉蚜种群遗传多样性的ISSR分析［J］.西南大学学报（自然科学版），2009，31（2）：136-140.

［33］刘菁菁，戴晓港，王洁，等.杨树微卫星序列对基因表达频率的影响及表达序列中微卫星特征的分析［J］.南京林业大学学报，2011，35（1）：11-14.

［34］刘梦瑶，杨承忠，高依敏，等.四川梅花鹿（CAG）ₙ微卫星文库构建［J］.四川动物，2012，31（5）：734-739.

［35］刘全超，赵勇强，刘艳庄，等.昆虫遗传多样性与种群分化的研究进展［J］.河北林果研究，2011，26（2）：184-188.

［36］鲁双庆，刘臻，刘红玉，等.鲫鱼4群体基因组DNA遗传多样性及亲缘关系的微卫星分析［J］.中国水产科学，2005，12（4）：371-376.

［37］栾生，孔杰，王清印，等.日本囊对虾（*Marsupenaeus japonicus*）基因组微卫星特征分析［J］.自然科学进展，2007，17（6）：731-740.

［38］栾生，孔杰，王清印，等.日本囊对虾基因组微卫星特征分析［J］.南京林业大学学报（自然科学版），2007，17（6）：47-51.

［39］罗梅，张鹤，宾淑英，等.基于转录组数据高通量发掘扶桑绵粉蚧微卫星引物［J］.昆虫学报，2014，57（4）：395-400.

［40］牛素贞，刘玉倩，杨锦标，等.贵州茶树地方品种的EST-SSR遗传多样性分析［J］.浙江农业学报，2012，24（5）：836-841.

［41］罗志宏，占汉章，李艳红，等.中药康复新在头颈部恶性肿瘤治疗中的作用观察［J］.中国中西医结合耳鼻咽喉科杂志，1998，6（3）：132.

［42］马静，安永平，王彩芬，等.遗传多样性研究进展［J］.陕西农业科学，2010（1）：126-130.

［43］马秋月，戴晓港，陈赢男，等.枣基因组的微卫星特征［J］.林业科学，2013，49（12）：81-87.

［44］马秋月，廖卓毅，张得芳，等.碧桃花瓣转录组微卫星特征分析［J］.南京林业大学学报（自然科学版），2015，39（3）：34-38.

［45］门秋雷，陈茂华，张雅林，等.中国疫区内苹果蠹蛾微卫星位点的扩增稳定性及遗传多样性［J］.植物保护学报，2012，39（4）：341-346.

［46］戚文华，蒋雪梅，甘丽萍，等.牛科动物基因组GC含量与微卫星含量的相关性分析［J］.基因组学与应用生物学，2015，34（11）：2381-2386.

［47］任桂静.玉筋鱼和松江鲈微卫星标记的开发及群体遗传学研究［D］.青岛：中国海洋大学，2012.

［48］沈福军，Watts P，张志和，等.Dynal磁珠富集大熊猫微卫星标记［J］.遗传学报，2005，32（5）：457-462.

［49］沈利，李木旺，李明辉，等.家蚕微卫星标记的筛选及其在遗传多样性分析中的应用［J］.蚕业科学，2004，30（3）：230-236.

［50］史洁，尹佟明，管宏伟，等.油茶基因组微卫星特征分析［J］.自然科学进展，2012，36（2）：731-743.

[51] 舒青，张素珍，马群风. 雄激素受体基因微卫星CAG多态与食管癌的分级[J]. 中国肿瘤临床，2004，31（3）：121-123.

[52] 孙荆涛. 二斑叶螨与灰飞虱的微卫星开发及种群遗传结构研究[D]. 南京：南京农业大学，2012.

[53] 谭春敏. 藏羚羊基因组微卫星特征分析与引物验证[D]. 西宁：青海师范大学，2014.

[54] 汪自立，黄杰，杜联明，等. 二斑叶螨和肩突硬蜱基因组微卫星分布规律研究[J]. 四川动物，2013，32（2）：481-486.

[55] 王晨，杜联明，李鹏，等. 德国小蠊全基因组中微卫星分布规律[J]. 昆虫学报，2015，58（10）：1037-1045.

[56] 王丽鸳，韦康，张成才，等. 茶树花转录组微卫星分布特征[J]. 作物学报，2014，40（1）：80-85.

[57] 王小国，梁红艳，张薇. 82份春小麦种质资源遗传多样性的SSR分析[J]. 西北农业学报，2013，22（1）：34-40.

[58] 王小婷，张玉娟，何秀，等. 中华按蚊全基因组微卫星的鉴定、特征及分布规律[J]. 昆虫学报，2016，59（10）：1058-1068.

[59] 王月月，刘雪雪，董坤哲. 7种家养动物全基因组微卫星分布的差异研究[J]. 中国畜牧兽医，2015，42（9）：2418-2426.

[60] 魏朝明，孔光耀，廉振民，等. 蜜蜂全基因组中微卫星的丰度及其分布[J]. 昆虫知识，2007，44（4）：501-504.

[61] 鄢秀芹，鲁敏，安华明. 刺梨转录组SSR信息分析及其分子标记开发[J]. 园艺学报，2015，42（2）：341-349.

[62] 徐莉，赵桂仿. 微卫星DNA标记技术及其在遗传多样性研究中的应用[J]. 西北植物学报，2002，122（3）：714-722.

[63] 闫路娜，张德兴. 种群微卫星DNA分析中样本量对各种遗传多样性度量指标的影响[J]. 动物学报，2004，50（2）：279-290.

[64] 杨丽芳，王芝学，梁海永. 利用SSR技术对部分核桃品种（系）亲缘关系分析研究[J]. 安徽农业科学，2013，41（1）：49-51.

[65] 袁力行，傅骏骅，Warburton M. 利用RFLP、SSR、AFLP和RAPD标记分析玉米自交系遗传多样性的比较研究[J]. 遗传学报，2000，27（8）：725-733.

[66] 杨世勇，郭睿，刘匈，等. 鱼类杂种鉴别研究进展[J]. 四川动物，2012，31（4）：668-674.

[67] 余利，黄少勇，张智俊，等. 13种观赏竹EST-SSR标记遗传多样性分析[J]. 经济林研究，2012，30（3）：6-10.

[68] 袁慧，张修月，宋昭彬，等. 岩原鲤微卫星富集文库的构建及微卫星分子标记的筛选[J]. 四川动物，2008，27（2）：210-215.

[69] 袁阳阳，王青锋，陈进明. 基于转录组测序信息的水生植物莕菜SSR标记开发[J]. 植物科学学报，2013，31（5）：485-492.

［70］战爱斌.栉孔扇贝微卫星标记的筛选及应用［D］.青岛：中国海洋大学，2007.

［71］曾斌，田嘉，李疆．新疆核桃8个天然群体遗传多样性的SSR评价［J］.新疆农业科学，2012，49（12）：2180-2188.

［72］张国彦.东方粘虫微卫星富集文库的构建与遗传标记筛选［D］.南京：南京农业大学，2009.

［73］张宏杰．中国昆虫遗传多样性研究现状［J］.汉中师范学院学报，2003，21（3）：82-89.

［74］张琳琳，魏朝明，廉振民，等.赤拟谷盗全基因组和EST中微卫星的丰度［J］.昆虫知识，2008，45（1）：38-42.

［75］张棋麟，袁明龙.基于新一代测序技术的昆虫转录组学研究进展［J］.昆虫学报，2013，56（12）：1489-1508.

［76］张学卫，潘建芝，高宝嘉.昆虫遗传多样性研究及展望[J]. 河北林果研究，2009，24（4）：433-439.

［77］朱庆，李亮.不同地方乌骨鸡种群遗传多样性的微卫星DNA分析［J］.畜牧兽医学报，2003，34（3）：213-216.

［78］赵亚周，彭文君，安建东，等.中国意大利蜜蜂微卫星遗传多态性［J］.昆虫学报，2010，53（3）：248-256.

［79］郑燕，张耿，吴为人．禾本科植物微卫星序列的特征分析和比较［J］.基因组学与应用生物学，2011，30（5）：513-520.

［80］Altschul S F，Madden T L，Schäffer A A，et al. Gapped blast and psi-blast：A new generation of protein database search programs［J］. Nucleic Acids Res，1997，25（17）：3389-3402.

［81］Anthony T G，Trueman H E，Harbach R E，et al. Polymorphic microsatellite markers identified in individual *Plasmodium falciparum* copies from wild-caught Anopheles mosquitoes［J］. Parasitology，2000，121（2）：121-126.

［82］Archie E A，Moss C J，Alberts S C. Characterization of tetranucleotide microsatellite loci in the African Savannah Elephant（*Loxodonta africana*）［J］. Mol Ecol Notes，2003，3（2）：244-246.

［83］Balloux F，Lugon-Moulin N. The estimation of population differentiation with microsatellite markers［J］. Mol Ecol，2002，11（2）：155-165.

［84］Barbazan P，Dardaine J，Gonzalez J P，et al. Characterization of three microsatellite loci for *Aedes aegypti*（Diptera：Culicidae）and their use for population genetic study［J］. Southeast Asian J Trop Med Public Health，1999，30（3）：482-483.

［85］Biet E，Sun J，Dutreix M. Conserved sequence preference in DNA binding among recombination proteins：An effect of ssDNA secondary structure［J］. Nucleic Acids Res，1999，27（2）：596-600.

［86］Botstein D，White R L，Skolnick M，et al. Construction of a genetic linkage map in man using restriction fragment length polymorphisms [J]. Am J Hum Genet, 1980, 32 (3): 314-331.

[87] Bowcock A M, Ruiz-Linares A, Tomfohrde J, et al. High resolution of human evolutionary trees with polymorphic microsatellites [J]. Nature, 1994, 368 (6470): 455-457.

[88] Bozhko M, Riegel R, Schubert R, et al. A cyclophilin gene marker confirming geographical differentiation of Norway spruce populations and indicating viability response on excess soil-born salinity [J]. Mol Ecol, 2003, 12 (11): 3147-3155.

[89] Byrne M, Marquezgarcia M I, Uren T, et al. Conservation and genetic diversity of microsatellite loci in the genus *Eucalyptus* [J]. Aust J Bot, 1996, 44 (3): 331-341.

[90] Castagnone-Sereno P, Danchin E G, Deleury E, et al. Genome-wide survey and analysis of microsatellites in nematodes, with a focus on the plant-parasitic species *Meloidogyne incognita* [J]. BMC Genomics, 2010, 11: 7392-7400.

[91] Catasti P, Chen X, Mariappan S V S, et al. DNA repeats in the human genome [J]. Genetica, 1999, 106 (1-2): 15-36.

[92] Catherine M C I, Thomas R W, David M M. Genetic discontinuity revealed by chloroplast microsatellite in eastern North American Abies (Pinaceae) [J]. Am J Bot, 2000, 87 (6): 774-782.

[93] Chen M, Tan Z, Jiang J, et al. Similar distribution of simple sequence repeats in diverse completed human immunodeficiency virus type 1 genomes [J]. FEBS Lett, 2009, 583 (17): 2959-2963.

[94] Chen W, Liu Y X, Jiang G F. De novo assembly and characterization of the testis transcriptome and development of EST-SSR markers in the cockroach *Periplaneta americana* [J]. Sci Rep, 2015, 5: 11144-11151.

[95] Conesa A, Götz S, García-Gómez J M, et al. Blast2go: A universal tool for annotation, visualization and analysis in functional genomics research [J]. Bioinformatics, 2005, 21 (18): 3674-3676.

[96] Dallas J F. Estimation of microsatellite mutation rates in recombinant inbred strains of mouse [J]. Mamm Genome, 1992, 3 (8): 452-456.

[97] Debrauwere H, Gendrel C G, Lechat S, et al. Differences and similarities between various tandem repeat sequences: Minisatellite and microsatellite [J]. Biochimie, 1997, 79 (9-10): 577-586.

[98] Du L M, Li Y Z, Zhang X Y, et al. MSDB: A user-friendly program for reporting distribution and building database of microsatellites from genome sequence [J]. J Hered, 2013, 104 (1): 154-157.

[99] Edwards A, Hammond H A, Jin L, et al. Genetic variation at five trimeric and tetrameric tandem repeat loci in four human population groups [J]. Genomics, 1992, 12

（2）：24-253.

［100］Edwards K J, Barker J H A. Microsatellite libraries enriched for several microsatellite sequences in plants［J］. Biotechniques, 1996, 20（5）：759-760.

［101］England P R, Briscoe D A, Frankham R. Microsatellite polymorphisms in a wild population of *Drosophila melanogaster*［J］. Genet Res, 1996, 67（3）：51-55.

［102］Evans J D. Relatedness threshold for the production of female sexuals in colonies of a polygyne ant, *Myrmica tahoensis*, as revealed by microsatellite DNA analysis［J］. Proc Natl Acad Sci USA, 1995, 92（14）：6514-6517.

［103］Fernandez-Silva I, Whitney J, Wainwright B, et al. Microsatellites for next-generation ecologists: A post-sequencing bioinformatics pipeline［J］. PLoS One, 2013, 8（2）：e55990.

［104］FitzSimmons N N, Moritz C, Moore S S. Conservation and dynamics of microsatellite loci over 300 million years of marine turtle evolution［J］. Mol Biol Evol, 1995, 12（3）：432-440.

［105］Garza J C, Slatkin M, Freimer N B. Microsatellite allele frequencies in humans and chimpanzees, with implications for constraints on allele size［J］. Mol Biol Evol, 1995, 12（4）：594-603.

［106］Groenen M A, Ruyter D, Verstege E J, et al. Development and mapping of ten porcine microsatellite markers［J］. Anim Genet, 1995, 26（2）：115-118.

［107］Hartl D L, Clark A G. Principles of population genetics［M］. Sunderland: Sinauer Associates, 1997.

［108］Hearn C M, Ghosh S, Todd J A. Microsatellites for linkage analysis of genetic traits［J］. Trends Genet, 1992, 8（8）：288-294.

［109］Huang J, Li Y Z, Du L M, et al. Genome-wide survey and analysis of microsatellites in giant panda (*Ailuropoda melanoleuca*), with a focus on the applications of a novel microsatellite marker system［J］. BMC Genomics, 2015, 16（1）：61.

［110］Huber K, Loan L L, Hoang T H, et al. Genetic differentiation of the dengue vector, *Aedes aegypti* (HoChiMinhCity, Vietnam) using microsatellite markers［J］. Mol Ecol, 2002, 11（9）：1629-1635.

［111］Hughes C R, Queller D C. Detection of highly polymorphic microsatellite loci in a species with little allozyme polymorphism［J］. Mol Ecol, 1993, 2（3）：131-137.

［112］Karaoglu H, Lee C M Y, Meyer W. Survey of simple sequence repeats in completed fungal genomes［J］. Mol Biol Evol, 2005, 22（3）：639-649.

［113］Katti M V, Ranjekar P K, Gupta V S. Differential distribution of simple sequence repeats in eukaryotic genome sequences［J］. Mol Biol Evol, 2001, 18（7）：1161-1167.

［114］Kofler R, Schlotterer C, Lelley T. SciRoKo: A new tool for whole genome microsatellite search and investigation［J］. Bioinformatics, 2007, 23（13）：1683-

1685.

[115] Kruglyak S, Durrett T, Schug M D, et al. Equilibrium distributions of microsatellite repeat length resulting from a balance between slippage events and point mutations [J]. Proc Natl Acad Sci U S A, 2011, 47 (10): 3935-3938.

[116] Li S X, Yin T M, Wang M X, et al. Characterization of microsatellites in the coding regions of the *Populus* genome [J]. Mol Breeding, 2009, 27 (1): 59-66.

[117] Li Y C, Korol A B, Fahima T, et al. Microsatellites within genes: structure, function, and evolution [J]. Mol Biol Evol, 2004, 21 (6): 991-1007.

[118] Litt M, Luty J A. A hypervariable microsatellite revealed by in vitro amplification of a dinucleotide repeat within the cardiac muscle actin gene [J]. Am J Hum Genet, 1989, 44 (3): 397-401.

[119] Lund G, Lauria M, Guldbak P. Duplication-dependent CG suppression of the seed storage protein genes of maize [J]. Genetics, 2003, 165 (2): 835-848.

[120] Marshall T C, Slate J, Kruuk L, et al. Statistical confidence for likelihood-based paternity inference in natural populations [J]. Mol Ecol, 1998, 7 (5): 639-655.

[121] Metzgar D, Bytof J, Wills C. Selection against frameshift mutations limits microsatellite expansion in coding DNA [J]. Genome Res, 2000, 10 (1): 72-80.

[122] Moazami-Guodarzi K, Laloe D, Furet J P, et al. Analysis of genetic relationships between 10 cattle breeds with 17 microsatellites [J]. Anim Genet, 1997, 28 (5): 338-345.

[123] Morgante M, Hanafey M, Powell W. Microsatellites are preferentially associated with nonrepetitive DNA in plant genomes [J]. Nat Genet, 2002, 30 (2): 194-200.

[124] Morin P A, Chambers K E, Boesch C, et al. Quantitative polymerase chain reaction analysis of DNA from noninvasive samples for accurate microsatellite genotyping of wild chimpanzees (*Pan troglodytes verus*) [J]. Mol Ecol, 2001, 10 (7): 1835-1844.

[125] Moriya Y, Itoh M, Okuda S, et al. KAAS: An automatic genome annotation and pathway reconstruction server [J]. Nucleic Acids Res, 2007, 35 (Web Server Issue): W182-W185.

[126] Nauta M J, Weissing F J. Constraints on allele size at microsatellite loci: Implications for genetic differentiation [J]. Genetics, 1996, 143 (2): 1021-1032.

[127] Nei M. Estimation of average heterozygosity and genetic distance from a small number of individuals [J]. Genetics, 1978, 89: 583-590.

[128] Pearson C E, Sinden R R. Alternative structures in duplex DNA formed within the trinucleotide repeats of the myotonic dystrophy and fragile X loci [J]. Biochemistry, 1996, 35 (15): 5041-5053.

[129] Prasad M D, Muthulakshmi M, Madhu M, et al. Survey and analysis of

microsatellite in the Silkworm, *Bombyx mori*: Frequency, distribution, mutations, marker potential and their conservation in heterologous species [J]. Genetics, 2005, 169 (1): 197-214.

[130] Rafalski J A, Vogel J M, Morgante M, et al. Generating and using DNA markers in Plants [C]. Nonmammalian Genomic Analysis, 1996.

[131] Ravel S, Herve J P, Diarrassouba S, et al. Microsatellite markers for population genetic studies in *Aedes aegypti* (Diptera: Culicidae) from Cote d'Ivoire: Evidence for a microgeographic genetic differentiation of mosquitoes from Bouake [J]. Acta Trop, 2002, 82 (1): 39-49.

[132] Raymond M, Rousset F. Genepop (version 1.2): Population genetics software for exact tests and ecumenicism [J]. J Hered, 1995, 86 (3): 248-249.

[133] Rico C, Rico I, Hewitt G. 470 million years of conservation of microsatellite loci among fish species [J]. Proc R Soc Lond B Biol Sci, 1996, 263 (1370): 549-557.

[134] Rozen S, Skaletsky H. PRIMER 3 on the WWW for general users and for biologist programmers [J]. Methods Mol Biol, 2000, 132: 365-386.

[135] Samadi S, Artiguebielle E, Estoup A, et al. Density and variability of dinucleotide microsatellites in the parthenogenetic polyploidy snail *Melanoides tuberculata* [J]. Mol Ecol, 1998, 7 (9): 1233-1236.

[136] Schorderet D F, Gartler S M. Analysis of CpG suppression in methylated and nonmethylated species [J]. Proc Natl Acad Sci USA, 1992, 89 (3): 957-961.

[137] Schubert R, Mueller-Starck G, Riegel R. Development of EST-PCR markers and monitoring their intrapopulational genetic variation in *Picea abies* (L) Karst [J]. Theor Appl Genet, 2001, 103: 1223-1231.

[138] Sharma P C, Grover A, Kahl G. Mining microsatellites in eukaryotic genomes [J]. Trends Biotechnol, 2007, 25 (11): 490-498.

[139] Sharopova N. Plant simple sequence repeats: Distribution, variation, and effects on gene expression [J]. Genome, 2008, 51 (2): 79-90.

[140] Slatkin M. Gene flow in natural populations [J]. Clim Dev, 2010, 2 (1): 9-13.

[141] Smulders M J M, Bredemeijer G. Use of short microsatellites from database sequences to generate polymorphisms among *Lycopersicon esculentum cultivars* and accessions of other *Lycopersicon species* [J]. Theor Appl Genet, 1997, 97: 264-272.

[142] Taberlet P, Waits L P, Luikart G. Noninvasive genetic sampling: Look before you leap [J]. Trends Ecol Evol, 1999, 14 (8): 323-327.

[143] Tautz D. Hypervariability of simple sequences as a general source for polymorphic DNA markers [J]. Nucleic Acids Res, 1989, 17 (16): 6463-6471.

[144] Temnykh S, DeClerck G, Lukashova A, et al. Computational and experimental analysis of microsatellites in rice (*Oryza sativa L.*): Frequency, length variation, transposon associations, and genetic marker potential [J]. Genome Res, 2001, 11 (8): 1441-1452.

[145] Tóth G, Gaspari Z J. Microsatellites in different eukaryotic genomes: Survey and analysis [J]. Sociol Rural, 2000, 46 (1): 40-60.

[146] Tóth G, Gáspári Z, Jurka J. Microsatellites in different eukaryotic genomes: survey and analysis [J]. Genome Res, 2000, 10 (7): 967-981.

[147] Tautz D. Hypervariability of simple sequences as a general source of polymorphisms DNA markers [J]. Nucleic Acids Res, 1989, 17 (16): 6463-6471.

[148] Valdes A M, Slatkin M, reimer N B. Allele frequencies at microsatellite loci: The stepwise mutation model revisited [J]. Genetics, 1993, 133 (3): 737-749.

[149] Wang C, Kubiak L J, Du L M, et al. Comparison of microsatellite distribution in genomes of *Centruroides exilicauda* and *Mesobuthus martensii* [J]. Gene, 2016, 594 (1): 41-46.

[150] Weber J L, May P E. Abundant class of human DNA polymorphisms which can be typed using the polymerase chain reaction [J]. Am J Hum Genet, 1989, 44 (3): 388-396.

[151] Wierdl M, Dominska M, Petes T D. Microsatellite instability in yeast: Dependence on the length of the microsatellite [J]. Genetics, 1997, 146 (3): 769-779.

[152] Xie W, Meng Q S, Wu Q J, et al. Pyrosequencing the *Bemisia tabaci* transcriptome reveals a highly diverse bacterial community and a robust system for insecticide resistance [J]. PLoS One, 2012, 7 (4): e35181.

[153] Ye J, Fang L, Zheng H, et al. WEGO: A web tool for plotting GO annotations [J]. Nucleic Acids Res, 2006, 34 (Web Server Issue): W293-W297.

[154] Zhang L, Yuan D, Yu S, et al. Preference of simple sequence repeats in coding and non-coding regions of *Arabidopsis thaliana* [J]. Bioinformatics, 2004, 20 (7): 1081-1086.

[155] Zhou X, Qian K, Tong Y, et al. De Novo Transcriptome of the Hemimetabolous German Cockroach (*Blattella germanica*) [J]. PLoS One, 2014, 9 (9): e106932.

[156] Zhu J Y, Li Y H, Yang S, et al. De novo assembly and characterization of the global transcriptome for *Rhyacionia leptotubula* using illumina paired-end sequencing [J]. PLoS One, 2013, 8 (11): e79599.

[157] Zimmermann W. Transcriptome and comparative gene expression analysis of *Sogatella furcifera* (Horváth) in response to southern rice black-streaked dwarf virus [J].

PLoS One, 2012, 7 (4): e36238.

[158] Zou D, Coudron T A, Liu C, et al. Nutrigenomics in Arma chinensis: Transcriptome analysis of *Arma chinensis* fed on artificial diet and Chinese oak silk moth *Antheraea pernyi pupae* [J]. PLoS One, 2013, 8 (4): e62257.

第五章 美洲大蠊转录组测序分析

转录组是某个物种的组织或者特定细胞类型在一定的时空下产生的所有转录本的集合。转录组能够反映基因组在特定条件下的表达情况，使研究者从整体水平了解基因的功能和结构（Wang等，2009）。转录组已经广泛应用于基础研究、临床诊断和药物研发等领域（祁云霞等，2011）。

以前研究人员通过基因芯片技术来研究基因表达，但随着二代测序技术的发展和普及，特别是测序成本的降低，转录组测序成为研究基因表达的主流技术手段。转录组测序（RNA sequencing），就是通过高通量技术测定基因转录的RNA序列，这些RNA主要有信使RNA（mRNA）、小RNA（miRNA）和非编码RNA（ncRNA）等（Wang等，2009）。目前，除了二代测序技术已被用于转录组测序，三代测序技术因其能很好地完成对全长转录本测序而崭露头角，但是目前三代测序技术的测序错误率高，测序成本也不低，因而限制了其推广。

运用高通量测序技术进行转录组测序分析的主要研究目的，是分析在不同发育过程或不同条件或不同组织情况下基因的表达情况，获取基因转录结构，提高基因注释质量，甚至还可以用来辅助基因组组装。此外，转录组测序还用于开发微卫星标志物、寻找单核苷酸多态性、鉴定RNA编辑等方面的研究。

还有一种技术可以用来分析基因表达情况，即数字基因表达谱（digital gene expression profile），这种技术通过运用特定的酶对mRNA距离Poly A尾巴21～25个核苷酸位置进行酶切，得到带Poly A尾巴的标签（tag），通过高通量测序，根据该标签被测的次数来描述对应基因表达的值。由于不是对全部的mRNA进行测序，所以数字基因表达谱的成本较低，也广泛应用于基础科学研究和医学等领域（张渝等，2015）。不过数字基因表达谱获得的信息有限，因此获取的基因表达信息要少于转录组测序。

随着美洲大蠊越来越受到重视，针对美洲大蠊的转录组测序研究有了一定的发现。通过Illumina平台进行美洲大蠊转录组测序，经过Trinity组装后（Grabher，2011），得到了12.5万个长度在351bp以上的unigene，平均长度为771bp，鉴定了14 195个微卫星，发现*Spag6*基因是精巢特异表达（Chen等，2015）。通过环氧虫啶处理9龄的美洲大蠊之后，对肠道进行转录组测序，得到了82905个unigene，其中37个解毒相关unigene，16个氧化应激反应相关unigene，发现CYP6K1、α-淀粉酶（alpha-amylase）、β-葡萄糖苷酶（beta-glucosidase）和氨肽酶（aminopeptidase）等可能参与杀虫剂的代谢（Zhang等，2016）。同一时期，研究者也对大肠埃希菌刺激后的美洲大蠊进行转录组测序，采用CLC Assembly Cell（v.4.0，CLCBio公司）软件组装转录本，共获得85984个contig序列，平均长度为620.8bp（Kim等，2016）。通过生物信息学的方法预测到86个抗菌肽，其中21个抗菌肽得到了实验验证，具有抗菌活性。

本章通过美洲大蠊不同虫态转录组测序、组装和注释，对比分析不同龄期和虫态的基因表达情况，比较若虫和成虫之间差异表达转录本，为美洲大蠊药用机制的研究、药用价值和新产品的开发奠定基础。

第一节　美洲大蠊不同虫态转录组测序、组装和注释

美洲大蠊的药用价值已经得到广泛的验证，但是其中的有效药用成分和药理机理尚未完全清楚。本研究通过对美洲大蠊不同龄期及虫态等5组样本进行转录组测序分析，以期获得较为全面的基因表达数据，探索美洲大蠊药用成分相关基因及其调控通路，进一步对比分析不同龄期和虫态的基因表达情况，为美洲大蠊药用机制的研究和新产品的开发奠定基础。此外，本研究还从基因表达的角度探讨美洲大蠊及其内共生菌的合作关系，为后续研究蜚蠊目及其内共生菌之间物质交换、挖掘其中的药用价值提供数据支持。

一、材料与方法

（一）样本

本研究采用的美洲大蠊样本来自四川好医生攀西药业有限公司西昌饲养基地，每组样本由4个个体组成（表5-1）。

表5-1　样本分组信息

样本编号	虫态
低龄若虫：3_1	3~4龄若虫
高龄若虫：8_1	7~8龄若虫
新羽化成虫：10_1	新羽化的白色成虫
雌成虫：C_1	雌成虫
雄成虫：X_2	雄成虫

迅速去除虫体的翅、足和消化道后，全部放入装有液氮中的研钵中研磨，每组再称取等量样本用于RNA的提取。只有雌成虫组和雄成虫组按性别分别研磨，其余样本组雌雄混合研磨，因为3龄若虫可能没有明显性征而无法区分性别，所以随机选择4只。

（二）文库构建及转录组测序

使用RNA提取试剂盒（Sigma）按说明书操作提取总RNA。提取总RNA后，用带有

多聚胸腺嘧啶（Oligo dT）的磁珠富集mRNA，然后将mRNA打断成片段，再将这些片段用六碱基随机引物合成cDNA的第一条链，接着再合成第二条链。由于打断过程中末端不完整，因此还要进行末端修复并加碱基A，加上接头，然后经过电泳回收目的大小片段，最后进行PCR扩增，至此完成文库构建工作。

构建好的文库经检测合格后，用HiSeq 2000进行双末端（PE100）测序（图5-1）。此工作在北京诺禾致源生物信息科技有限公司完成，后续的生物信息学分析如转录组组装、注释和差异表达等由本课题组独立完成。北京诺禾致源生物信息科技有限公司仅提供转录组测序服务。

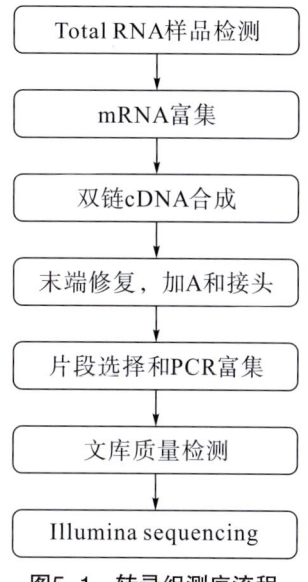

图5-1 转录组测序流程

（三）原始测序数据过滤

1. 测序质量评估。

如果测序错误率用e表示，HiSeq 2000/4000/X ten等平台的碱基质量值用Q_{Phred}表示，则有：$Q_{Phred} = -10 \log_{10}(e)$。Illumina Casava 1.8版本碱基识别与Phred分值之间的简明对应关系见表5-2。

表5-2 碱基识别与Phred分值之间的简明对应关系

Phred分值	碱基错误识别率	碱基正确识别率	Q分值
10	10%	90%	Q_{10}
20	1%	99%	Q_{20}
30	0.1%	99.9%	Q_{30}
40	0.01%	99.99%	Q_{40}

我们通常说的Q20，就是碱基质量值$Q_{Phred}=Q_{20}$的情况，表示碱基错误识别率为

1%、正确识别率达到99%的情况。对应到Fastq文件，比如某个碱基质量值"#"，它对应的ASCII值为35，减去33（因为Illumina Casava 1.8版本最低质量值是从ASCⅡ值为33的"！"开始），那么它的Phred分值是2（Q_{Phred}就是Q_2）。

Illumina平台转录组测序错误率分布有两大特点（图5-2）：第一个特点是随着测序序列长度的增加，测序错误率会逐渐升高，这是所有Illumina高通量测序平台目前不能避免的缺陷，因为这是测序过程中试剂消耗造成的；第二特点是reads的前6个碱基也会发生较高的测序错误率，这个序列长度刚好和在建库过程中加入的随机引物的长度相同，因此推测这可能是随机引物与RNA模板不完全结合导致的。通常情况下，单个碱基位置的测序正确率不会低于99%。

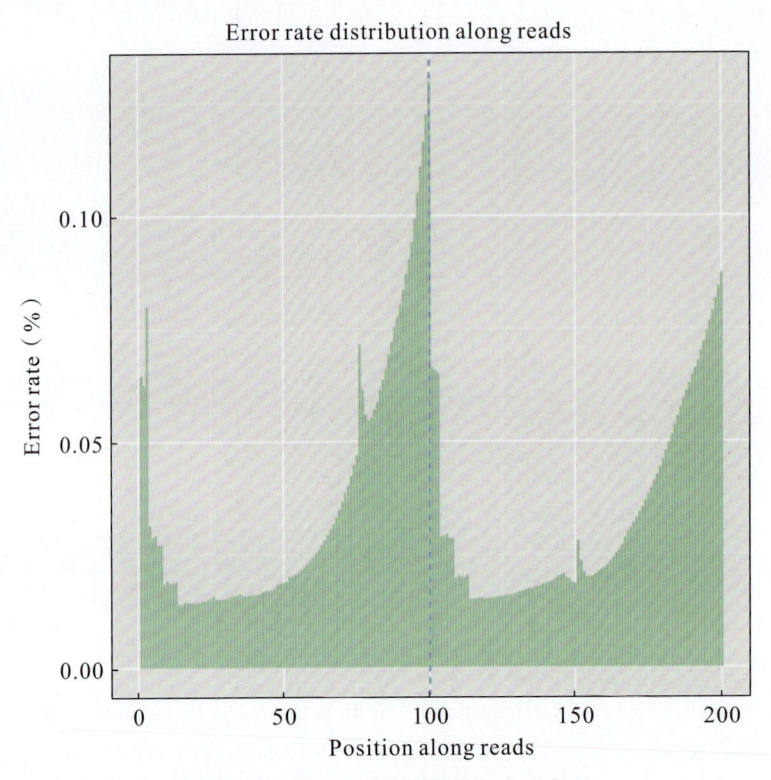

图5-2　8龄若虫样本测序错误率分布图

注：横坐标PE100测序reads的碱基位置，1～100bp为双末端reads的Read 1的错误率分布情况，101～200bp为read 2的错误率分布情况，纵坐标为单碱基错误识别率。

2. 测序数据过滤。

直接下机的reads数据称为原始数据（raw data），需要过滤掉包含接头及其低质量的reads，过滤后的数据称为干净数据或有效数据（clean data），过滤条件如下。

（1）reads 70%的碱基质量值必须不低于Q_{20}。这是去除低质量碱基，保留高测序质量的reads。

（2）去除带接头的reads。

N端接头序列：AATGATACGGCGACCACCGAGATCTACACTCTTTCCCTACACG

ACGCTCTTCCGATCT

C端接头序列：ATCGGAAGAGCACACGTCTGAACTCCAGTCACATCACGATCTCGTATGCCGTCTTCTGCTTG

接头序列由北京诺禾致源生物信息科技有限公司直接去除，低质量碱基用NGS QC Toolkit（版本2.3，参数默认）过滤。

（四）转录组组装与评估

1. 转录组组装。

Trinity是一款广泛用于无参考基因组物种的转录组测序短序列组装工具，主要工作原理如下：

第一步Inchworm，将转录组的reads数据组装成唯一序列（unique sequence），产生主要可变剪切体（dominant isoform）的全长转录本。

第二步Chrysalis，将第一步生产的序列聚类，并对每个聚类构建完整的de Bruijn图。

第三步Butterfly，依据de Bruijn图来寻找路径，得到具有可变剪切的全长转录本。

本研究中采用Trinity（版本20140413）（Grabherr等，2011）组装5组样本共同的参考转录本（即把5个样本过滤后的所有reads输入，得到共同的参考转录本）。组装参数：--seqType fq --JM 100G-CPU 16。其他参数默认（最短的转录本长度默认为200bp）。

2. 转录本评估。

首先，将下载的已有美洲大蠊EST序列比对到组装好的美洲大蠊转录本上进行评估；其次，采用BUSCO（版本v3）利用昆虫中直系同源基因集来进行基因完整度的评估，参数：-l insecta_odb9 -m tran。

（五）转录本注释

通过Blastx（E-value阈值设置为1e-5）软件将组装好的转录本比对到NCBI的NR数据库（参数：-max_target_seqs 5）、Swiss-Prot数据库和真核直系同源簇（KOG）等数据库进行功能注释。

基因本体（GO）数据库注释采用Blast2GO（Conesa等，2005）软件（版本为2.5），以转录本序列比对NR数据库输出的xml结果作为输入文件，得到GO注释结果文件，整理成WEGO格式，提交到WEGO网站在线分析。WEGO是一个图形化展示GO注释的在线工具，具有比较直观的展示GO注释结果的效果。

京都基因与基因组百科全书（Kyoto Encyclopedia of Genes and Genomes，KEGG）是一个综合数据库，大致可以分为系统信息（systems information）、基因组信息（genomic information）、化学信息（chemical information）和健康信息（health information）等几大类。本研究主要利用它的基因组信息下KEGG GENES数据库注释转录本，然后利用系统信息中的KEGG PATHWAY重构代谢通路（这些代谢通路是基于实验数据或者可计算的形式获取的数据，经过人工绘制形成的）。与其他数据库相比，KEGG的一个显著特点就是具有强大的图形功能，它利用图形而不是繁琐的文字来介绍众多的代谢通路以及通路之间的关系，这样可以使研究者能够对其所要研究的代谢通路有一个直观全面的了解。

KEGG的自动注释服务简称KAAS（KEGG automatic annotation server），找出检索序列（可以是蛋白质序列或者基因序列）在网站内部数据库内最匹配的基因，并确定检索序列的KEGG Orthology（KO）分类号，然后给出这些基因所在的代谢通路并以颜色（默认是绿色）标示这些基因。由于该网站对上传的序列有数目限制（约10万条序列），因此需要分批提交，方法选择SBH，将得到的KO列表（KO list）文件合并，然后将KO列表文件提交到KEGG Mapper进行代谢通路重构。将从KAAS得到的KO列表作为输入项，提交到该网站，点击Exec就可以在线重构代谢通路图，得到几十上百种代谢图，它们可分为六大类：细胞过程、环境信息处理、遗传信息处理、人类疾病、新陈代谢和器官系统。

（六）重复序列鉴定

采用MSDB（Du等，2013）搜索转录组中单碱基至六碱基重复类型完美型微卫星，最小重复拷贝数分别是 12、7、5、4、4和 4。通过RepeatMasker（版本为open-4.0.5，参数 -engine ncbi -nolow -no_is -norna）和RepeatProteinMask（参数 -noLowSimple -pvalue 0.0001）软件分别比对Repbase库和TE蛋白质库鉴定转座子。

二、结果

（一）数据过滤

过滤后的数据见表5-3，合格的reads数占总reads数的比例都大于90%，可以认为此次测序质量正常。此次测序8龄若虫得到的数据最多，数目约为3龄若虫的一倍。本研究通过对美洲大蠊5组样本进行转录组测序，总共得到了217 776 763对双末端100bp reads（约43Gb），经过过滤后得到了200 616 339对双末端reads（约40Gb）。

表5–3 reads数据过滤统计

样本名	原始PE reads数	过滤后PE reads数	过滤后reads比例
低龄若虫	33 964 933	31 505 768	92.75%
高龄若虫	64 343 011	58 573 112	91.03%
新羽化成虫	38 897 702	35 718 099	91.82%
雌成虫	37 231 884	34 455 335	92.54%
雄成虫	43 339 233	40 364 085	93.13%

注：PE reads数是一对双末端reads，代表2条read。

（二）转录组组装与评估

本研究一共获得了291 250个转录本，N50为1 233bp（表5-4）。N50是序列长度从大到小排列，从大开始加，当累计长度超过序列总长一半的那条序列的长度，常用来评估组装质量。由于基因表达时存在可变剪切，一个基因可以表达出不同的转录本，所以基因数小于转录本总数（该结果是基于Trinity输出的转录本ID而统计得到）。

表5-4 转录本组装统计

类别	值
原始reads数	217 776 763
有效reads数	200 616 399
转录本（contig）总数	291 250
reads长度（bp）	100
基因数	241 687
最大长度（bp）	28 486
最小长度（bp）	201
转录本总长（bp）	208 045 949
平均长度（bp）	714.3
转录本N50（bp）	1233
GC含量	37.37%

图5-3显示组装的转录本长度分布，由图5-3 A可知，约11万个转录本的长度分布在200~300bp，约有15万个转录本长度大于350bp，大于2 100bp（柱形图最后一个柱子）的只有19 540个，表明拼接的转录本大部分较短。图5-3B则是去掉300bp以下的转录本的长度分布。

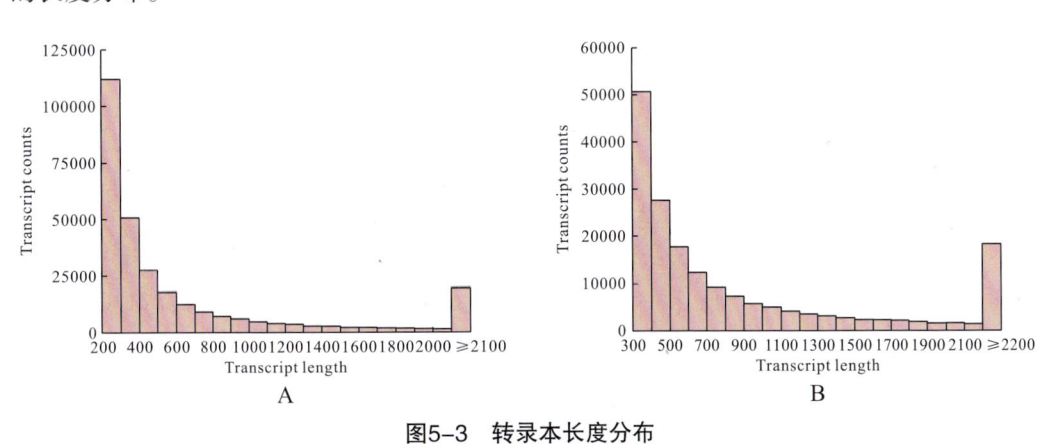

图5-3 转录本长度分布

A.长度在200bp以上的转录本；B.长度在300bp以上的转录本

为了验证转录组测序的可靠性，我们从NCBI收录的美洲大蠊已有的EST序列5 315条中，将其blastn（E-value阈值设置为1e-5）比对到我们组装的美洲大蠊转录本，有5 131个可以比对到转录本上，BUSCO的结果表明本研究的美洲大蠊转录组数据包含了97.7%的昆虫直系同源基因，说明我们获得的美洲大蠊转录组数据是可靠的。

（三）转录本注释

1. 非冗余蛋白库注释。

NR数据库收录的蛋白质序列比较全面，但是比对所需要的时间长。比对NR数据库结果以XML格式输出，方便后续的基因本体（GO）注释（使用Blast2GO软件）。NR数据库注释的过程可以简单理解为将查询序列比对到NR数据库，查询序列在NR数据库中最匹配的序列所包含的功能即为该查询序列的功能。经过NR数据库比对，我们注释了52 625个转录本，是各数据库注释转录本数最多的数据库（表5-5）。

表5-5　数据库注释的转录本统计

数据库	注释的转录本数目
NR	52 625
Swiss-Prot	33 398
GO	15 926
KOG	35 595
KEGG	18 880
总数	53 262

2. Swiss-Prot数据库注释。

Swiss-Prot数据库是经过人工注释和检查的蛋白质序列数据库，由欧洲生物信息学研究所（EBI）维护，收录的蛋白质序列质量高，且非冗余，不过其收录序列数目远少于NR数据库。将转录本序列比对到Swiss-Prot数据库，我们注释了33 398个转录本。

3. KOG数据库注释。

KOG（Eukaryotic Orthologous Groups）是COG（Clusters of Orthologous Groups，直系同源簇）数据库下的真核生物蛋白质功能分类数据库。构成每个直系同源簇的蛋白都是被假定为来自于一个祖先蛋白，并且因此或者是直系同源（orthologs）或者是旁系同源（paralogs）。直系同源是指来自于不同物种的共同祖先进化而来的蛋白，并且典型地保留与原始蛋白相同的功能。旁系同源指在同一物种内，由于基因复制事件而产生的同源基因或蛋白。KOG数据库注释了35 595个转录本。发现信号传导机制（signal transduction mechanisms）、翻译后修饰、蛋白质折叠、分子伴侣（posttranslational modification, protein turnover, chaperones）和转录（transcription）相关功能的转录本数目较多，最少的几个类别分别是核结构（nuclear structure）、细胞运动（cell motility）和防御机制（defense mechanisms）（图5-4）。

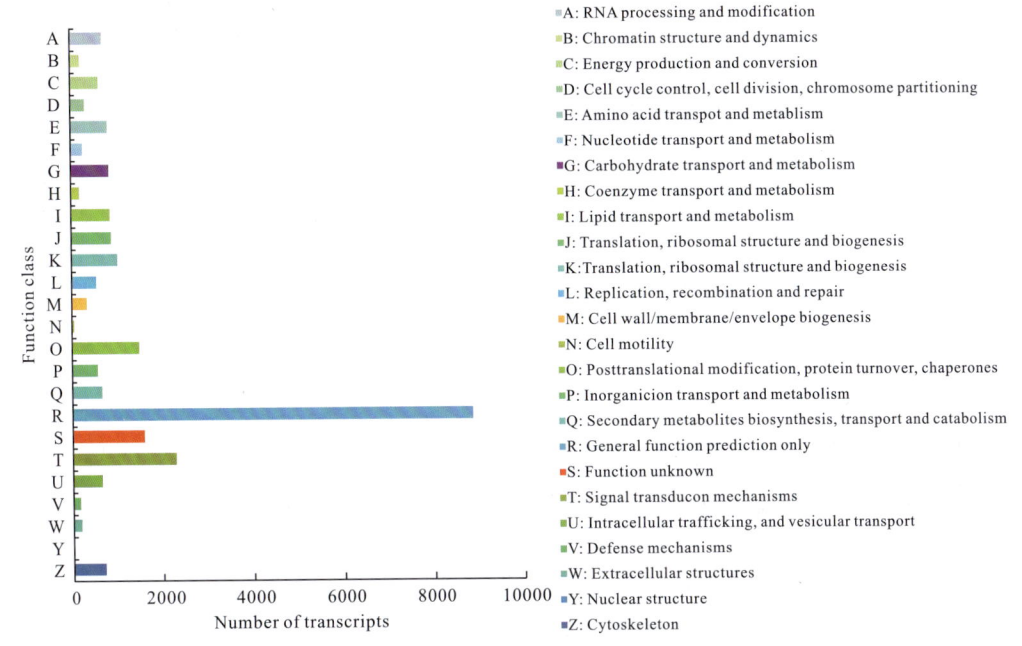

图5-4　KOG功能分类

4. GO注释。

GO注释表明美洲大蠊转录组中细胞（cell）、细胞组件（cell part）、结合（binding）、催化剂（catalytic）、细胞过程（cellular process）和代谢过程（metabolic process）等方面存在较多的转录本（图5-5）。

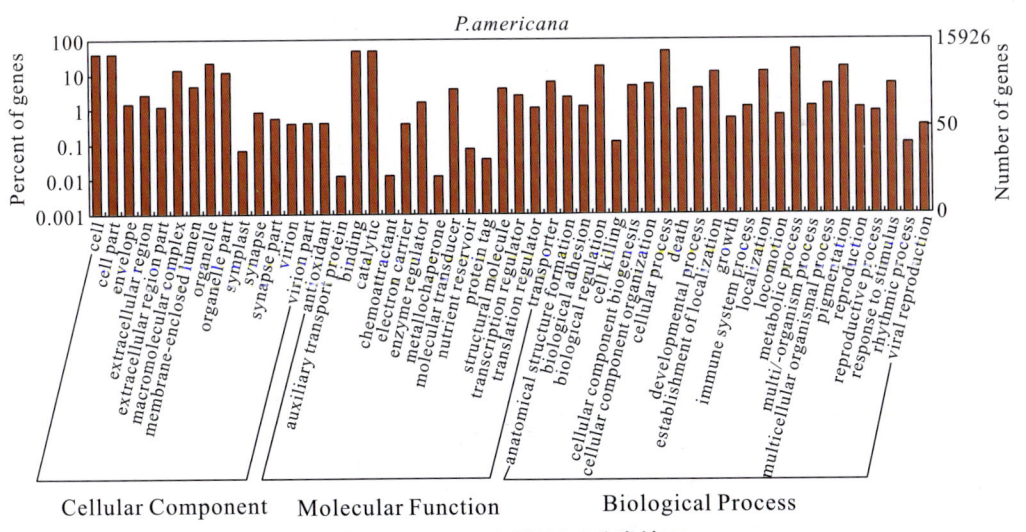

图5-5　WEGO展示GO分类情况

5. KEGG数据库注释。

图5-6中纵坐标表示各个代谢通路的名称，横坐标（中间条形长短）表示该通路的转录本数目，右边示例如细胞过程（cell processes）表示具有同种颜色条形的代谢通路

191

如细胞运动（cell motility）、细胞生长和死亡（cell growth and death）等属于细胞过程（cell process）这个大分类。从图5-6中可以看到信号传导（signal transduction）通路中的转录本数目最多，其次是传染性疾病（infectious disease）和癌症（cancer）。

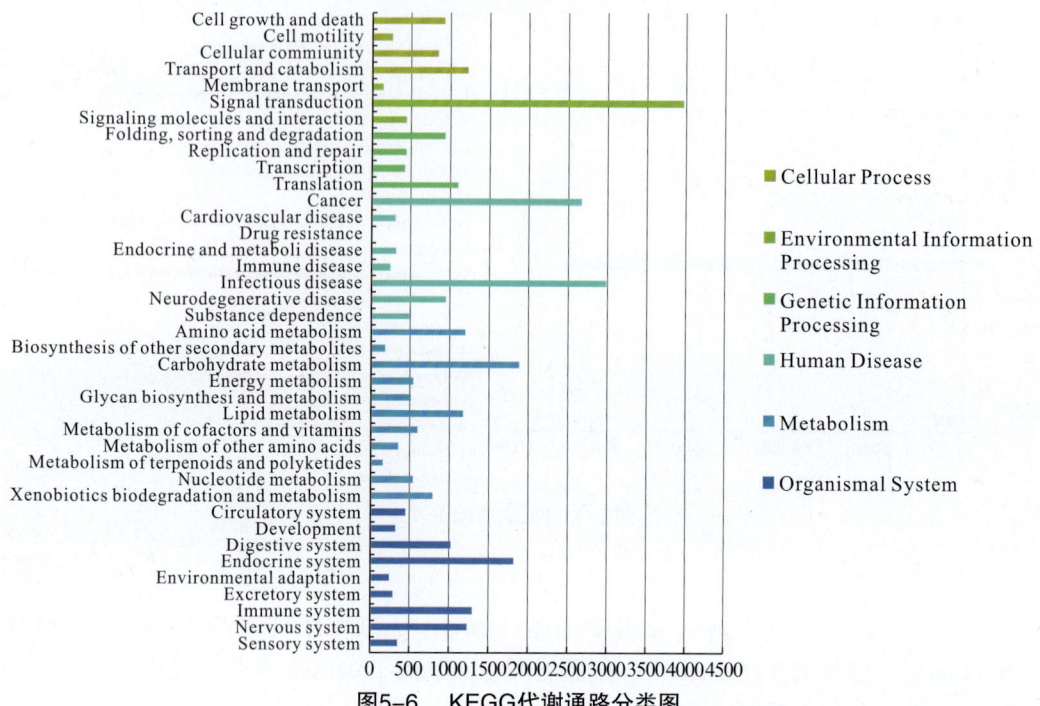

图5-6　KEGG代谢通路分类图

美洲大蠊分布广泛，生活环境恶劣，有极强的生命力，经过了上亿年的适应性进化，发展了极强的抗逆能力。美洲大蠊抗辐射能力强，有研究认为美洲大蠊抗辐射能力强是因为它只在蜕皮的时候才进行细胞分裂，如果在细胞分裂时期给予高强度辐射会影响它的生存。为了应对强辐射，机体会进化出较强的DNA修复能力。本研究发现美洲大蠊转录组中有33个转录本与DNA修复通路相关，有26个转录本与碱基切除修复通路相关，有20个与错配修复有关，有36个与核酸切除修复通路有关。

有研究指出，康复新液富含多元醇类，能促进创面修复，有自由基清除作用。甘露醇（d-mannitol）是一种多元醇化合物，广泛用于食品、制药等行业。本次分析发现美洲大蠊转录组中存在果糖和甘露糖的代谢途径，美洲大蠊缺乏将果糖转化为甘露醇或者甘露糖的酶，但存在一些甘露糖下游产物代谢相关的酶。

亚油酸是脂肪酸中的一种，是人和动物必需的脂肪酸之一，共轭亚油酸是亚油酸的同分异构体，具有多种医用保健功能，如抗肿瘤、预防心血管疾病、预防糖尿病，还具有免疫调节功能。美洲大蠊转录组中存在将卵磷脂（lecithin）转化为亚油酸（linoleate）的酶（磷脂酶A2），根据NR数据库和Swiss-Prot数据库的注释的磷脂酶A2，分析其表达量发现大部分雌成虫样本中该酶表达量高于雄成虫，幼虫中的表达量也高于雄成虫。

α-亚麻酸是人体必需脂肪酸，它能转换为二十二碳六烯酸（docosahexaenoic

acid，DHA，俗称脑黄金）、二十碳五烯酸（eicosapentaenoic acid，EPA）和二十二碳五烯酸（docosapentaenoic acid，DPA）等多种物质，这些物质是构成细胞膜和生物酶的基础物质，具有降血脂、降血压、预防心脑血管疾病、抗炎等多种效用。本次分析发现，将磷脂酰胆碱（phosphatidylcholine，卵磷脂的一种）转化为α-亚麻酸的酶磷脂酶A2，也是生成亚油酸代谢的酶。分析雌成虫和雄成虫差异表达的转录本中，酰基辅酶A氧化酶（ACX）和磷脂酶A2都在雌成虫中表达上调。

（四）重复序列分析

1. 微卫星分析。

微卫星是均匀分布于真核生物基因组中的简单重复序列，含量丰富，具有高度的多态性。由于转录组测序的mRNA含有Poly A尾巴，有的研究因此不分析单碱基重复类型微卫星，但出于数据积累的目的，本研究还是分析了单碱基重复类型微卫星。

从全部的转录本序列（包含内共生菌的转录本）中找到了38 052个微卫星（表5-6）。由于转录本中存在可变剪切等，实际上转录本中可供开发为分子标志物的微卫星数目要少于38 052个，微卫星总长占转录本序列总长的0.298%，而二斑叶螨基因组微卫星只占0.16%，说明从转录组中开发微卫星标志物具有较好的潜力。

表5-6 微卫星总体特征

序列总长度（bp）	微卫星总数	微卫星总长度（bp）	微卫星平均长度（bp）	频率（loci/Mb）	密度（bp/Mb）
207 084 843	38 052	617 673	16.23	183.83	2 983.93

从表5-7中可以看出单碱基重复类型微卫星数目最多，其次是三碱基重复类型，再次是四碱基重复类型，六碱基重复类型最少。

表5-7 各重复类别微卫星统计

重复类型	总数	总长度（bp）	平均长度（bp）	频率（loci/Mb）	密度（bp/Mb）
单碱基	19 983	300 902	15.06	96.5	1 453.037
二碱基	3 095	51 906	16.77	14.95	250.651
三碱基	9 329	162 387	17.41	45.05	784.157
四碱基	4 935	86 944	17.62	23.83	419.847
五碱基	612	12 810	20.93	2.96	61.859
六碱基	98	2 724	27.8	0.47	13.154

2. 转座子分析。

美洲大蠊转录组序列中共鉴定了11 060 020个转座子，其中DNA转座子7 259 649个，LINE转座子2 910 446个，LTR转座子857 213个，SINE转座子32 433个，其他类型转座子279个。上述所有类型的转座子分布于37 079个转录本中。后续的表达量分析表明共有15 522个含转座子的转录本在样本中表达量（FPKM值）高于1。

三、讨论

5组样本通过转录组测序总共得到了217 776 763对双末端reads，经过过滤后得到了200 616 339对高质量的双末端reads。每组样本获得的双末端reads数目都超过了3千万对，比之前已报道的美洲大蠊的转录组测序的数据量都要大，为后续的美洲大蠊基因表达提供了数据支持。

将5个样本的clean reads集合起来，采用Trinity软件组装5组样本的共同参考转录本，得到291 250条转录本序列，转录本序列的N50为1 233bp，长度在200~300bp的约11万条，表明组装的转录本中存在大量的短序列转录本。美洲大蠊组装出来的转录本数目多于之前的研究结果，但本研究获得的转录本数目和一些评估指标都接近Chen等（2015）的研究结果。大于350bp的转录本约15万个，这和此前Chen等（2015）组装的美洲大蠊351bp以上的转录本有12万多条的结果相近。鉴于对有些物种多组样本转录组测序采用各地单独组装再合并去冗余，以期获得较少的转录本（或unigene），本研究也进行了类似的处理，但是发现获得的转录本数目更多，接近34万个转录本。因此本研究最终还是采用了混合全部reads再组装的策略，这种组装策略也是Hass等（2013）推荐的方法。

通过与蛋白质数据库比对，一共注释了53 262个转录本，其中NR数据库注释了52 625个转录本；GO数据库注释了15 926个转录本，GO数据库注释中，细胞（cell）、细胞组件（cell part）、结合（binding）、催化剂（catalytic）、细胞过程（cellular process）和代谢过程（metabolic process）等方面富集有较多的转录本；KOG数据库注释了35 595个转录本，其中信号传导机制（signal transduction mechanisms）、"翻译后修饰、蛋白质转换和分子伴侣"（posttranslational modification, protein turnover, chaperones）、转录（transcription）等相关功能转录本富集较多，KOG功能分布和德国小蠊转录组的结果相近（Zhou等，2014），但和Chen等（2015）美洲大蠊转录组的研究结果有部分出入，其未发现胞外结构（extracelluar structure）分类的基因，而此次研究发现有该类功能的基因存在；Swiss-Prot数据库注释33 168个转录本；KEGG数据库注释了18 880个转录本，KEGG注释中信号传导通路中的转录本数目最多，其次是传染性疾病和癌症相关通路。

亚油酸和α-亚麻酸是具有重要的保健功能的营养物质。美洲大蠊转录组中存在将卵磷脂转化为亚油酸酯的酶——磷脂酶A2，根据NR数据库和Swiss-Prot数据库注释的磷脂酶A2，后续的表达量分析发现雌成虫和幼虫样本中大部分的磷脂酶A2表达量显著高于雄成虫。磷脂酶A2也是将磷脂酰胆碱转化为α-亚麻酸的关键酶，后续的表达量分析表明雌成虫相比雄成虫，该酶以及另外一种亚麻酸代谢相关酶——酰基辅酶A氧化酶（ACX），都在雌成虫中显著上调，推测从雌虫中可以更好地提取这2种营养物质。

甘露醇是一种多元醇化合物，具有多种医药用途。本次分析发现在相关的代谢途径中，暂未发现将果糖转化为甘露醇或甘露糖的酶，但存在甘露糖下游产物代谢相关的酶，可能的原因是美洲大蠊从其他途径获取甘露醇或者甘露糖。

采用MSDB软件，找到了38 052个微卫星位点，微卫星个数最多的3种重复类型分别是单碱基、三碱基和四碱基。微卫星位点的搜索为开发美洲大蠊的微卫星标志物、群体遗传学研究及功能基因定位研究提供了基础数据。

根据RepeatMasker和RepeatProteinMask软件在37 079个转录本中共鉴定出11 060 020个转座子，其中DNA转座子最多，LINE转座子次之。分析这些包含转座子的转录本的表达量，后续的表达量分析发现共有15 522个转录本在样本中表达量（FPKM值）高于1。根据转录组测序的结果也能发现较多的转座子表达，推测美洲大蠊基因组中可能也是DNA转座子最多。

第二节　美洲大蠊差异表达转录本分析

差异表达是指在不同条件下，基因或转录本表达存在统计学意义上的表达差异，主要的鉴定标准是表达量的倍数改变（fold change，FC）和伪发现率（false discovery rate，FDR）较正后的P值。目前用来做参考基因组差异表达分析的软件主要有EdgeR（Robinson等，2010）和DESeq 2（Anders，2015）。本研究采用EdgeR进行差异表达转录本的鉴定。对差异表达的转录本将分析其GO富集和KEGG代谢途径富集情况，了解这些差异表达转录本主要集中在哪些功能和代谢途径上。通过比较若虫和成虫之间差异表达转录本的功能富集，我们可以了解若虫和成虫之间的代谢异同、基因表达的差异。此外，分析不同龄期和虫态样本的差异表达转录本，找出不同龄期或虫态中特定的转录本表达上调或者表达下调，为美洲大蠊的药用价值的开发提供基础数据。

一、材料与方法

基于前述获得的转录本，通过用RSEM计算转录本的表达量，主要过程：先调用Bowtie2（Langmead等，2012）将Trinity组装得到的转录组序列作为参考序列，将5组样本的clean reads比对到参考序列上，采用TMM（trimmed mean of M-values）方法对表达量标准化处理，以FPKM（fragments per kilobase of transcript per million mapped reads）为单位表示，经过Trinity自带的脚本调用EdgeR等程序分析差异表达转录本，当FC≥2，FDR＜0.01时，被认为是差异表达转录本。此过程采用的脚本和方法请参考Haas等（2013）发表的技术流程。

差异表达转录本富集分析旨在找出在统计上显著富集的基因本体条目（GO term）或代谢途径，可以理解为差异表达的转录本在某一功能或者代谢途径上达到统计学意义上的富集。基因本体富集分析采用Fisher精确检验（基于超几何分布）进行富集分析，由于直接计算的P值具有较高的假阳性率，还需要进行P值校验，通常利用FDR校验P值。将所有转录本对应基因本体ID作为背景，富集样本间差异表达转录本的基因本体条目。例如，此次基因本体共注释了15 931个转录本，其中有669个转录本获得了基因本体ID，而雌成虫和雄成虫的差异转录本总数为227个，有38个转录本获得了某基因本体ID。利用Fisher精确检验明确这种情况是否是小概率事件（P＜0.05），如果是，则证明该基因本体ID在这些差异转录本存在富集。

二、结果

（一）转录本表达量的计算及表示方法说明

表5-8中的有效长度（effective length）是能产生有效片段的长度，没有Poly A尾巴时，它的值等于转录本的长度加1；FPKM是用来衡量表达量的一个值，FPKM越高，表示表达量越高；TPM（transcripts per million）表示某转录本在1百万转录本中所占的转录本数，所有的转录本的TPM值加起来为一百万；IsoPct（isoform percentage）表示某一个基因的某个转录本占该基因所有转录本的丰度的百分比，如c100000_g1_i1和c100000_g1_i2的IsoPct加起来就是100%。

表5-8 RSEM输出结果示例

转录本ID	基因本体ID	长度	有效长度	期望reads数	TPM	FPKM	IsoPct（%）
c100000_g1_i1	c100000_g1	421	226.8	48	9.72	8.07	71.64
c100000_g1_i2	c100000_g1	409	214.81	18	3.85	3.19	28.36
c100001_g1_i1	c100001_g1	637	442.77	2	0.21	0.17	100
c100001_g2_i1	c100001_g2	983	788.77	12	0.7	0.58	100
c100002_g1_i1	c100002_g1	1030	835.77	0	0	0	0
c100003_g1_i1	c100003_g1	682	487.77	23	2.16	1.8	100
c100003_g2_i1	c100003_g2	325	131.04	3	1.05	0.87	100
c100004_g1_i1	c100004_g1	412	217.8	14	2.95	2.45	100
c100005_g1_i1	c100005_g1	1040	845.77	113	6.13	5.09	100
c100006_g1_i1	c100006_g1	246	55.53	0	0	0	0
c100006_g2_i1	c100006_g2	677	482.77	1	0.1	0.08	100
c100007_g1_i1	c100007_g1	371	176.85	0	0	0	0
c100007_g1_i2	c100007_g1	725	530.77	6	0.52	0.43	100
c100009_g1_i1	c100009_g1	441	246.79	2	0.37	0.31	100

转录本编号说明：前面部分c100000_g1（g表示gene的意思）表示基因编号，后面的i1、i2表示不同的转录本（i是isoform的意思）编号，通常是由可变剪切造成的。在不同的Trinity版本组装的结果，编号规则可能会发生变化。

（二）表达上调转录本

首先根据每个样本的转录本表达情况，选取表达量最高的46个转录本，其中5个样本共同表达上调的有13个转录本，主要是延长因子1-alpha、p10和肌动蛋白相关蛋白1（actin related protein 1，Arps1）、肌球蛋白轻链2（myosin light chain variant 2）和线粒体中的一些基因（表5-9）。p10于1998年从美洲大蠊体内分离，在再生的腿中表达量很高，同时触须和大脑中也有表达，被认为是化学感受蛋白（Nomura等，1998；刘金香等，2005）。肌动蛋白相关蛋白（Arps）是参与基因表达的复合大分子的组件（Schafer等，1999），因此机体需要较多Arps来完成基因表达工作。

表5-9　所有样本中共同表达上调量转录本

转录本ID	NR数据库注释
c96180_g1_i1	延长因子1α（elongation factor 1α）
c86623_g1_i1	假定蛋白（hypothetical protein）
c49801_g1_i1	p10
c107307_g4_i1	NADH脱氢酶亚基1（NADH dehydrogenase subunit 1）
c114612_g1_i1	细胞色素C氧化酶1（cytochrome C oxidase subunit 1，partial）
c124733_g5_i1	细胞色素b（cytochrome b）
c100918_g1_i1	细胞色素C氧化酶亚基2（cytochrome C oxidase subunit 2）
c126928_g1_i1	肌动蛋白相关蛋白1（Arps1）
c116093_g1_i1	假定蛋白LOC100745580（hypothetical protein LOC100745580）
c101923_g1_i1	肌球蛋白轻链2（myosin light chain variant 2）
c124733_g3_i1	细胞色素C氧化酶亚基3（线粒体）（cytochrome c oxidase subunit 3）
c95452_g1_i1	ADP/ATP移位酶（ADP/ATP translocase）
c85291_g2_i1	一种载脂蛋白（apolipophorin-Ⅲ isoform 2）

（三）计算每个样本表达的转录本数目

转录本表达数采用Trinity自带的脚本，根据FPKM值进行统计得到。

图5-7、图5-8中纵坐标表示累积的表达转录本数目，minFPKM等于FPKM值加上0.5后再取整。-1×minFPKM等于-1时，即minFPKM等于1，有时依此为标准视为转录本真实表达，下同。累积表达转录本数超过10万个。

图5-7 雌成虫和雄成虫转录本表达情况

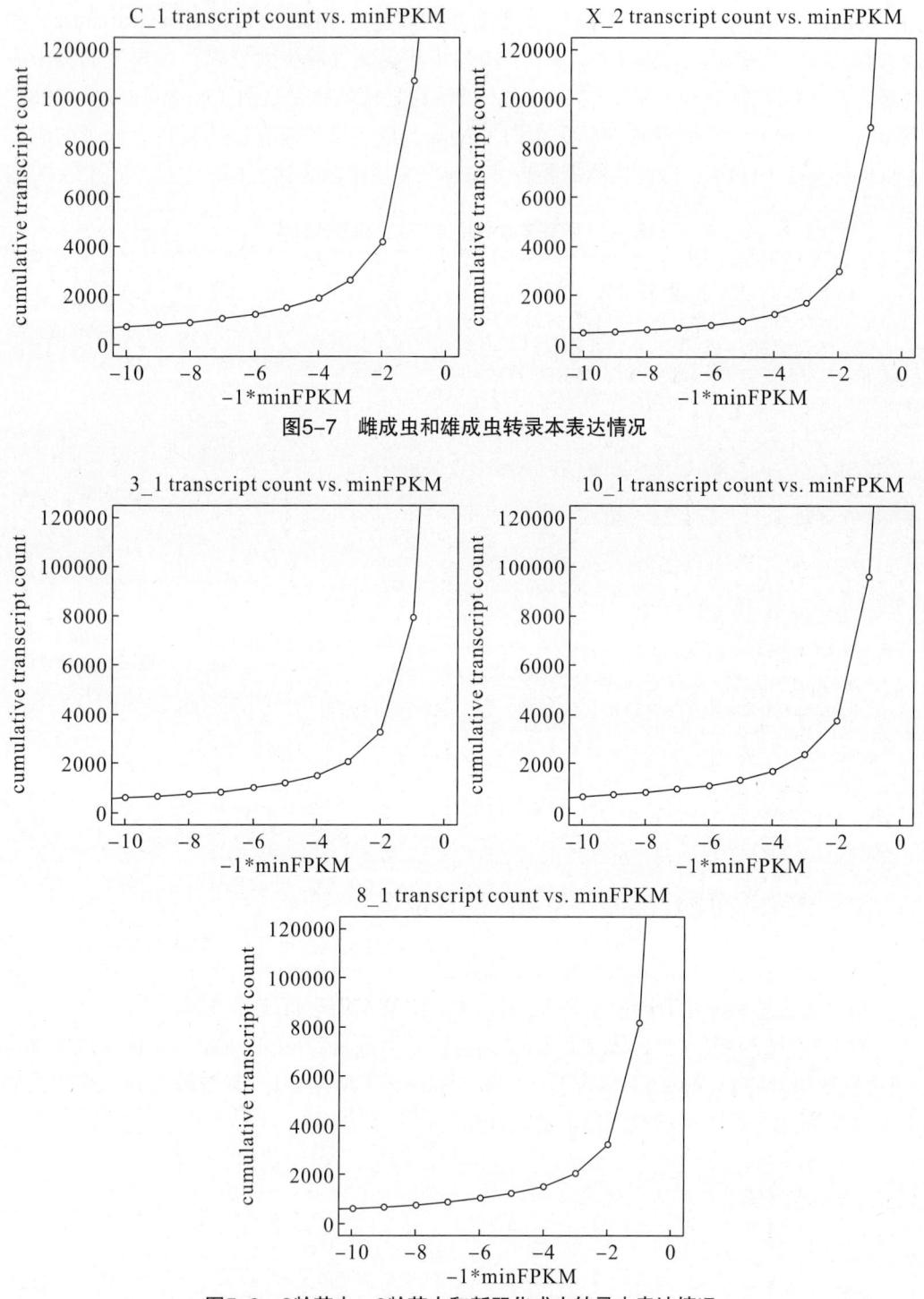

图5-8 3龄若虫、8龄若虫和新羽化成虫转录本表达情况

分析上述各个样本的转录本表达情况,高于设置的最表达下调量(−minFPKM <−1)值的样本中,雌成虫表达量高于1 FPKM的转录本最多,为107 395条,其次为新羽化成虫,为95 900条,雄成虫为88 320条,3龄若虫和8龄若虫样本表达的转录本数

目相近，分别是79 377和81 605。在测序时，8龄若虫测得数据量是最多的，然而其表达的转录本却不是最多的，这说明测序量增加，基因表达的转录本并不一定线性增加，而且测序也达到饱和状态，再增加测序量，片面追求测序量可能没有太多生物学意义。

（四）差异表达转录本的鉴定和结果

一共鉴定了13 852个差异表达转录本，我们对这些转录本进行基因注释和代谢通路分析。从表5-10中可以看出，雄成虫和其他样本相比，差异表达的转录本最多，为5 715～7 244个，与新羽化成虫差异表达转录本最多，有7 244个（包含3 417个上调和3 827个下调），雄成虫与雌成虫也有5 715个差异表达的转录本。除雄成虫外，雌成虫、新羽化成虫与若虫之间差异表达基因都相对较少，为1 332～2 515个，3龄若虫与8龄若虫之间差异表达的转录本最少，只有1 332个。另外也可以发现，若虫之间的差异表达转录本较少，而若虫和成虫之间的差异表达转录本数目相对较多。雌成虫相对雄成虫表达上调的转录本有2 393个，表达下调的有3 322个。

表5-10　各个样本间差异表达转录本数目

	雌成虫	8龄若虫	新羽化成虫	3龄若虫	雄成虫
雌成虫	0				
8龄若虫	2515	0			
新羽化成虫	1594	1953	0		
3龄若虫	2437	1332	1675	0	
雄成虫	5715	6681	7244	6757	0

（五）雌成虫与其他样本差异表达转录本基因本体富集分析

基因本体条目是指基因本体ID的功能描述。基因本体分类：BP，biological process，生物学过程；CC，cellular component，细胞成分；MF，molecular function，分子功能。P指富集检验的P值，经过FDR校验过后的P值（通常认为$P<0.05$表明该富集具有统计意义），后文不再累述。

1. 雌成虫与若虫比较。

雌成虫相对高龄若虫表达上调的差异转录本主要富集在胞质铁硫蛋白装配复合体（CIA complex）、微生物与宿主互作和营养储存活性等方面（表5-11）。雌成虫相对8龄若虫表达下调的差异转录本主要富集在几丁质合成代谢方面（表5-12），雌成虫和3龄若虫的比较也有相似的发现。

表5-11 雌成虫相对8龄若虫表达上调转录本富集的基因本体条目

基因本体ID	基因本体条目	基因本体分类	P值	FDR校正后的P值
GO：0016491	氧化还原酶活性	MF	1.61E-09	1.26E-06
GO：0097361	胞质铁硫蛋白装配复合体	CC	2.78E-07	0.000108929
GO：0051701	与宿主互作	BP	3.62E-06	0.000945115
GO：0030446	菌丝细胞壁	CC	7.92E-06	0.001033375
GO：0035821	其他生物体形态或生理学修饰	BP	1.19E-05	0.001330531
GO：0051704	多生物体过程	BP	4.18E-05	0.003722952
GO：0030445	酵母式细胞壁	CC	4.28E-05	0.003722952
GO：0045735	营养储存活性	MF	5.86E-05	0.004589862
GO：0016226	铁硫簇装配	BP	9.61E-05	0.005785809
GO：0044416	诱导宿主防御反应的共生体	BP	0.000211	0.007444694
GO：0009986	细胞表面	CC	0.000219	0.007444694
GO：0036166	表型开关	BP	0.000256	0.007708183
GO：0030985	高分子量激肽原的结合	MF	0.000256	0.007708183
GO：0005319	脂质运输活性	MF	0.000391	0.010937257
GO：0044182	单细胞生物的群体的丝状生长	BP	0.000437	0.011810052
GO：0032787	一元羧酸的代谢过程	BP	0.000683	0.016206343
GO：0016614	作用于羟基的氧化还原酶活性	MF	0.000799	0.018390207
GO：0035267	组蛋白乙酰转移酶复合物	CC	0.001174	0.022981606
GO：0044409	进入宿主	BP	0.001174	0.022981606
GO：0009228	硫胺素生物合成过程	BP	0.001503	0.027368171
GO：0044445	细胞质成分	CC	0.001803	0.031372754
GO：0046487	乙醛酸代谢过程	BP	0.002302	0.037558941
GO：0006950	应对压力	BP	0.002601	0.041560775
GO：0006097	乙醛酸循环	BP	0.00272	0.042597042

表5-12 雌成虫相对8龄若虫表达下调转录本富集的基因本体条目

基因本体ID	基因本体条目	基因本体分类	P值	FDR校正后的P值
GO：0005198	结构分子活性	MF	6.48E-95	5.68E-92
GO：0042302	角质层结构成分	MF	1.40E-91	6.14E-89
GO：0006030	几丁质代谢过程	BP	7.01E-15	1.23E-12
GO：0005576	胞外区	CC	8.97E-15	1.31E-12
GO：0045735	营养储存活性	MF	2.87E-12	3.14E-10
GO：0008061	几丁质结合	MF	7.70E-12	6.14E-10
GO：0008233	肽酶活	MF	6.83E-10	4.28E-08
GO：0070011	作用于L-氨基酸的肽酶活	MF	1.30E-08	6.70E-07
GO：0005615	胞外空间	CC	4.22E-08	1.85E-06
GO：0030246	碳水化合物结合	MF	5.38E-07	1.93E-05
GO：0044421	胞外区部件	CC	2.20E-05	0.000401871
GO：0008235	金属外肽酶活性	MF	2.41E-05	0.000430928
GO：0008238	外肽酶活性	MF	7.40E-05	0.001201143
GO：0033179	质子传递v-型ATP酶，V0结构域	CC	0.000205	0.003043102
GO：0005201	细胞外基质结构成分	MF	0.000253	0.003639422
GO：0008236	丝氨酸型肽酶活性	MF	0.000386	0.005202711
GO：0005581	胶原	CC	0.001214	0.015430288
GO：0030145	锰离子结合	MF	0.001526	0.019116598
GO：0008237	金属肽酶活性	MF	0.002032	0.024407454
GO：0005549	气味结合	MF	0.002289	0.026642644
GO：0005200	细胞骨架的结构成分	MF	0.002543	0.028592232
GO：0004100	几丁质合酶活性	MF	0.002767	0.030331286
GO：0004181	金属羧肽酶活性	MF	0.003253	0.034376822
GO：0031012	细胞外基质	CC	0.003969	0.040005171
GO：0006031	甲壳素生物合成过程	BP	0.004104	0.040439299
GO：0004252	丝氨酸型内肽酶的活性	MF	0.004739	0.044849071
GO：0015991	ATP水解质子偶联的转运蛋白质	BP	0.004993	0.046095172
GO：0051258	蛋白质聚合	BP	0.005532	0.049008774
GO：0005751	线粒体呼吸链复合物IV	CC	0.005681	0.049825312

雌成虫相对3龄若虫转录本差异表达的转录本富集的基因本体条目，和雌成虫相对8龄差异表达的情况很相似，但是雌成虫相对3龄若虫表达上调的富集的基因本体条目较少，而相对3龄表达下调的富集的基因本体条目较多，蜕皮周期，生长发育如上皮细胞发育、腺垂体成熟等方面存在富集（表5-13、表5-14）。

表5-13 雌成虫相对3龄若虫表达上调转录本富集的基因本体条目

基因本体ID	基因本体条目	基因本体分类	P值	FDR校正后的P值
GO：0097361	胞质铁硫蛋白装配复合体	CC	3.38E-07	0.000213
GO：0016491	氧化还原酶活性	MF	6.19E-07	0.000213
GO：0045735	营养储存活性	MF	7.11E-05	0.015989
GO：0016226	铁硫簇组装	BP	0.000116	0.015989
GO：0006950	压力响应	BP	0.000349	0.036072
GO：0006952	防御反应	BP	0.00038	0.036072
GO：0005319	脂质转运活性	MF	0.000473	0.036072
GO：0035821	其他生物体形态或生理学修饰	BP	0.000473	0.036072

表5-14 雌成虫相对3龄若虫表达下调转录本富集的基因本体条目

基因本体ID	基因本体条目	基因本体分类	P值	FDR校正后的P值
GO：0005198	结构分子活性	MF	1.73E-99	1.26E-96
GO：0042302	角质层结构成分	MF	1.56E-96	5.66E-94
GO：0005576	胞外区	CC	2.58E-23	4.69E-21
GO：0045735	营养储存活性	MF	1.45E-12	1.75E-10
GO：0006030	几丁质代谢过程	BP	1.50E-11	1.36E-09
GO：0005615	胞外空间	CC	7.35E-11	5.35E-09
GO：0044421	胞外区部件	CC	1.02E-09	6.18E-08
GO：0004887	甲状腺素受体活性	MF	8.75E-09	3.35E-07
GO：0005581	胶原	CC	2.10E-08	7.27E-07
GO：0008061	几丁质	MF	2.52E-08	8.36E-07
GO：0070011	作用于L-氨基酸的肽酶活性	MF	4.41E-08	1.28E-06
GO：0008233	肽酶活性	MF	4.99E-08	1.40E-06
GO：0000981	序列特异性DNA结合RNA聚合酶II转录因子活性	MF	4.82E-07	9.49E-06

续表

基因本体ID	基因本体条目	基因本体分类	P值	FDR校正后的P值
GO：0030522	细胞内受体介导的信号转导通路	BP	7.65E-07	1.47E-05
GO：0005201	细胞外基质结构成分	MF	3.82E-06	6.47E-05
GO：0031012	细胞外基质	CC	5.04E-06	7.98E-05
GO：0043401	类固醇激素介导的信号转导通路	BP	8.70E-06	0.000129
GO：0003707	类固醇激素受体活性	MF	8.70E-06	0.000129
GO：0008237	金属肽活性	MF	1.07E-05	0.000147
GO：0004344	葡萄糖脱氢酶活性	MF	1.12E-05	0.000151
GO：0016798	水解酶的活性，作用于糖基键	MF	4.62E-05	0.000455
GO：0016998	细胞壁高分子分解代谢过程	BP	0.000148	0.001195
GO：0016491	氧化还原酶活性	MF	0.000182	0.001442
GO：0070330	芳香化酶活性	MF	0.000278	0.001944
GO：0005214	基于甲壳素的角质层结构成分	MF	0.000292	0.001987
GO：0004180	羧肽酶的活性	MF	0.000416	0.002781
GO：0004252	丝氨酸型内肽酶的活性	MF	0.000579	0.003834
GO：0004553	水解酶活性	MF	0.000727	0.004692
GO：0006508	蛋白质水解	BP	0.000728	0.004692
GO：0008236	丝氨酸型肽酶活性	MF	0.000871	0.005351
GO：0008812	胆碱脱氢酶活性	MF	0.000875	0.005351
GO：0006566	苏氨酸代谢过程	BP	0.000887	0.005383
GO：0006563	丝氨酸代谢过程	BP	0.001263	0.007237
GO：0022404	蜕皮周期过程	BP	0.001419	0.007824
GO：0004568	几丁质酶的活性	MF	0.001476	0.008021
GO：0006032	甲壳素分解代谢过程	BP	0.001476	0.008021
GO：0006544	甘氨酸代谢过程	BP	0.00154	0.008302
GO：0004175	内肽酶的活性	MF	0.001767	0.009002

续表

基因本体ID	基因本体条目	基因本体分类	P值	FDR校正后的P值
GO：0004100	几丁质合成酶的活性	MF	0.00234	0.010991
GO：0003796	溶菌酶活性	MF	0.00234	0.010991
GO：0007591	蜕皮周期，甲壳素型角质层	BP	0.00234	0.010991
GO：0005179	激素活性	MF	0.002558	0.011713
GO：0004181	金属羧肽酶活性	MF	0.002558	0.011713
GO：0006031	几丁质生物合成过程	BP	0.003474	0.014877
GO：0004488	NADP+活性	MF	0.003474	0.014877
GO：0005751	线粒体呼吸链复合物Ⅳ	CC	0.004814	0.019799
GO：0004497	单加氧酶活性	MF	0.007999	0.02956
GO：0040003	基于几丁质的角质层发育	BP	0.012101	0.041553
GO：0043565	DNA特异序列的结合	MF	0.013727	0.046052
GO：0046331	侧抑制	BP	0.014373	0.04683
GO：0000256	尿囊素分解代谢过程	BP	0.015567	0.04683
GO：0004038	尿囊素酶活性	MF	0.015567	0.04683
GO：0019628	尿酸代谢过程	BP	0.015567	0.04683
GO：0004846	尿酸氧化酶活性	MF	0.015567	0.04683
GO：0031404	氯离子结合	MF	0.015567	0.04683
GO：0043697	细胞去分化	BP	0.015567	0.04683
GO：0002070	上皮细胞成熟	BP	0.015567	0.04683
GO：0021984	腺垂体发育	BP	0.015567	0.04683
GO：0061195	味蕾形成	BP	0.015567	0.04683
GO：0017174	甘氨酸的N-甲基转移酶活性	MF	0.015567	0.04683
GO：0008255	蜕皮触发的激素活性	MF	0.015567	0.04683
GO：0018990	蜕皮，基于几丁质的角质层	BP	0.015567	0.04683

2. 雌雄成虫比较。

雌成虫与雄成虫比较，雌成虫表达上调的转录本富集的基因本体条目主要在水解活性、转氨酶活性、叶酸合成与代谢等方面（表5-15），雄成虫表达上调的转录本富集的基因本体条目主要在线粒体能量代谢相关功能（表5-16），暗示雄成虫相比雄成虫有着更大的能量消耗。

表5-15 雌成虫相对雄成虫表达上调转录本富集的基因本体条目

基因本体ID	基因本体条目	基因本体分类	P值	FDR校正后的P值
GO：0016020	膜	CC	6.85E-07	7.62E-05
GO：0004553	水解酶活性	MF	1.35E-06	0.000131
GO：0004329	甲酸四氢叶酸连接酶活性	MF	2.19E-06	0.000194
GO：0016798	作用于糖基键水解酶活性	MF	5.50E-06	0.000428
GO：0019358	烟酸核苷酸补救	BP	1.06E-05	0.000687
GO：0016763	转移酶活性，转运戊糖基	MF	1.74E-05	0.001034
GO：0044765	单有机体运输	BP	1.79E-05	0.001034
GO：0043094	细胞代谢化合物的补救	BP	2.75E-05	0.001476
GO：0004488	NADP+活性	MF	3.08E-05	0.001598
GO：0004571	甘露糖寡糖1,2-α-甘露糖苷酶活性	MF	3.19E-05	0.001599
GO：0051179	定位	BP	4.13E-05	0.002009
GO：0045735	营养储存活性	MF	5.29E-05	0.00242
GO：0006810	运输	BP	5.52E-05	0.002453
GO：0097361	胞质铁硫蛋白装配复合体	CC	5.70E-05	0.002463
GO：0055085	跨膜转运	BP	6.02E-05	0.002534
GO：0004516	烟酸磷酸转移酶活性	MF	6.97E-05	0.002711
GO：0000041	过渡金属离子迁移	BP	0.000172	0.005948
GO：0052654	L-亮氨酸转氨酶活性	MF	0.000221	0.006889
GO：0052655	L-缬氨酸转氨酶活性	MF	0.000221	0.006889
GO：0052656	L-异亮氨酸转氨酶活性	MF	0.000221	0.006889
GO：0007016	细胞膜骨架锚定	BP	0.000236	0.007057
GO：0004514	盐酸核苷酸二硫酸酶活性	MF	0.000236	0.007057
GO：0009396	含叶酸的化合物的生物合成过程	BP	0.000352	0.009956
GO：0005215	转运活性	MF	0.000459	0.012077
GO：0006760	含叶酸的化合物的代谢过程	BP	0.000473	0.012077
GO：0005921	缝隙连接	CC	0.001183	0.024217
GO：0009435	生物学合成	BP	0.001183	0.024217

基因本体ID	基因本体条目	基因本体分类	P值	FDR校正后的P值
GO：0009168	嘌呤核糖核苷酸合成过程	BP	0.001183	0.024217
GO：0004517	一氧化氮合酶活性	MF	0.001483	0.029211
GO：0005158	胰岛素受体结合	MF	0.002759	0.048239
GO：0005899	胰岛素受体复合物	CC	0.002759	0.048239
GO：0004712	蛋白质丝氨酸/苏氨酸/酪氨酸激酶活性	MF	0.002759	0.048239

表5-16 雌成虫相对雄成虫表达下调转录本富集的基因本体条目

基因本体ID	基因本体条目	基因本体分类	P值	FDR校正后的P值
GO：0008233	肽酶活	MF	1.15E-20	9.67E-18
GO：0070011	作用于L-氨基酸的肽酶活性	MF	4.29E-15	1.81E-12
GO：0003824	催化活性	MF	3.89E-12	1.09E-09
GO：0016787	水解酶脱氢活性	MF	3.31E-11	6.97E-09
GO：0003954	NADH脱氢活性	MF	3.47E-07	2.43E-05
GO：0006091	前体产生的代谢和能量	BP	5.57E-07	3.41E-05
GO：0042775	线粒体ATP合成偶联的电子运输	BP	1.75E-06	9.84E-05
GO：0005549	气味结合	MF	2.16E-06	0.000114
GO：0022900	电子传递链	BP	2.95E-06	0.000124
GO：0008236	丝氨酸型肽酶活性	MF	2.96E-06	0.000124
GO：0015992	质子运输	BP	5.29E-06	0.000183
GO：0016651	作用于NAD（P）H氧化还原酶活性	MF	7.04E-06	0.000196
GO：0042302	角质层结构成分	MF	7.20E-06	0.000196
GO：0006119	氧化磷酸化	BP	8.91E-06	0.00023
GO：0008235	金属外肽酶活性	MF	9.00E-06	0.00023
GO：0008238	外肽酶活性	MF	1.70E-05	0.000366
GO：0008137	NADH脱氢酶活性	MF	2.01E-05	0.000396
GO：0006120	线粒体电子传递	BP	2.01E-05	0.000396
GO：0016491	氧化还原酶活性	MF	3.40E-05	0.000596

续表

基因本体ID	基因本体条目	基因本体分类	P值	FDR校正后的P值
GO：0030145	锰离子结合	MF	3.59E-05	0.000617
GO：0045333	细胞呼吸	BP	7.34E-05	0.001124
GO：0033179	质子传递性V型ATP酶	CC	0.000105	0.001524
GO：0006744	泛醌生物合成过程	BP	0.000114	0.001552
GO：0015078	氢离子跨膜转运活动	MF	0.000129	0.001724
GO：0051287	NAD结合	MF	0.000259	0.003033
GO：0019730	抗菌体液反应	BP	0.000571	0.006412
GO：0005739	线粒体	CC	0.000614	0.006709
GO：0070469	呼吸链	CC	0.000638	0.006886
GO：0004177	氨肽酶活性	MF	0.000721	0.00757
GO：0016903	作用于醛或者酮基供体的氧化还原酶活性	MF	0.000746	0.00766
GO：0006006	葡萄糖代谢过程	BP	0.001168	0.010984
GO：0005200	细胞骨架的结构成分	MF	0.001189	0.010984
GO：0044429	线粒体部件	CC	0.001249	0.011307
GO：0016620	作用于醛或酮基供体及NAD或NADP受体的氧化还原酶活性	MF	0.001394	0.012352
GO：0005740	线粒体被膜	CC	0.001466	0.012856
GO：0006814	钠离子转运	BP	0.001802	0.015642
GO：0003998	酰基磷酸酶活性	MF	0.001965	0.016883
GO：0005975	糖类代谢过程	BP	0.002144	0.018053
GO：0051258	蛋白质聚合	BP	0.002649	0.020875
GO：0015991	ATP水解偶联的质子转运	BP	0.002689	0.020875
GO：0005743	线粒体内膜	CC	0.002968	0.022716
GO：0031966	线粒体膜	CC	0.003056	0.022977
GO：0050661	NADP结合	MF	0.003206	0.02347
GO：0048038	醌结合	MF	0.004049	0.026848
GO：0005751	线粒体呼吸链符合物Ⅳ	CC	0.004049	0.026848

续表

基因本体ID	基因本体条目	基因本体分类	P值	FDR校正后的P值
GO：0008121	泛醌-细胞色素C还原酶活性	MF	0.004049	0.026848
GO：0005774	液泡膜	CC	0.006811	0.042479

3．雌成虫与新羽化成虫比较。

雌成虫相对新羽化成虫表达上调的转录本富集的基因本体条目主要在应对压力、防御真菌和过氧化物酶活性等方面（表5-17），而表达下调的转录本主要富集在几丁质合成及代谢、角质层发育、激素和氨基酸代谢相关功能方面（表5-18）。

表5-17　雌成虫相对新羽化成虫表达上调转录本富集的基因本体条目

基因本体ID	基因本体条目	基因本体分类	P值	FDR校正后的P值
GO：0016491	氧化还原酶活性	MF	1.11E-07	3.32E-05
GO：0045735	营养储存活性	MF	4.87E-06	0.000725
GO：0005319	脂质转运活性	MF	3.34E-05	0.003317
GO：0006950	应对压力	BP	0.000122	0.007258
GO：0050832	防御真菌	BP	0.000226	0.011218
GO：0006869	脂质运输	BP	0.000356	0.013473
GO：0004601	过氧化物酶活性	MF	0.000622	0.016852
GO：0005576	胞外区	CC	0.000954	0.023697
GO：0004096	过氧化氢酶活性	MF	0.001352	0.030988
GO：0015947	甲烷代谢过程	BP	0.001816	0.035331
GO：0042744	过氧化氢分解代谢过程	BP	0.001985	0.035331
GO：0006979	氧化应激反应	BP	0.00259	0.042879
GO：0003824	催化活性	MF	0.002883	0.042957

表5-18　雌成虫相对新羽化成虫表达下调转录本富集的基因本体条目

基因本体ID	基因本体条目	基因本体分类	P值	FDR校正后的P值
GO：0042302	角质层结构成分	MF	3.97E-129	1.10E-126
GO：0008061	几丁质结合	MF	1.65E-23	2.62E-21
GO：0006030	几丁质代谢过程	BP	1.89E-23	2.62E-21
GO：0005214	甲壳素为基础的角质层结构成分	MF	4.44E-18	2.46E-16

续表

基因本体ID	基因本体条目	基因本体分类	P值	FDR校正后的P值
GO：0005576	胞外区	CC	1.04E-16	5.25E-15
GO：0042335	角质层发育	BP	3.05E-15	1.30E-13
GO：0040003	基于几丁质的角质层发育	BP	6.15E-14	2.43E-12
GO：0008010	基于几丁质的幼虫角质层结构成分	MF	2.83E-12	9.81E-11
GO：0045735	营养储存活性	MF	2.49E-11	7.67E-10
GO：0005615	胞外空间	CC	2.85E-08	6.57E-07
GO：0031012	胞外基质	CC	7.46E-07	1.33E-05
GO：0004887	甲状腺激素受体活性	MF	2.45E-06	3.61E-05
GO：0000981	序列特异性DNA结合RNA聚合酶II转录活性	MF	1.78E-05	0.000193
GO：0008236	丝氨酸型肽酶活性	MF	2.31E-05	0.000237
GO：0030522	细胞内受体借到的信号转导通路	BP	5.06E-05	0.000475
GO：0044421	胞外区部件	CC	0.000104	0.000824
GO：0004344	葡萄糖脱氢酶活性	MF	0.000194	0.001416
GO：0043401	类固醇激素介导的信号转导通路	BP	0.000271	0.001856
GO：0003707	类固醇激素受体活性	MF	0.000271	0.001856
GO：0008812	胆碱脱氢酶活性	MF	0.000334	0.002133
GO：0014070	有机环状化合物响应	BP	0.000354	0.002206
GO：0004100	几丁质合成酶活性	MF	0.001411	0.007171
GO：0006031	几丁质生物合成过程	BP	0.0021	0.010027
GO：0009719	响应内源性刺激	BP	0.002152	0.010104
GO：0004252	丝氨酸型内肽酶的活性	MF	0.005093	0.022217
GO：0004601	过氧化物酶活性	MF	0.005224	0.022435
GO：0080019	脂肪酰基CoA还原酶活性	MF	0.006102	0.025416
GO：0004806	甘油三酯酶活性	MF	0.007399	0.029919
GO：0071310	有机物质的细胞反应	BP	0.008279	0.032996

续表

基因本体ID	基因本体条目	基因本体分类	P值	FDR校正后的P值
GO：0006566	苏氨酸分解代谢过程	BP	0.011125	0.04109
GO：0000256	尿囊素分解代谢过程	BP	0.012052	0.043356
GO：0004038	尿囊素酶活性	MF	0.012052	0.043356
GO：0008012	成年几丁质的角质层结构成分	MF	0.012052	0.043356
GO：0006563	L-丝氨酸代谢过程	BP	0.013974	0.048997

（六）其他样本两两比较

8龄若虫和新羽化成虫的比较发现，8龄若虫上调的转录本功能多集中在细胞周期方面（表5-19），这可能暗示了若虫在8龄时细胞生长分裂活动旺盛。新羽化成虫中上调的转录本多与叶绿体及其光合作用相关，出现这种情况的可能原因是样本存在污染，或者蟑螂体内携带能够光合作用的微生物，此外还有一些上调的转录本富集在激素受体活性方面（表5-20）。8龄若虫相对3龄若虫表达上调的转录本也是在细胞周期相关方面富集，如微管和纺锤体相关功能，暗示8龄若虫细胞分裂活性强于3龄若虫（表5-21），而8龄若虫表达下调的转录本主要富集在信号传导和肽酶活性方面（表5-22）。8龄若虫相对雄成虫表达上调的转录本富集在角质层、几丁质代谢，氨基糖代谢等方面（表5-23），相对下调的则富集在真菌防御响应和肽酶活性等方面（表5-24）。新羽化成虫相对3龄若虫，表达上调的转录本主要富集在角质层、神经和器官发育方面（表5-25），表达下调的转录本主要富集在角质层和酶活性方面（表5-26）。新羽化成虫相对雄成虫表达上调的转录本主要富集在角质层结构成分、氨基糖代谢方面。

表5-19 8龄若虫相对新羽化成虫表达上调转录本富集的基因本体条目

基因本体ID	基因本体条目	基因本体分类	P值	FDR校正后的P值
GO：0042302	角质层结构成分	MF	7.62E-17	6.93E-14
GO：0008233	肽酶活	MF	4.49E-13	2.04E-10
GO：0005198	结构分子活动	MF	5.52E-12	1.67E-09
GO：0070011	作用于氨基酸的肽酶活性	MF	8.78E-11	2.00E-08
GO：0016787	水解酶活性	MF	2.12E-06	0.000385
GO：0008238	外肽酶活性	MF	5.00E-06	0.00065
GO：0008235	金属外肽酶活性	MF	2.10E-05	0.002119
GO：0005874	微管	CC	5.64E-05	0.005132
GO：0005876	纺锤体微管	CC	9.41E-05	0.007781

续表

基因本体ID	基因本体条目	基因本体分类	P值	FDR校正后的P值
GO：0005200	细胞骨架的结构成分	MF	0.000209	0.013765
GO：0008237	金属肽活性	MF	0.000212	0.013765
GO：0015630	微管骨架	CC	0.000305	0.016353
GO：0030071	有丝分裂的中期调节和后期过渡	BP	0.000377	0.018492
GO：0003824	催化活性	MF	0.000386	0.018492
GO：0007017	基于微管的过程	BP	0.000423	0.019224
GO：0051258	蛋白质聚合	BP	0.000486	0.021043
GO：0004181	金属羧肽酶活性	MF	0.000662	0.02426
GO：0007094	纺锤体装配检验点	BP	0.000923	0.02426
GO：0022403	细胞周期	BP	0.000974	0.02426
GO：0005819	纺锤体	CC	0.001214	0.026955
GO：0045862	蛋白水解正调控	BP	0.001913	0.037036
GO：0007049	细胞周期	BP	0.002373	0.043195
GO：0032784	依赖DNA的转录、延伸的调控	BP	0.002534	0.044496
GO：0000278	有丝分裂细胞周期	BP	0.00259	0.044496

表5-20　8龄若虫相对新羽化成虫表达下调转录本富集的基因本体条目

基因本体ID	基因本体条目	基因本体分类	P值	FDR校正后的P值
GO：0042302	角质层结构成分	MF	7.02E-84	1.63E-81
GO：0004806	甘油三酯酶活性	MF	5.56E-10	8.58E-08
GO：0005214	基于几丁质的角质层结构成分	MF	1.50E-08	1.73E-06
GO：0008061	几丁质结合	MF	2.00E-08	1.85E-06
GO：0009536	质体	CC	9.95E-08	6.58E-06
GO：0042335	角质层发育	BP	1.48E-07	8.15E-06
GO：0008010	基于几丁质的幼虫角质层结构成分	MF	1.76E-07	8.15E-06
GO：0006030	几丁质代谢过程	BP	3.47E-07	1.34E-05
GO：0004887	甲状腺激素受体活性	MF	1.27E-06	4.19E-05

续表

基因本体ID	基因本体条目	基因本体分类	P值	FDR校正后的P值
GO：0040003	基于几丁质的角质层发育	BP	3.72E-06	0.000108
GO：0005576	胞外区	CC	5.08E-06	0.000138
GO：0009507	叶绿体	CC	6.67E-06	0.00014
GO：0008812	胆碱脱氢酶活性	MF	9.92E-06	0.000191
GO：0015979	光合作用	BP	1.92E-05	0.000328
GO：0044436	类囊体部件	CC	2.14E-05	0.000353
GO：0030522	细胞内受体介导的信号转导通路	BP	2.67E-05	0.000399
GO：0009521	光合系统	CC	6.77E-05	0.000848
GO：0033993	脂质响应	BP	0.000102	0.001183
GO：0004344	葡萄糖脱氢酶活性	MF	0.000131	0.001443
GO：0043401	类固醇激素介导的信号转导通路	BP	0.000146	0.0015
GO：0003707	类固醇激素受体活性	MF	0.000146	0.0015
GO：0009719	内源性刺激响应	BP	0.000164	0.001613
GO：0014070	有机环化物响应	BP	0.000172	0.001664
GO：0009522	光系统 I	CC	0.0002	0.001785
GO：0009725	激素刺激响应	BP	0.000243	0.002043
GO：0006066	乙醇代谢过程	BP	0.000259	0.002143
GO：0097361	CIA复合物	CC	0.000329	0.002507
GO：0019684	光合作用，光反应	BP	0.000341	0.002545
GO：0016042	脂质代谢过程	BP	0.000504	0.003534
GO：0016614	氧化还原酶活性	MF	0.000733	0.004281
GO：0009534	叶绿体类囊体	CC	0.000736	0.004281
GO：0044434	叶绿体部分	CC	0.000801	0.004469
GO：0006566	苏氨酸代谢过程	BP	0.000972	0.005235
GO：0009765	光合作用，捕光	BP	0.000986	0.005246
GO：0006563	L-丝氨酸代谢过程	BP	0.001316	0.006926

续表

基因本体ID	基因本体条目	基因本体分类	P值	FDR校正后的P值
GO：0006544	甘氨酸代谢过程	BP	0.001562	0.007859
GO：0009535	叶绿体类囊体膜	CC	0.002506	0.011719
GO：0035267	NuA4组蛋白乙酰转移酶复合物	CC	0.002969	0.013623
GO：0016491	氧化还原酶活性	MF	0.00359	0.015534
GO：0016168	叶绿素结合	MF	0.003791	0.016102
GO：0031012	细胞外基质	CC	0.004138	0.017043
GO：0071310	有机物质的细胞响应	BP	0.004381	0.01764
GO：0018298	蛋白质-生色团连接	BP	0.004706	0.018622
GO：0080019	脂肪酰基CoA还原酶活性	MF	0.004706	0.018622
GO：0016832	醛酶活性	MF	0.005712	0.022411
GO：0046486	甘油酯代谢过程	BP	0.005858	0.022792
GO：0050660	黄素腺嘌呤双核苷酸结合	MF	0.005948	0.02295
GO：0008236	丝氨酸型肽酶活性	MF	0.00682	0.025466
GO：0006098	戊糖-磷酸分离	BP	0.007744	0.027164
GO：0010033	有机物响应	BP	0.008043	0.028
GO：0016226	铁硫簇组装	BP	0.009256	0.031513
GO：0000256	尿囊素分解代谢过程	BP	0.010545	0.033637
GO：0004038	尿囊素酶活性	MF	0.010545	0.033637
GO：0008012	基于几丁质的角质层结构成分	MF	0.010545	0.033637
GO：0009635	除草剂响应	BP	0.010545	0.033637
GO：0016984	核酮糖二磷酸羧化酶活性	MF	0.010545	0.033637
GO：0009573	叶绿体核酮糖二磷酸复合物	CC	0.010545	0.033637
GO：0009523	光系统Ⅱ	CC	0.010607	0.033637
GO：0005811	脂质颗粒	CC	0.012039	0.036893

表5-21 8龄若虫相对3龄若虫表达上调转录本富集的基因本体条目

基因本体ID	基因本体条目	基因本体分类	P值	FDR校正后的P值
GO：0008233	肽酶活性	MF	2.76E-08	1.34E-05
GO：0005874	微管	CC	3.62E-08	1.34E-05
GO：0016787	水解酶活性	MF	9.26E-08	2.28E-05
GO：0008238	外肽酶活性	MF	2.81E-07	5.03E-05
GO：0015630	微管骨架	CC	3.41E-07	5.03E-05
GO：0007017	基于微管的过程	BP	5.44E-07	6.70E-05
GO：0070011	肽酶活性	MF	6.48E-07	6.84E-05
GO：0008235	金属外肽酶活性	MF	3.94E-06	0.000364
GO：0003824	催化活性	MF	4.74E-06	0.000389
GO：0044430	细胞骨架部件	CC	2.09E-05	0.001544
GO：0005200	细胞骨架的结构成分	MF	4.13E-05	0.002777
GO：0005876	纺锤体微管	CC	4.72E-05	0.00291
GO：0051258	蛋白质聚合	BP	9.84E-05	0.005194
GO：0030145	锰离子结合	MF	0.00011	0.005434
GO：0030071	有丝分裂中期调节/后期过渡	BP	0.000137	0.006337
GO：0033179	质子传递性V型ATP酶	CC	0.000242	0.009426
GO：0005819	纺锤体	CC	0.000448	0.012301
GO：0007094	有丝分裂细胞周期纺锤体装配检验点	BP	0.000466	0.012301
GO：0005622	细胞内	CC	0.000509	0.012965
GO：0045862	蛋白水解正调控	BP	0.00097	0.020515
GO：0008237	金属肽酶活性	MF	0.000994	0.020515
GO：0000279	（细胞分裂）M期	BP	0.000994	0.020515
GO：0004177	氨肽酶活性	MF	0.001027	0.020515
GO：0003777	微管运动活性	MF	0.001027	0.020515
GO：0044464	细胞组件	CC	0.001479	0.025342
GO：0007018	基于微管的运动	BP	0.001509	0.025342

续表

基因本体ID	基因本体条目	基因本体分类	P值	FDR校正后的P值
GO：0007049	细胞周期	BP	0.001885	0.030276
GO：0044424	胞内组件	CC	0.002087	0.030842
GO：0015991	ATP水解偶联的质子转运	BP	0.002821	0.039338
GO：0006508	蛋白水解	BP	0.003234	0.041925
GO：0045298	微管蛋白复合体	CC	0.003234	0.041925
GO：0016297	酰基水解酶活性	MF	0.003506	0.043118
GO：0005835	脂肪酸合酶复合体	CC	0.003506	0.043118
GO：0019538	蛋白质代谢过程	BP	0.003559	0.043118
GO：0030286	动力蛋白复合体	CC	0.004231	0.046669
GO：0016491	氧化还原酶活性	MF	0.004595	0.049934

表5-22　8龄若虫相对3龄若虫表达下调转录本富集的基因本体条目

基因本体ID	基因本体条目	基因本体分类	P值	FDR校正后的P值
GO：0004887	甲状腺激素受体活性	MF	1.37E-10	5.56E-08
GO：0030522	细胞内受体介导的信号转导通路	BP	6.46E-09	8.72E-07
GO：0043401	类固醇激素介导的信号转导通路	BP	5.62E-08	3.69E-06
GO：0003707	类固醇激素受体活性	MF	5.62E-08	3.69E-06
GO：0008233	肽酶活性	MF	8.41E-07	2.43E-05
GO：0070011	作用于L-氨基酸的肽酶活性	MF	2.40E-06	5.39E-05
GO：0004252	丝氨酸型内切酶的活性	MF	2.81E-06	6.00E-05
GO：0008236	丝氨酸型肽酶活性	MF	5.55E-06	0.000107
GO：0006508	蛋白质水解	BP	1.35E-05	0.000237
GO：0004175	内肽酶活性	MF	3.48E-05	0.000588
GO：0005576	胞外区	CC	5.32E-05	0.000829
GO：0005615	细胞外空间	CC	0.000115	0.001719
GO：0044421	胞外区部件	CC	0.000171	0.002471
GO：0043565	特异序列的DNA结合	MF	0.000623	0.008133
GO：0004344	葡萄糖脱氢酶活性	MF	0.000814	0.010296

续表

基因本体ID	基因本体条目	基因本体分类	P值	FDR校正后的P值
GO: 0005581	胶原	CC	0.001398	0.017161
GO: 0042221	化学刺激响应	BP	0.003308	0.037576
GO: 0046914	过渡金属离子结合	MF	0.00394	0.043132
GO: 0009635	除草剂响应	BP	0.004331	0.046161
GO: 0008270	钙离子结合	MF	0.004676	0.048554

表5-23 8龄若虫相对雄成虫表达上调转录本富集的基因本体条目

基因本体ID	基因本体条目	基因本体分类	P值	FDR校正后的P值
GO: 0042302	角质层结构成分	MF	7.53E-109	1.32E-105
GO: 0006022	氨基聚糖代谢过程	BP	1.74E-32	1.52E-29
GO: 0006040	氨基糖代谢过程	BP	1.28E-30	7.50E-28
GO: 0006030	几丁质代谢过程	BP	5.45E-20	2.39E-17
GO: 0004553	水解酶活性	MF	7.27E-16	2.13E-13
GO: 0016798	水解酶活性	MF	1.09E-15	2.73E-13
GO: 0008061	几丁质结合	MF	5.36E-14	9.42E-12
GO: 0045735	营养储存活性	MF	1.59E-11	1.64E-09
GO: 0005198	结构分子活性	MF	2.78E-11	2.71E-09
GO: 0004568	几丁质酶活性	MF	6.92E-06	0.000157816
GO: 0006032	几丁质分解代谢过程	BP	6.92E-06	0.000157816
GO: 0004756	硒,水二激酶活性	MF	9.46E-06	0.000205026
GO: 0004329	甲酸四氢叶酸连接酶活性	MF	9.46E-06	0.000205026
GO: 0016491	氧化还原酶活性	MF	1.37E-05	0.000269729
GO: 0016998	细胞壁高分子代谢过程	BP	2.96E-05	0.000518665
GO: 0005576	胞外区	CC	4.94E-05	0.000781157
GO: 0004488	亚甲基四氢叶酸脱氢酶（NADP+）活性	MF	0.000129668	0.001945017
GO: 0009310	胺分解代谢过程	BP	0.000129668	0.001945017
GO: 0005975	糖类代谢	BP	0.000151436	0.002252287

续表

基因本体ID	基因本体条目	基因本体分类	P值	FDR校正后的P值
GO：0005220	1,4,5-三磷酸肌醇敏感的钙释放通道活性	MF	0.000170887	0.002458251
GO：0048016	磷酸肌醇介导的信号	BP	0.000170887	0.002458251
GO：0009450	γ-氨基丁酸的分解代谢过程	BP	0.000170887	0.002458251
GO：0004777	NAD+活性	MF	0.000170887	0.002458251
GO：0004571	甘露糖寡糖1,2-α-甘露糖苷酶活性	MF	0.000182426	0.002581915
GO：0030246	糖类结合	MF	0.000185023	0.002597719
GO：0044036	细胞壁大分子代谢活动	BP	0.00054037	0.006834471
GO：0005000	后叶加压素受体的活性	MF	0.000552989	0.006834471
GO：0015116	硫酸盐跨膜转运活性	MF	0.000552989	0.006834471
GO：0052654	L-亮氨酸转氨酶活性	MF	0.00065516	0.007453285
GO：0052655	L-缬氨酸转氨酶活性	MF	0.00065516	0.007453285
GO：0052656	L-异亮氨酸转氨酶活性	MF	0.00065516	0.007453285
GO：0003810	蛋白质-谷氨酰胺γ-谷氨酰转移酶活性	MF	0.00065516	0.007453285
GO：0008528	G蛋白偶联的肽受体活性	MF	0.000803261	0.008595873
GO：0005243	间隙连接通道活性	MF	0.000951668	0.009824571
GO：0016763	转移酶活性	MF	0.001289786	0.012788553
GO：0018149	肽交联	BP	0.001570069	0.014894441
GO：0009013	NAD（P）+活性	MF	0.001570069	0.014894441
GO：0003979	UDP-葡萄糖6-脱氢酶活性	MF	0.003010471	0.026494849
GO：0004047	氨甲基转移酶活性	MF	0.003010471	0.026494849
GO：0008384	IκB激酶活性	MF	0.003082739	0.026783201
GO：0008385	激酶复合体	CC	0.003082739	0.026783201
GO：0005615	胞外空间	CC	0.004431799	0.035866565
GO：0016620	氧化还原酶活性	MF	0.004431799	0.035866565
GO：0005921	间隙连接	CC	0.00451653	0.035866565

续表

基因本体ID	基因本体条目	基因本体分类	P值	FDR校正后的P值
GO：0009168	嘌呤生物合成	BP	0.00451653	0.035866565
GO：0016020	膜	CC	0.004828556	0.038000519

表5-24　8龄若虫相对雄成虫表达下调转录本富集的基因本体条目

基因本体ID	基因本体条目	基因本体分类	P值	FDR校正后的P值
GO：0016787	水解酶活性	MF	8.18E-08	5.70E-06
GO：0008233	肽酶活性	MF	2.06E-07	1.15E-05
GO：0003824	催化活性	MF	2.84E-07	1.32E-05
GO：0050832	真菌防御响应	BP	6.96E-06	0.000194
GO：0008236	丝氨酸类型肽酶活性	MF	0.001294	0.013371
GO：0070011	肽酶活性	MF	0.001393	0.013882
GO：0004601	过氧化物活性	MF	0.003195	0.024093

表5-25　新羽化成虫相对3龄若虫表达上调转录本富集的基因本体条目

基因本体ID	基因本体条目	基因本体分类	P值	FDR校正后的P值
GO：0042302	角质层结构成分	MF	3.17E-94	7.59E-92
GO：0005214	基于几丁质的角质层结构成分发育	MF	5.76E-09	3.44E-07
GO：0042335	角质层发育	BP	5.72E-08	2.19E-06
GO：0008010	基于几丁质幼虫的角质层发育	MF	8.21E-08	2.62E-06
GO：0040003	基于几丁质的角质层发育	BP	1.75E-06	4.39E-05
GO：0008061	角质层结合	MF	2.44E-06	5.83E-05
GO：0008236	丝氨酸型肽酶活性	MF	1.06E-05	0.000195
GO：0006030	几丁质代谢过程	BP	1.96E-05	0.000323
GO：0097361	CIA complex CIA 复合体	CC	0.000225	0.002343
GO：0035267	NuA4组蛋白乙酰转移酶复合体	CC	0.002045	0.013208
GO：0031012	细胞外基质	CC	0.002092	0.013336
GO：0070011	肽酶的活性	MF	0.002242	0.013916

续表

基因本体ID	基因本体条目	基因本体分类	P值	FDR校正后的P值
GO：0080019	脂肪酰基CoA还原酶活性	MF	0.003249	0.019172
GO：0004806	甘油三酯脂酶活性	MF	0.003948	0.021944
GO：0008233	肽酶活性	MF	0.004655	0.024515
GO：0016297	酰基水解酶活性	MF	0.005535	0.027562
GO：0005835	脂肪酸合酶复合体	CC	0.005535	0.027562
GO：0016226	铁硫簇组装	BP	0.006421	0.030092
GO：0005811	脂质颗粒	CC	0.008372	0.030222
GO：0000256	尿囊素分解代谢过程	BP	0.008725	0.030222
GO：0004038	尿囊素酶活性	MF	0.008725	0.030222
GO：0008012	基于几丁质的成年的角质层结构成分	MF	0.008725	0.030222
GO：0004068	天冬氨酸1-脱羧酶活性	MF	0.008725	0.030222
GO：0006523	丙氨酸生物合成过程	BP	0.008725	0.030222
GO：0021854	下丘脑发育	BP	0.008725	0.030222
GO：0021879	前脑的神经元分化	BP	0.008725	0.030222
GO：0043049	耳板形成	BP	0.008725	0.030222
GO：0022002	Wnt受体信号通路负调控神经版神经细胞命运	BP	0.008725	0.030222
GO：0060898	眼区细胞命运决定的相机型眼形成	BP	0.008725	0.030222

表5-26　新羽化成虫相对低龄若虫表达下调转录本富集的基因本体条目

基因本体ID	基因本体条目	基因本体分类	P值	FDR校正后的P值
GO：0042302	角质层结构成分	MF	3.24E-20	1.32E-17
GO：0008233	肽酶活性	MF	7.30E-11	9.90E-09
GO：0005198	结构分子活性	MF	4.56E-08	2.32E-06
GO：0070011	作用于L-氨基酸的肽酶活性	MF	2.65E-06	9.81E-05
GO：0003824	催化活性	MF	0.000129	0.002182
GO：0004175	内肽酶活性	MF	0.000219	0.002734

续表

基因本体ID	基因本体条目	基因本体分类	P值	FDR校正后的P值
GO：0008236	丝氨酸类型肽酶活性	MF	0.000222	0.002734
GO：0008237	金属钛酶活性	MF	0.000278	0.003058
GO：0016798	作用于糖基键的水解酶活性	MF	0.000309	0.003112
GO：0016491	氧化还原酶活性	MF	0.000371	0.003432
GO：0006508	蛋白质水解	BP	0.000654	0.005433
GO：0004252	丝氨酸型内肽酶活性	MF	0.000701	0.005708
GO：0016787	水解酶活性	MF	0.000738	0.005888
GO：0004488	NADP+活性	MF	0.000855	0.006693
GO：0005576	胞外区	CC	0.00099	0.007461
GO：0004553	水解酶活性	MF	0.001231	0.008639
GO：0005581	胶原	CC	0.004293	0.022403
GO：0006546	甘氨酸代谢过程	BP	0.005722	0.028059
GO：0004222	金属内肽酶活性	MF	0.006983	0.032668
GO：0009396	含叶酸的化合物的生物合成过程	BP	0.007338	0.033937
GO：0004887	甲状腺激素受体活性	MF	0.009134	0.04041
GO：0005615	胞外空间	CC	0.009954	0.043564

新羽化成虫和低龄若虫比较，上调和下调的转录本都在角质层结构成分方面富集（GO：0042302）（表5-27）。出现这种情况的原因应该是存在很多的转录本被注释为该GO条目，有些转录本在新羽化成虫中表达上调，有些在低龄若虫中表达上调，在富集的时候，虽然是不同的转录本，但是由于功能注释一样，富集在相同的GO条目上。

表5-27 新羽化成虫相对雄成虫上调转录本富集的基因本体条目

基因本体ID	基因本体条目	基因本体分类	P值	FDR校正后的P值
GO：0042302	角质层结构成分	MF	7.66E-132	1.37E-128
GO：0006040	氨基糖代谢过程	BP	7.86E-35	7.03E-32
GO：0006022	氨基聚糖代谢过程	BP	2.43E-34	1.45E-31
GO：1901071	含葡萄糖化合物代谢过程	BP	1.34E-22	5.99E-20
GO：0006030	几丁质代谢过程	BP	1.61E-21	5.77E-19

续表

基因本体ID	基因本体条目	基因本体分类	P值	FDR校正后的P值
GO: 0008061	几丁质结合	MF	7.72E-21	2.30E-18
GO: 0005198	结构分子活性	MF	1.84E-15	3.66E-13
GO: 0005576	胞外区	CC	6.41E-10	5.46E-08
GO: 0045735	营养储存活性	MF	6.00E-08	3.25E-06
GO: 0005214	基于几丁质的角质层成分	MF	8.26E-08	4.20E-06
GO: 0004553	水解酶活性	MF	1.75E-07	8.03E-06
GO: 0043401	类固醇激素介导的信号转导通路	BP	4.45E-07	1.89E-05
GO: 0003707	类固醇激素受体活性	MF	4.45E-07	1.89E-05
GO: 0016798	水解酶活性	MF	7.33E-07	2.98E-05
GO: 0008010	基于几丁质的幼虫角质层结构成分	MF	4.17E-06	0.000139826
GO: 0004756	硒，水二激酶活性	MF	1.24E-05	0.000356629
GO: 0004329	甲酸四氢叶酸连接酶活性	MF	1.24E-05	0.000356629
GO: 0004806	甘油三酯酶活性	MF	1.54E-05	0.000430503
GO: 0014070	有机环状化合物响应	BP	4.64E-05	0.001152081
GO: 0042335	角质层发育	BP	5.16E-05	0.001230692
GO: 0004867	丝氨酸内肽酶抑制剂活性	MF	7.53E-05	0.001642718
GO: 0004488	NADP+活性	MF	0.000168279	0.003345018
GO: 0016020	膜	CC	0.00018709	0.003678064
GO: 0005220	1,4,5-三磷酸肌醇敏感的钙释放通道的活性	MF	0.00020876	0.003931283
GO: 0048016	磷酸肌醇介导的信号	BP	0.00020876	0.003931283
GO: 0040003	基于几丁质的角质层发育	BP	0.000249733	0.004605897
GO: 0008509	负离子跨膜转运活动	MF	0.000278868	0.005090771
GO: 1901072	含糖化合物的分解代谢	BP	0.000302925	0.005235592
GO: 0004879	RNA配体激活的序列特异性DSNA结合聚合酶Ⅱ转录因子活性	MF	0.000475643	0.007211234

续表

基因本体ID	基因本体条目	基因本体分类	P值	FDR校正后的P值
GO：0055085	跨膜运输	BP	0.0004867	0.007316856
GO：0005615	细胞外空间	CC	0.000530244	0.007839725
GO：0010466	肽酶活性的负调控	BP	0.000666433	0.009314448
GO：0030414	肽酶抑制剂活性	MF	0.000666433	0.009314448
GO：0005509	钙离子结合	MF	0.00073714	0.01014418
GO：0006821	氯离子转运	BP	0.00079176	0.010344599
GO：0052654	L-亮氨酸转氨酶活性	MF	0.000797962	0.010344599
GO：0052655	L-缬氨酸转氨酶活性	MF	0.000797962	0.010344599
GO：0052656	L-异亮氨酸转氨酶活性	MF	0.000797962	0.010344599
GO：0003810	蛋白质-谷氨酰胺 γ-谷氨酰转移酶活性	MF	0.000797962	0.010344599
GO：0009719	内源性刺激响应	BP	0.001256419	0.014691072
GO：0010951	内肽酶负调控的活性	BP	0.001414236	0.015714711
GO：0004866	内肽酶抑制活性	MF	0.001414236	0.015714711
GO：0016763	转移酶活性	MF	0.001818343	0.019380118
GO：0018149	肽交联	BP	0.001906596	0.019380118
GO：0015416	有机磷酸酯跨膜运输ATP酶活性	MF	0.001906596	0.019380118
GO：0015716	有机磷酸盐运输	BP	0.001906596	0.019380118
GO：0019358	烟酸核苷酸补救	BP	0.001906596	0.019380118
GO：0080019	脂肪酰基CoA还原酶	MF	0.001943449	0.019643112
GO：0031224	固有膜	CC	0.001976636	0.019866307
GO：0016021	不可或缺的膜	CC	0.002173358	0.021481427
GO：0009396	含叶酸的化合物的生物合成过程	BP	0.002480397	0.023840606
GO：0009317	乙酰-CoA羧化酶复合体	CC	0.002480397	0.023840606
GO：0030522	细胞内受体介导的信号转导通路	BP	0.003336671	0.029996506
GO：0006043	葡萄糖分解代谢过程	BP	0.003522606	0.031044054

续表

基因本体ID	基因本体条目	基因本体分类	P值	FDR校正后的P值
GO：0004342	葡糖胺-6-磷酸脱氨酶活性	MF	0.003522606	0.031044054
GO：0008384	IκB激酶活性	MF	0.003522606	0.031044054
GO：0008385	IκB激酶复合体	CC	0.003522606	0.031044054
GO：0003979	UDP-葡萄糖6-脱氢酶活性	MF	0.003644913	0.031527227
GO：0005882	中间丝状体	CC	0.003644913	0.031527227
GO：2000757	肽基赖氨酸乙酰化负调控	BP	0.003644913	0.031527227
GO：0004887	甲状腺激素受体活性	MF	0.004221559	0.035539779
GO：0006760	含叶酸的化合物的代谢过程	BP	0.004351909	0.03631669
GO：0008643	糖类运输	BP	0.004547444	0.037663783
GO：0052689	羧酸酯水解酶活性	MF	0.004766266	0.039294242
GO：0005247	电门压控氯离子通道	MF	0.005733915	0.044215407
GO：0009168	嘌呤生物合成过程	BP	0.005733915	0.044215407
GO：0016888	产磷酸单酯的脱氧核糖核酸内切酶活性	MF	0.006097987	0.045266798
GO：0004516	烟酸磷酸活性	MF	0.006097987	0.045266798

从表5-28可以看出，全部若虫相对全部成虫表达上调的转录本主要有细胞色素P450、表皮蛋白和角质蛋白，而全部若虫相对全部成虫表达下调转录本为c125319_g1_i1，其功能未知。

表5-28　全部若虫相对全部成虫表达上调的转录本

转录本ID	基因本体ID	基因本体注释
c115706_g1_i1	GO：0042302	假定蛋白
c115706_g1_i2	GO：0042302	假定蛋白
c116133_g1_i5	GO：0005488，GO：0016491，GO：0043231，GO：0016020	细胞色素 P450 4c21
c117099_g2_i2	GO：0042302	角质蛋白5
c118484_g1_i2	GO：0003824	mpa3过敏原
c120268_g3_i1	GO：0016491，GO：0055114	血蓝蛋白前体
c121272_g1_i1	GO：0042302	表皮蛋白前体

续表

转录本ID	基因本体ID	基因本体注释
c121272_g1_i2	GO：0042302	表皮蛋白前体
c121272_g1_i5	GO：0042302	表皮蛋白前体
c121450_g1_i1	GO：0042302	表皮蛋白前体
c121450_g2_i1	GO：0042302	角质蛋白
c40885_g1_i1	GO：0042302	角质蛋白
c107997_g1_i1	GO：0042302	内表皮结构糖蛋白bd-1
c109222_g1_i1	GO：0042302	角质蛋白

（七）差异表达转录本WEGO分析

从图5-9可以看出，除了在共质体（symplast）、辅助运输蛋白（auxiliary transport protein）、化学引诱物（chemoattractant）和金属伴侣（metallochaperone）等功能方面没有差异表达外，其他的都存在差异表达，特别是营养存储（nutrient reservoir）方面转录本差异表达的比例相对较高。

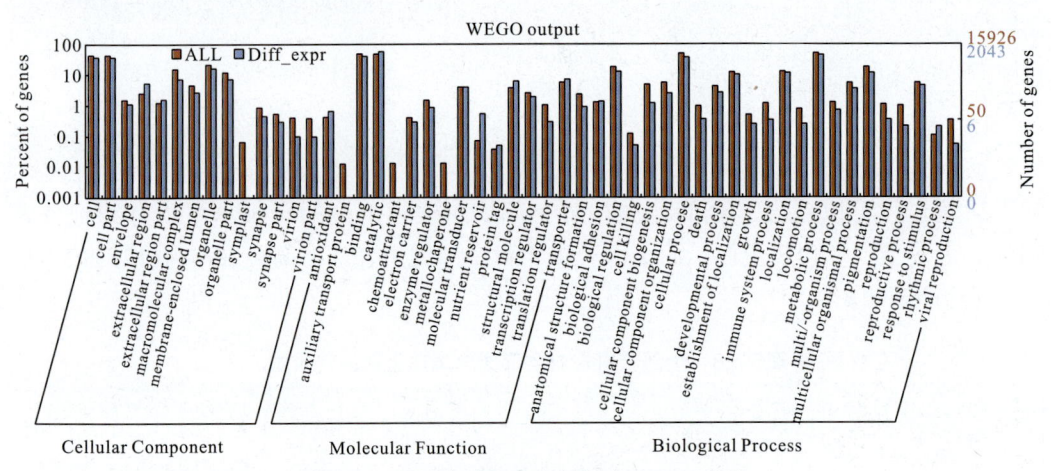

图5-9　差异表达和全部转录本WEGO比较

（八）KEGG代谢通路分析

1. 差异表达转录本代谢通路重构。

差异表达转录本代谢通路重构和之前KEGG代谢通路注释类似，将差异表达的转录本序列及其对应的KO号提交到KEGG MAPPER网站，得到重构的代谢通路信息。全部若虫相对全部成虫表达上调的转录本KO注释见表5-29。由于全部若虫相对全部成虫表达上调的转录本只有2个，无法进行富集分析，后文将展示其他比较方式的富集结果。

表5-29　全部若虫相对全部成虫表达上调的转录本KO注释

转录本ID	KO号	注释
c118175_g1_i1	K03900	血管假性血友病因子
c118484_g1_i2	K01312	胰蛋白酶

2. KEGG代谢通路富集分析。

KEGG代谢通路富集分析采用的方法和基因本体条目富集分析一样，都是Fisher精确检验，然后FDR校验。不同之处在于KEGG代谢通路富集的是代谢途径，返回的不是某一个KO或者基因本体条目，由于代谢途径中存在多个基因，因此不同的样本比较会出现富集在相同的代谢途径上，尽管可能是它们差异表达基因不同。本次富集分析的思路是先收集样本之间差异表达转录本，然后再分析这些转录本富集在哪些代谢通路上。

此次在雌成虫相对其他样本表达上调的转录本富集在溶酶体、一些氨基酸代谢通路及FoxO信号通路（表5-30）。雄成虫相对其他样本表达上调的转录本富集在补体系统（表5-31）。而有研究发现补体系统能调控抗菌肽的分泌，可能和之前雄成虫基因本体富集分析发现抗真菌的功能相吻合。若虫相对新羽化成虫表达上调的转录本在细胞色素P450参与的有害异物代谢通路和药物代谢-细胞色素P450上富集（表5-32），可能暗示新羽化成虫比若虫耐药性要弱。表格中列出的都是校正后$P<0.05$的代谢通路。

表5-30　雌成虫相对其他样本表达上调转录本富集的代谢通路

MapID	代谢通路名称	P值	FDR校正后的P值
04142	溶酶体	1.26E-08	3.77E-07
00260	甘氨酸、丝氨酸和苏氨酸代谢	6.69E-07	7.65E-06
05152	肺结核	7.65E-07	7.65E-06
05014	肌萎缩性脊髓侧索硬化症	0.001700465	0.012753487
00380	色氨酸代谢	0.002642224	0.015853341
00603	鞘糖脂生物合成	0.003642221	0.016519948
00630	二羧酸代谢	0.003854655	0.016519948
01100	代谢通路	0.007674997	0.028781238
04068	FoxO信号通路	0.013840389	0.046134629

表5-31　雄成虫相对其他样本表达上调转录本富集的代谢通路

MapID	代谢通路名称	P值	FDR校正后的P值
04974	蛋白质消化和吸收	8.60E-11	4.30E-09
04972	胰腺分泌	2.43E-09	6.07E-08

续表

MapID	代谢通路名称	P值	FDR校正后的P值
05164	甲型流感	1.06E-08	1.77E-07
04080	刺激神经组织的配体-受体互作	2.51E-06	3.14E-05
04610	补体系统	0.000945	0.009452

表5-32 若虫相对新羽化成虫表达上调转录本富集的代谢通路

MapID	代谢通路名称	P值	FDR校正后的P值
04974	蛋白质消化和吸收	1.36E-06	2.87E-05
04972	胰腺分泌	0.000196	0.001957
04080	刺激神经组织的配体-受体互作	0.000317	0.001957
05164	甲型流感	0.000373	0.001957
0480	谷胱甘肽	0.002061	0.008091
05204	化学致癌作用	0.003003	0.008091
00980	细胞色素P450参与的有害异物代谢	0.003043	0.008091
00982	药物代谢-细胞色素P450	0.003082	0.008091

若虫相对新羽化成虫表达下调的转录本主要富集在p53信号通路、泛素介导的蛋白质水解和Wnt信号通路等20多个代谢通路上。此外，若虫相对成虫表达上调的转录本富集的代谢通路是补体系统。

三、讨论

用RESM软件计算各个样本的表达量，在5个样本共同表达上调的有13个转录本，主要是延长因子1-α、p10和肌动蛋白等基因。所有样本中，雌成虫表达量大于1的转录本最多，为107 395个，其次为新羽化成虫，有95 900个，雄成虫为88 320个，3龄若虫和8龄若虫样本表达的转录本数目相近，分别是79 377个和81 605个。使用EdgeR鉴定了13 852个差异表达转录本。雄成虫和其他样本相比，差异表达的转录本最多，雄成虫和新羽化成虫比较有7 244个差异表达转录本，是样本两两比较中差异表达最多的。与此相反的是若虫之间的差异表达基因较少，如3龄若虫样本，它和8龄若虫之间只有1 332个差异表达转录本，而若虫和成虫之间的差异表达转录本数目较多。

差异表达转录本GO富集分析表明，与新羽化成虫比较，8龄若虫上调的转录本多集中在细胞周期，其次是激素受体活性。相似地，与3龄若虫相比，8龄若虫表达上调的转录本也主要富集在细胞周期方面，这暗示了8龄若虫细胞分裂生长活动旺盛，可能需要经历许多内部结构改造和生命活动的变化，还有一种可能就是美洲大蠊细胞分裂可能是特定的时间才进行的，8龄样本刚好处于细胞分裂的过程中。新羽化成虫中上调的转录本多为叶绿体及其光合作用相关的，出现这种情况的可能原因是样本存在污染，或者蟑螂体内携带能够光合作用的微生物的转录本。相对于雄成虫，8龄若虫表达上调的转录本主要富集在角质层、几丁质代谢、氨基糖代谢等方面，而相对下调的则有真菌防御响应和肽酶活性等方面，表明了成虫由于生活环境的多样化其抗逆性可能增强。相对于3龄若虫，新羽化成虫表达上调的转录本主要富集在神经发育和器官的发育方面，表明低龄若虫相关生命活动较弱，神经发育和器官发育可能要在羽化后完成；新羽化成虫与雄成虫相比，上调的转录本主要富集在角质层结构成分、氨基糖代谢等方面。全部若虫相对于全部成虫，表达上调的转录本主要有细胞色素P450、表皮蛋白和角质蛋白，表达下调的转录本为c125319_g1_i1，功能未知。

几丁质是昆虫外骨骼的主要成分。美洲大蠊在生长发育过程中会进行多次蜕皮，若虫几丁质合成代谢相关的基因较成虫表达都上调了，推测若虫体内的几丁质合成代谢较为活跃，体内的几丁质单体和几丁质衍生物较多。由于几丁质及其衍生物和几丁质单体具有广泛的医药用途的物质，后续可以开展美洲大蠊几丁质及衍生物和几丁质单体的提取和药用试验，并对比若虫和成虫的提取效率和疗效。

差异表达转录本KEGG分析表明，雌成虫相对其他样本表达上调转录本主要富集在溶酶体、甘氨酸代谢、丝氨酸代谢、苏氨酸代谢和FoxO信号通路上。雄成虫相对其他样本表达上调的转录本主要富集在蛋白质消化和吸收、胰腺分泌等代谢途径上，若虫和新羽化成虫的比较发现，前者差异表达转录本主要在CP450参与的有害异物代谢通路和药物代谢-CP450通路上富集，据此推测若虫在某些方面解毒能力要强于成虫。

第三节　美洲大蠊miRNA分析

近几年，miRNA引起了越来越多的关注，其在很多生物过程中扮演着重要角色，如发育（Reinhart等，2000）、细胞增殖（Brennecke等，2003）、细胞分化（Kawasaki等，2003）等。本研究是第一次对美洲大蠊的miRNA进行研究，期望对美洲大蠊的虫害防制和药用养殖提供帮助。

一、miRNA简介

（一）miRNA的由来

1993年，Lee等研究人员在研究秀丽隐杆线虫发育过程时，发现*lin-4*基因并不编码蛋白质，但是转录出2个RNA序列，一个是61nt，另一个是22nt，并发现其能与基因lin-14的C端UTR互补配对，抑制其翻译为LIN-14蛋白。该调控发生在线虫的L1和L2阶段。其中22nt的RNA是61nt的剪切产物。Lee等（1993）在*Cell*杂志上发表了该发现，lin-4也被认为是首个被发现的miRNA。

然而，在该文章发表后，人们认为lin-4这种调控机制是秀丽隐杆线虫所独有的，所以在之后的7年中，该机制没有引起人们的重视。直到2000年，Reinhart等人发表在*Nature*上的文章，再一次在秀丽隐杆线虫中发现了第二个miRNA——let-7。该研究发现，let-7与lin-14、lin-28和lin-41的C端UTR结合，时序性调控其基因表达。因此lin-4和

let-7这2个不同源的miRNA却有着相似的调控机制，且都与线虫的发育有关（Reinhart等，2000）。这项发现终于让人们关注到这一类miRNA。随着进一步的研究，研究者又发现let-7在节肢动物、脊椎动物、环节动物、软体动物等中均有表达（Roush等，2008）。一开始因为它们长度短，且作用时间短暂，所以被称为小时序RNA（small temporal RNA）。后来随着发现的类似RNA越来越多，在2001年便统一命名为miRNA。

（二）miRNA的特征

miRNA有以下几个特征：①广泛存在于真核生物中，包括动物、植物等，是一组非编码单链短序列RNA，没有开放阅读框；②长度通常在19～25nt，C端有1～2个碱基的长度变化；③高度保守性；④时序性和组织特异性（Ruvkun等，2001）。

在保守性上，秀丽隐杆线虫和C. briggsae中超过40%的miRNA是一致的。在秀丽隐杆线虫新发现的miRNA中有约85%在C. briggsae基因组中发现同源体。miRNA-156在45个不同植物中发现直系同源体（Zhang等，2006）。时序性和组织特异性是miRNA的其他特性，表现在生物体在不同发育阶段不同组织miRNA表达量的差异上，let-7在秀丽隐杆线虫中就是在L2阶段表达上调（Li等，2005）。

（三）miRNA的合成机制

成熟的miRNA的合成是一个较复杂的过程。在2种候选酶，RNA聚合酶Ⅱ（RNA polymerase Ⅱ，Pol Ⅱ）或RNA聚合酶Ⅲ（RNA polymerase Ⅲ，pol Ⅲ）的帮助下，转录形成初始转录物primary miRNA（pri-miRNA），它是具有N端帽子（m7G）和C端Poly A尾巴结构的发卡状结构。在动植物中，这一过程区别不大，而从pri-miRNA到成熟miRNA的过程就有一些区别了（Bartel，2004）。

在动物中，通过RNase Ⅲ核酸内切酶（也被称为Drosha）切割pri-miRNA，产生pre-miRNA（Yi等，2003）。之后转运蛋白Exportin-5（Exp5）和Ran-GTP组成的复合物将pre-miRNA从细胞核转运到细胞质中（Cullen，2004；Zeng等，2005）。在细胞质中，RNase Ⅲ核酸内切酶家族的另一个成员Dicer对pre-miRNA进行切割，形成一种不完全配对的双链结构miRNA：miRNA*（其中miRNA*是miRNA的互补序列），其中miRNA*和miRNA都来自于pre-miRNA（Hut等，2002）。然后，miRNA：miRNA*在解旋酶的作用下解旋，形成成熟的单链miRNA和miRNA*，miRNA*大多被降解，而miRNA与Argonaute蛋白结合形成RNA诱导沉默复合体（RNA-induced silencing complex，RISC）进行调控。miRNA和miRNA*的结构十分相似，但由于miRNA的N端有一个小突起，这会减弱miRNA的稳定性，使其更易结合形成RISC，但有时*miRNA：miRNA**的两条链都不存在N端的小突起，这时这两条链都有可能产生miRNA。

而在植物中，虽然miRNA的成熟过程大体和动物相同，但仍有些许差异。植物是在细胞核里完成miRNA的成熟过程。虽然植物体内没有Drosha和Drosha同源物，但在拟南芥（*Arabidopsis thaliana*）当中发现了Dicer酶家族，其中的DCL1与Drosha有类似的作用，其对pri-miRNA进行切割产生pre-miRNA。然后，DCL1继续对pre-miRNA进行剪切，形成miRNA：miRNA*。而切割酶的不同或许就是导致miRNA长度在动物和植物中具有差异的原因（Martinez等，2002）。随后，miRNA：miRNA*的C端末尾的一个核苷酸甲基化，HASTY（HST）蛋白转运甲基化后的miRNA：miRNA*进入细胞质。因为其转运的是miRNA：miRNA*而不是pre-miRNA到细胞质中，所以这可能是很少在植物体中检测到中间产物的原因。之后的步骤与动物相似，miRNA：miRNA*解旋后形成RISC（Axtell等，2011）。

（四）miRNA的作用机制

miRNA与Argonaute蛋白结合组成的RISC，通过与靶mRNA的C端UTR碱基互补配对在转录水平抑制靶基因的表达，但具体方式还是有些许不同。大致可将其分为三类：第一类是miRNA与靶mRNA的C端'UTR不完全互补配对，这种方式不影响靶mRNA的稳定性，主要存在于动物中，如秀丽隐杆线虫lin-4就是这种方式（Slack等，2000）。第二类是miRNA与靶mRNA的C端UTR完全互补配对，这种方式导致靶mRNA直接被降解掉，与siRNA的调控方式十分类似，在植物中较为普遍，如拟南芥miR-171就是这种方式（Llave等，2002）。第三类是同时具有以上两种方式，如线虫中的let-7就具有两种方式（Lee等，2001）。

至今的研究发现，动物miRNA调控靶mRNA时，不仅能与靶mRNA的C端UTR结合，还能与靶mRNA的N端UTR结合，虽然目前只有少数miRNA被发现有这一现象，大多数miRNA还是偏好与C端UTR结合，但这一重大发现为miRNA的研究开辟了新的道路（Qin等，2010）。Lytle等（2007）第一次发现了miRNA能够通过与靶mRNA的N端UTR结合来调控靶mRNA的表达，他们甚至认为miRNA可以与靶mRNA的任意位点结合来抑制靶mRNA的表达。另外，研究还发现一种miRNA并不只对一个靶mRNA进行调控，一种miRNA可对多个靶mRNA进行调控，且一个靶mRNA也可被多个miRNA共同调控（Lim等，2005）。由此可见，miRNA的作用机制多样，在以后的研究中可能会发现更多样的作用机制。

（五）miRNA的命名规则

miRNA的命名由三个部分组成，即物种名、miRNA的类别、识别号码。这三个部分之间用连字符连接。物种名一般用小写的三个字母表示，如hsa代表人类、pam代表美洲大蠊等。miRNA的类别则分为前体和成熟体两种，动物的成熟体用miR表示、前体用mir表示，植物的成熟体用miR表示、前体用MIR表示，病毒的成熟体用miR表示、前体用mir表示。识别号码按发现的顺序分配，相同的miRNA具有相同的数字，不论是在哪种生物中发现的。而命名规则确定前发现的miRNA保留原名，如cel-lin-4。同源度高的miRNA在识别号码后加上小写字母。miRNA前体的两个臂都可能加工成miRNA，其中表达量高的miRNA不变，表达量低的miRNA在名字后面再加上一个*号，而如果两种miRNA的表达量没有明显差异，则对前体N端加工成的miRNA加上"-5p"，前体C端加工成的miRNA加上"-3p"。来自不同染色体的相同miRNA，在名字后面再加上连字符和阿拉伯数字以示区别（Ambros等，2003）。

（六）生物信息学方法帮助miRNA预测靶mRNA

miRNA是通过与靶mRNA的C端UTR结合来进行调控的，根据此特点，研究人员研发了大量的软件用来预测miRNA的靶mRNA。在研发过程中，研究人员发现对植物miRNA的靶mRNA预测比动物miRNA的靶mRNA预测要简单。因为植物miRNA的调控大多是以完全互补配对的方式，而动物大多是以不完全互补配对的方式。因此，目前对植物miRNA的靶mRNA的预测精准度更高。在对动物miRNA的靶mRNA进行预测时，需要解决以下难题：编写程序时，因为miRNA与其对应的靶mRNA的量不足，没有足够的样本以供参考，导致无论怎样增加条件加以限制，都很难预测出精准度高的靶mRNA；就算将靶mRNA预测出来，也很难对大量的靶mRNA进行快速验证和评估。

但随着逐渐深入的miRNA研究，研究人员发现动物miRNA与靶mRNA的C端UTR结合具有以下特点：在不同物种之间miRNA的靶位具有保守性；miRNA的靶位不会出现复杂的二级结构；miRNA与靶mRNA的C端UTR虽然是不完全互补配对，但仍有部分结合；相对于miRNA的C端，miRNA的N端更易与靶mRNA结合；可以通过计算得出miRNA-mRNA热稳定性的较为准确的结果。软件开发者根据以上特点和他们总结出来的规律，开发了一系列的软件。

2003年，Enright等（2003）开发出了首款预测miRNA的靶mRNA的生物信息学软件miRanda。miRanda软件根据靶位的保守性、序列的配对情况和miRNA与mRNA的热稳定性计算出与miRNA结合的C端UTR，进而预测出靶mRNA。miRanda软件利用的算法类似于Smith-Waterman算法，用已知的73种黑腹果蝇miRNA作为探针对C端UTR进行碱基互补配对分析。具体算法如下：计算互补配对分数时，A和U配对、C和G配对加5分，G和U配对加2分，其余配对方式减3分，起始空位减8分，延伸空位减2分。此外，为了体现miRNA的N端和C端在与靶mRNA互补配对时的不对称性，前11个碱基的分数要乘以一个参数，该软件是2.0。另外还有4个经验规则：第2个到第4个碱基之间不能存在错配，第3个到第12个碱基之间的错配个数应少于5个，在第9个碱基和倒数第6个碱基之间至少存在1个错配，最后5个碱基之间的错配个数应少于2个。miRanda软件利用Vienna软件包对miRNA与C端UTR互补配对时的自由能（ΔG）进行计算，根据自由能对miRNA与靶mRNA互补配对时的热稳定性进行判断。根据miRNA的保守性，miRNA与C端UTR互补配对时的碱基要求与其他物种相同。基于以上三个特点，miRanda软件最后选取互补配对得分最高、自由能最低的C端UTR作为最后的靶mRNA（Enright等，2003）。

同年，Lewis等（2003）开发了TargetScan软件，它也是依靠RNA双链结构的热力学分析和序列比对来预测miRNA的靶mRNA。TargetScan软件寻找与miRNA的N端的2~8位碱基完全配对的靶mRNA的C端UTR，miRNA的这7位碱基被称为"miRNA种子区域"，与之匹配的UTR区域被称为"种子匹配区域"。向两个方向延伸种子区域，遇到错配停止，允许G：U配对。利用RNAeval给每个miRNA：mRNA分配折叠自由能G。最后，为验证预测的靶mRNA的可靠性，引入信噪比（已知的miRNA和随机生成的miRNA的靶mRNA的比值），随着已知物种的增多，可以参考的已知的miRNA和其靶mRNA的数量也增加了，准确率也上升了。

2004年，Krüger等开发了RNAhybrid软件，它根据miRNA与靶mRNA结合形成的二级结构预测靶mRNA。RNAhybrid软件的核心算法是经典RNA二级结构预测的变种，RNAhybrid软件决定两个序列之间最佳杂交位置，而不是一个序列自己折叠到能量最有利的方式。虽然从原理上讲，这两个序列可以是任意长的，但是对于miRNA靶预测，靶候选将是相当长的（几百到数千个核苷酸），而miRNA将在19~24nt。由于RNA和靶之间的相互作用没有被报道含有分支（也被称为多回路），RNAhybrid软件不加以考虑，从而大大提高了算法的速度。RNAhybrid不使用任何RNA折叠或双序列比对程序，但是实现了一个专门设计用于RNA杂交的算法。网络版的RNAhybrid是一个易于使用的网页端界面，用户可以上传自己的miRNA和候选靶序列。众多选项对程序所寻求的交互类型给予了广泛的控制。关于功能性miRNA/靶mRNA相互作用的普遍假设是需要一个"种子"，在miRNA和靶mRNA之间有一个完美的沃森-克里克配对在miRNA的2~7位或8位。然而，实验显示在秀丽隐杆线虫基因组中，这个区域似乎有不配对的核苷酸。

Krek等（2005）开发了PicTar软件来预测miRNA的靶mRNA，PicTar软件主要预测脊椎动物、果蝇和线虫的miRNA的靶mRNA。研究人员定义了一个"完美核"，即从N端算起的miRNA的第1个或第2个碱基开始的7个碱基的完美沃森-克里克碱基配对，完美核的mRNA序列的插入或突变是允许的，只要它通过标准的RNA二级结构预测软件确定的结合自由能不增加，或不包含G：U配对。这些变异的核被称为不完美核。整个miRNA：：mRNA双链的自由能还要低于一个阈值。对于具有完美核的位点，阈值被设定为整个成熟RNA结合到完全互补的靶位的最佳自由能的33%。这种过滤器平均只丢弃了所有完美核的5%，但提高了信噪比。对于不完美核，阈值被设定为整个成熟RNA结合到完全互补的靶位的最佳自由能的66%，以防止误报。在过滤过程中，完美核作为miRNA的结合位点被赋予一个概率P，不完美核的概率是$1-P$除以不完美核的总数。PicTar软件计算一个给定的RNA序列是一组固定的miRNA的靶mRNA的最大似然得分。首先计算在所有UTR序列中的所有可能的miRNA核的位置，然后检查同一miRNA的核是否都位于所有正在考虑的物种的重叠对齐位置，最后检查所预测的miRNA：mRNA双链的最佳自由能是否通过筛选标准，通过标准的核被称为锚点，在一个UTR内的锚点个数决定转录本是否会被PicTar软件计算分数。

Miranda等（2006）开发了RNA22软件。RNA22软件不依赖于跨物种间的保守性，且不同于以往的方法，它先从感兴趣的序列中找出miRNA结合位点，再识别调控的miRNA。RNA22软件利用了Teiresias算法，目标岛指任何成熟的miRNA模式的反向互补体聚集的热点，目标岛的识别有效地将算法的后续步骤集中到只有那些得到许多成熟的miRNA模式的反向互补体支持的区域。这种预测方法和以往的预测方法大不相同，使预测miRNA的靶mRNA有了新的思路。

在上述这些软件中，RNAhybrid软件、miRanda软件等属于规则驱动型，这种类型的预测软件主要根据miRNA与靶mRNA的互补性、miRNA与靶mRNA的二聚体的热稳定性（即自由能）、miRNA在物种之间的保守性这三个条件来进行预测。而PicTar软件和RNA22软件则属于数据驱动型，这种类型的预测软件突破了miRNA在物种之间的保守性，利用机器学习法，从另一种角度统计学来对靶mRNA进行预测。

通过计算机软件预测出来的靶mRNA，还需要实验手段对其进行验证。由于miRNA调控靶mRNA主要通过两种方式，所以验证靶mRNA也主要有两种实验方式。第一种是mRNA被降解的验证方式，将降解的产物通过逆转录、克隆、测序的方式，将被降解的mRNA还原，得到的mRNA即为靶mRNA；第二种是抑制靶mRNA翻译的验证方式，因为mRNA的C端UTR区域与miRNA互补配对，可利用C端UTR荧光素酶报告基因实验对其进行检测，来验证靶mRNA。

（七）昆虫miRNA研究举例

1. 德国小蠊的miRNA研究。

目前miRNA在动物和植物中都有发现，已有不少昆虫的miRNA已被研究，而其中跟美洲大蠊关系最近的是德国小蠊。两个miRNA文库（WB-6和Ov-A）被建立，分别获得9,161,578条序列和7,417,291条序列，其长度主要分布在21～23nt，另外还在36nt处有一峰值，这在其他昆虫中未发现，因为大多数实验都将miRNA的长度限制在30nt之内，超过30nt的序列被剔除了（Cristino等，2011）。在德国小蠊中发现了38种已知的miRNA和240种新miRNA，通过PCR和测序鉴定了5个新的miRNA前体。已知的miRNA和新miRNA也通过它们在dicer-1 RNAi表达水平的降低而验证，并且对两个文库的已知miRNA做了比较，其中miR-1、miR-252、miR-8、miR-276b和miR-9a在WB-6中表达量高，miR-317、miR-190、miR-34、miR-315、miR-iab-4、miR-14、miR-375、miR-993a和miR-iab-4as-5p只在WB-6中表达，而miR-12只在Ov-A中表达（Cristino等，2011）。

2. 蚊子的miRNA研究。

在*Aedes aegypti*中发现108种已知的miRNA和20种新miRNA，在*Anopheles stephensi*中发现102种已知的miRNA和8种新miRNA，产生miRNA簇和家庭的重复在*Ae. aegypti*中比在*An. stephensi*中更常见。研究人员还发现ARM开关是新的miRNAs的来源，表达谱分析发现蚊子特有的miRNAs在一个或两个谱系中表现出强烈的阶段特异性表达，如aae-miR-2941/2946家族是在*Ae. aegypti*中最丰富的母系沉积和受精卵转录miRNA，miR-2943在*Ae. aegypti*和*An. stephensi*中都是表达上调的受精卵miRNA。9个蚊子特有的、4个库蚊亚科特有的和2个按蚊属特有的miRNA被发现（Hu等，2015）。在*Aedes albopictus*中得到185万条序列，发现65种miRNA和53种miRNA前体，在*Culex quinquefasciatus*中得到179万条序列，发现77种miRNA和69种miRNA前体，miR-184在*Ae. albopictus*和*Cx. quinquefasciatus*中都是表达量最高的miRNA，这两个物种中表达量最高的前10个中有5个相同：miR-8、miR-275、miR-317、miR-277和miR-184。因为*Ae. albopictus*的基因组当时还未测序，研究人员将*Ae. Albopictus*的miRNA序列比对上*Ae. aegypti*的基因组，发现全部100%匹配。一些*Anopheles* miRNA，包括miR-1890和miR-1891，也在*Ae. Albopictus*和*Cx. quinquefasciatus*中被发现了，从9个不同的前体中发现了7个新miRNA，其中有2个在*An. gambiae*中被预测为同源物，miR-989和miR-92在西尼罗病毒感染后表达量显示出明显的变化（Skalsky等，2010）；在*Anopheles stephensi*中发现27种miRNA，其中10种是蚊子中未知的，有4种与任何生物体中已知的miRNA不相匹配，8种miRNA的表达谱分析显示出从早期胚胎到成虫阶段不同的表达模式，miR-x2的表达局限于成年雌性，主要在卵巢（Mead & Tu，2008）。

3. 蝇的miRNA研究。

在东方果蝇*Bactrocera dorsalis*中获得3070万核苷酸，长度分布有2个峰，一个在21～22nt，另一个在25～27nt，发现172种已知的miRNA和78种新miRNA，在4个发育阶段，有一半以上的miRNAs是有阶段特异性的，miR-1-3p、miR-10-3p、miR-184-3p在每个阶段表达量都很高，而miR-305在卵阶段表达上调（Tariq等，2016）；在 Cochliomyia hominivorax 和 C. macellaria 中得到629万条序列，长度分布在22～23nt，有1个峰，发现共106种已知的miRNA，其中94种在2个物种中共有，还预测了10个miRNA前体，因为 C. hominivorax 和 C. macellaria 的基因组当时都尚未测序，研究人员利用了黑腹果蝇和 L. cuprina 的基因组，研究人员还选定了6个与繁殖和神经有关的miRNA进行不同阶段的表达量分析，bantam-3p在3龄若虫表达下调，在成虫阶段表达上调，miR-8-3p是表达量最丰富的miRNA之一，且在2个物种的3龄若虫组中表达量有明显差异，表明该miRNA的潜在靶基因可能在这个阶段也发挥作用。miR-184-3p在成虫阶段表达上调，miR-275-3p在 C. hominivorax 的成虫阶段表达下调，在幼虫阶段表达上调，且比在 C. macellaria 的幼虫阶段还要高，miR-276a在成虫阶段表达上调，miR-1000在雌虫中表达上调（Paulo等，2017）。

4. 蛾类的miRNA研究。

蛾中，在 Manduca sexta 中在胚胎组获得340万条序列，在幼虫组获得271万条序列，在蛹组获得928万条序列，在成虫组获得566条序列，其长度分布显示有2个峰，一个在20～22nt处，另一个在26～28nt处，发现163种已知的miRNA和13种新miRNA，其中mse-miR-279c-star、mse-miR-281-star、mse-miR-2a-star、mse-miR-965-star、mse-miR-92b-star、mse-miR-9a-star、mse-miR-31-star和mse-miR-9b-star比它们对应的成熟miRNA表达量高或相同，寻找不同发育阶段的miRNA的差异表达，发现总体来说，蛹组的miRNA普遍都较低，有30种miRNA在胚胎组表达量高，有16种miRNA在成虫组表达量高（Zhang等，2012）；在 Plutella xylostella 中得到13 402万条序列，发现170种已知的miRNA和33种新miRNA，并对其中160种已知miRNA验证了7 691条靶基因，其中miR-10-5p、miR-31-5p和miR-281-5p表达量高于其他miRNA，利用RNAhybrid软件、miRanda软件和RNA22软件对miRNA的靶mRNA进行预测，分别得到417 594、77 004和70 037个位点（Etebari等，2016）；在 Spodoptera exigua 中得到1 718万条序列，长度分布显示有2个峰，一个在21～23nt，另一个在26～27nt，发现127种已知的miRNA，预测的靶基因涉及代谢和激素通路、几丁质结合蛋白、热休克蛋白、细胞色素P450、丝氨酸蛋白酶、谷胱甘肽S-转移酶、ATP合成酶、脂肪酶、蛋白激酶抑制因子等，其中Sex-miR-10-1a、Sex-miR-9和SexmiR-4924在不同阶段中有差异表达，研究人员还发现Sex-miR-4924的过表达会导致几丁质酶1的表达水平显著降低，引起昆虫蜕皮不完全（Zhang等，2015）。

5. 其他昆虫的miRNA研究。

其他昆虫中，在家蚕中得到546万条序列，发现55种已知miRNA和202种新miRNA，其中23种miRNA在脊椎动物和无脊椎动物中都有，13种miRNA是无脊椎动物特有的，32种miRNA是昆虫特有的，大多数家蚕特有的miRNA都位于转座子上，在前中丝腺和后丝腺之间有显著差异（Liu等，2010）。在赤拟谷盗中发现386种已知的miRNA和69种新miRNA，研究人员发现miRNA表达有性别差异和刺激物调节参与，并发现在雌性中的刺激物调节远多于雄性，有7种miRNA在雌性中表达上调，有4种在雄性中表达上调（Freitak等，2012）。在蜜蜂（*Apis mellifera*）中得到8894万条序列，发现138种已知的miRNA，其中大部分差异表达的miRNA是与卵巢生理或卵子发育相关的。研究人员发现一些miRNA可以用来识别生殖和非生殖状态，miR-306表达量最高，miR-1、miR-125、let-7、miR-31a、miR-13b、miR-100、miR-12和miR-276在静止卵巢中表达上调，miR-306、miR-279b、miR-317、miR-1、miR-252a、miR-276、miR-184、miR-71、miR-2944、miR-279a、miR-14、miR-2、miR-8、miR-263a和miR-11在活动卵巢中表达上调（Macedo等，2016）。在东亚飞蝗中得到156万条序列（群居组）和194万条序列（独居组），长度分布显示有2个峰，一个在22~23nt，另一个在26~28nt，经过去除低质量和重复的序列，在群居组得到89万条序列，在独居组得到137万条序列，发现50种已知的miRNA和185种新miRNA，其中表达量最高的是miR-1，预测了8212个靶基因，mir-276、mir-1、let-7和mir-125在群居组的表达量高于独居组（Wei等，2009）。在红带袖蝶（*Heliconius melpomene*）中得到689万条序列，长度分布在23nt处有一个峰值，发现142种已知的miRNA，表达量最高的几个miRNA是miR-31、miR-263和miR-184。miR-31在所有组织和所有发育阶段都有表达，其在家蚕刚孵化的幼虫和蜕皮的幼虫中表达上调，暗示可能在蜕皮过程中调控上皮代谢，在2个亚种——*H. m. melpomene*和*H. m. rosina*之间有40种miRNA具有差异表达，hme-miR-193和hme-miR-2788表达在翅膀上，在蛹化后72小时相对蛹化后24小时表达量上升，暗示其在翅膀发育中的作用（Surridge等，2011）。在棕榈蓟马（*Thrips palmi* Karny）中得到1400万条序列，长度分布在25 nt处有一峰值，发现67种已知miRNA和10种新的miRNA，对靶基因的功能分类发现其主要涉及转录、翻译、碱基结合和信号转导，通过RNAi实验证明假定JH受体过剩气门蛋白（ultraspiracle，USP）可能是miR-750的靶基因，因此表明miR-750可能通过调节卵黄蛋白原（Vg）基因来参与激素信号传导、免疫和应激反应，miR-92b在果蝇中调控Mef2、肌肉发育和分化的关键转录因子（Rebijith等，2016）。在褐飞虱（*Nilaparvata lugens*）中在3个组（雌成虫、雄成虫、末龄雌幼虫）中分别得到1000万条、1100万条和1000万条序列，长度分布有2个峰，分别在22nt和27nt，发现452种已知的miRNA和71种新miRNA，bantam和miR-1在每个组中表达量都很高，miR-30d在雄成虫中没有表达，miR-144*和miR-22a只在末龄雌幼虫中表达，miR-263a、miR-9a和let-7b在末龄雌幼虫中表达量高于雌成虫和雄成虫，miR-317、miR-87、miR-277和miR-34在雄成虫中表达量高于雌成虫和末龄雌幼虫，miR-7、miR-183和miR-31在雌成虫中表达量低于雄成虫和末龄雌幼虫（Chen等，2012）。

二、材料与方法

（一）样本

将实验室饲养的美洲大蠊分成6组：雄成虫、雌成虫、低龄若虫（3~4龄）、高龄若虫（7~8龄）、新蜕皮成虫、成虫（雌雄混合）。

（二）miRNA的文库构建和测序

为避免消化道中细菌的影响，将美洲大蠊的消化道去除，然后用液氮保存。RNA提取方法如下。

将去除消化道的美洲大蠊用搅拌机搅碎,向其加入2mL PBS缓冲液稀释,室温转速2000rpm离心20分钟。

用吸管吸出中间层,再加入2mL PBS缓冲液,混匀后在室温转速2000rpm离心10分钟,去掉上清液,再加入1mL PBS缓冲液,室温转速4000rpm离心5分钟,将沉淀取出加入1mL Trizol,通过吹打使其黏稠,向黏稠的细胞中加入200μL的氯仿,震荡15秒后,室温下静置5分钟。

在4℃、转速12000rpm离心15分钟,将上层液体取出,加入预冷的异丙醇0.5mL使总RNA沉淀下来,震荡,室温下静置10分钟后,在4℃、转速12000rpm离心15分钟,去掉上清液,加入1mL 75%乙醇洗涤1~2次,再在4℃、转速12000rpm离心10分钟,去掉上清液,保留沉淀物,放在吸水纸上干燥10分钟。

加入20~40μL用DEPC处理过的水来溶解沉淀物,利用Agilent Technologies 2100 Bioanalyzer检测RNA样本的质量。要求OD_{260}/OD_{280}值达到1.8~2.0,RNA完整数值(RNA integrity number,RIN)大于7.0,样本浓度达到200ng/μL,总量在10μg以上,表明样本质量达到要求(赵海波,2013)。

总RNA通过以上方法获得,再经过过滤筛选得到15~40个核苷酸的小分子RNA,利用T4连接酶将小分子RNA加上N端和C端的接头,通过PCR逆转录来扩增,具体步骤如下:先在94℃的条件下进行预变5分钟,再在94℃的条件下变性30秒,在60℃的条件下退火30秒,在72℃的条件下进行延伸40秒。这样重复循环30次以后,再在72℃条件下延伸8分钟。最后将得到的结果保存在4℃冰箱里。扩增出来的结果经纯化检验合格后,由北京诺禾致源生物信息科技有限公司提供技术服务,并由北京诺禾致源生物信息科技有限公司和杭州和壹基因科技有限公司进行后续的测序工作,测序平台为HiSeq 2000。

(三)数据处理和miRNA的检测

测序完成后,一共需要进行五步处理:第一,如果质量值小于30的碱基占整条序列50%,则该序列被去除;第二,去除没有C端接头的序列和有N端接头污染的序列;第三,截掉C端接头;第四,去除包含有Poly A、Poly T、Poly C和Poly G的序列;第五,去除序列长度小于18nt的序列。这些步骤分别使用FASTX-Toolkit软件包、Blastn和本实验室编写的脚本进行处理。我们将剩下的序列称为clean reads,为后续分析做准备。

为了避免非miRNA(rRNA、tRNA、snRNA、snoRNA、scRNA等)序列影响分析,将clean reads在数据库(NCBI,Rfam)中用Blastn与非miRNA进行比较,这些非miRNA是指除去重复序列的非miRNA的小片段序列,而重复序列的识别则依靠repeatmasker软件,找到小片段RNA中的重复序列,然后对这些非miRNA进行注释并去除。在注释过程中,一些miRNA属于多个分类,所以我们定了一个规则,确保每个miRNA只注释一次,具体情况如下:rRNA>piRNA>tRNA>scRNA>snRNA>snoRNA>重复序列>exon>intron。

然后,剩下的未注释序列通过miRDeep2软件(Friedländer等,2012)检测已知miRNA和预测新miRNA。由于miRBase中尚未有美洲大蠊的miRNA数据,且miRNA具有物种间的保守性,所以我们可以利用miRBase 21数据库中其他已知昆虫的miRNA来检测美洲大蠊体内的miRNA。miRDeep2软件还需要基因组数据、未注释miRNA序列比对基因组数据情况、miRNA发夹结构数据，这里基因组数据采用的是本实验室测得的美洲大蠊基因组数据（晋家正等，2018），利用bowtie2（Langmead等，2012）中的bowtie-build建立基因组的目录，未注释miRNA序列比对基因组数据情况采用miRDeep2软件内的mapper.pl测得，miRNA发夹结构采用同样来自于miRBase 21数据库的其他已知昆虫的miRNA发夹结构数据。

（四）预测靶mRNA及KEGG通路分析

预测所有识别出的新miRNA的靶mRNA。由于miRNA通过与靶mRNA的C端UTR结合抑制mRNA的表达，所以需要先知道所有靶mRNA的C端UTR，将miRNA与这些C端UTR进行互补配对，判断miRNA具体调节的靶mRNA。用Trinity中的TransDecoder软件找出美洲大蠊转录组的C端UTR。通过miRanda软件（Enright等，2003）和RNAhybrid软件（Krüger等，2006）来预测美洲大蠊的靶mRNA。对于miRanda软件，分数阈值为≥ 155，自由能的阈值$\Delta G \leq -20kcal/mol$。对于RNAhybrid软件，自由能的阈值$\Delta G \leq -20kcal/mol$，其余参数为默认值（Enright等，2003；Krüger等，2006）。为了使预测结果更可信，我们取两个软件的预测结果的交集来进行后续的分析。

通过KEGG通路分析对miRNA的靶mRNA进行注释。通过KAAS软件（Moriya等，2007）和KEGG mapper software软件（Kanehisa等，2011）对靶mRNA进行注释。

（五）miRNA的差异表达

为了找到miRNAs在所有组中的差异表达，我们将进行两两比较（不同性别之间比较和不同发育阶段之间比较，即雄成虫与雌成虫比较、低龄若虫与高龄若虫比较、成虫与新羽化成虫比较、低龄若虫与成虫比较、低龄若虫与新羽化成虫比较、高龄若虫与成虫比较、高龄若虫与新羽化成虫比较）。首先，将miRNA的6个组的表达量归一化，这样可以有效地消除因为测序量不同导致的由于测序出的序列数量不同而引起差异分析时的误差。

归一化公式：归一化表达量（NE）=实际miRNA数量/clean reads总数$\times 1000000$。

然后根据归一化的量画图并计算P值。

Fold Change公式：$FC=\dfrac{NEx}{NEy}$。

Pvalue公式：

$$P(x|y) = \left(\dfrac{N_2}{N_1}\right)^y \dfrac{(x+y)!}{x!y!\left(1+\dfrac{N_2}{N_1}\right)^{(x+y+1)}}$$

$$C(y \leq y_{min}|x) = \sum_{y=0}^{y \leq y_{min}} P(y|x)$$

$$D(y \leq y_{max}|x) = \sum_{y \geq y_{max}}^{\infty} P(y|x)$$

$N1$和x属于相同的组。$N1$代表clean read的总数，x代表归一化的表达水平。$N2$和y属于相同的组。$N2$代表clean read的总数，y代表归一化的表达水平（Zhang等，2013）。

（六）差异表达的miRNA与靶mRNA的表达量之间的关系

将差异表达的miRNA的表达量与其靶基因的表达量进行比较，靶mRNA的表达量来自本实验室获得的美洲大蠊转录组数据。找出符合负调控的miRNA和靶mRNA，即miRNA在一个组中表达上调，而其靶mRNA在这个组中表达下调，或反之，miRNA在一个组中表达下调，而其靶mRNA在这个组中表达上调。靶mRNA的表达量数据来自实验室。

三、结果

（一）测序数据和长度分布

我们通过测序，获得了6个组的miRNA序列。我们得到的原始数据：在雄成虫组中得到了17 259 315条序列，雌成虫组中得到了17 249 947条序列，3龄（低龄）若虫组中得到了28 558 983条序列，7龄（高龄）若虫组中得到了25 776 858条序列，新羽化成虫组中得到了26 901 128条序列，成虫组中得到了17 412 195条序列（表5-33）。

在完成剔除质量低和被污染的序列等前期工作后，我们得到clean reads总数量，在雄成虫组中得到了12 155 616条序列，雌成虫组中得到了9 847 263条序列，3龄若虫组中得到了23 202 831条序列，7龄若虫组中得到了19 106 242条序列，新羽化成虫组中得到了22 627 338条序列，成虫组中得到了10 694 085条序列。其中不同组中相同的序列见图5-10。在这些序列中，除去重复序列得到clean unique reads数量，雄成虫组中得到了2 247 751条序列，雌成虫组中得到了2 051 813条序列，3龄若虫组中得到了3 489 267条序列，7龄若虫组中得到了2 303 636条序列，新羽化成虫组中得到了4 387 573条序列，成虫组中得到了2 189 851条序列。

表5-33 miRNA序列的基本信息

分组	公司	原始数据	clean reads总数量	clean unique reads数量
雄成虫	诺禾致源	17 259 315	12 155 616	2 247 751
雌成虫	诺禾致源	17 249 947	9 847 263	2 051 813
成虫（混合）	诺禾致源	17 412 195	10 694 085	2 189 851
新羽化成虫	诺禾致源	26 901 128	22 627 338	4 387 573
低龄若虫	和壹基因	28 558 983	23 202 831	3 489 267
高龄若虫	和壹基因	25 776 858	19 106 242	2 303 636

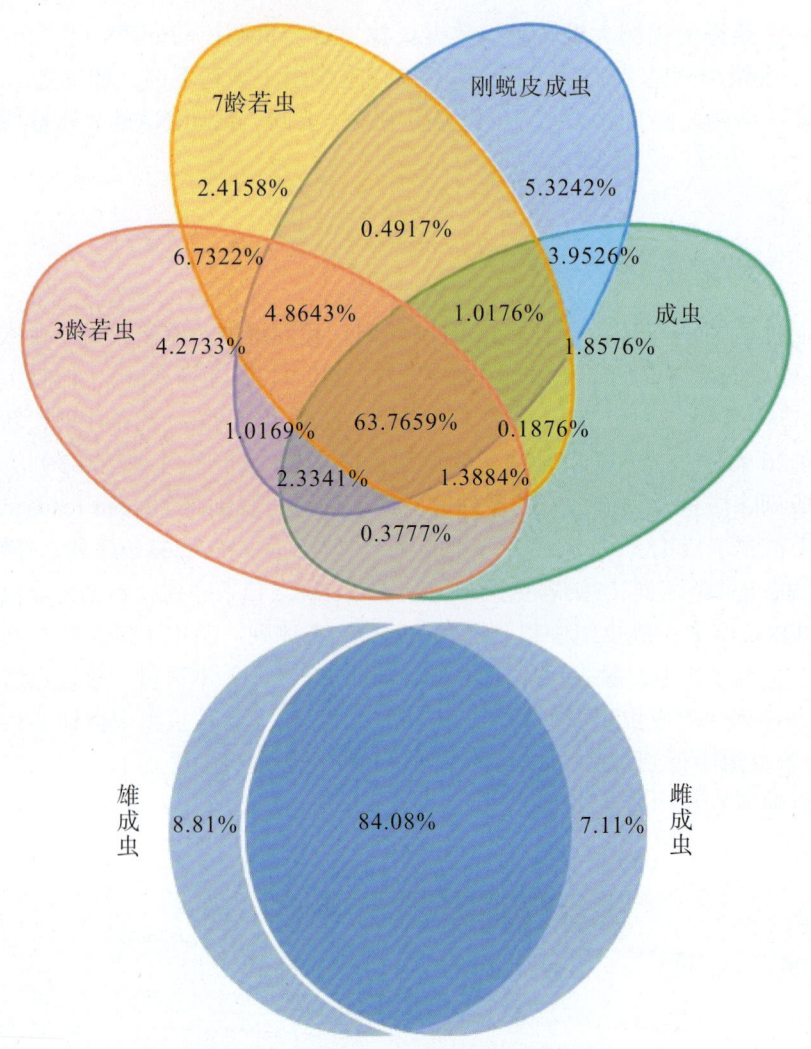

图5-10　不同组之间相同序列的韦恩图

6个组的miRNA长度分布见表5-34，其多分布于18～23nt，其中22nt和29nt处有2个峰值。22nt miRNA的数量占整个成虫组的miRNA总数均在20%以上，而只占低龄若虫组和高龄若虫组miRNA总数的15%左右（表5-34）。而29nt miRNA的数量占各组的10%～20%。

表5-34　miRNA的长度分布

长度（nt）	成虫	新羽化成虫	3龄若虫	7龄若虫	雄成虫	雌成虫
18	1 120 806	884 177	1 286 267	554 697	921 233	1 282 457
19	817 175	870 020	1 696 601	623 615	684 058	932 125
20	696 879	859 879	1 806 799	720 482	670 162	751 970
21	1 024 380	1 248 167	1 934 486	799 381	1 186 401	920 615

续表

长度（nt）	成虫	新羽化成虫	3龄若虫	7龄若虫	雄成虫	雌成虫
22	2 557 988	4 597 056	3 667 492	2 760 794	3 247 451	2 008 203
23	766 857	1 361 190	1 483 121	1 160 276	995 010	615 213
24	335 577	909 537	959 659	859 370	417 877	271 292
25	203 758	542 740	787 698	826 728	241 593	180 025
26	198 796	563 230	845 082	1 261 945	213 050	192 168
27	319 705	894 345	889 910	1 416 264	320 699	364 671
28	607 494	2 195 087	1 564 676	2 092 951	752 683	541 884
29	1 122 535	4 300 030	3 005 487	3 260 372	1 444 378	944 175
30	488 415	1 720 771	1 607 050	1 338 429	605 995	425 697
31	181 461	581 401	705 002	589 695	193 991	172 993
32	124 631	424 209	418 309	331 186	129 363	120 213
33	5 5942	214 313	199 773	172 358	56 613	57 154
34	26 623	130 309	124 211	118 329	28 762	27 124
35	18 739	104 815	79 956	71 430	19 890	18 173
36	12 315	103 721	53 193	54 364	12 851	11 172
37	6 597	58 176	34 923	34 929	6 545	5 472
38	4 149	33 430	30 728	33 130	3 914	2 712
39	3 263	30 735	22 408	25 517	3 097	1 755

（二）其他miRNA的注释

对miRNA进行注释后，发现序列里有大量的非miRNA存在，包括rRNA、tRNA、scRNA、snRNA、snoRNA、短小的重复序列、外显子、内含子等。其中注释的rRNA在雄成虫组中约占注释的序列的53.39%，在雌成虫组中约占注释的序列的59.76%，在低龄若虫组中约占注释的序列的47.28%，在高龄若虫组中约占注释的序列的50.94%，在新羽化成虫组中约占注释的序列的53.39%，在成虫组中约占注释的序列的58.28%；注释的tRNA在雄成虫组中约占注释的序列的33.27%，在雌成虫组中约占注释的序列的29.98%，在低龄若虫组中约占注释的序列的42.30%，在高龄若虫组中约占注释的序列的40.58%，在新羽化成虫组中约占注释的序列的24.12%，在成虫组中约占注释的序列的31.26%。为了防止这些序列对后续分析的干扰，将注释为非miRNA的序列去除。随后在雄成虫中获得序列11 507 387条，在雌成虫中获得序列9 207 534条，在低龄若虫中获得序列20 629 874条，在高龄若虫中获得序列1 4705 376条，在新羽化成虫中获得序列

20 185 787条，在成虫中获得序列10 044 404条。除去重复序列，在雄成虫中获得序列2 159 486条，在雌成虫中获得序列1 955 522条，在低龄若虫中获得序列3 329 808条，在高龄若虫中获得序列2 125 759条，在新羽化成虫中获得序列4 244 649条，在成虫中获得序列2 092 998条。

（三）已知miRNA的识别和新miRNA的预测

利用miRDeep2软件，将miRNA与miRBase 21数据库中已知的昆虫的miRNA进行比对。其检测出的已知miRNA和预测出的新miRNA数量见表5-35。

表5-35 已知miRNA和预测的新miRNA数量

组	已知miRNA数量	预测的新miRNA数量
雄成虫	57	152
雌成虫	53	94
成虫（混合）	57	147
新羽化成虫	56	149
低龄若虫	59	85
高龄若虫	59	73

其中，在雄成虫组中发现了57种已知miRNA，雌成虫组中发现了53种已知miRNA，3龄若虫组中发现了59种已知miRNA，7龄若虫组中发现了59种已知miRNA，新羽化成虫组中发现了56种已知miRNA，成虫组中发现了57种已知miRNA。去掉6组中重复的已知miRNA，一共发现了62种已知miRNA序列，其序列等信息见表5-36。

表5-36 已知的miRNA基本信息

命名	家族	成熟序列（5'to 3'）	同源体	位置
pam-miR-1	miR-1	uggaauguaaagaaguauggag	dwi-miR-1	scaffold_822：[169311..169372]
pam-miR-2a	miR-2	ucacagccagcuuugaugagc	bge-miR-2a	scaffold_357：[658730..658792]：[655271..655330]
pam-miR-iab-4	miR-iab-4	acguauacugaauguauccuga	ngi-miR-iab-4	scaffold_6161：[360770..360830]
pam-miR-283	miR-283	aaauaucagcugguaauucug	nvi-miR-283	scaffold_6182：[81087..81152]
pam-miR-316	miR-316	ugucuuuuccgcuuugcug	hme-miR-316	scaffold_4251：[336593..336657]
pam-miR-133	miR-133	uuggucccuucaaccagcugu	dwi-miR-133	scaffold_4917：[9323..9388]

续表

命名	家族	成熟序列（5' to 3'）	同源体	位置
pam-miR-279a	miR-279	ugacuagauccacacucauc	bmo-miR-279a	scaffold_345：[335922..335979]
pam-miR-317-3p	miR-317	ugaacacagcuggugguaucu	bmo-miR-317-3p	scaffold_5673：[107861..107917]
pam-miR-263a-5p	miR-263	aauggcacuggaagaauucacg	bmo-miR-263a-5p	scaffold_8170：[124748..124817]
pam-miR-307a-5p	miR-67	ucacaaccuccuugagugagc	dme-miR-307a-5p	scaffold_6356：[189934..189991]
pam-miR-34	miR-34	uggcagugugguuagcugguu	aga-miR-34	scaffold_5673：[69418..69476]
pam-miR-33	miR-33	caauacuucugcagugcaacac	ame-miR-33	scaffold_1377：[68279..68338]
pam-miR-210-5p	miR-210	agcugcuggacacugcacaaga	lmi-miR-210-5p	scaffold_1609：[161508..161569]
pam-miR-92a-3p	miR-25	uauugcacuugucccggccuau	aae-miR-92a-3p	scaffold_6926：[80348..80410]
pam-miR-13a	miR-2	uaucacagccacuuugaugagc	api-miR-13a	scaffold_357：[658587..658648]
pam-miR-92b-3p	miR-25	aauugcacuugucccggccugc	aae-miR-92b-3p	scaffold_6926：[78334..78392]
pam-miR-92b	miR-25	aauugcacuugucccggccuga	bge-miR-92b	scaffold_1880：[167736..167794]
pam-miR-12	miR-12	ugaguauuacaucagguacuggu	bge-miR-12	scaffold_6182：[73693..73751]
pam-miR-13b	miR-2	uaucacagccauuuuugacgagu	nvi-miR-13b	scaffold_357：[655400..655458]
pam-miR-252-5p	miR-252	cuaaguacuagugccgcaggag	dvi-miR-252-5p	scaffold_833：[166539..166602]
pam-miR-71-5p	miR-71	ugaaagacaugggu aguga gau	bmo-miR-71-5p	scaffold_357：[658855..658917]
pam-miR-278-3p	miR-278	ucgguggg acuuucguccguuu	dvi-miR-278-3p	scaffold_3539：[201243..201304]
pam-miR-79	miR-9	cuuuggugauguagcuguauga	mse-miR-79	scaffold_1100：[795164..795223]

续表

命名	家族	成熟序列（5' to 3'）	同源体	位置
pam-miR-87	miR-87	gugagcaaaguuucaggugugu	ame-miR-87	scaffold_6957：[35792..35851]
pam-miR-125-5p	miR-125	ucccugagacccuaacuugugac	dvi-miR-125-5p	scaffold_2278：[121184..121246]
pam-miR-305-5p	miR-305	auuguacuucaucaggugcucugg	dvi-miR-305-5p	scaffold_3409：[162703..162765]
pam-miR-315	miR-315	uuuugauuguugcucagaaagc	nlo-miR-315	scaffold_7402：[141906..141967]
pam-miR-263b	miR-263	cuuggcacuggaagaauucaca	ame-miR-263b	scaffold_8170：[153810..153870]
pam-let-7a	let-7	ugagguaguagguuguauaguu	mse-let-7a	scaffold_2122：[432020..432089]
pam-miR-306	miR-306	ucagguacugagugacucugagc	bge-miR-306	scaffold_1100：[795277..795334]
pam-miR-14-3p	miR-14	ucagucuuuuucucucuccuau	dvi-miR-14-3p	scaffold_170481：[1186..1245]
pam-miR-275	miR-275	ucagguaccugaaguagcgcgc	zqu-miR-275	scaffold_3409：[162572..162633]
pam-miR-7	miR-7	uggaagacuagugauuuuguuguu	hme-miR-7	scaffold_45：[303563..303623]
pam-miR-281-5p	miR-46	aagagagcuauccgucgacagu	aae-miR-281-5p	scaffold_4578：[169102..169159]
pam-miR-9b-5p	miR-9	ucuuugguauccuagcuguagg	pxy-miR-9b-5p	scaffold_1100：[803462..803522]
pam-miR-277-3p	miR-277	uaaaugcacuaucugguacgaca	aae-miR-277-3p	scaffold_5673：[91228..91293]
pam-miR-10-5p	miR-10	uacccuguagauccgaauuugu	pxy-miR-10-5p	scaffold_2554：[978459..978519]
pam-miR-9a	miR-9	ucuuugguuaucuagcuguaug	dse-miR-9a	scaffold_2174：[313158..313217]
pam-bantam	bantam	ugagaucauugugaaagcugauu	bge-bantam	scaffold_76：[153558..153618]

续表

命名	家族	成熟序列（5'to 3'）	同源体	位置
pam-miR-8-5p	miR-8	uaauacugucagguaaagaugu	cqu-miR-8-5p	scaffold_5628：[197581..197642]
pam-miR-100	miR-99	aacccguagauccgaacuugug	mse-miR-100	scaffold_4232：[4183..4237]
pam-miR-276-5p	miR-276	uaggaacuucauaccgugcucu	mse-miR-100	scaffold_641：[1190847..1190906]
pam-miR-282	miR-282	uagccucuccuaggcuuugucu	ame-miR-282	scaffold_6603：[261..326]
pam-miR-124	miR-124	cguguucacuguuggccuugaugu	cqu-miR-124	scaffold_1668：[209912..209971]
pam-miR-932-5p	miR-932	ugcaagcagugcggaagugagg	cqu-miR-932-5p	scaffold_5490：[144653..144713]
pam-miR-29b	miR-29	uagcaccauuugaaaucagu	ame-miR-29b	scaffold_1050：[862773..862835]
pam-miR-31a	miR-31	aggcaagaugucggcauagcu	bge-miR-31a	scaffold_13：[335950..336012]
pam-miR-750	miR-750	ccagaucuaacucuuccagc	ame-miR-750	scaffold_314：[223200..223279]
pam-miR-981	miR-981	uucguugucgacgaaaccugca	aga-miR-981	scaffold_2019：[236688..236751]
pam-miR-193	miR-193	uacuggccugcuaaguccca	ame-miR-193	scaffold_36：[122506..122573]
pam-miR-971	miR-971	cacucuaagcucgaacaccaagc	ame-miR-971	scaffold_7902：[16574..16634]
pam-miR-993a-5p	miR-10	uacccuguagauccgggcuuuu	bmo-miR-993a-5p	scaffold_6013：[85428..85494]
pam-miR-927	miR-927	uuuagaauuccuacgcuuuacc	nvi-miR-927	scaffold_2280：[174398..174457]：[172628..172687]
pam-miR-965-3p	miR-965	cgggagaagcuguagcgauuaug	dvi-miR-965-3p	scaffold_259：[1498731..1498790]
pam-miR-2796	miR-2796	guaggccggcggaaacuacuugc	hme-miR-2796	scaffold_1448：[196633..196693]

续表

命名	家族	成熟序列（5'to 3'）	同源体	位置
pam-miR-2765	miR-2765	ugguaacuccaccaccguuggc	hme-miR-2765	scaffold_2656：［237547..237610］
pam-miR-190	miR-190	agauauguuugauauucuugguu	hme-miR-190	scaffold_5792：［178913..178973］
pam-miR-2788-3p	miR-2788	uggggguuucaaagcggcauuug	hme-miR-2788-3p	scaffold_36：［154048..154115］
pam-miR-1000	miR-1000	auauuguccugucacagcagu	aga-miR-1000	scaffold_4923：［542717..542786］
pam-miR-375	miR-375	uuuguucguucggcucgaguua	ngi-miR-375	scaffold_7176：［250800..250859］
pam-miR-998	miR-998	uagcaccaugggauucagcuu	bmo-miR-998	scaffold_5059：［54668..54724］
pam-miR-3049-3p	miR-3049	ucgggaaggcaguugcggcgga	ame-miR-3049-3p	scaffold_6047：［40951..41010］

其中let-7a、miR-1000、miR-29b、miR-3049-3p、miR-375、miR-998只在某些组中发现，但根据手工查询发现，是miRDeep2软件的机制导致其在某些组中未发现，但实际是存在于这些组中的。

同时，在雄成虫组中预测出152种新miRNA，雌成虫组中预测出94种新miRNA，3龄若虫组中预测出73种新miRNA，7龄若虫组中预测出85种新miRNA，新羽化成虫组中预测出149种新miRNA，成虫组中预测出147种新miRNA。去掉6组中重复的新miRNA，一共预测出198种新miRNA序列。

这些新miRNA没有在miRBase中发现，因此这些序列可能是美洲大蠊所特有的miRNA或者在其他物种中还没有发现的miRNA，miRDeep2软件还将这些序列的前体结构预测出来了（图5-11）。

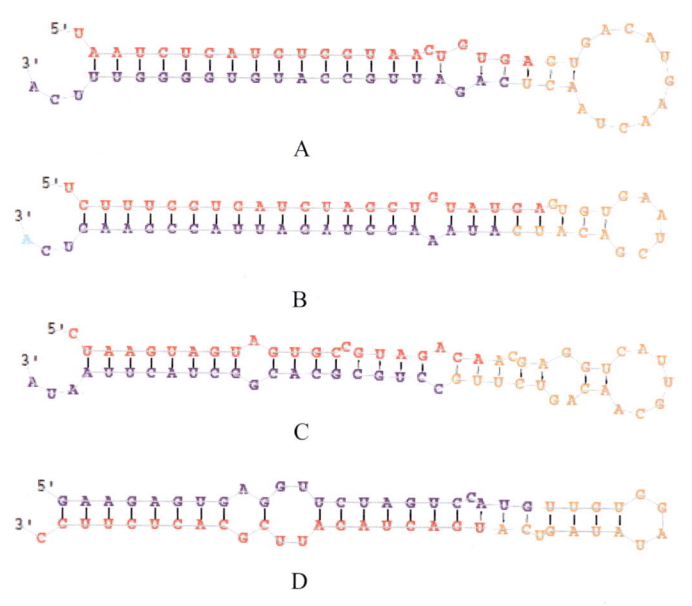

图5-11 部分新miRNA预测的前体结构

A.novel-pam-miR-1的前体的二级结构；B.novel-pam-miR-2的前体的二级结构；C.novel-pam-miR-3的前体的二级结构；D.novel-pam-miR-4的前体的二级结构。

（四）靶mRNA的预测及KEGG注释通路分析

通过整合miRanda软件和RNAhybrid软件预测的结果发现，有5 389个靶mRNA来自于雄成虫，有3 823个靶mRNA来自于雌成虫，有3 274个靶mRNA来自于低龄若虫，有3 491个靶mRNA来自于高龄若虫，有5 445个靶mRNA来自于新羽化成虫，有4 856个靶mRNA来自于成虫。去掉6组个体中重复的靶mRNA，一共预测出7 265条靶mRNA。KEGG注释通路分析显示了miRNA靶mRNA在KEGG通路中的功能，注释的通路数量中信号转导通路最多（图5-12）。

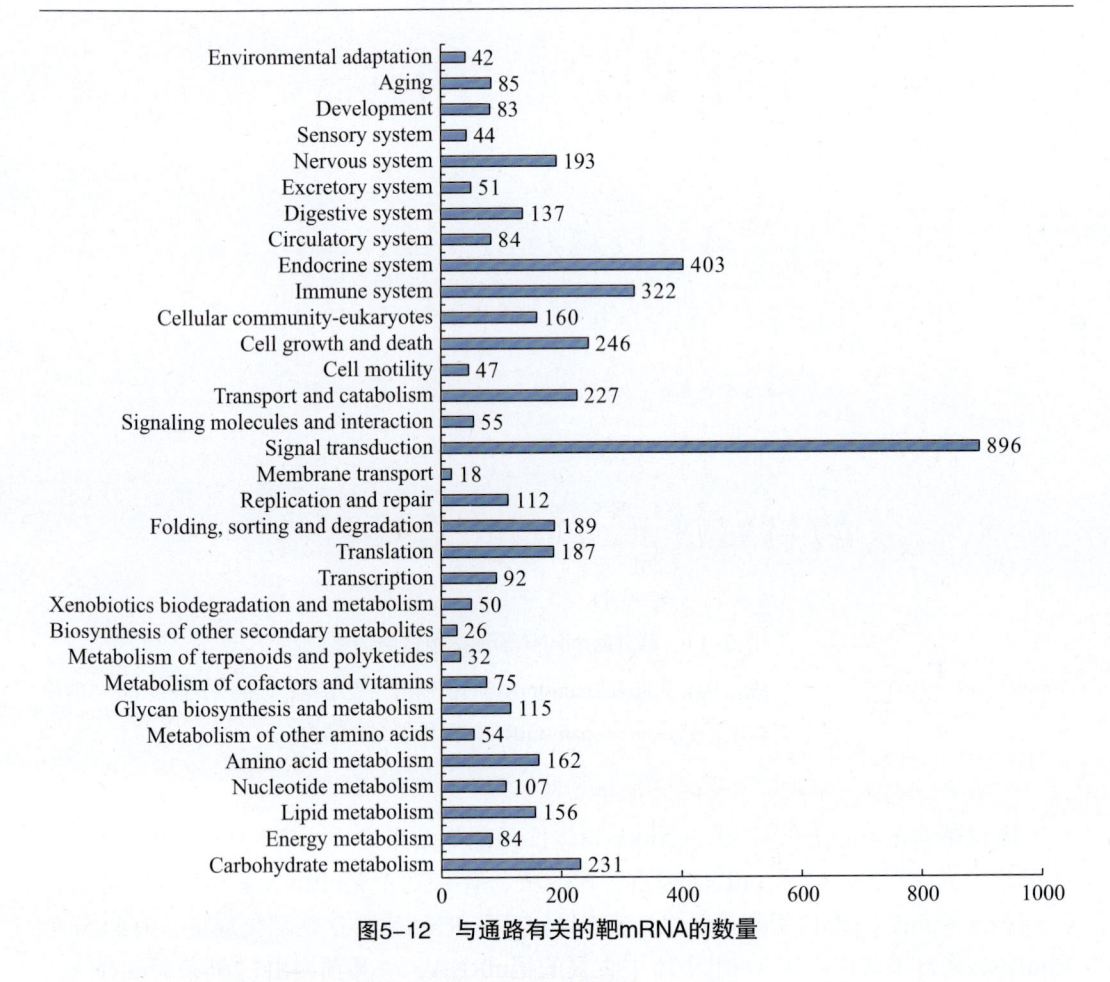

Pathway	Count
Environmental adaptation	42
Aging	85
Development	83
Sensory system	44
Nervous system	193
Excretory system	51
Digestive system	137
Circulatory system	84
Endocrine system	403
Immune system	322
Cellular community-eukaryotes	160
Cell growth and death	246
Cell motility	47
Transport and catabolism	227
Signaling molecules and interaction	55
Signal transduction	896
Membrane transport	18
Replication and repair	112
Folding, sorting and degradation	189
Translation	187
Transcription	92
Xenobiotics biodegradation and metabolism	50
Biosynthesis of other secondary metabolites	26
Metabolism of terpenoids and polyketides	32
Metabolism of cofactors and vitamins	75
Glycan biosynthesis and metabolism	115
Metabolism of other amino acids	54
Amino acid metabolism	162
Nucleotide metabolism	107
Lipid metabolism	156
Energy metabolism	84
Carbohydrate metabolism	231

图5-12 与通路有关的靶mRNA的数量

（五）不同性别之间的已知miRNA的差异表达

雌虫和雄虫差异表达的miRNA散点图见图5-13，在雌雄之间，只有一种miRNA差异表达，即miR-750在雌成虫组中表达上调。

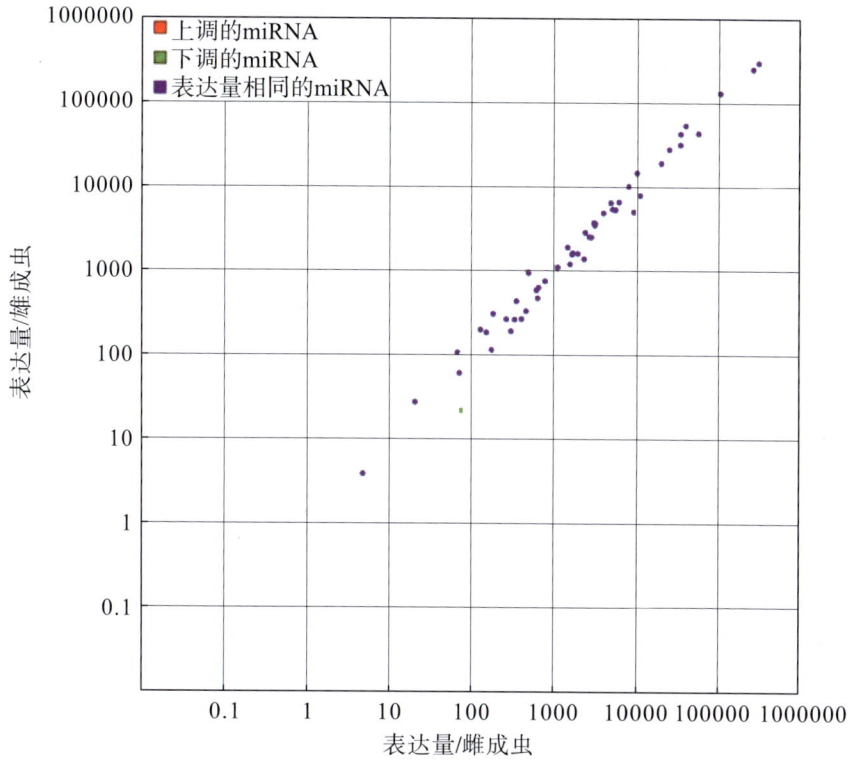

图5-13 雌成虫和雄成虫之间已知miRNA的差异表达

(六) 不同发育阶段之间的已知miRNA的差异表达

不同发育阶段之间差异表达的miRNA情况如表5-37所示。在成虫组和新羽化成虫组中有10种miRNA差异表达,其中有5种miRNA在成虫组中表达上调,有5种miRNA在新羽化成虫组中表达上调;在成虫组和低龄若虫组中有45种miRNA差异表达,其中有14种miRNA在成虫组中表达上调,有31种miRNA在低龄若虫组中表达上调;在成虫组和高龄若虫组中有45种miRNA差异表达,其中有13种miRNA在成虫组中表达上调,有32种miRNA在高龄若虫组中表达上调;在低龄若虫组和高龄若虫组中有20种miRNA差异表达,其中有8种miRNA在低龄若虫组中表达上调,有12种miRNA在高龄若虫组中表达上调;在新羽化成虫组和低龄若虫组中有42种miRNA差异表达,其中有14种miRNA在新羽化成虫组中表达上调,有28种miRNA在低龄若虫组中表达上调;在新羽化成虫组和高龄若虫组中有41种miRNA差异表达,其中有12种miRNA在新羽化成虫组中表达上调,有29种miRNA在高龄若虫组中表达上调。

表5-37 不同发育阶段之间已知miRNA的差异表达

miRNA	成虫/新羽化成虫	成虫/3龄若虫	成虫/7龄若虫	3龄若虫/7龄若虫	新羽化成虫/3龄若虫	新羽化成虫/7龄若虫
let-7		上调	上调	下调	上调	上调
miR-1	上调	上调	上调		上调	上调

续表

miRNA	成虫/新羽化成虫	成虫/3龄若虫	成虫/7龄若虫	3龄若虫/7龄若虫	新羽化成虫/3龄若虫	新羽化成虫/7龄若虫
miR-100		上调	上调	下调	上调	上调
miR-1000		下调	下调	上调	下调	下调
miR-10-5p		下调	下调		下调	
miR-12		下调	下调		下调	
miR-124	下调	下调	下调			下调
miR-125-5p		上调	上调	下调	上调	
miR-133		下调	下调	下调	下调	下调
miR-13a		下调	下调		下调	
miR-13b	下调	下调	下调		下调	
miR-14		下调	下调		下调	
miR-190						下调
miR-193	下调		下调	下调	上调	
miR-263b		上调	上调		上调	上调
miR-275				下调	上调	
miR-2765-5p	上调	下调	下调		下调	下调
miR-276b-5p		上调	上调		上调	上调
miR-277-3p				下调		下调
miR-278		上调	上调		上调	
miR-2788		下调	下调			
miR-2796				上调	下调	
miR-279a			下调	下调		下调
miR-281-5p			下调	下调		下调
miR-282		下调	下调		下调	下调
miR-283		上调	上调		上调	
miR-29b		下调		上调	下调	
miR-2a		下调	下调		下调	下调
miR-3049		下调	下调		下调	下调

续表

miRNA	成虫/新羽化成虫	成虫/3龄若虫	成虫/7龄若虫	3龄若虫/7龄若虫	新羽化成虫/3龄若虫	新羽化成虫/7龄若虫
miR-305-5p		下调	下调			
miR-306		下调	下调		下调	下调
miR-307a-5p		下调	下调		下调	下调
miR-315				上调		上调
miR-316		下调	下调	下调	下调	下调
miR-317-3p		下调	下调		下调	下调
miR-31a	上调	上调				
miR-33		下调	下调		下调	
miR-34	上调	上调	上调			
miR-7		上调	上调	上调	上调	上调
miR-750	上调	下调	下调		下调	
miR-79		上调	上调		上调	上调
miR-8-5p		下调	下调			下调
miR-87		上调	上调		上调	上调
miR-927		下调	下调	上调	下调	
miR-92b		下调	下调			
miR-92b-3p		下调	下调			
miR-932	下调	下调				
miR-965-3p				下调		下调
miR-971		下调	下调	上调	下调	
miR-981		下调	上调	上调	下调	上调
miR-993a-5p		下调	下调		下调	下调
miR-998	下调					
miR-9a		上调	上调		上调	上调
miR-iab-4-5p		下调	下调		下调	

为了发现更有意义的数据，我们将几组数据综合起来，寻找在不同发育阶段的4组中，在一组或两组中比其他组都表达上调或表达下调的miRNA。经过统计，有3种

miRNA（miR-1、miR-31a和miR-34）在成虫组中表达上调；有10种miRNA在成虫组和新羽化成虫组中表达上调，即miR-100、miR-7、miR-79、let-7、miR-263b、miR-276b-5p、miR-278、miR-283、miR-87和miR-9a；有6种miRNA在低龄若虫组中表达上调，即miR-29b、miR-927、miR-1000、miR-2796、miR-971和miR-981；有8种miRNA在高龄若虫组中表达上调，比如miR-133、miR-193、miR-316、miR-125-5p、miR-277-3p、miR-279a、miR-281-5p和miR-750；有22种miRNA在低龄若虫组和高龄若虫中表达上调，即miR-10-5p、miR-12、miR-14、miR-124、miR-13a、miR-13b、miR-2765-5p、miR-2788、miR-282、miR-2a、miR-3049、miR-305-5p、miR-306、miR-307a-5p、miR-317-3p、miR-33、miR-8-5p、miR-92b、miR-92b-3p、miR-932、miR-993a-5p和miR-iab-4-5p；有3种miRNA（miR-124、miR-13b和miR-932）在成虫组中表达下调；有2种miRNA（miR-750和miR-2765-5p）在新羽化成虫组中表达下调；有4种miRNA在低龄若虫组中表达下调，即miR-100、miR-275、let-7、miR-125-5p；有3种miRNA（miR-315、miR-7和miR-981）在高龄若虫组中表达下调。

miR-7、miR-87和miR-34在成虫组中表达上调，而其靶mRNA在成虫组中表达下调。miR-10-5p、miR-305-5p和miR-307a-5p在成虫组中表达下调，而其靶mRNA在成虫组中表达上调。

四、讨论

本研究中，我们对6组美洲大蠊样本的miRNA进行了测序建库，在6个组中一共得到133 158 426条序列，剔除低质量和被污染的序列后，在6个组中一共得到97 633 375条序列，去除重复序列后，在6个组中一共得到16 669 891条序列。其miRNA的长度分布显示了2个峰，一个在21~23nt的峰是miRNA，而另一个在28~30nt的峰可能代表piRNA。将所获序列与已知的miRNA序列比对进行注释，发现注释的序列主要是rRNA和tRNA。去掉注释的序列，我们将剩余的序列通过miRDeep2软件进行预测，一共发现了62种已知的miRNA和198种新miRNA序列。我们对这些miRNA的靶mRNA利用miRanda软件和RNAhybrid软件进行了预测，一共预测出7 265条靶mRNA。KEGG注释通路分析发现其中在6个组中富集的通路是核糖体通路，该通路与发育有关。这些结果表明，我们可以通过对miRNA的研究对美洲大蠊的虫害防制和药用养殖提供帮助。

在3龄若虫组和7龄若虫组中，28~30nt的峰高于21~23nt的峰，推测可能piRNA在幼虫中表达量更高，piRNA可能在幼虫发育阶段发挥重要作用。

一些在美洲大蠊中保守的miRNA在其他昆虫中是表达量较高的miRNA之一，如在蚕中的miR-1、miR-8、miR-276a和miR-263a（Jagadeeswaran等，2010），在东亚飞蝗中的miR-1、miR-275、miR-276和miR-8（Wei等，2009），在白纹伊蚊和致乏库蚊中的miR-184、miR-275和miR-8（Skalsky等，2010）。在德国小蠊中，表达量最高的也是miR-1。其和美洲大蠊样本中前10个表达量最高的miRNA有4个相同：miR-1、miR-276b、miR-8-5p和miR-10-5p。另外，还有一些在德国小蠊中有而在美洲大蠊中没有的已知miRNA，如miR-276a、miR-276-5p、miR-184、miR-279b和miR-iab-4as-5p。miR-276通过调控一个转录共活化基因来调控孵化同步性（He等，2016）。然而，更多的miRNA在美洲大蠊中有而在德国小蠊中没有，如miR-281-5p、miR-277-3p、miR-9b-5p、miR-278、miR-133、miR-2765-5p和miR-316（Cristino等，2011）。miR-133的其中一个靶基因是结缔组织生长因子，其在纤维化过程中发挥重要作用（Duisters等，2009）。miR-281的靶基因是登革热病毒血清2型（DENV-2），增强在白纹伊蚊中DENV-2的病毒复制（Zhou等，2014）。

本研究中，我们对6组美洲大蠊的62种已知miRNA进行了差异表达分析。在成虫组和新羽化成虫组中有10种miRNA存在差异表达，在成虫组和低龄若虫组中有45种miRNA存在差异表达，在成虫组和高龄若虫组中有45种miRNA存在差异表达，在3龄若虫组和7龄若虫组中有20种miRNA存在差异表达，在新羽化成虫组和低龄若虫组中有42种miRNA存在差异表达，在新羽化成虫组和高龄若虫组中有41种miRNA存在差异表达。

有1种miRNA在雌成虫组中表达上调，有3种miRNA在成虫组中表达上调，有10种miRNA在成虫组和新羽化成虫组中表达上调，有6种miRNA在低龄若虫组中表达上调，有8种miRNA在高龄若虫组中表达上调，有22种miRNA在低龄若虫组和高龄若虫中表达上调，有3种miRNA在成虫组中表达下调，有2种miRNA在新羽化成虫组中表达下调，有4种miRNA在低龄若虫组中表达下调，有3种miRNA在高龄若虫组中表达下调。其中miR-7、miR-87和miR-34在成虫中表达上调，而其靶基因在成虫中表达下调。miR-10-5p、miR-305-5p和miR-307a-5p在成虫中表达下调，而其靶基因在成虫中表达上调。这些结果为美洲大蠊miRNA的进一步分析提供了帮助。

为了进一步探索有关美洲大蠊发育的miRNA，我们对不同发育阶段和不同性别中的miRNA的表达量进行了比较。结果表明一些miRNA在不同发育阶段中表达上调或下调，有趣的是，从幼虫到成虫的过程中，很多miRNA的表达量明显变化，而雌雄之间却几乎没有差异，只有miR-750在雌成虫组中表达上调。Rebijith等（2016）通过RNAi实验证明假定JH受体过剩气门蛋白可能是miR-750的靶基因表达产物，因此表明miR-750可能在棕榈蓟马中通过调节卵黄蛋白原（Vg）基因来参与激素信号传导、免疫和应激反应。其原因可能是在生物过程中，在幼虫和成虫中比在雄成虫和雌成虫中有更多不同，这需要更多研究证实。即使在同一家族中，不同成员间也显示出显著的差异表达。例如，在miR-9家族中，在成虫组中miR-79的表达量是9 479，而miR-9a的表达量是139 771。这种现象也在其他家族中发现，如在miR-1-家族，在成虫组中miR993a-5p的表达量是234，而miR-10-5p的表达量是117 551。这些发现可能表明在特定的发育阶段miRNA家族中占优势的成员发挥调控作用。这些结果可能为未来的研究提供关于美洲大蠊不同发育阶段的miRNA作用的有用信息。

很多在不同发育阶段中差异表达的miRNA在发育中发挥重要作用。例如，miR-1在心脏和骨骼肌祖细胞的发育上发挥重要作用（Zhao等，2007）。let-7在成虫和新羽化成虫组中表达上调，被证实是果蝇从幼虫到成虫转变中的保守调控因子（Caygill等，2008）。miR-10在低龄若虫组和7龄若虫组中表达上调，其靶基因*Hox*基因在决定体轴的正确前后样式中发挥重要作用（Lund，2010）。miR-263在成虫组和新羽化成虫组中表达上调，通过抑制几丁质代谢来调控蝗虫的蜕皮过程（Yang等，2016）。miR-124

在成虫组中表达下调,在神经元发育中发挥重要作用(Krichevsky等,2006)。miR-8-5p在低龄若虫组和高龄若虫组表达上调,参与众多生物学过程,包括发育(Belles等,2012)、神经肌肉协调(Karres等,2007;Rubio等,2013)、卵及卵巢形成(Lucas等,2015)和先天免疫系统稳态的维持(Choi等,2012)等。miR-92b在低龄若虫组和高龄若虫组中表达上调,在果蝇中调控Mef2、肌肉发育和分化的关键转录因子(Chen等,2012)。miR-1000在低龄若虫中表达上调,具有保护神经的功能,防止黑腹果蝇的头部组织细胞凋亡(Verma等,2015)。miR-31a在成虫组中表达上调,可能在蜕皮过程中调控上皮代谢(Yu等,2008)。这些miRNA可能在美洲大蠊中发挥相同的作用,但仍需进一步研究。

参考文献

[1] 晋家正,李午佼,牟必琴,等.药用美洲大蠊全基因组测序分析[J].四川动物,2018(2):121-126.

[2] 刘金香,钟国华,谢建军,等.昆虫化学感受蛋白研究进展[J].昆虫学报,2005,48(3):418-426.

[3] 祁云霞,刘永斌,荣威恒.转录组研究新技术:RNA-Seq及其应用[J].遗传,2011,33(11:)1191-1202.

[4] 张渝,刘玉洁,郭丹妮,等.基于高通量测序的数字基因表达谱技术研究进展[J].北方园艺,2015(10):170-176.

[5] 赵海波.奶山羊卵巢microRNA文库的构建及生物信息学分析[D].杨凌:西北农林科技大学,2013.

[6] Ambros V, Bartel B, Bartel D P, et al. A uniform system for microRNA annotation [J]. RNA, 2003, 9(3): 277-279.

[7] Anders S. Analysing RNA-Seq data with the DESeq package [J]. Molecular Niology, 2010(43): 1-17.

[8] Axtell M J, Westholm J O, Lai E C. Vive la différence: biogenesis and evolution of microRNAs in plants and animals [J]. Genome Biol, 2011, 12(4): 1.

[9] Bartel D P. MicroRNAs: genomics, biogenesis, mechanism, and function [J]. Cell, 2004, 116(2): 281-297.

[10] Belles X, Cristino A S, Tanaka E D, et al. Insect MicroRNAs: From molecular mechanisms to biological roles [J]. Insect Mol Biol, 2012: 30-56.

[11] Brennecke J, Hipfner D R, Stark A, et al. Bantam encodes a developmentally regulated microRNA that controls cell proliferation and regulates the proapoptotic gene hid in Drosophila [J]. Cell, 2003, 113(1): 25-36.

[12] Caygill E E, Johnston L A. Temporal regulation of metamorphic processes in Drosophila by the let-7 and miR-125 heterochronic microRNAs [J]. Curr Biol, 2008, 18(13): 943-950.

[13] Chen Q, Lu L, Hua H, et al. Characterization and comparative analysis of

small RNAs in three small RNA libraries of the brown planthopper (*Nilaparvata lugens*) [J]. PLoS One, 2012, 7 (3): e32860.

[14] Chen W, Liu Y X, Jiang G F. De novo assembly and characterization of the testis transcriptome and development of EST-SSR markers in the cockroach *Periplaneta americana* [J]. Sci Rep, 2015, 5: 11144.

[15] Chen Z, Liang S, Zhao Y, et al. miR-92b regulates Mef2 levels through a negative-feedback circuit during *Drosophila muscle* development [J]. Development, 2012, 139 (19): 3543-3552.

[16] Choi IK, Hyun S. Conserved microRNA miR-8 in fat body regulates innate immune homeostasis in *Drosophila* [J]. Dev Comp Immunol, 2012, 37 (1): 50-54.

[17] Conesa A, Götz S, García-Gómez J M, et al. Blast2GO: A universal tool for annotation, visualization and analysis in functional genomics research [J]. Bioinformatics, 2005, 21 (18): 3674-3676.

[18] Cristino A S, Tanaka E D, Rubio M, et al. Deep sequencing of organ- and stage-specific microRNAs in the evolutionarily basal insect *Blattella germanica* (L.) (Dictyoptera, Blattellidae) [J]. PLoS One, 2011, 6 (4): e19350.

[19] Cullen B R. Transcription and processing of human microRNA precursors [J]. Mol Cell, 2004, 16 (6): 861-865.

[20] Duisters R F, Tijsen A J, Schroen B, et al. miR-133 and miR-30 regulate connective tissue growth factor [J]. Circ Res, 2009, 104 (2): 170-178.

[21] Enright A J, John B, Gaul U, et al. MicroRNA targets in *Drosophila* [J]. Genome Biol, 2003, 5 (1): R1.

[22] Etebari K, Asgari S. Revised annotation of Plutella xylostella microRNAs and their genome-wide target identification [J]. Insect Mol Biol, 2016, 25 (6): 788-799.

[23] Freitak D, Knorr E, Vogel H, et al. Gender- and stressor-specific microRNA expression in *Tribolium castaneum* [J]. Biol Lett, 2012, 8 (5): 860-863.

[24] Friedländer M R, Mackowiak S D, Li N, et al. miRDeep2 accurately identifies known and hundreds of novel pamiRNA genes in seven animal clades [J]. Nucleic Acids Res, 2012, 40 (1): 37-52.

[25] Grabherr M G, Haas BJ, Yassour M, et al. Trinity: Reconstructing a full-length transcriptome without a genome from RNA-Seq data [J]. Nat Biotechnol, 2011, 29 (7): 644-652.

[26] Haas B J, Papanicolaou A, Yassour M, et al. De novo transcript sequence reconstruction from RNA-seq using the Trinity platform for reference generation and analysis [J]. Nat Protoc, 2013, 8 (8): 1494-1515.

[27] He J, Chen Q, Wei Y, et al. MicroRNA-276 promotes egg-hatching synchrony by up-regulating brm in locusts [J]. Proc Natl Acad Sci U S A, 2016, 113 (3): 584-589.

[28] Hu W, Criscione F, Liang S, et al. MicroRNAs of two medically important mosquito species: Aedes aegypti and Anopheles stephensi [J]. Insect Mol Biol, 2015, 24 (2): 240-252.

[29] Hutv Gner G, Zamore P D. A microRNA in a multiple-turnover RNAi enzyme complex [J]. Science, 2002, 297 (5589): 2056-2060.

[30] Jagadeeswaran G, Zheng Y, Sumathipala N, et al. Deep sequencing of small RNA libraries reveals dynamic regulation of conserved and novel-pam microRNAs and microRNA-stars during silkworm development [J]. BMC Genomics, 2010, 11 (1): 52.

[31] Kanehisa M, Goto S, Sato Y, et al. KEGG for integration and interpretation of large-scale molecular data sets [J]. Nucleic Acids Res, 2011, 40 (D1): D109-D114.

[32] Karres J S, Hilgers V, Carrera I, et al. The conserved microRNA miR-8 tunes atrophin levels to prevent neurodegeneration in *Drosophila* [J]. Cell, 2007, 131 (1): 136-145.

[33] Kawasaki H, Taira K. Hes1 is a target of microRNA-23 during retinoic-acid-induced neuronal differentiation of NT2 cells [J]. Nature, 2003, 423 (6942): 838-842.

[34] Kim I W, Lee J H, Subramaniyam S. De novo transcriptome analysis and detection of antimicrobial peptides of the American cockroach *Periplaneta americana* (Linnaeus) [J]. PLoS One, 2016, 11 (5): e0155304.

[35] Krek A, Grün D, Poy M N, et al. Combinatorial microRNA target predictions [J]. Nat Genet, 2005, 37 (5): 495.

[36] Krüger J, Rehmsmeier M. RNAhybrid: microRNA target prediction easy, fast and flexible [J]. Nucleic Acids Res, 2006, 34 (suppl_2): W451-W454.

[37] Langmead B, Salzberg S L. Fast gapped-read alignment with Bowtie 2 [J]. Nat Methods, 2012, 9 (4): 357-359.

[38] Lee R C, Ambros V. An extensive class of small RNAs in *Caenorhabditis elegans* [J]. Science, 2001, 294 (5543): 862-864.

[39] Lee R C, Feinbaum R L, Ambros V. The *C. elegans* heterochronic gene lin-4 encodes small RNAs with antisense complementarity to lin-14 [J]. Cell, 1993, 75 (5): 843-854.

[40] Lewis B P, Shih I H, Jones-Rhoades M W, et al. Prediction of mammalian microRNA targets [J]. Cell, 2003, 115 (7): 787-798.

[41] Li M, Jones-Rhoades M W, Lau N C, et al. Regulatory mutations of mir-48, a *C. elegans* let-7 family microRNA, cause developmental timing defects [J]. Dev Cell, 2005, 9 (3): 415-422.

[42] Lim L P, Lau N C, Garrett-Engele P, et al. Microarray analysis shows that some microRNAs downregulate large numbers of target mRNAs [J]. Nature, 2005, 433

（7027）：769.

［43］Liu S, Li D, Li Q, et al. MicroRNAs of *Bombyx mori* identified by Solexa sequencing［J］. BMC Genomics, 2010, 11（1）：148.

［44］Llave C, Xie Z, Kasschau K D, et al. Cleavage of Scarecrow-like mRNA targets directed by a class of *Arabidopsis* miRNA［J］. Science, 2002, 297（5589）：2053-2056.

［45］Lucas K J, Roy S, Ha J, et al. MicroRNA-8 targets the Wingless signaling pathway in the female mosquito fat body to regulate reproductive processes［J］. Proc Natl Acad Sci U S A, 2015, 112（5）：1440-1445.

［46］Lund A H. miR-10 in development and cancer［J］. Cell Death Differ, 2010, 17（2）：209-214.

［47］Lytle J R, Yario T A, Steitz J A. Target mRNAs are repressed as efficiently by microRNA-binding sites in the 5'UTR as in the 3'UTR［J］. Proc Natl Acad Sci USA, 2007, 104（23）：9667-9672.

［48］Macedo L, Nunes F, Freitas F, et al. MicroRNA signatures characterizing caste-independent ovarian activity in queen and worker honeybees（*Apis mellifera L.*）［J］. Insect Mol Biol, 2016, 25（3）：216-226.

［49］Martinez J, Patkaniowska A, Urlaub H, et al. Single-stranded antisense siRNAs guide target RNA cleavage in RNAi［J］. Cell, 2002, 110（5）：563-574.

［50］Mead E A, Tu Z. Cloning, characterization, and expression of microRNAs from the Asian malaria mosquito, *Anopheles stephensi*［J］. BMC Genomics, 2008, 9（1）：244.

［51］Miranda K C, Huynh T, Tay Y. A pattern-based method for the identification of MicroRNA binding sites and their corresponding heteroduplexes［J］. Cell, 2006, 126（6）：1203-1217.

［52］Moriya Y, Itoh M, Okuda S, et al. KAAS：An automatic genome annotation and pathway reconstruction server［J］. Nucleic Acids Res, 2007, 35（suppl_2）：W182-W185.

［53］Nomura Kitabayashi A, Arai T, Kubo T, et al. Molecular cloning of cDNA for p10, a novel protein that increases in the regenerating legs of Periplaneta americana（American cockroach）［J］. Insect Biochem Mol Biol, 1998, 28（10）：785-790.

［54］Paulo D, Azeredo-Espin A, Canesin L, et al. Identification and characterization of microRNAs in the screwworm flies *Cochliomyia hominivorax* and *Cochliomyia macellaria*（Diptera：Calliphoridae）［J］. Insect Molecular Biology, 2017, 26（1）：46-57.

［55］Qin W, Shi Y, Zhao B, et al. miR-24 regulates apoptosis by targeting the open reading frame（ORF）region of FAF1 in cancer cells［J］. PloS One, 2010, 5（2）：e9429.

[56] Rebijith K B, Asokan R, Hande H R, et al. The first report of miRNAs from a Thysanopteran Insect, *Thrips palmi* Karny using high-throughput sequencing [J]. PloS One, 2016, 11 (9): e0163635.

[57] Reinhart B J, Slack F J, Basson M, et al. The 21-nucleotide let-7 RNA regulates developmental timing in *Caenorhabditis elegans* [J]. Nature, 2000, 403 (6772): 901-906.

[58] Robinson M D, McCarthy D J, Smyth G K. edgeR: A Bioconductor package for differential expression analysis of digital gene expression data [J]. Bioinformatics, 2010, 26 (1): 139-140.

[59] Roush S, Slack F J. The let-7 family of microRNAs [J]. Trends Cell Biol, 2008, 18 (10): 505-516.

[60] Rubio M, Montañez R, Perez L, et al. Regulation of atrophin by both strands of the mir-8 precursor [J]. Insect Biochem Mol Biol, 2013, 43 (11): 1009-1014.

[61] Ruvkun G. Glimpses of a tiny RNA world [J]. Science, 2001, 294 (5543): 797-799.

[62] Schafer D A, Schroer T A. Actin-related proteins [J]. Annu Rev Cell Dev Biol, 1999, 15: 341-363.

[63] Skalsky R L, Vanlandingham D L, Scholle F, et al. Identification of microRNAs expressed in two mosquito vectors, *Aedes albopictus* and *Culex quinquefasciatus* [J]. BMC Genomics, 2010, 11 (1): 119.

[64] Slack F J, Basson M, Liu Z, et al. The lin-41 RBCC gene acts in the *C. elegans* heterochronic pathway between the let-7 regulatory RNA and the LIN-29 transcription factor [J]. Mol Cell, 2000, 5 (4): 659-669.

[65] Surridge A K, Lopez-Gomollon S, Moxon S, et al. Characterisation and expression of microRNAs in developing wings of the neotropical butterfly *Heliconius melpomene* [J]. BMC Genomics, 2011, 12 (1): 62.

[66] Tariq K, Peng W, Saccone G, et al. Identification, characterisation and target gene analysis of testicular microRNAs in the oriental fruit fly *Bactrocera dorsalis* [J]. Insect Mol Biol, 2016, 25 (1): 32-43.

[67] Verma P, Augustine G J, Ammar M R, et al. A neuroprotective role for microRNA miR-1000 mediated by limiting glutamate excitotoxicity [J]. Nat Neurosci, 2015, 18 (3): 379.

[68] Wang Z, Gerstein M, Snyder M. RNA-Seq: A revolutionary tool for transcriptomics [J]. Nat Rev Genet, 2009, 10 (1): 57-63.

[69] Wei Y, Chen S, Yang P, et al. Characterization and comparative profiling of the small RNA transcriptomes in two phases of locust [J]. Genome Biol, 2009, 10 (1): R6.

[70] Yang M, Wang Y, Jiang F, et al. MiR-71 and miR-263 jointly regulate target

genes chitin synthase and chitinase to control locust molting [J]. PLoS Genet, 2016, 12 (8): e1006257.

[71] Yi R, Qin Y, Macara I G, et al. Exportin-5 mediates the nuclear export of pre-microRNAs and short hairpin RNAs [J]. Genes Dev, 2003, 17 (24): 3011-3016.

[72] Yu X, Zhou Q, Li S C, et al. The silkworm (*Bombyx mori*) microRNAs and their expressions in multiple developmental stages [J]. PLoS One, 2008, 3 (8): e2997.

[73] Zeng Y, Yi R, Cullen B R. Recognition and cleavage of primary microRNA precursors by the nuclear processing enzyme Drosha [J]. EMBO J, 2005, 24 (1): 138-148.

[74] Zhang B, Pan X, Cannon C H, et al. Conservation and divergence of plant microRNA genes [J]. Plant J, 2006, 46 (2): 243-259.

[75] Zhang J, Zhang Y, Li J, et al. Midgut transcriptome of the cockroach *Periplaneta americana* and its microbiota: Digestion, detoxification and oxidative stress response [J]. PLoS One, 2016, 11 (5): e0155254.

[76] Zhang X D, Zhang Y H, Ling Y H, et al. Characterization and differential expression of microRNAs in the ovaries of pregnant and non-pregnant goats (Capra hircus) [J]. BMC Genomics, 2013 (14): 157.

[77] Zhang X, Zheng Y, Jagadeeswaran G, et al. Identification and developmental profiling of conserved and novel-pam microRNAs in *Manduca sexta* [J]. Insect Biochem Mol Biol, 2012, 42 (6): 381-395.

[78] Zhang Y L, Huang Q X, Yin G H, et al. Identification of microRNAs by small RNA deep sequencing for synthetic microRNA mimics to control *Spodoptera exigua* [J]. Gene, 2015, 557 (2): 215-221.

[79] Zhao Y, Srivastava D. A developmental view of microRNA function [J]. Trends Biochem Sci, 2007, 32 (4): 189-197.

[80] Zhou Y, Liu Y, Yan H, et al. miR-281, an abundant midgut-specific miRNA of the vector mosquito *Aedes albopictus* enhances dengue virus replication [J]. Parasites Vectors, 2014, 7 (1): 488.

第六章 美洲大蠊抗菌肽分析

第一节 抗菌肽简介

一、抗菌肽的发现

抗菌肽（antimicrobial peptide，AMP）又名防御肽（host defense peptide）、阳离子抗菌肽（cationic host defense peptide）、阳离子两亲性肽（cationic amphipathic peptide）。抗菌肽在固有免疫系统中扮演着重要的角色，是生物有机体抵抗病原微生物感染的第一道防线（Zasloffg，1987；Ganz，2003）。从低等的原核生物（如细菌）到高等的真核生物（如原生动物、真菌、植物、昆虫、动物），抗菌肽广泛存在于生物界，是机体进化中形成的一种抵御外来微生物侵染的武器（Leippe，1999；Radek等，2007）。

抗菌肽的发现最早可追溯到1939年，Dubos从土壤芽孢杆菌中提取出一种抗菌剂，它能保护老鼠免受肺炎双球菌的感染。随后的几年，Hotchkiss和Dubos对它进行了深入的研究，并将其命名为Gramicidin。1942年，可以抵御真菌和一些病原微生物的植物抗菌肽Purothionin被发现（Balls，1942）。接着在兔子白细胞中发现了第一种动物源抗菌肽防御素（Defensin）（Hirsch，1956）。1972年，瑞典科学家Boman从诱导的惜古比天蚕（*Hyatophora cecropia*）中提取出第一种昆虫抗菌肽天蚕素（Cecropins）。截至目前已经发现了超过5000多种抗菌肽（Zhao等，2013）。

二、抗菌肽的结构特点

抗菌肽具有广谱的抗菌活性、良好的热稳定性，它的长度小到可以只包含5个氨基酸残基，大到可包含超过100多个氨基酸。抗菌肽的N端通常含有精氨酸（Arg）、赖氨酸（Lys）等碱性氨基酸残基而带正电荷，表现出强的阳离子性，但也有极少数抗菌肽呈阴离子性，如首次从中华大蟾铃蟾（*Bombina maxima*）中发现的抗菌肽Maximin H（Lai等，2002）、从人类汗腺组织中发现的抗菌肽Dermicidin（Steffen等，2006）。抗菌肽的C端通常含有丙氨酸（Ala）、缬氨酸（Val）、甘氨酸（Gly）等非极性氨基酸，且多被酰胺化，有利于抗菌肽插入细胞膜的磷脂双分子层来行使其功能（Zasloff，

1987；Iwakoshi-Ukena等，2011）。

基于迄今为止报道的大多数抗菌肽的特征，其结构一般分为以下四种：α螺旋结构、β折叠结构、线性结构和环形结构。其中α螺旋结构抗菌肽和β折叠结构抗菌肽最为常见，也有一些抗菌肽包含上面四种结构中的多种（Powers等，2003；Uteng等，2003）。

不像抗生素那样主要针对细胞的特定活动（如DNA、蛋白质或细胞壁的合成），抗菌肽主要作用于微生物中无处不在的细胞膜。真核生物细胞膜含较高水平的胆固醇和较低水平的负电荷，从而免受抗菌肽的作用（Jenssen等，2006）。这也是为什么抗菌肽具有低耐药性，且只对病原微生物起抑制杀伤作用，对真核生物没有毒性或只有较低毒性。正因如此，抗菌肽具有很大的潜力替代抗生素，在抗感染领域和畜牧业中发挥作用。

三、抗菌肽的作用机制

大多数的抗菌肽只能作用于一类微生物，如细菌或真菌（Hancock等，2000）。但也有一些抗菌肽通过不同的作用模式来作用于不同类型的微生物，如Indolicidin能通过破坏细胞膜杀死真菌，其通过穿透到细胞内抑制DNA的合成来杀死大肠埃希菌，通过抑制HIV整合酶来实现抗HIV活性（Subbalakshmi等，1998；Lee等，2003；Krajewski等，2004）。抗菌肽的作用机制是多样的，既可以通过破坏细胞膜的完整性来抑制或杀死细胞，也可以通过抑制蛋白质、DNA、RNA的合成，或与细胞内某种靶物质相互作用等方式来抑制或杀死病原微生物（Bahar等，2013）。但是抗菌肽最主要的作用机制还是通过带正电荷的N端与带负电荷的微生物细胞膜相互结合，从而使其疏水的C端插入磷脂双分子层，在细胞膜的表面形成孔洞，导致细胞内容物外泄，最终起到抑制或杀死细胞的作用（Zasloff，2002）。

抗菌肽与细胞膜相互作用的方式主要有以下三种。

1. 桶-板模型（barrel-stave）：通过抗菌肽带正电荷的N端与带负电荷的细胞膜静电吸引，使抗菌肽在细胞膜上大量聚集，并且与细胞膜相互平行。然后抗菌肽像木桶的木板一样垂直插入细胞膜磷脂双分子层，形成一个中空的孔道，导致细胞内容物外泄而使细胞死亡。

2. 毯式模型（carpet like）：首先抗菌肽通过静电吸附像地毯一样覆盖在细胞膜的一小块区域，随后疏水的C端插入细胞膜磷脂双分子层，将这块区域的细胞膜包裹起来，破坏了细胞膜的完整性，使细胞死亡。因这种模型又类似去污剂的作用方式，故又被称为去污剂模型（detergent-like）。

3. 环形孔模型（toroidal pore）：抗菌肽聚集在细胞膜表面，疏水的部分插入膜的磷脂双分子层，使磷脂双分子层出现弯曲，和抗菌肽接触的细胞膜与抗菌肽一起形成孔洞。与桶-板模型不同的是，在抗菌肽与细胞膜一起形成的环形孔结构中，磷脂双分子层的头部是面向孔的。

四、抗菌肽的功能

（一）抗病毒功能

抗菌肽能通过整合到病毒囊膜或宿主细胞膜而中和病毒。有研究表明，抗菌肽可以有囊膜的RNA病毒或DNA病毒为靶标（Bastian等，2001；Horne等，2005）。抗菌肽整合到病毒的囊膜上，引起囊膜的不稳定，从而使病毒不能感染宿主细胞，也可以减少病毒与宿主细胞的结合，如抗菌肽通过与单纯疱疹病毒的糖蛋白结合，使单纯疱疹病毒不能与宿主细胞结合（Sitaram等，1999；Yasin等，2004）。

除了损害病毒的囊膜，一些抗菌肽通过与哺乳动物细胞上的病毒受体结合，从而阻断病毒进入宿主细胞。例如，硫酸乙酰肝素是带负电荷的黏多糖分子，一些α螺旋阳离子肽，如乳铁蛋白，能结合作为HSV病毒受体的乙酰肝素分子来阻断病毒的感染（WuDunn等，1989；Andersen等，2004；Jenssen等，2004）。

相较于一些能和细胞膜上病毒受体结合的抗菌肽，一些抗菌肽不能与病毒竞争结合细胞膜表面的乙酰转移酶受体。但是这些抗菌肽却能穿过细胞膜进入细胞质和细胞器，导致宿主细胞的基因表达量改变，这种改变可以帮助宿主细胞阻断病毒的基因表达。例如，来自兔子中性粒细胞的抗菌肽NP-1，通过阻断一个关键病毒蛋白VP-16迁移到细胞核，来阻止这个病毒蛋白和宿主转运因子结合形成复合体，从而阻止了病毒通过复合体诱导表达病毒早期基因来击败细胞的首次免疫应答，最终阻止了单纯疱疹病毒2型感染Vero和CaSki细胞系（Liu等，1999）。

（二）抗细菌功能

截至目前，抗细菌抗菌肽是研究最多的抗菌肽，它们大多是阳离子肽，能与细胞膜结合导致细胞膜磷脂双分子层的崩解（Zhang等，2001；Shai，2002）。这些抗菌肽多数具有两亲性，既具有亲水性结构域，又具有疏水性结构域，这种结构让抗菌肽既可以结合细胞膜疏水的脂质部分，又可以结合亲水的磷酸部分（Jenssen等，2006）。有趣的是，研究表明一些抗菌肽在没有破坏细胞膜完整性的情况下，以低浓度杀死细菌。与直接插入细胞膜不同，这些抗菌肽通过抑制细胞内的一些重要路径而起到杀灭细菌的作用，如DNA的复制和蛋白的合成（Brogden等，2005）。例如，BuforinⅡ可以在不破坏细胞膜的情况下渗入细胞，并结合DNA或RNA（Park等，1998）。这样的抗菌肽还有Drosocin、Pyrrhocoricin和Apidaecin，它们含有18～20个氨基酸残基，并带有一个能让它们进入细胞的活性位点（Otvos等，2000）。在某些情况下抗菌肽能杀死抗生素耐药性细菌，如抗菌肽乳酸链球菌素（Nisin）和Vancomycin能阻止细胞壁的合成。据报道，耐甲氧西林金黄色葡萄球菌（methicillin-resistant *Staphylococcus aureus*，MRSA）对万古霉素有耐药性，但是对乳酸链球菌素很敏感（Brumfitt等，2002）。

（三）抗真菌功能

像抗细菌作用一样，抗菌肽通过作用于细胞壁或者细胞内组分来杀死真菌（De Lucca等，1998；Lee等，1999）。然而细菌细胞膜和真菌细胞壁是不同的，如真菌细胞壁的主要组分几丁质能和抗菌肽结合，这种结合能力能有效地使抗菌肽靶向真菌细胞壁（Fujimura等，2004；Yokoyama等，2009）。以细胞壁为靶向的抗菌肽能通过破坏真菌细胞膜的完整性、增加膜的通透性或直接形成孔洞来杀死靶细胞（Terras等，1992；Moerman等，2002；Van der Weerden等，2010）。尽管抗菌肽含极性氨基酸和中性氨基酸，但是抗菌肽的结构和靶细胞间没有表现出明显的关联（Jenssen等，2006），如一些不同结构的抗菌肽，如α螺旋抗菌肽D-V13K和P18、线性抗菌肽Indolicin和β折叠肽防御素。

（四）抗肿瘤功能

目前使用的大多数化疗药物不仅可以杀死肿瘤细胞，也能杀死正常细胞，所以不良反应很大，找到新型有效抗肿瘤药物就显得非常重要。有研究表明，抗菌肽对肿瘤细胞具有选择性杀伤作用，但对正常细胞没有影响，如来源于两栖动物的抗菌肽Gaegurins、Maximin和Magainin（Zasloff，1987；Kim等，2003；Won等，2006）。抗菌肽对肿瘤细胞的选择性作用机制可能与细胞骨架有关，因为肿瘤细胞的细胞骨架系统不完整，在受到抗菌肽的损伤后不易修复，而正常细胞在受到抗菌肽的损伤后能较快修复，最终不会造成伤害，且肿瘤细胞的细胞膜表面成分与正常细胞差异较大，使得容易被某些抗菌肽插入形成孔洞，最终导致肿瘤细胞的凋亡（王芳等，1999）。除此之外，抗菌肽还有破坏细胞内细胞器（线粒体）、提高机体免疫力、对染色体DNA造成损伤、诱导细胞凋亡等作用。

（五）抗寄生虫功能

目前在全球范围内，寄生虫病已经对人类的健康和社会经济造成了不可估量的损失，而寄生虫耐药性的增加，也迫使人们去寻找治疗寄生虫病的新药物。有研究表明，寄生于动物或人体内的寄生虫可以有效地被某些抗菌肽杀死，使得抗菌肽用于治疗寄生虫病成为可能。例如，世界上发现的第一个抗寄生虫抗菌肽（Magainin），它能够杀死大草履虫（Zasloff，1987）；此外还有天蚕素类似物Shiva-1，它可以杀死疟原虫（Boman等，1989）。尽管寄生虫是多细胞的，但抗菌肽对寄生虫的作用模式是一样的，都是通过与其细胞膜直接作用来起到杀灭的效果（Park等，2004）。

五、昆虫抗菌肽

昆虫的种类繁多，有100多万种，它们的免疫系统不像高等动物那样具有淋巴系统、补体和免疫球蛋白，但是在受到外界环境的伤害或病原微生物入侵时，昆虫的血淋巴及其他组织会产生并分泌抗菌肽，并作用于全身，从而杀死入侵的病原微生物，有效抵御病原微生物的侵害。这种高效的防御机制也是昆虫拥有极强适应能力的原因之一（Brown等，2009）。自从1980年世界上第一个昆虫抗菌肽天蚕素被分离出来后，至今已经有200多种昆虫抗菌肽被发现，这些昆虫抗菌肽大多来自鞘翅目（Coleoptera）、鳞翅目（Lepidoptera）、膜翅目（Hymenoptera）、双翅目（Diptera）、半翅目（Hemiptera）、同翅目（Homoptera）、等翅目（Isolptera）及蜻蜓目（Odonata）（王义鹏等，2010）。

（一）昆虫抗菌肽的分类

大量的昆虫抗菌肽在不同目的昆虫中被发现，如防御素、天蚕素、富含脯氨酸的抗菌肽和富含甘氨酸的抗菌肽，但是家蚕抗菌肽Moricin和Gloverin仅在鳞翅目昆虫中发现。此外，大多数抗菌肽都是先形成无活性的前体肽，然后通过蛋白水解酶的作用，切去信号肽，从而形成有活性的抗菌肽。目前已经在黑腹果蝇中发现了7种抗菌肽［天蚕素、防御素、Attacin、果蝇素（Drosomycin）、Drosocin、双翅肽（Diptericin）和Metchnikowin］，研究发现黑腹果蝇通过Toll信号通路和IMD信号通路调控抗菌肽免疫反应（张明明等，2012）。昆虫抗菌肽根据结构和特定的氨基酸序列可以分为四种：α螺旋抗菌肽、富含半胱氨酸的抗菌肽、富含脯氨酸的抗菌肽和富含甘氨酸的抗菌肽（Otvos，2000；Bult等，2005）。下面我们分别对这几种抗菌肽进行介绍。

1．α螺旋抗菌肽：天蚕素是含31～39个氨基酸残基的一类阳离子抗菌肽，一些抗菌肽虽名字各异，如Sarcotoxin-I（Okada等，1985）、Papiliocin（Kim等，2010）和Stomoxyn（Boulanger等，2002），但都属于天蚕素类。天蚕素有广谱的抗菌活性，对革兰氏阳性菌、革兰氏阴性菌和真菌都有很好的抗菌活性。大多数天蚕素的C端都是被酰胺化的，这对于它插入脂质膜、发挥其广谱抗菌活性有很重要的意义（Nakajima等，1987；Li等，1988）。家蚕抗菌肽也是一种α螺旋抗菌肽，它在1995年从家蚕免疫过的血淋巴中第一次被发现，目前为止家蚕抗菌肽仅从鳞翅目中被发现（Hara等，1995；Zhu等，2003）。

2．富含半胱氨酸的抗菌肽：昆虫防御素是一种小的（约4kDa）阳离子抗菌肽，有6个保守的半胱氨酸残基，形成了3个二硫键。许多富含半胱氨酸的抗菌肽有不同的名字，如Sapecins（Yamada等，1993）、Spodoptericin（Volkoff等，2003）、Coprisin（Hwang等，2009），但都属于防御素类。防御素主要作用于革兰氏阳性菌，如藤黄微球菌（*Micrococcus luteus*）、巨大芽孢杆菌（*Bacillus megaterium*）、枯草芽孢杆菌（*Bacillus subtilis*）和金黄色葡萄球菌（*Staphylococcus aureus*）等，只有少数的防御素对大肠埃希菌和真菌有活性。

3．富含脯氨酸的抗菌肽：Lebocins是第一个从免疫的家蚕血淋巴中提取的富含脯氨酸的抗菌肽（Hara等，1995），它和另一个富含脯氨酸的蜜蜂抗菌肽Abaecin的氨基酸序列一致性达41%。Lebocins对革兰氏阳性菌、革兰氏阴性菌及真菌均具有活性。富含脯氨酸的抗菌肽都由不具活性的前体肽经蛋白水解酶活化而来，其成熟的肽（22～28）的N端都含4～6个脯氨酸。富含脯氨酸的抗菌肽在昆虫中分布较广泛，目前在双翅目、膜翅目、半翅目和鳞翅目中都发现了此类抗菌肽。

4．富含甘氨酸的抗菌肽：Attacins是分子量20～23kDa、等电点5.7～8.3的一种富含甘氨酸的抗菌肽，它可以分为两组，一组是Attacins（A～D），另一组是Attacins（E～F）。Attacins合成时先形成前体肽，它的成熟体的N端有一个attacin结构域，紧接着两个富含甘氨酸的结构域（G1和G2）（Hedengren等，2000）。大多数Attacins对大肠埃希菌和一些革兰氏阴性菌有活性，且存在于大多数鳞翅目昆虫。

（二）昆虫抗菌肽的系统进化

目前对昆虫抗菌肽的起源还不太清楚。不过大量系统进化数据为昆虫抗菌肽基因的进化提供了一些佐证（Misof等，2014）。昆虫抗菌肽基因谱能映射在昆虫系统进化树上，表明大多数已知的抗菌肽在已完成基因组项目的昆虫类群中都可以找到，这并不意外，因为很多模式昆虫被用于多种生物学研究（包括抗菌肽和免疫等），它们也早已测了全基因组，同时也表明还有很多抗菌肽进化的奥秘隐藏在大量不太明显的昆虫类群中。在很短的进化时间尺度上，抗菌肽的进化受到了昆虫系统进化的限制。此外，在昆虫系统进化平行水平上追踪抗菌肽的进化有两个障碍：一个是研究昆虫分类有很多基因序列数据支持，而可供研究的抗菌肽进化数据很少；另一个是在昆虫抗菌肽基因同源性的识别上，抗菌肽基因都很短，而且在进化过程中也会频繁地有序列增加和丢失（Sackton，2007；Vilcinskas等，2013）。不过随着人们对昆虫抗菌肽的不断深入研究，以及大量新的昆虫抗菌肽被发掘，相信不久的将来一定会解开昆虫抗菌肽由来的奥秘。

（三）美洲大蠊抗菌肽

目前对美洲大蠊抗菌肽的研究还比较少，对于美洲大蠊抗菌肽的获得，有研究通过提取虫体中被细菌诱导的血淋巴来纯化抗菌肽（蓝江林等，2003；Basseri等，2016）。还有研究通过电镜观察美洲大蠊抗菌肽对大肠埃希菌的作用机制，发现其首先对细菌细胞膜起作用，使细胞膜损伤形成缺口，导致细胞内容物外泄而死亡，最后菌体被裂解为碎片（蓝江林等，2004）。但是提取天然抗菌肽步骤繁琐、成本昂贵，提取量很少，纯化后也很难仍保持活性，而且也无从知晓表达抗菌肽的基因序列和氨基酸序列，不利于其功能研究和后续开发利用。有人用化学合成的方法合成抗菌肽来进行研究（Yun等，2017；Kim等，2016等），此方法虽然获得了较高纯度的肽，但价格昂贵，且由于技术限制合成的长度也受到限制，亦不利于大规模生产。而通过基因工程重组菌，可相对容易地获得大量抗菌肽，也可对抗菌肽进行人工设计和改造，有利于抗菌肽的功能研究及后续开发利用，但目前对基因工程表达美洲大蠊抗菌肽的研究还未见报道，所以利用基因工程表达获得抗菌肽再进行后续功能研究就显得很迫切。

六、抗菌肽的应用前景

抗菌肽作为一种天然的小分子物质，拥有与传统抗生素不同的作用机制，它具有广谱的抗菌效果，热稳定性强，不易产生耐药性，同时对细胞的杀伤具有选择性，只对病原微生物或者肿瘤细胞有活性，而对正常的哺乳细胞没有活性或活性很弱。这些优点使得抗菌肽在医药、食品、畜牧业及转基因动植物等领域具有广阔的应用前景。

（一）医药领域

随着近几十年来人们对抗生素的滥用，产生了许多临床耐药性菌株，如携带有大肠埃希菌、肺炎克雷伯菌耐药酶的"超级细菌"在印度新德里被发现，给人们敲响了警钟。开发出一种新型抗菌药物非常迫切。与传统抗生素相比，抗菌肽具有其无法比拟的优点，可以有效地解决细菌耐药性问题。随着人们对抗菌肽的不断探索和研究，已经取得一些阶段性成果，如用于治疗脑膜炎和痤疮的Neuprex，Ⅲ期临床试验成功；用于治疗黏膜炎症的Protegrin，Ⅲ期临床试验成功（候国宾等，2012）；用于抗感染治疗的MBI-226，正在Ⅱ期临床试验中（Fjell等，2011）。

（二）食品领域

目前所使用的多数防腐剂被证实对人类健康有害，而抗菌肽作为一种天然的抗菌剂，具有广谱的抗菌效果，对革兰氏阳性菌、革兰氏阴性菌和真菌均有抑杀活性，并在酸性条件下活性依旧很强，稳定性好，且被人、畜食入后易被体内蛋白酶水解，不会造成伤害，所以在食品防腐剂领域有很广阔的前景。例如，乳酸链球菌素作为一种乳酸链球菌产生的活性抗菌肽，被当作防腐剂应用于食品加工（Ercolini等，2010）。

（三）畜牧业领域

通常人们会在饲料中添加抗生素来保证饲料不被有害病原微生物污染，使畜禽避免疾病，但是这样就造成了抗生素的滥用，使更多的耐药性菌株产生，同时抗生素也会残留在畜禽体内，从而对人体造成伤害。而抗菌肽不仅能够抑制病原微生物，也可以改善畜禽肠道微生物，使其健康成长，而且抗菌肽被食入后易被蛋白酶水解，不会造成残留等问题，所以抗菌肽在畜牧业也有很大的应用空间。

（四）转基因动植物领域

利用基因工程方法，可以获得转抗菌肽基因的动植物，使它们对病虫害的抗性大大加强，如将 Shiva-1 基因转入烟草，使其对烟草青枯病的抗性得到加强，植株死亡率降低（Jaynes等，1989）；将牛气管抗菌肽转入小鼠体内，使鼠乳避免细菌的污染（Yarus等，1996）。

第二节　美洲大蠊抗菌肽序列分析

一、分析方法

（一）美洲大蠊抗菌肽基因的预测

从NCBI下载果蝇素、蚁肽、防御素、溶菌酶、家蚕抗菌肽、双翅肽等昆虫抗菌肽序列，用Blastn软件将各昆虫抗菌肽序列比对到本实验室的美洲大蠊转录本，设置比对长度占查询序列的60%、一致性高于50%的阈值，获得大量与已知抗菌肽同源的转录本。通过ORF Finder查找，找到其开放阅读框序列作为候选的美洲大蠊抗菌肽基因序列，再选取与所比对昆虫抗菌肽一致性高、表达量较高的序列进行后续的生物信息学序列分析。

（二）美洲大蠊抗菌肽信号肽预测及跨膜区域

分泌蛋白质在细胞内合成时通常都是先合成N端带信号肽序列的前体蛋白质，由信号肽序列来指导蛋白质的跨膜转移，使其进入内质网腔内，再由信号肽酶切去信号肽序列，使其成为成熟的功能蛋白质分泌到功能区域而发挥作用。有研究表明，昆虫抗菌肽的信号肽序列中氨基酸数目为16～33aa。本研究利用Singal P4.0在线软件对美洲大蠊抗菌肽的信号肽序列进行分析。蛋白质的跨膜区域指跨域细胞膜磷脂双分子层的氨基酸序列，通常由20～25个氨基酸残基组成，这些氨基酸大部分为疏水性的，一般会形成α螺旋结构。

（三）美洲大蠊抗菌肽的理化性质分析

抗菌肽的一级结构指肽链中的氨基酸排列顺序和氨基酸的含量、组成等，包含了抗菌肽基本、重要的信息。一级结构决定了蛋白质的高级结构，也就是决定了蛋白质的结构特点和生物学活性，所以我们可以通过氨基酸序列来预测抗菌肽的一些理化性质，如氨基酸含量及组成、分子量、等电点、亲水性/疏水性等,这些理化性质对后续美洲大蠊抗菌肽的克隆表达及功能的研究有很重要的指导意义。

(四)美洲大蠊抗菌肽与其他昆虫抗菌肽的同源性

从NCBI下载与美洲大蠊抗菌肽同类型的果蝇素类昆虫抗菌肽序列,利用DNAMAN软件对各个昆虫抗菌肽序列进行相似性比对,对各昆虫抗菌肽序列的保守氨基酸及同源性进行研究。同时通过MEGA 5.2软件对各抗菌肽氨基酸序列进行比对,利用邻接法来构建分子系统进化树(NJ树),其中Bootstrap值设为1000,其余参数设为默认值。

二、结果

(一)美洲大蠊抗菌肽基因的预测

通过将NCBI下载的各昆虫抗菌肽(果蝇素、蚁肽、防御素、溶菌酶、家蚕抗菌肽、双翅肽)序列比对至本实验室保存的美洲大蠊转录本,找到了与上述昆虫抗菌肽同源的17个转录本(表6-1),再通过ORF Finder查找,找到其开放阅读框序列(即cDNA序列),其中c108346-g3-i2与独角仙(*Allomyrina dichotomac*)防御素高度同源,但是它在各龄期美洲大蠊体内表达量都很低;而c108346-g3-i1、c69241-g1-i1、c106305-g1-i1、c106305-g2-i1、c118355-g4-i1、c118355-g4-i2虽然表达量较高,但是与相对应昆虫抗菌肽同源性较低(一致率不足80%);分析显示c120697-g2-i5的开放阅读框序列编码一个含66个氨基酸的前体肽,其成熟肽与果蝇素序列高度相似(一致率达93.18%),表明它们可能具有相似的功能结构,并且此基因在美洲大蠊成虫中表达较高,所以我们选用此基因进行后续研究,并将其成熟肽命名为AMPPA13。

表6-1 美洲大蠊抗菌肽转录本表达量

编号	3龄若虫	8龄若虫	新羽化成虫	雌成虫	雄成虫	NR数据库注释
c120697-g2-i3	7.996	6.593	7.014	33.946	50.575	果蝇素
c120697-g2-i4	2.832	0.323	0.227	44.96	472.417	果蝇素
c120697-g2-i5	10.327	12.758	9.352	95.16	117.11	果蝇素
c69241-g1-i1	315.950	533.334	336.213	922.235	136.730	蚁肽
c42613-g1-i1	0.531	0.476	0.114	0.922	0.000	蚁肽
c42613-g1-i2	0.865	0.381	0.738	2.906	0.000	蚁肽
c108346-g3-i1	1269.975	545.759	115.024	136.781	88.591	防御素
c108346-g3-i2	1.790	52.784	50.318	3.690	10.343	防御素
c108346-g1-i1	20.870	32.243	23.597	24.325	9.694	防御素
c108346-g2-i1	3.059	71.423	2.622	149.427	46.964	防御素
c57567-g1-i1	147.378	591.332	311.982	419.520	3501.618	防御素

续表

编号	3龄若虫	8龄若虫	新羽化成虫	雌成虫	雄成虫	NR数据库注释
c106305-g1-i1	676.324	421.819	322.839	97.512	84.552	溶菌酶
c106305-g2-i1	211.905	100.174	81.365	87.476	55.422	溶菌酶
c126646-g1-i1	0.285	0.381	0.530	0.553	0.171	家蚕抗菌肽
c126646-g1-i2	0.226	0.352	0.426	0.517	0.086	家蚕抗菌肽
c118355-g4-i1	9.668	192.414	12.996	326.482	69.938	双翅肽
c118355-g4-i2	5.449	42.633	43.181	268.838	32.900	双翅肽

（二）美洲大蠊抗菌肽信号肽预测及跨膜区域

用Singal P4.1 Server在线软件查找AMPPA13前体肽的信号肽序列，在N端发现一个含22个氨基酸的信号肽序列，信号肽酶切位点位于第22与第23个氨基酸VFG-DC之间，其成熟肽AMPPA13由44个氨基酸组成（图6-1）。通过TMpred在线预测工具，发现AMPPA13成熟肽没有跨膜区域。

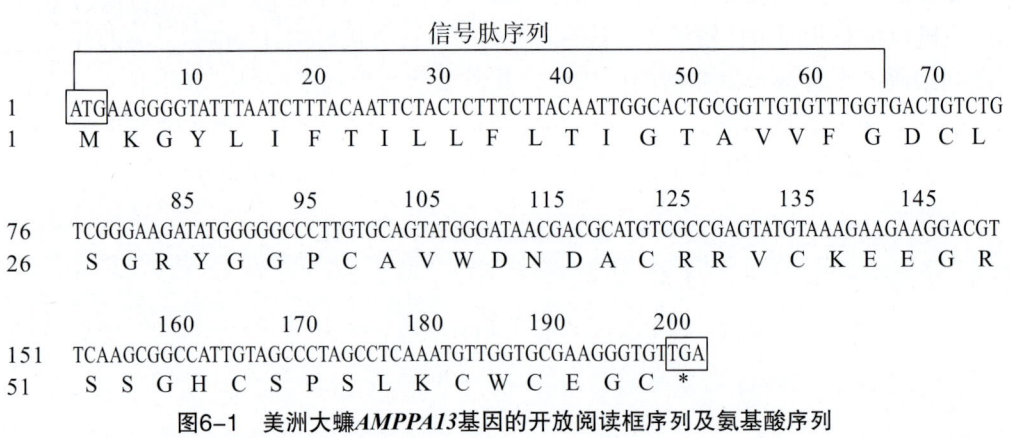

```
                           信号肽序列
              10        20        30        40        50        60       70
1   ATGAAGGGTATTTAATCTTTACAATTCTACTCTTTCTTACAATTGGCACTGCGGTTGTGTTTGGTGACTGTCTG
1    M  K  G  Y  L  I  F  T  I  L  L  F  L  T  I  G  T  A  V  V  F  G  D  C  L

           85        95       105       115       125       135       145
76  TCGGGAAGATATGGGGGCCCTTGTGCAGTATGGGATAACGACGCATGTCGCCGAGTATGTAAAGAAGAAGGACGT
26   S  G  R  Y  G  G  P  C  A  V  W  D  N  D  A  C  R  R  V  C  K  E  E  G  R

          160       170       180       190       200
151 TCAAGCGGCCATTGTAGCCCTAGCCTCAAATGTTGGTGCGAAGGGTGTTGA
51   S  S  G  H  C  S  P  S  L  K  C  W  C  E  G  C  *
```

图6-1 美洲大蠊AMPPA13基因的开放阅读框序列及氨基酸序列

注：方框里的ATG和TGA分别代表起始密码子和终止密码子。

（三）美洲大蠊抗菌肽理化性质分析

通过ExPASy（ProtParam）在线软件分析美洲大蠊抗菌肽AMPPA13的序列特征，发现其成熟肽富含Cys（18.182%）、Gly（13.636%）、Ser（11.364%）和Arg（9.091%），理论分子量为4.782kDa，等电点为6.71。利用ExPASy（ProtScale）在线软件分析抗菌肽AMPPA13的疏水性/亲水性，结果如图6-2所示，横坐标分值表示氨基酸位置，纵坐标分值表示氨基酸残基的亲/疏水性（此值越大表示疏水性越强，此值越小表示亲水性越强）。由图6-2可以看出，抗菌肽AMPPA13的N端亲水性较强，中间部分亲水性极强，C端疏水性较强，而AMPPA13的平均疏水性值（GRAVY）为-0.605，所以抗菌肽AMPPA13属于亲水性肽。

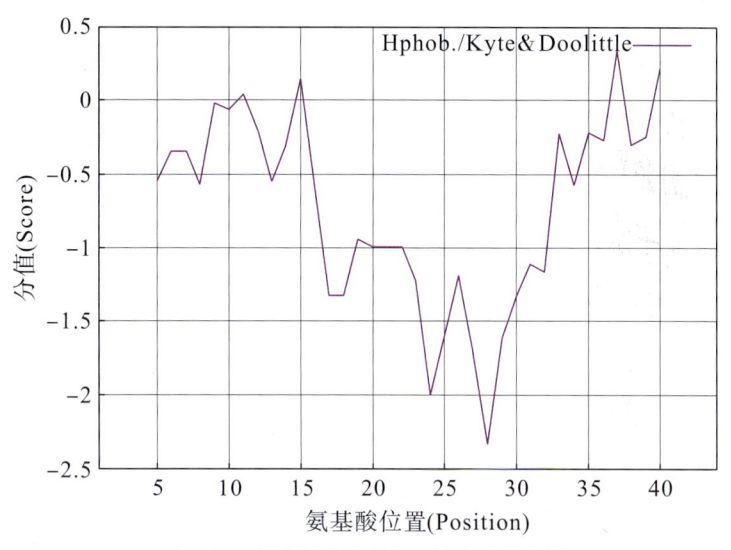

图6-2　抗菌肽AMPPA13的亲水性预测

（四）美洲大蠊抗菌肽与其他昆虫抗菌肽的同源性

通过DNAMAN软件对各个昆虫抗菌肽序列进行相似性比对，发现美洲大蠊抗菌肽AMPPA13与各个果蝇素类抗菌肽同源性达61.19%～87.88%，它们的信号肽序列差异较大，只有赖氨酸（K）和甘氨酸（G）两个保守氨基酸，但是它们的成熟肽序列高度保守，包含34个保守氨基酸。通过MEGA 5.2利用邻接法来构建分子系统进化树，发现昆虫果蝇素类抗菌肽在进化上具有较好的保守性。双翅目跟膜翅目的果蝇素类抗菌肽聚为一支，表明它们的果蝇素类抗菌肽起源于共同的祖先；而美洲大蠊抗菌肽AMPPA13与鞘翅目的白蜡窄吉丁果蝇素类抗菌肽在进化上较为接近。

三、讨论

本研究利用实验室美洲大蠊转录本数据，通过与NCBI相关昆虫抗菌肽进行同源比对，预测出17条潜在美洲大蠊新抗菌肽，并对其中一个与果蝇抗菌肽果蝇素同源性高的抗菌肽序列进行了生物信息学分析，且命名为AMPPA13。随后对美洲大蠊抗菌肽AMPPA13的信号肽和跨膜区域、理论分子量、等电点、氨基酸组成、亲水性/疏水性等理化性质特征等进行了预测分析，并与其他昆虫果蝇素类抗菌肽进行了同源性分析，通过MEGA5.2构建了果蝇素类抗菌肽基因的分子进化树，为美洲大蠊新抗菌肽的预测提供了参考，为抗菌肽AMPPA13后续功能的研究奠定了基础。

影响抗菌肽活性的因素有很多，如肽链的氨基酸组成、所带电荷数、亲水性/疏水性、保守序列、一些高级结构等。本章对预测的美洲大蠊抗菌肽AMPPA13进行了氨基酸组成的分析，结果发现其成熟肽富含Cys（18.182%）、Gly（13.636%）、Ser（11.364%）、Arg（9.091%）。其中半胱氨酸（Cys）可以形成二硫键，AMPPA13含8个半胱氨酸即4个二硫键，这对其维持空间三维结构至关重要，尤其是空间结构中的β折叠。此外，精氨酸（Arg）属于碱性氨基酸，带正电荷，而大多数抗菌肽是带正电荷的，这对于其通过静电吸附与带负电荷的细菌细胞膜结合，从而行使功能有很重要的意义。

抗菌肽的N端一般含精氨酸（Arg）、赖氨酸（Lys）等亲水性氨基较多，可以通过静电吸附与细胞膜的磷脂头结合，而C端一般含甘氨酸（Gly）、丙氨酸（Ala）等疏水性氨基酸较多，并且被酰胺化，这对于其插入细胞膜从而对病原菌产生抑杀作用有很重要的意义（张昊等，2010）。不过疏水性也不宜太高，太高的疏水作用会增强溶血活性，也会使抗菌肽聚集沉淀，从而使活性降低。本研究通过亲水性/疏水性预测发现AMPPA13和其他抗菌肽一样，都是N端亲水性较强，C端疏水性较强，而其平均疏水性（GRAVY）值为-0.605，说明它属于可溶性肽。在抗菌肽的氨基酸序列中，同类型的抗菌肽会有一段或几段相同的氨基酸序列，且这些位点的氨基酸很少改变，我们称为保守序列。而保守序列如果改变，抗菌肽的活性就会降低甚至消失，所以保守序列对于抗菌肽维持其活性有很重要的意义。通过比对我们发现美洲大蠊抗菌肽AMPPA13与其他果蝇素类抗菌肽相似性达61.19%～87.88%，有大量的保守序列，包含了34个保守氨基酸。随后利用这些果蝇素类昆虫抗菌肽构建系统进化树，发现它们在进化上比较保守，双翅目跟膜翅目的果蝇素类抗菌肽聚为一支，而蜚蠊目的AMPPA13与鞘翅目的果蝇素类抗菌肽聚为一支。

除了一级结构会对抗菌肽的活性产生影响，一些高级结构对于抗菌肽活性的维持也至关重要，如属于水脂两亲性结构的α螺旋，它的疏水性氨基酸和亲水性氨基酸分别排列在螺旋的两侧，从而产生疏水面和亲水面；或分别聚集在螺旋两端，产生疏水端和亲水端。α螺旋的数量、螺旋度、稳定性、夹角、方向等对抗菌肽的活性有很大的影响。如李国栋（2006）等在抗菌肽Cecropin A1上加了一段α螺旋，使其抗菌活性增强了50～100倍。通过对AMPPA13三维结构及功能域的预测，发现其含4个二硫键、1个α螺旋、3个反平行的β折叠片层结构和1个Knot1结构域。其中Knot1结构域多存在于植物防御素，预示AMPPA13可能有类似于植物防御素的功能，对真菌有一定的抑杀作用。以上这些生物信息学预测，为挖掘出更多美洲大蠊新抗菌肽基因提供了参考，并为美洲大蠊新抗菌肽AMPPA13的后续功能研究、开发利用等奠定了理论基础。

第三节　美洲大蠊抗菌肽基因*AMPPA13*的原核表达

在昆虫体内，抗菌肽由脂肪体和各种上皮细胞分泌进入血淋巴，从而抵御病原微生物的入侵。自1980年提取出第一个昆虫抗菌肽至今，已对200多种昆虫抗菌肽进行了功能注释和分类。抗菌肽分子量较小，对多种动植物病原菌具有广谱的抗菌作用，同时对动植物细胞无毒副作用，因此抗菌肽动植物基因工程的研究也广泛开展起来。而通过基因工程技术，对抗菌肽进行改造，不仅提高了表达量和抗菌活性，而且降低了毒性，使其成为新型抗菌药物成为可能。

对于抗菌肽基因工程的研究，原核表达体系是最早被采用的、目前应用最成熟的表达系统。该系统具有遗传背景清楚、繁殖迅速、培养周期短、表达量高等优势。目前应用于生产抗菌肽的原核表达体系有大肠埃希菌表达系统、枯草芽孢杆菌表达系统等，而大肠埃希菌表达系统是目前基因工程领域研究应用最广泛、最完善的原核表达系统。

该系统通常以pGEX系列和pET系列作为表达载体，这两种载体分别带有GST标签和组氨酸标签（His-Tag），容易生产融合蛋白，维持表达目标蛋白的空间结构和生物学活性，而且利用标签便于采用亲和层析的方法快速纯化目的蛋白。徐建华等利用融合表达载体pGEX-4T-1成功表达了天蚕素，经抑菌试验证实表达产物具有较好的抗菌活性。刘诚等将猴蛙皮肤抗菌肽（dermadistinctin-K）基因构建至pET-32a（+）原核表达载体中，成功表达出融合目的蛋白，经过肠激酶酶切后采用微量稀释法进行抑菌试验，结果表明融合蛋白对金黄色葡萄球菌、猪链球菌、大肠埃希菌、绿脓杆菌及炭疽杆菌均具有抑制活性。

美洲大蠊的自然生活条件恶劣，有研究表明美洲大蠊具有高度多样的抗菌肽，但不管怎样，目前美洲大蠊抗菌肽基因的克隆表达及蛋白纯化还未见报道。本章通过构建美洲大蠊抗菌肽原核表达体系，优化诱导表达条件，利用亲和层析、分子筛等手段纯化了不带多余氨基酸的美洲大蠊抗菌肽AMPPA13，并利用免疫印迹法（Western Blotting）进行了鉴定。

一、材料与方法

（一）美洲大蠊总RNA的提取与cDNA的合成

取本实验室饲养美洲大蠊成虫1只，去除翅、肠道后放入液氮，用研钵研磨成粉末，随后立即按RNA提取试剂盒操作步骤提取总RNA。经1%琼脂糖凝胶电泳鉴定后，用逆转录试剂盒合成cDNA，-80℃保存备用。

（二）抗菌肽AMPPA基因的制备

1. 引物设计。按美洲大蠊抗菌肽基因*AMPPA13*序列设计的原核表达引物如表6-2所示，其中*AMPPA13*-F1斜体下划线部分为Kpn I 酶切位点，斜体双下划线部分为肠激酶酶切位点；*AMPPA13*-R1斜体下划线部分为Xho I 酶切位点。以cDNA为模板进行PCR扩增，产物用1%琼脂糖凝胶电泳鉴定，并送TSINGKE公司测序。

表6-2 抗菌肽基因*AMPPA13*序列设计的原核表达引物

序列	原核表达引物
AMPPA13-F1	cgg*GGTACC*GACGACGACGACAAGGACTGTCTGTCGGGAAGATAT
AMPPA13-R1	ccg*CTCGAG*TTAACACCCTTCGCACCAAC

2. PCR反应体系。以0.5μL美洲大蠊cDNA为模板，依次加入1μL AMPPA13-F、1μL AMPPA13-R、12.5μL PCR Mix DNA聚合酶，然后补ddH$_2$O至25μL。

3. PCR反应条件。94℃预变性4分钟，94℃变性40秒，59℃退火30秒，72℃延伸12秒。在35个循环后于72℃延伸10分钟，最后4℃保存。

4. PCR产物的纯化。将PCR产物进行1%琼脂糖凝胶电泳鉴定，随后切出目的条带，按Sigma胶回收试剂盒操作步骤回收目的产物。

（三）融合表达载体pET32a-AMPPA13的构建

1. 原核表达载体pET32a的提取。将10μL含pET32a载体的甘油菌加入10mL LB液体培养基，37℃、200rpm过夜培养，随后按质粒提取试剂盒操作步骤提取pET32a载体。

2. 抗菌肽基因与pET32a载体的酶切与连接。将纯化的抗菌肽基因*AMPPA13*与pET32a载体分别用限制性内切酶KpnⅠ和XhoⅠ进行双酶切，反应体系如表6-3所示。

表6-3　抗菌肽基因与pET32a载体酶切反应体系

试剂	用量（μL）
载体/抗菌肽基因	25/43
限制性内切酶KpnⅠ	1
限制性内切酶XhoⅠ	1
10×Quick Cut Buffer	5
ddH$_2$O	18/0
合计	50

37℃酶切1小时后用乙酸钠沉淀法回收酶切产物，待酶切后的pET32a载体和抗菌肽基因用乙酸钠沉淀法回收后，按如下反应体系（表6-4）进行连接，连接混合物放入连接仪，16℃连接过夜（16小时左右）。

表6-4　抗菌肽基因与pET32a载体连接反应体系

试剂	用量（μL）
载体	1
抗菌肽基因	7.5
10×T4 DNA Ligase Buffer	1
T4 DNA Ligase	0.5
合计	10

3. 重组载体pET32a-*AMPPA*13的转化及鉴定。将过夜连接产物按下面步骤转入大肠埃希菌DH5α感受态细胞：

（1）将感受态细胞从超低温冰箱取出，冰浴解冻5分钟。

（2）取出30μL感受态细胞，加入连接产物，混匀后冰浴30分钟。

（3）42℃水浴热击90秒，随后快速冰浴冷却2分钟。

（4）向EP管中加入800μL预热到37℃的LB液体培养基，37℃振荡培养2小时。

（5）将培养好的细菌5000rpm离心1分钟，留存100μL涂布于含Amp（50μg/mL）的LB固体培养基，倒置过夜培养12～15小时。

在转化好的平板上挑取一个阳性单克隆至600μL LB液体培养基中，37℃培养4小时，随后取1μL进行菌液PCR鉴定。PCR扩增程序：94℃预变性4分钟，94℃变性40秒、55℃退火35秒、72℃延伸50秒，共35个循环，最后72℃延伸10分钟，10℃保存。PCR扩增反应体系如表6-5所示。

表6-5 PCR扩增反应体系

试剂	用量（μL）
菌液	1
通用引物F-T7pro	1
通用引物R-T7ter	1
10×PCR Master Mix	12.5
ddH₂O	9.5
合计	25

产物用1%琼脂糖凝胶电泳检测，并送TSINGKE公司测序。将鉴定正确的菌株提取重组质粒pET32a-*AMPPA13*，按上述方法转化大肠埃希菌表达型菌株BL21（DE3）细胞，重组大肠埃希菌加入终浓度为25%的甘油后-20℃保存备用。

(四）重组AMPPA13的诱导表达及诱导条件的优化

1. 重组*AMPPA13*的诱导表达。

在LB液体培养基（含Amp）中接种重组菌，37℃、200rpm振荡过夜培养，随后取60μL转接至60mL LB液体培养基（含Amp）中。37℃培养至对数生长期（OD_{600}为0.5左右），加入终浓度为0.1mmol/L的IPTG，37℃、200rpm继续诱导4小时。设不加IPTG的菌液为阴性对照，将诱导与未诱导的菌液离心后收集菌体，并用超声波破碎PBS缓冲液重悬后的菌体。随后12000rpm、4℃离心10分钟收集沉淀与上清液，分别加入上样缓冲液后煮沸10分钟，用三羟甲基甘氨酸-十二烷基硫酸钠-聚丙烯酰胺凝胶电泳（tricine sodium dodecyl sulfate polyacrylamide gel electrophoresis，Tricine-SDS-PAGE）鉴定诱导产物，根据条带进行蛋白表达量和可溶性分析（表6-6）。

表6-6 Tricine-SDS-PAGE配胶体系

成份	16%分离胶	10%隔离胶	4%浓缩胶
30%Acr/Bis	2.133mL	0.333mL	0.267mL
3×Gel-Buffer	1.333mL	0.333mL	0.667mL
50%甘油	0.427mL	—	—
ddH₂O	0.107mL	0.333mL	1.067mL
10%APS	20μL	8.3μL	16.5μL
TEMED	4μL	1.7μL	3.3μL

2. 诱导条件的优化。

诱导温度和时间的优化：以1∶100的比例将过夜活化的重组菌加入10mL LB液体

培养基（含Amp）中，37℃、200rpm培养使OD$_{600}$为0.5左右时，加入终浓度为0.1mmol/L的IPTG，分别于18℃、28℃、37℃振荡培养4小时，及37℃分别培养1小时、4小时、8小时，12 000rpm离心1分钟收集菌体，分别加入上样缓冲液后煮沸10分钟，通过Tricine-SDS-PAGE确定最优诱导温度和时间。诱导剂IPTG终浓度的优化：在确定最佳诱导温度和时间后，将菌液37℃、200rpm培养至OD$_{600}$为0.5左右，分别加入IPTG使终浓度为0.1mmol/L、0.2mmol/L、0.4mmol/L，继续培养4小时后，通过Tricine-SDS-PAGE确定诱导剂最佳终浓度。

（五）抗菌肽AMPPA13的分离纯化

1. 亲和层析：将600mL重组菌37℃、200rpm诱导表达4小时，离心收集菌体，用30mL PBS缓冲液重悬后超声破碎，12 000rpm、4℃离心收集上清液。上清液用0.45μm滤膜过滤后过HisTrap^{TM} FF crude亲和层析柱，将带His-Tag的抗菌肽融合蛋白吸附在Ni$^+$柱上。随后用10mL 30mmol/L的咪唑溶液洗去杂蛋白，再用200mmol/L的咪唑溶液将融合蛋白洗脱收集。收集的融合蛋白经Tricine-SDS-PAGE进行检测。

2. 分子筛纯化：剪10cm左右截留分子量为3.5kDa的透析袋，沸水中煮沸10分钟活化，随后用冷ddH$_2$O洗涤。将亲和层析收集的抗菌肽融合蛋白4℃梯度透析至25mmol/L的Tris-HCL中，每4～6小时换一次透析液。然后将透析好的融合蛋白按每0.5mg蛋白加入0.1μL肠激酶，在25℃水浴酶切16小时，将融合抗菌肽酶切为融合蛋白头和不带多余氨基酸的抗菌肽AMPPA13。选用BioRad70-24ml分子筛纯化柱，通过AKTA蛋白纯化系统纯化酶切后的产物，收集每个峰的蛋白，并通过Tricine-SDS-PAGE进行检测。经测定纯化的抗菌肽AMPPA13浓度为268μg/mL。

（六）免疫印迹法鉴定

取亲和层析的融合蛋白与分子筛纯化的融合蛋白头各10μL，分别加入上样缓冲液，沸水浴10分钟，经Tricine-SDS-PAGE后，转至硝酸纤维素薄膜（PVDF）上，5%脱脂牛奶封闭1小时，然后孵育鼠抗His一抗过夜。回收一抗，加入TBS缓冲液振荡洗涤薄膜3次，每次10分钟，随后加入二抗孵育1小时，用TBS缓冲液振荡洗涤薄膜3次，每次10分钟。薄膜经ECL发光液处理后进行曝光，对目的条带进行鉴定分析。

二、结果

（一）美洲大蠊总RNA的提取与cDNA的合成

提取的美洲大蠊总RNA经1%琼脂糖凝胶电泳检测，结果如图6-3所示，条带与预期大小符合。

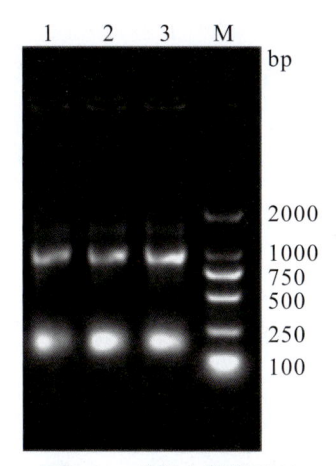

图6-3　美洲大蠊总RNA

注：M，DNA Maker；1~3，总RNA。

（二）抗菌肽*AMPPA13*基因的制备

根据美洲大蠊抗菌肽基因*AMPPA13*序列设计原核表达引物，以cDNA为模板进行PCR扩增，产物经1%琼脂糖凝胶电泳检测，结果如图6-4所示，在159bp有特异性条带，符合预期大小。经测序序列完全正确。

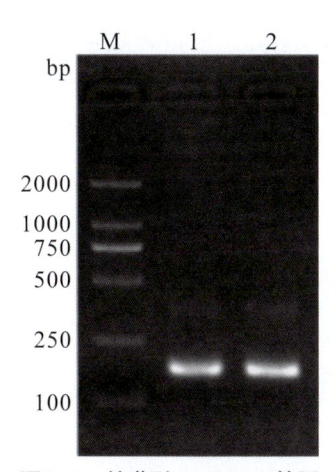

图6-4　抗菌肽*AMPPA13*基因

注：M，DNA Maker；1~2，*AMPPA13*基因。

（三）融合表达载体pET32a-AMPPA13的构建

将纯化的美洲大蠊抗菌肽*AMPPA13*基因与载体pET32a用限制性内切酶KpnⅠ和XhoⅠ双酶切，在T4 DNA聚合酶过夜连接后转化大肠埃希菌DH5α，挑取阳性单克隆，使用pET32a的通用引物进行菌液PCR鉴定，结果如图6-5所示，约在800bp处出现特异性条带，与预期大小相符，测序验证，序列正确，证明融合表达载体pET32a-*AMPPA13*构建成功。

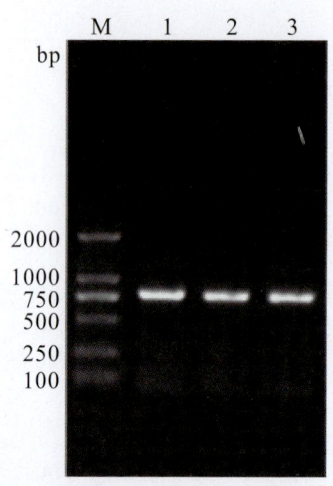

图6-5 菌液PCR分析

注：M，DNA Maker；1~3，重组质粒PCR产物。

（四）重组AMPPA13的诱导表达及诱导条件的优化

1. 重组AMPPA13的诱导表达。

将诱导表达与未诱导的菌液离心收集菌体，将菌体用PBS缓冲液重悬后超声波破碎并4℃离心，后将离心收集的沉淀与上清液用Tricine-SDS-PAGE进行鉴定。结果如图6-6所示，诱导的菌体在20kDa左右有一条很亮的条带，与重组AMPPA13的预期大小完全相符，证明重组AMPPA13诱导表达成功，且表达量很高，表达的重组AMPPA13都在上清液中，表明重组抗菌肽的表达为可溶性表达，在未诱导的菌体中重组抗菌肽有少量的表达。

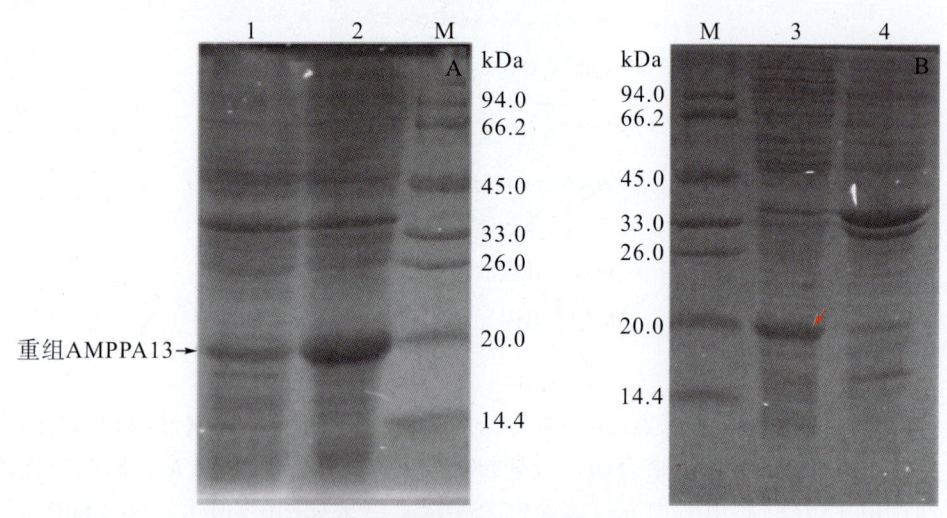

图6-6 重组AMPPA13的诱导表达

注：M，蛋白Maker；1，未诱导；2，诱导的菌体；3，裂菌上清液；4，裂菌沉淀。

2. 诱导条件的优化。

通过对诱导表达条件的优化，结果显示IPTG最佳诱导浓度为0.1mmol/L；因为诱导4小时和诱导8小时差别不大，所以最佳诱导时间选为4小时（图6-7A）；28℃与37℃诱导效果差别也不大，所以最佳诱导温度选为常规的37℃（图6-7B）。

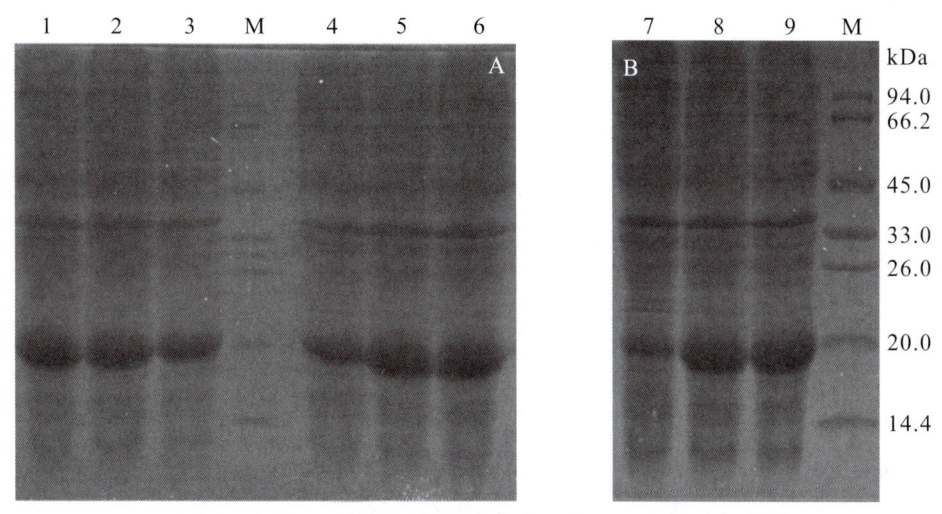

图6-7 诱导条件优化

注：M，蛋白Maker；1，IPTG浓度为0.1mmol/L；2，IPTG浓度为0.2mmol/L；3，IPTG浓度为0.4mmol/L；4，表达1小时；5，表达4小时；6，表达8小时；7，18℃诱导；8，28℃诱导；9，37℃诱导。

（五）抗菌肽AMPPA13的分离纯化

通过一系列纯化，收集到约15kDa大小的融合蛋白头和约5kDa大小的抗菌肽AMPPA13。酶切后融合蛋白有两条带，分子筛纯化的融合蛋白头和抗菌肽AMPPA13均符合预期大小（图6-8）。

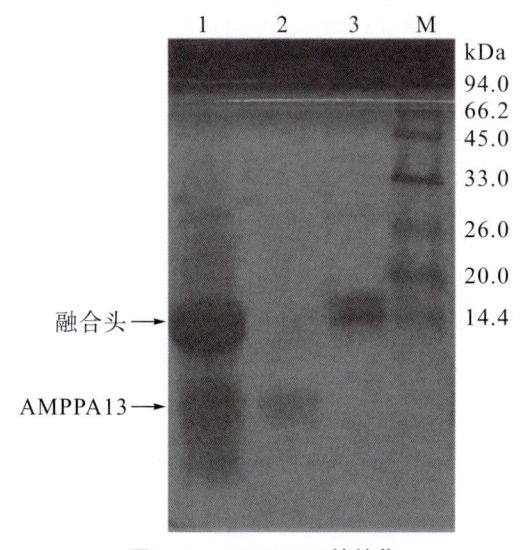

图6-8 AMPPA13的纯化

注：M，蛋白Maker；1，酶切后融合蛋白；2，抗菌肽AMPPA13；3，融合蛋白头。

（六）免疫印迹法鉴定

因重组AMPPA13（约20kDa）和酶切后的融合蛋白头（约15kDa）都带His-Tag，所以应出现两条特异性条带，曝光结果显示结果完全符合预期（图6-9）。

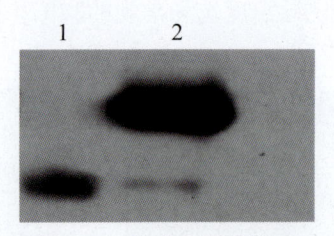

图6-9　免疫印迹法结果

注：1，融合蛋白头；2，重组AMPPA13。

三、讨论

近年来随着对抗菌肽的不断探索，其研究应用已经逐渐走向产业化。目前对于美洲大蠊抗菌肽的获取主要来自两个方面：①从生物体提取的天然抗菌肽。这种方法步骤繁琐、成本昂贵、提取量很少，纯化后仍保持活性也很困难，而且也无从知晓表达抗菌肽的基因序列和氨基酸序列，不利于其功能研究和后续开发利用。②化学合成的抗菌肽。此方法虽获得了较高纯度的肽，但价格昂贵，且由于技术限制，合成的长度也受到限制，亦不利于大规模生产。而通过基因工程重组菌，可相对容易地获得大量抗菌肽，如大肠埃希菌表达的MA-D4浓度达486.75mg/L，毕赤酵母表达的AgPlectasin浓度高达1285mg/L。所以本实验采用基因工程方法，构建表达上调重组菌，不仅培养简单、产量高，且纯化周期短、成本低，使其工业化生产成为可能。目前，通常利用基因工程技术表达抗菌肽，大肠埃希菌表达系统是目前最常用的原核表达体系，其具有从构建到产物纯化周期短、成本低、培养条件简单、产量高等优势。通常表达的形式有两种：一种是不溶性的包涵体蛋白质，另一种是可溶性的蛋白质。若蛋白质在表达过程中来不及完成正确折叠，则形成不溶的无活性的包涵体。故本实验选择以可溶形式存在的AMPPA13。

pET系列载体是目前应用极为广泛的原核表达载体。通过优化诱导温度，诱导剂IPTG终浓度，提高目的蛋白的表达水平。从诱导温度上看，低温诱导与常温诱导没有显著性差异，选择常规的37℃即可。而对于诱导剂IPTG终浓度的优化，0.1mmol/L的IPTG诱导后的表达量最高，因此选择0.1mmol/L作为最终诱导浓度。常规的SDS-PAGE只能分辨大分子蛋白质，主要分离分析的蛋白质分子量范围为20~100kDa，但对于分子量低于20kDa尤其是低15kDa的蛋白质及小分子量多肽的分辨率却不高。Tricine-SDS-PAGE能够弥补SDS-PAGE对较低分子量蛋白质分辨率不高的不足，可以很好地分离分子量较小的蛋白质及多肽，成为目前电泳法变性分离小分子蛋白质或多肽的主要方法。因此本研究采用Tricine-SDS-PAGE分析目的蛋白。

第四节 美洲大蠊抗菌肽基因AMPPA13的真核表达

用酿酒酵母表达外源基因已有几十年的历史，将其作为宿主表达系统表达了多种外源基因产物，如人胰岛素、乙型肝炎疫苗等。用酿酒酵母进行外源基因的表达时有很多优点，培养条件简单，生长快，工艺简单，能耐受较高的流体静压，可有效降低生产成本，不会产生毒素，安全，且有翻译后修饰加工能力，使外源蛋白能够保持生物学活性，已广泛应用于食品和酿酒工业。

酿酒酵母在进行分泌表达时，通常将外源蛋白的成熟蛋白形式与Pre-Pro序列融合，而Pre-Pro序列能够用Kex2酶水解掉，这一过程可以将表达产物分泌至细胞外，利于产物的分离纯化，而且避免了产物在胞内大量积累，对细胞造成不利影响。并且酿酒酵母的遗传背景清楚，容易遗传操作。本研究利用酿酒酵母（*S. cerevisiae*）表达系统来表达美洲大蠊抗菌肽，以实现抗菌肽在酿酒酵母中的高效表达。

一、研究方法

（一）抗菌肽AMPPA13基因的制备

1．引物设计。按美洲大蠊抗菌肽基因AMPPA13序列设计真核表达引物如表6-7所示，其中AMPPA13-F2斜体下划线部分为Not I酶切位点，在酶切位点后为了防止开放阅读框移码突变加入了碱基G；AMPPA13-R2斜体下划线部分为Xba I 酶切位点，斜体双下划线部分为终止密码子与His-Tag（表达6个组氨酸）。以cDNA为模板进行PCR扩增，产物用1%琼脂糖凝胶电泳鉴定，并送TSINGKE公司测序。

表6–7 按美洲大蠊抗菌肽基因AMPPA13序列设计真核表达引物

基因序列	真核表达引物
AMPPA13-F2	atttGCGGCCGCGGACTGTCTGTCGGGAAGATAT
AMPPA13-R2	tgcTCTAGATCAATGGTGATGGTGATGATGACACCCTTCGCACCAAC

2．PCR反应体系。以0.5μL美洲大蠊cDNA为模板，依次加入1μLAMPPA13-F2、1μLAMPPA13-R2、12.5μLPCR Mix DNA聚合酶，然后补ddH$_2$O至25μL。

3．PCR反应条件。94℃预变性4分钟，94℃变性40秒，63℃退火30秒，72℃延伸15秒，在35个循环后于72℃延伸10分钟，最后4℃保存。

4．PCR产物的纯化。将PCR产物进行1%琼脂糖凝胶电泳鉴定，随后切出目的条带，按Sigma胶回收试剂盒操作步骤回收目的产物（详见本章第二节）。

（二）真核表达载体pYCα-AMPPA13的构建

1．真核表达载体PYCα的提取。提取方法详见本章第二节。

2．抗菌肽基因与PYCα载体的酶切与连接。

将纯化的抗菌肽基因AMPPA13与PYCα载体分别用限制性内切酶Not Ⅰ和Xba Ⅰ进行双酶切，反应体系如表6-8所示。

表6-8 抗菌肽基因与PYCα载体酶切反应体系

试剂	用量（μL）
PYCα载体/抗菌肽基因	25/43
限制性内切酶KpnⅠ	1
限制性内切酶XhoⅠ	1
10×Quick Cut Buffer	5
ddH$_2$O	18/0
合计	50

在37℃酶切1小时后用乙酸钠沉淀法回收酶切产物，与载体PYCα用如下反应体系（表6-9）进行连接。

表6-9 抗菌肽基因与PYCα载体连接反应体系

试剂	用量（μL）
PYCα载体	1
抗菌肽基因	7.5
10×T4 DNA Ligase Buffer	1
T4 DNA Ligase	0.5
合计	10

连接混合物放入连接仪，16℃连接过夜（约16小时）。第二天将过夜连接的产物转化大肠埃希菌DH5α感受态细胞。在长好的平板上挑取一个阳性单克隆于600μL LB液体培养基中37℃培养4小时，然后取1μL菌液，使用PYCα的通用引物进行菌液PCR鉴定。PCR扩增程序：94℃预变性4分钟，94℃变性40秒，56℃退火35秒，72℃延伸50秒，共35个循环，最后72℃延伸10分钟，10℃保存。PCR扩增反应体系如表6-10所示。

表6-10 PCR扩增反应体系

试剂	用量（μL）
菌液	1
通用引物F-GAL1pro	1
通用引物R-CYC1ter	1
10×PCR Master Mix	12.5
ddH$_2$O	9.5
合计	25

PCR产物用1%琼脂糖凝胶电泳检测,并送TSINGKE公司测序。鉴定正确的菌株在加入终浓度为25%的甘油后-20℃保存。

(三) 重组体pYCα-AMPPA13的转化

取20μL含重组质粒pYCα-AMPPA13的大肠埃希菌甘油菌与20μL含空载体PYCα的大肠埃希菌甘油菌,分别接种于20mL LB液体培养基,37℃、200rpm过夜振荡培养,然后提取质粒。再将重组质粒pYCα-AMPPA13与空载体PYCα分别转化酿酒酵母表达菌株INVSc1。

(四) 酿酒酵母转化子的鉴定

因质粒PYCα中含Ura3基因,所以当重组质粒pYCα-AMPPA13和空载体pYCα分别转化酿酒酵母INVSc1后,重组菌能在不含尿嘧啶的SDC培养基中生长,从而达到筛选的目的。待含重组质粒的酿酒酵母与含空载体的酿酒酵母分别在营养缺陷型平板(SDC平板)上长出单菌落时,各挑取一个单菌落于600μL SDC液体培养基中30℃、200rpm振荡培养2天左右,等菌液长好后以5000rpm离心2分钟收集菌体。与大肠埃希菌结构简单且薄的细胞壁不同,酿酒酵母拥有厚实的细胞壁,其主要成分是葡聚糖和甘露聚糖,所以普通的菌液PCR无法对其进行鉴定,必须对酵母细胞先进行破壁处理。用枪头挑取少量菌体于5μL溶壁酶中混匀后30℃酶解1.5小时,随后加2μL酶切产物,使用PYCα的通用引物进行酵母菌液PCR。PCR扩增程序:94℃预变性10分钟,94℃变性40秒,56℃退火35秒,72℃延伸50秒,共35个循环,最后72℃延伸10分钟,10℃保存。PCR扩增反应体系如表6-11所示。

表6-11 PCR扩增反应体系

试剂	用量(μL)
菌液	2
通用引物F-GAL1pro	1
通用引物R-CYC1ter	1
10×PCR Master Mix	12.5
ddH$_2$O	8.5
合计	25

PCR产物用1%琼脂糖凝胶电泳检测。鉴定正确的菌株在加入终浓度为25%的甘油后-20℃保存。

二、结果

(一) 抗菌肽AMPPA13基因的制备

根据美洲大蠊抗菌肽基因AMPPA13序列设计原核表达引物,以cDNA为模板进行PCR扩增,产物经1%琼脂糖凝胶电泳鉴定,结果如图6-10所示,在175bp有特异性条带,符合预期大小。经测序序列完全正确。

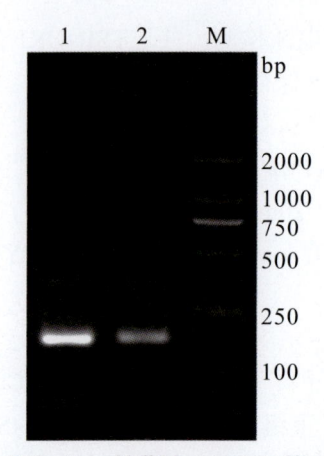

图6-10　抗菌肽*AMPPA13*基因

注：M，DNA Maker；1~2，*AMPPA13*基因。

（二）真核表达载体pYCα-*AMPPA13*的构建

将纯化的美洲大蠊抗菌肽*AMPPA13*基因与载体PYCα用限制性内切酶NotⅠ和XbaⅠ双酶切，在T4 DNA聚合酶过夜连接后转化大肠埃希菌DH5α，挑取阳性单克隆，使用PYCα的通用引物进行菌液PCR鉴定，结果如图6-11所示，约在700bp处出现特异性条带，与预期大小相符，测序验证，序列正确，证明融合表达载体pET32a-*AMPPA13*构建成功。

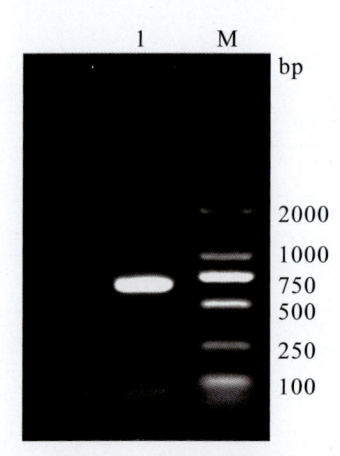

图6-11　菌液PCR分析

注：M，DNA Maker；1，重组质粒（PYCα-*AMPPA13*）PCR产物。

（三）酿酒酵母转化子的鉴定

将含重组质粒pYCα-*AMPPA13*的大肠埃希菌甘油菌与含空载体pYCα的大肠埃希菌甘油菌分别活化培养，之后提取其质粒，再将提取的重组质粒pYCα-*AMPPA13*与空载体PYCα分别转化酿酒酵母表达菌株INVSc1。然后分别在转化的平板上挑取一个单菌落于SDC培养基（葡萄糖）中，将培养的菌液离心收集菌体，取少量菌体用溶壁酶进行破壁处理，随后再取2μL酶解产物，使用pYCα通用引物进行菌液PCR，结果如

图6-12所示，含空载体PYCα的PCR产物约在550bp处有一条特异条带，而含重组质粒PYCα-AMPPA13的PCR产物约在700bp处有特异条带，符合预期大小，表明重组质粒pYCα-AMPPA13和空载体pYCα转化成功。

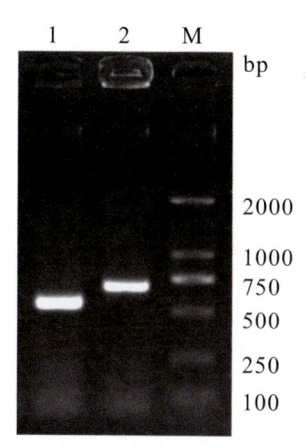

图6-12　菌液PCR分析

注：M，DNA Maker；1，质粒（PYCα）PCR产物；2，重组质粒PYCα-AMPPA13 PCR产物。

（四）诱导表达产物的鉴定

1. Tricine-SDS-PAGE鉴定。

将含重组质粒pYCα-AMPPA13的酿酒酵母重组菌接种至SDC诱导培养基（含半乳糖）中进行诱导表达，收集诱导12小时、24小时、36小时、48小时、60小时、72小时、96小时、120小时和144小时的菌液，用DOC-TCA蛋白质浓缩法将各时间段表达上清液中的蛋白质进行浓缩沉淀，随后进行Tricine-SDS-PAGE，设含空载体的酿酒酵母诱导表达产物作为对照，在约10kDa大小处有条带，与真核表达重组抗菌肽AMPPA13的理论分子量大小相符，证明诱导表达成功，但是10kDa处各个条带都比较弱，可能是表达量太低。在12小时诱导表达量最低，随表达时间的推移表达量逐渐上升，在48小时表达量最高，为最佳诱导时间，随后表达量逐渐下降。

2. 免疫印迹法鉴定。

将含重组质粒pYCα-AMPPA13的酿酒酵母和含空载体pYCα的酿酒酵母分别接种至SDC诱导培养基（含半乳糖）中，诱导表达48小时后收集菌液，用DOC-TCA蛋白浓缩法将表达产物浓缩后进行Tricine-SDS-PAGE，随后进行免疫印迹法鉴定。因重组抗菌肽AMPPA13（约10kDa）和空载体表达蛋白（约5kDa）都带His-Tag，所以应出现两条特异性条带，曝光结果如图6-13，完全符合预期。

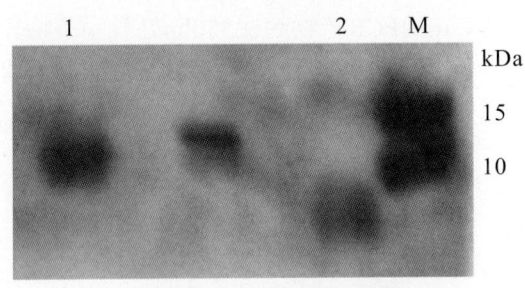

图6-13 免疫印迹法结果

注：M，蛋白质Maker；1，重组AMPPA13；2，pYCα表达蛋白。

三、讨论

本研究将含重组质粒pYCα-AMPPA13的酿酒酵母接种至SDC诱导培养基（含半乳糖），30℃培养48小时后离心收集上清液，用0.45μm的滤膜过滤后，通过亲和层析对带有His-Tag的重组抗菌肽进行纯化，之后再用不同浓度的咪唑溶液对吸附在Ni$^+$柱上的重组蛋白进行洗脱，收集各浓度洗脱液，通过Tricine-SDS-PAGE进行鉴定。结果显示各浓度洗脱液中均无条带，未纯化出重组抗菌肽，可能是表达量太低的缘故。

外源基因在酿酒酵母中的表达受到很多因素的影响，如转录水平、表达载体在细胞中的拷贝数和稳定性、胞内表达产物的加工和修饰、分泌表达产物的加工和修饰等。表达外源基因在酵母中的表达水平与所选择的启动子有关，不同的表达载体具有不同的特异性启动子和终止子，要使外源基因在酿酒酵母中得到高效表达，必须高效启动转录，所以本实验所用PYCα载体含GAL1强启动子。酵母表达外源蛋白质可以是胞内的，也可以是分泌到胞外的，分泌到胞外对外源蛋白质本身而言更稳定，产量也较胞内形式更高，因此人们多选择具有信号肽的分泌型表达菌株，但是信号肽具有选择性，所以选择合适的信号肽对于提高某种重组蛋白质的表达量是非常重要的，PYCα载体含酿酒酵母α信号肽序列，可引导表达蛋白高效分泌到细胞外。影响外源基因在酵母菌中表达的因素还有很多，如整合位点、mRNA N端和C端非翻译区（UTR）、宿主菌的Mut表型、蛋白酶、表达蛋白质自身的特点、培养基及培养的环境条件等，有效控制各种影响表达的因素，对于外源基因的高效表达是必不可少的。

利用酿酒酵母表达系统生产制备外源基因的表达产物已有20余年的历史，尽管人们利用酿酒酵母表达系统制备外源蛋白质取得了成功，但是实践中仍然发现有很多的外源基因不能在酵母表达系统中表达，具体原因目前还没有明确。另外，还没有彻底克服酵母表达系统制备外源蛋白质时发生的不均一现象。随着酿酒酵母基因组测序的完成及后基因组的发展，人们对酵母的基因表达调控机制和对表达产物的加工修饰及分泌能力将更加清楚，相信在不久的将来，这些问题都将得到解决。

参考文献

［1］蓝江林，周先治，卓侃，等. 美洲大蠊（*Periplaneta americana* L.）抗菌肽杀菌作用初步观察［J］. 福建农林大学学报（自然科学版），2004，33（2）：166-168.

［2］蓝江林. 美洲大蠊（*Periplaneta americana* L.）抗菌肽的研究［D］. 福州：福建农林大学，2003.

［3］李国栋，钱承军，陆敏，等. 一组人工合成抗菌肽的研究［J］. 微生物学报，2006，46（3）：492-495.

［4］王义鹏，赖仞. 昆虫抗菌肽结构、性质和基因调控［J］. 动物学研究，2010，31（1）：27-34.

［5］张明明，初源，赵章武，等. 昆虫天然免疫反应分子机制研究进展［J］. 昆虫学报，2012，55（10）：1221-1229.

［6］Bahar A A, Ren D. Antimicrobial peptides［J］. Pharmaceuticals, 2013, 6（12）: 1543.

［7］Balls A K. A crystalline protein obtained from a lipoprotein of wheat flour［J］. Cereal Chem, 1942, 19: 279-288.

［8］Basseri H R, Dadi-Khoeni A, Bakhtiar R, et al. Isolation and purification of an antibacterial protein from immune induced haemolymph of American cockroach, *Periplaneta americana*［J］. J Arthropod Borne Dis, 2016, 10（4）: 519-527.

［9］Bastian A, Schafer H. Human alpha-defensin 1（hnp-1）inhibits adenoviral infection in vitro［J］. Regul Pept, 2001, 101（1-3）: 157-161.

［10］Boman H G, Wade D, Boman I A, et al. Antibacterial and antimalarial properties of peptides that are cecropin-melittin hybrids［J］. FEBS Lett, 1989, 259（1）: 103-106.

［11］Boulanger N, Munks R J, Hamilton J V, et al. Epithelial innate immunity. A novel antimicrobial peptide with antiparasitic activity in the blood-sucking insect *Stomoxys calcitrans*［J］. J Biol Chem, 2002, 277（51）: 49921-49926.

［12］Brogden K A. Antimicrobial peptides: Pore formers or metabolic inhibitors in bacteria?［J］. Nat Rev Microbiol, 2005, 3（3）: 238-250.

［13］Brown S E, Howard A, Kasprzak A B, et al. A peptidomics study reveals the impressive antimicrobial peptide arsenal of the wax moth *Galleria mellonella*［J］. Insect Biochem Mol Biol, 2009, 39（11）: 792-800.

［14］Brumfitt W, Salton M R, Hamilton-Miller J M. Nisin, alone and combined with peptidoglycan-modulating antibiotics: Activity against methicillin-resistant *Staphylococcus aureus* and vancomycin-resistant enterococci［J］. J Antimicrob Chemother, 2002, 50（5）: 731-734.

［15］Bulet P, Stocklin R. Insect antimicrobial peptides: structures, properties and gene regulation［J］. Protein Pept Lett, 2005, 12（1）: 3-11.

［16］De Lucca A J, Bland J M, Jacks T J, et al. Fungicidal and binding properties of the natural peptides cecropin B and dermaseptin［J］. Med Mycol, 1998, 36（5）: 291-298.

［17］Ercolini D, Ferrocino I, La S, et al. Development of spoilage microbiota in beef stored in nisin activated packaging [J]. Food Microbiol, 2010, 27 (1): 137-143.

[18] Fjell C D, Hiss J A, Hancock R E, et al. Designing antimicrobial peptides: Form follows function [J]. Nat Rev Drug Discovery, 2011, 11 (1): 37-51.

[19] Fujimura M, Ideguchi M, Minami Y, et al. Purification, characterization, and sequencing of novel antimicrobial peptides, Tu-AMP 1 and Tu-AMP 2, from bulbs of tulip (*Tulipa gesneriana* L.) [J]. Biosci Biotechnol Biochem, 2004, 68 (3): 571-577.

[20] Hancock R E, Scott M G. The role of antimicrobial peptides in animal defenses [J]. Proc Natl Acad Sci USA, 2000, 97 (16): 8856-8861.

[21] Hara S, Yamakawa M. A novel antibacterial peptide family isolated from the silkworm, *Bombyx mori* [J]. Biochem J, 1995, 310 (Pt 2): 651-656.

[22] Hara S, Yamakawa M. Moricin, a novel type of antibacterial peptide isolated from the silkworm, *Bombyx mori* [J]. J Biol Chem, 1995, 270 (50): 29923-29927.

[23] Hedengren M, Borge K, Hultmark D. Expression and evolution of the *Drosophila* attacin/diptericin gene family [J]. Biochem Biophys Res Commun, 2000, 279 (2): 574-581.

[24] Hirsch J G. Phagocytin: A bactericidal substance from polymorphonuclear leucocytes [J]. J Exp Med, 1956, 103 (5): 589-611.

[25] 侯国宾, 孟庆雄, 宋玉竹. 抗菌肽临床应用前景分析 [J]. 生命科学, 2012, 24 (4): 390-397.

[26] Horne W S, Wiethoff C M, Cui C, et al. Antiviral cyclic D, L-α-peptides: Targeting a general biochemical pathway in virus infections [J]. Bioorg Med Chem, 2005, 13 (17): 5145-5153.

[27] Hwang J S, Lee J, Kim Y J, et al. Isolation and characterization of a defensin-like peptide (coprisin) from the dung beetle, *Copris tripartitus* [J]. Int J Pept, 2009, 2009 (57): 89-99.

[28] Iwakoshi-Ukena E, Okada G, Okimoto A, et al. Identification and structure-activity relationship of an antimicrobial peptide of the palustrin-2 family isolated from the skin of the endangered frog *Odorrana ishikawaea* [J]. Peptides, 2011, 32 (10): 2052-2057.

[29] Jaynes J M, Burton C A, Barr S B, et al. In vitro cytocidal effect of novel lytic peptides on *Plasmodium falciparum* and *Trypanosome cruzi* [J]. FASEB J, 1989, 2 (12): 2878-2883.

[30] Jenssen H, Hamill P, Hancock R E W. Peptide antimicrobial agents [J]. Clin Microbiol Rev, 2006, 19 (15): 491-511.

[31] Kim I W, Lee J H, Subramaniyam S, et al. De Novo transcriptome analysis and Detection of antimicrobial peptides of the American cockroach *Periplaneta americana* (Linnaeus) [J]. PLoS One, 2016, 11 (5): e0155304.

[32] Kim S R, Hong M Y, Park S W, et al. Characterization and cDNA cloning of

a cecropin-like antimicrobial peptide, papiliocin, from the swallowtail butterfly, *Papilio xuthus* [J]. Mol Cells, 2010, 29: 419-423.

[33] Krajewski K, Marchand C, Long Y Q, et al. Synthesis and HIV-1 integrase inhibitory activity of dimeric and tetrameric analogs of indolicidin [J]. Bioorg Med Chem Lett, 2004, 14 (22): 5595-5598.

[34] Lai R, Liu H, Lee W H, et al. An anionic antimicrobial peptide from toad *Bombina maxima* [J]. Biochem Biophys Res Commun, 2002, 295 (4): 796-799.

[35] Lee D G, Kim H K, Kim S A, et al. Fungicidal effect of indolicidin and its interaction with phospholipid membranes [J]. Biochem Biophys Res Co, 2003, 305 (2): 305-310.

[36] Lee Y T, Kim D H, Suh J Y, et al. Structural characteristics of tenecin 3, an insect antifungal protein [J]. Biochem Mol Biol Int, 1999, 47 (3): 369-376.

[37] Leippe M. Antimicrobial and cytolytic polypeptides of amoeboid protozoa—Effector molecules of primitive phagocytes [J]. Dev Comp Immunol, 1999, 23 (4-5): 267-279.

[38] Li Z Q, Merrifield R B, Boman I A, et al. Effects on electrophoretic mobility and antibacterial spectrum of removal of two residues from synthetic sarcotoxin IA and addition of the same residues to cecropin B [J]. FEBS Lett, 1988, 231 (2): 299-302.

[39] Liu Y, Gong W, Huang C C, et al. Crystal structure of the conserved core of the herpes simplex virus transcriptional regulatory protein VP16 [J]. Genes Dev, 1999, 13 (13): 1692-1703.

[40] Misof B, Liu S, Meusemann K, et al. Phylogenomics resolves the timing and pattern of insect evolution [J]. Science, 2014, 346 (6210): 763-767.

[41] Moerman L, Bosteels S, Noppe W, et al. Antibacterial and antifungal properties of α-helical, cationic peptides in the venom of scorpions from southern Africa [J]. Eur J Biochem, 2002, 269 (19): 4799-4810.

[42] Nakajima Y, Qu X M, Natori S, et al. Interaction between liposomes and sarcotoxin IA, a potent antibacterial protein of *Sarcophaga peregrina* (flesh fly) [J]. J Biol Chem, 1987, 262 (4): 1665-1669.

[43] Okada M, Natori S. Primary structure of sarcotoxin I, an antibacterial protein induced in the hemolymph of *Sarcophaga peregrina* (flesh fly) larvae [J]. J Biol Chem, 1985, 260 (12): 7174-7177.

[44] Otvos Jr L, Rogers M E, Consolvo P J, et al. Interaction between heat shock proteins and antimicrobial peptides [J]. Biochemistry, 2000, 39 (46): 14150-14159.

[45] Park C B, Kim H S, Kim S C. Mechanism of action of the antimicrobial peptide buforin II: Buforin II kills microorganisms by penetrating the cell membrane and inhibiting cellular functions [J]. Biochem Biophys Res Commun, 1998, 244 (1): 253-257.

[46] Park Y, Jang S H, Lee D G, et al. Antinematodal effect of antimicrobial

peptide, PMAP-23, isolated from porcine myeloid against *Caenorhabditis elegans* [J]. J Pept Sci, 2004, 10（5）: 304-311.

［47］Powers J P, Hancock R E. The relationship between peptide structure and antibacterial activity [J]. Peptides, 2003, 24（11）: 1681-1691.

［48］Radek K, Gallo R. Antimicrobial peptides: Natural effectors of the innate immune system [J]. Semin Immunopathol, 2007, 29（1）: 27-43.

［49］Sackton T B, Lazzaro B P, Schlenke T A, et al. Dynamic evolution of the innate immune system in *Drosophila* [J]. Nat Genet, 2007, 39（12）: 1461-1468.

［50］Shai Y. Mode of action of membrane active antimicrobial peptides [J]. Biopolymers, 2002, 66（4）: 236-248.

［51］Sitaram N, Nagaraj R. Interaction of antimicrobial peptides with biological and model membranes: Structural and charge requirements for activity [J]. Biochim Biophys Acta, 1999, 1462（1-2）: 29-54.

［52］Steffen H, Rieg S, Wiedemann I, et al. Naturally processed dermcidin-derived peptides do not permeabilize bacterial membranes and kill microorganisms irrespective of their charge [J]. Antimicrob Agents Chemother, 2006, 50（8）: 2608-2620.

［53］Subbalakshmi C, Sitaram N. Mechanism of antimicrobial action of indolicidin [J]. FEMS Microbiol Lett, 1998, 160（1）: 91-96.

［54］Ganz T. Defensins: Antimicrobial peptides of innate immunity [J]. Nat Rev Immunol, 2003, 3（9）: 710-720.

［55］Terras F R, Schoofs H M, De Bolle M F, et al. Analysis of two novel classes of plant antifungal proteins from radish (*Raphanus sativus L.*) seeds [J]. J Biol Chem, 1992, 267（22）: 15301-15309.

［56］Uteng M, Hauge H H, Markwick P R, et al. Three-dimensional structure in lipid micelles of the pediocin-like antimicrobial peptide sakacin P and a sakacin P variant that is structurally stabilized by an inserted C-terminal disulfide bridge [J]. Biochemistry, 2003, 42（39）: 11417-11426.

［57］Van der Weerden N L, Hancock R E, Anderson M A. Permeabilization of fungal hyphae by the plant defensin NaD1 occurs through a cell wall-dependent process [J]. J Biol Chem, 2010, 285（48）: 37513-37520.

［58］Vilcinskas A. Evolutionary plasticity of insect immunity [J]. J Insect Physiol, 2013, 59（2）: 123-129.

［59］Volkoff A N, Rocher J, D'Alençon E, et al. Characterization and transcriptional profiles of three *Spodoptera frugiperda* genes encoding cysteine-rich peptides: A new class of defensin-like genes from lepidopteran insects [J]. Gene, 2003, 319（1）: 43-53.

［60］Yamada K, Natori S. Purification, sequence and antibacterial activity of two novel sapecin homologues from *Sarcophaga* embryonic cells: Similarity of sapecin B to charybdotoxin [J]. Biochem J, 1993, 291 (Pt 1): 275-279.

[61] Yarus S, Rosen J M, Cole A M, et al. Production of active bovine tracheal antimicrobial peptide in milk of transgenic mice [J]. Proc Natl Acad Sci USA, 1996, 93 (24): 14118-14121.

[62] Yasin B, Wang W, Pang M, et al. Theta defensins protect cells from infection by herpes simplex virus by inhibiting viral adhesion and entry [J]. J Virol, 2004, 78 (10): 5147-5156.

[63] Yokoyama S, Iida Y, Kawasaki Y, et al. The chitin-binding capability of cy-amp1 from cycad is essential to antifungal activity [J]. J Pept Sci, 2009, 15 (7): 492-497.

[64] Yun J, Hwang J S, Lee D G. The antifungal activity of the peptide periplanetasin-2, derived from American cockroach *Periplaneta americana* [J]. Biochem J, 2017, 474 (17): BCJ20170461.

[65] Zasloff M. Antimicrobial peptides of multicellular organisms [J]. Nature, 2002, 415 (6870): 389-395.

[66] Zasloff M. Magainins, a class of antimicrobial peptides from *Xenopus* skin: Isolation, characterization of two active forms, and partial cDNA sequence of a precursor [J]. Proc Natl Acad Sci USA, 1987, 84 (15): 5449-5453.

[67] Zhang L, Rozek A, Hancock R E. Interaction of cationic antimicrobial peptides with model membranes [J]. J Biol Chem, 2001, 276: 35714-35722.

[68] Zhao X, Wu H, Lu H, et al. LAMP: A database linking antimicrobial peptides [J]. PLoS One, 2013, 8 (6): e66557.

[69] Zhu Y, Johnson T J, Myers A A, et al. Identification by subtractive suppression hybridization of bacteria-induced genes expressed in *Manduca sexta* fat body [J]. Insect Biochem Mol Biol, 2003, 33 (5): 541-559.

第七章　美洲大蠊胸腺素基因的克隆与表达研究

第一节　胸腺素简介

胸腺素（thymosin）是一种淋巴细胞生长因子，主要由胸腺产生，广泛存在于各种组织细胞。1962年，Miller在小鼠实验中偶然发现，在小鼠新生期切除胸腺会造成其淋巴组织发育不良，小鼠因免疫缺陷而死亡。之后又有许多学者在不同种属的物种中进行了类似的实验，再次证实了胸腺在动物免疫中的作用（王凤山等，1987）。White和Goldstein于1966年从小牛胸腺中纯化提取出胸腺素并命名（Goldstein等，1966）。

根据等电点（isoelectric point，pI），胸腺素可划分为胸腺素α（α1～α10）、胸腺素β（β1～β16）和胸腺素γ三类，共同诱导T细胞的成熟和分化。胸腺素γ至今未有相关的研究。胸腺素α等电点小于5.0，其中研究最深入的是胸腺素α1，它是一种最先被纯化出来的多肽，含有28个氨基酸（Goldstein等，1977），目前已用于乙型病毒性肝炎、丙型病毒性肝炎及恶性肿瘤的研究和治疗（秦桂香等，2005）。胸腺素β的等电点为5.0～7.0，是由40～44个氨基酸组成的小分子多肽，分子量约为5kDa（Hooper等，2010）。目前已知的16个胸腺素β家族成员中，人体中存在胸腺素β4（Tβ4）、胸腺素β10（Tβ10）和胸腺素β15（Tβ15），其中Tβ4是含量最多、分布最广的一类，占整个胸腺素β家族的70%～80%（Huff等，2001；Goldstein等，2005）。

Tβ4是一个含有43个氨基酸的短肽，其生物学功能倍受人们的关注，并已经证实其参与人体的许多重要生命活动，如促进伤口的愈合（Ildiko等，2004）、促进血管再生、维护肌动蛋白平衡（Cruz等，2000；Smart等，2007）、降低炎症反应（Kumar等，2016）、参与肿瘤的发生与转移（Caers等，2010）及抑制纤维化和维持细胞骨架动态平衡等（Dominguez，2010；Zuo等，2013）。

Tβ4有一个THY结构域，可以和肌动蛋白结合，调节肌动蛋白丝（F-actin）的组装与去组装，并参与多种生理功能，包括促进细胞的迁移、细胞增殖、伤口愈合、角膜修复及参与生殖等，其研究已经进入临床阶段。然而，在无脊椎动物中也发现了这样一类蛋白，但是在结构上有较大的差异。大部分无脊椎动物胸腺素具有多个THY结构域，结构的复杂性可能赋予其更为复杂的功能，如与脊椎动物相比，它可以和多个肌动蛋白结合。但是目前对其功能的研究很少，尤其是体内伤口愈合方面。因此，开展无脊椎动物胸腺素功能的研究是十分必要的。美洲大蠊作为传统的中药材，在治疗溃疡、烧伤、烫伤及抗肿瘤方面具有良好的临床效果，但其有效成分和作用机制并不清楚。而Tβ4部分功效与美洲大蠊提取物——康复新液的作用相吻合，所以开展美洲大蠊胸腺素的研究有助于了解康复新液等产品的药效机制。

一、Tβ4结构特点及与球状肌动蛋白（G-actin）的作用

Tβ4基因位于X染色体上（Clauss等，1991），广泛分布于各种组织与细胞中，其中含量最高的是胸腺、脾脏和肺，其次是脑、肾脏、睾丸和心脏（Yan等，2002）。Tβ4是一个高度保守的水溶性分子，其第4～12个和第30～40个氨基酸可以形成α-螺旋结构，第17～22个氨基酸为肌动蛋白（actin）结合基序LKKTET，在所有的物种中高度保守（Troys等，2007）。由于缺乏疏水性氨基酸，胸腺素β被认为是无序蛋白质/非结构蛋白质（Antonina等，2014）。磁共振研究表明，Tβ4在水溶液中是松散的，可能是因为没有β转角的形成（王先远等，2002），而且Tβ4在与肌动蛋白结合时，所有的氢与氮都属于成键状态（Reichert等，1996），说明Tβ4整个蛋白质参与到和肌动蛋白的结合反应中（Xue等，2016）。

运动是细胞的基本特性之一，细胞运动是通过细胞骨架来完成的（陈明等，1997）。球状肌动蛋白是细胞骨架基础成分，细胞骨架参与细胞内运动、细胞器固定、细胞外型维持、信号传导和物质运输等多种功能（李云峰，1998）。球状肌动蛋白为球形，主要由四个子域组成，可聚合成肌动蛋白丝，肌动蛋白丝是所有细胞运动的基础（Hertzog等，2004）。球状肌动蛋白具有极性，组装时头尾相接，它可以加到肌动蛋白丝的两端，肌动蛋白丝的两个末端分别称为barbed end（"+"端）和pointed end（"-"端），但是"+"端的装配速度快于"-"端（陈明等，1997）。肌动蛋白丝的组装是各种细胞运动，如趋化、神经生长运动、细胞迁移和血小板激活所必需的，而这些活动是通过调节肌动蛋白丝/球状肌动蛋白的比例和调节肌动蛋白的组装与去组装来实现的（Hertzog等，2004）。

Tβ4是一类球状肌动蛋白结合蛋白，与球状肌动蛋白按1∶1的比例形成复合物，抑制肌动蛋白丝两端的延伸聚合。但当细胞运动过程中需要肌动蛋白丝时，又可以释放球状肌动蛋白。动力学实验证实Tβ4与球状肌动蛋白结合时还需要ATP的参与，ATP结合在球状肌动蛋白的周围，Tβ4与ATP-球状肌动蛋白的亲和力比ADP-球状肌动蛋白高50倍，这对于细胞内单体肌动蛋白的富集具有重要的意义（Carlier等，1993）。由于Tβ4可以隔离大部分的肌动蛋白，因此可能是许多运动细胞和增殖细胞中最丰富的肌动蛋白偶合蛋白（Nachmias，1993；Huff等，2001）。

在细胞中还存在肌动蛋白抑制蛋白（profilin），与Tβ4协同作用，共同调节肌动蛋白的组装能力。当肌动蛋白丝"+"端未结合加帽蛋白的时候，肌动蛋白抑制蛋白可以增强"+"端肌动蛋白的组装能力（Kang等，1999）。一些后续研究证实所有的胸腺素β均具有与肌动蛋白耦合的活性，并且它们中大多数含有一个保守基序LKKTET（Vancompernolle等，1992；Simenel等，2000）。

二、Tβ4的生物学功能

（一）Tβ4的损伤修复功能

糖尿病患者及老年人由于其自身伤口修复能力减弱，一旦发生损伤很难自愈，到目前为止，还没有发现能够明显加速人类慢性伤口修复的药物。有研究表明，Tβ4通过促进血管的生成，角化细胞、内皮细胞和成纤维细胞的迁移及胶原的沉积来促进伤口的收缩愈合（Malinda等，1997），但是其机制尚未完全明了。无论是在体表涂抹还是体内注射，Tβ4均可以促进大鼠创面愈合（Malinda等，1999）。在对大鼠、小鼠全层皮肤损伤模型，小鼠糖尿病模型及老龄老鼠模型的研究中发现，Tβ4可以通过增加血管的再生、肉芽组织的形成、细胞迁移及伤口收缩等一系列反应来增加伤口的愈合速度（Blain等，2002；Philp等，2003；Li等，2007）。通常Tβ4在血小板和中性粒细胞中含量最高，伤口形成初期，这两种细胞最先进入伤口释放一些细胞因子，并"招募"周围的成纤维细胞、血管内皮细胞及其他一些细胞进入伤口组织（Hannapel等，1987）。伤口愈合初期伴随着一些炎症反应，Tβ4具有抗炎的特性已经在角膜损伤修复中有所研究（Gabriel等，2007），同时它也是人血小板中重要的抗菌肽（Yeaman等，1999），在伤口表面涂抹Tβ4可以明显减少炎性细胞的数量，并下调一些炎症因子的表达（Sosne等，2002）。所以Tβ4促进皮肤伤口愈合的机制比较复杂，有许多细胞因子和细胞共同参与完成。

慢性眼表面疾病，如干眼症、眼睑炎和神经营养性角化病的治疗是一个挑战。将重点放在减少炎症反应及加速角膜上皮生长的治疗是当前治疗方案的重大进步。近年来，Tβ4对角膜的修复作用越来越受到人们的关注，它对多种眼外伤模型的角膜具有修复作用（Sosne等，2001；Gabriel等，2002），Tβ4可促进黏蛋白和杯状细胞的恢复，改善角膜的完整性，降低角膜上皮细胞的凋亡，减少炎症反应，从而改善眼表面疾病（Kim等，2018）。研究表明Tβ4促进角膜的修复与三种主要的基质金属蛋白酶（明胶酶、MMP-2和MMP-9、MT6-MMP）的表达有关（Gabriel等，2005）。角膜的无血管化才是角膜形成的关键，有趣的是，研究者在治疗受损伤的小鼠角膜过程中发现即使长时间使用Tβ4治疗眼睛，其周围也未观察到血管的生成（Gabriel等，2005）。干眼病是一种常见的疾病。研究者在Tβ4治疗小鼠干眼模型中发现，经过两种不同浓度的Tβ4滴眼液治疗后，显示角膜荧光素含量（一种用于确定角膜损伤程度的方法）在统计学上显著降低，并恢复到接近基线（正常）（Dunn等，2010）。此外，研究者在2013年第一次局部使用Tβ4滴眼液来治疗患有严重糖尿病性角膜病变（一种角膜失去神经支配、难以治愈的疾病）的患者，发现在用Tβ4治疗之前，常规治疗23天后，其角膜上皮缺损没有被治愈，眼睛仍然严重发炎。之后每天给药（Tβ4），患者眼表面炎症显著减少，治疗第11天后，角膜重新上皮化，几乎所有炎症都消失了（Sosne等，2013）。神经营养性角膜溃疡是一种角膜上皮退行性疾病，角膜神经支配受损，使得患者角膜缺损后难以愈合，常导致瘢痕和视力丧失，在接受Tβ4治疗后表现出明显的愈合，而且未显示出任何不良反应（Dunn等，2010）。这些研究表明，Tβ4可能有助于减少慢性不愈合患者伤口的炎症和改善慢性非愈合性神经营养性角膜溃疡，由此可以说明Tβ4有望成为一种新型且有效的用于眼部治疗的良好药物。

心血管疾病是一个日益增长的世界性问题，已引起广泛关注。虽然在了解心血管组织如何愈合方面已经取得了很大进展，但目前保护和促进心脏愈合的药物治疗仍然有限。Tβ4具有明确的生物活性，有助于减少组织损伤和促进心血管愈合。在胎儿发育期间和心肌梗死后Tβ4表达量上调，保护心脏组织免于细胞死亡，使心肌细胞能在缺氧后存活（Hausenloy等，2005）。心肌梗死与冠状动脉闭塞而导致的血流中断有关，是心力衰竭的主要原因，也是威胁人类的重要疾病之一。在小鼠模型中发现，在心肌梗死之后使用Tβ4可以降低心肌细胞的凋亡及促进心脏功能的恢复，同时可以显著增加心外膜厚度和冠状动脉毛细血管密度（Ildiko等，2004）。心脏病发作恢复之后面临的一个重要问题是瘢痕修复，大量的瘢痕是诱发第二次心脏病发作的因素，Tβ4可以降低炎症反应及减少瘢痕组织的形成，特异性地促进心脏组织再生，从而改善临床治疗效果。有研究通过体内注射和涂抹给药探索其对细胞分化的影响。结果表明，Tβ4可以明显促进心肌梗死和脑卒中后的血管生成和伤口愈合，并能促进干细胞向心脏谱系分化，增加心肌收缩力和存活率（Marks等，2016）。

（二）参与神经系统的发育

Tβ4在小鼠中枢神经系统和人脑部发育中扮演重要角色（Lugo等，1991）。外源性的Tβ4可以上调大鼠脑祖细胞和大鼠脑梗死周围区域的MIR-200的表达，从而诱导大鼠脑祖细胞的分化与存活（Santra等，2016）。在神经系统发育过程中，细胞骨架为细胞增殖、迁移、神经元分化、轴突生长和突触发生，以及胶质细胞的发生和分化等高度动态过程提供了结构基础（Gómez-Márquez等，2002）。在胚胎时期和成年大脑中含有大量未聚合的肌动蛋白，Tβ4作为肌动蛋白的偶合肽，能够促进神经元突触发生、轴突生长和细胞迁移（Yang等，2008），并且参与正常神经组织及受损神经组织肌动蛋白的聚合过程（Sapp等，2001）。因此，Tβ4在胚胎和成熟神经组织中都非常丰富。研究者通过原位杂交和免疫组化的方法检测了非洲爪蟾胸腺肽（Tβ4）在其发育过程中的分布，结果表明Tβ4在神经元尤其是感觉神经元的发育中发挥重要的作用（Yamamoto等，1994）。当敲除斑马鱼的Tβ4基因时，斑马鱼神经元发育迟缓且分支减少（Roth等，1999）。海马是一种治疗神经系统疾病的名贵中药，具有较高的经济价值。研究发现海马的Tβ4片段Ac-SDKP可以诱导产生新的神经元并被整合到神经元回路中，有利于脑功能的发育（Dong等，2015）。在脊髓损伤和创伤性脑损伤模型中，通过Tβ4治疗明显减少大鼠术后继发性损伤和改善其运动能力，减少神经细胞的丢失和增强神经功能恢复（Ye等，2012；Santra等，2016）。这说明Tβ4可以作为各种神经相关损伤的有效药物。

（三）Tβ4与肿瘤

越来越多的研究证明肿瘤的转移与血管的增生有关。Tβ4可以通过调节血管内皮生长因子（vascular endothelial growth factor，VEGF）的表达来促进血管的生成（Hee-Jae等，2003）。Tβ4、Tβ10和Tβ15在甲状腺和乳腺肿瘤、黑色素瘤和纤维肉瘤等肿瘤中过度表达（Santelli等，1999），在NIH 3T3细胞系中，Tβ4的过度表达可以改变细胞骨架，增加细胞基质的黏附能力，从而增加了肿瘤的恶性程度（Golla等，1997）。

Kobayashi等（2002）也证实了Tβ4通过细胞骨架来调节纤维肉瘤细胞的转移。但是目前并未发现Tβ4存在致癌及将正常细胞转化为恶性细胞的先例。在重复剂量的毒理研究中也没有结果表明其具有致癌风险（Carlson等，1998）。在实体瘤中，Tβ4的表达量在恶性细胞和转移性肿瘤细胞中常常被上调。在这些恶性肿瘤中，表达上调的Tβ4通常导致肿瘤转移和侵袭能力的增强，但是对其增殖却没有影响。在血液性肿瘤中结果刚好相反，Tβ4的表达量反而较低，并显示出一定的抑癌活性。例如，Tβ4可诱导培养的Molt-4白血病细胞系进行分化（Kokkinopoulos等，1985），随后的研究表明Tβ4可以抑制白血病细胞的增殖，并且诱导其分化与凋亡（Wei等，2013）。类似的抑制情况在Tβ4对造血干细胞和骨髓源性肥大细胞的研究中也有发现（Bonnet等，1996）。虽然Tβ4可能不是肿瘤的引发剂，但它可能是肿瘤的促进剂，但这一点还需进一步的证实。

（四）Tβ4的生物性活性片段AcSDKP

Tβ4的N端通过内源性蛋白酶的酶解作用可以产生一种生物活性片段AcSDKP，最初被发现可以抑制造血干细胞的增殖，存在于血浆中，并可以被血管紧张素转换酶溶解，可以有效地促进血管的生成（Kokkinopoulos等，1985；Rieger等，1993）。AcSDKP片段在机体中发挥重要的作用。研究表明，AcSDKP与Tβ4具有相似的功能，可以抑制高血压大鼠和心肌梗死大鼠心肌的纤维化（Yang等，2004），可以促进鸡胚绒毛尿囊膜和大鼠腹部肌肉的血管生成反应（Liu等，2003）、阻止胶原蛋白的体外合成等（Rhaleb等，2001）。AcSDKP参与抵抗炎症反应、减少纤维化等重要功能使其在预防衰老、损伤修复和移植组织相关的组织纤维化方面可能具有重要的临床应用价值。此外，也有研究表明AcSDKP在恶性甲状腺肿瘤中同样表达上调，表达量是良性肿瘤的5倍，并且可以促进肿瘤的转移（Kusinski等，2006）。

（五）Tβ4参与生殖活动

Mohamad等（2010）首次证实了Tβ4在牛的卵泡细胞和卵母细胞中表达，并且在牛卵丘细胞中表达上调，根据其表达图谱推测Tβ4可能参与卵丘细胞的重塑，为体内排卵和受精做准备。同样对小鼠Tβ4的研究中也发现类似的功能，小鼠Tβ4的表达和分布影响细胞肌动蛋白丝活动和细胞增殖活动，在卵母细胞成熟时期、早期胚胎发育时期及胚胎着床等时期发挥重要作用。

（六）Tβ4促进毛发和牙齿再生

研究者通过转基因小鼠模型发现，当Tβ4在转基因小鼠的毛囊周围和牙齿中过度表达时，小鼠不但毛发增长速度快，而且长出异常形状的白牙齿和钝的门牙（Hee-Jae等，2010）。外源性使用Tβ4可以通过促进毛细胞迁移及细胞外基质金属蛋白酶2（matrix metallopeptidase 2，MMP-2）分泌，从而促进正常大鼠和小鼠的毛发生长。除此之外，Tβ4还能通过降低表皮干细胞特异性标志物角蛋白15的表达，来调控细胞的早期分化（Philp等，2003）。Tβ4对毛发生长的促进作用，能够影响干细胞，可归因于其促血管生成活性，血管生成增加可能有助于Tβ4促进毛发生长（Yano等，2001）。

（七）Tβ4的其他功能

Tβ4还可以与ATP合成酶结合促进ATP的合成、促进细胞迁移（Freeman等，2011）、抗衰老（赵炎波，2011）、降低机体活性氧（Chuanyu等，2012）等。

三、多聚体胸腺素结构特征及与球状肌动蛋白的作用

多聚体胸腺素在1999年首先被报道（Van等，1999），随着生物信息学（基因组及转录组）的发展，越来越多的多聚体胸腺素成员被相继报道。脊椎动物Tβ4中包含一个THY结构域，又称WH2domain，并且THY结构域中有一个极其保守的球状肌动蛋白螯合序列LKKTET（Paunola等，2002）。在无脊椎动物中也发现了类似的结构域，然而与脊椎动物相比有明显的差别。无脊椎动物中大部分胸腺素具有多个THY结构域，且由于外显子的剪接方式不同造成其具有多个亚型。例如，山林原白蚁（*Hodotermopsis sjostedti*）有5个不同的亚型，分别有5个、4个、4个、4个和3个THY结构域（Koshikawa等，2010）；克氏原螯虾（*Procambarus clarkii*）拥有8个不同的亚型，THY结构域数目分别为8个、7个、6个、5个、5个、4个、3个、2个和1个（Shi等，2015）。还有黑腹果蝇、秀丽隐杆线虫和棉铃虫（*Helicoverpa armigera*）等都具有多个THY结构域（Boquet等，2000；Van等，2004；Zhang等，2011）。THY结构域由三部分构成：第一，在脊椎动物中，Tβ4 N端的第4~12个氨基酸残基可以形成一个双螺旋的α螺旋两性分子；而在无脊椎动物中，由于N端较长可形成三螺旋的α螺旋分子，这种结构使其与球状肌动蛋白的结合能力更强。第二，位于中间的肌动蛋白结合序列，这部分序列高度保守，在Tβ4中为LKKTET，无脊椎动物多聚体胸腺素类似，普遍为LKKT/LKHV。第三，Tβ4在C端的第29~40个氨基酸残基可以形成一个α螺旋结构，无脊椎动物多聚体胸腺素中C端的结构不稳定，呈延伸状态（Hertzog等，2004；Van等，2004）。

无脊椎动物胸腺素单体功能与Tβ4类似，但是在含有多聚体胸腺素的动物中，其功能又发生了变化：与球状肌动蛋白结合之后，在肌动蛋白丝"-"端不发生聚合反应，但是当"+"端未被包被时，可以在肌动蛋白丝"+"端发生促组装反应。这与人体内另外一种能与球状肌动蛋白结合的蛋白——肌动蛋白抑制蛋白的功能相似。肌动蛋白抑制蛋白-球状肌动蛋白复合物在肌动蛋白丝"-"端不发生聚合反应，但在"+"端可以发生促组装反应（Pantaloni等，1993）。目前只对黑腹果蝇、线虫及棘阿米巴原虫（*Acanthamoeba*）的多聚体胸腺素与球状肌动蛋白的作用方式进行了研究。果蝇体内的多聚体胸腺素（Ciboulot）含有3个WH2domain，且与Tβ4的结构域具有极高的相似性。研究者通过实验证实Ciboulot与球状肌动蛋白以1∶1的方式结合，在果蝇的中枢神经系统发育过程中发挥重要的作用（Boquet等，2000）。通过体外实验研究得出Ciboulot与肌动蛋白结合时的动力学方面发挥的作用与Tβ4不同，发现Ciboulot-肌动蛋白复合物在"+"端未被加帽蛋白覆盖的时候，可以允许延长端（+）的增长，增强了李氏杆菌的能动性。随后在研究Ciboulot时发现，只有Ciboulot的domain1结合球状肌动蛋白时才影响肌动蛋白丝端的装配，domain2和domain3不结合肌动蛋白，对肌动蛋白丝的组装没有影响（Hertzog等，2004），推测可能是由于它们的N端序列太短，结合不牢固（Van等，2004）。然而最近的数据表明，domain2和domain3可以与球状肌动蛋白结合，并且是以1∶2的形式结合（Aguda等，2006）。同样在棘阿米巴原虫的研究中，最初发现胸腺素只结合1个球状肌动蛋白，但是随后的实验证实棘阿米巴虫胸腺素可以结合2个球状肌动蛋白，且功能与Ciboulot类似（Bubb等，1991）。在研究秀丽隐杆线虫时也发现胸

腺素样蛋白，并命名为Tetra Thymosin。Tetra Thymosin是一个拥有4个THY结构域的多聚体，而且所有的THY结构域都可以结合球状肌动蛋白，其对肌动蛋白丝的组装功能与肌动蛋白抑制蛋白类似，研究者推测不同的结合方式可能是进化差异引起的，包括结构域的数目和氨基酸的序列（Van等，2004）。总之，研究者认为促进肌动蛋白丝的延伸只发生在多聚体胸腺素中，且与其C端的稳定性有关（Bo等，2014）。以黑腹果蝇为例，它与肌动蛋白以1∶2比例结合发挥作用（Aguda等，2006）。

造成胸腺素单体与多聚体功能上差异的原因可能有：①多聚体胸腺素N端的结构较单体复杂；②重复结构域的数目较多，可以结合多个球状肌动蛋白（Hertzog等，2004；Troys等，2007）；③C端不能形成一个有序的α螺旋。

四、多聚体胸腺素的生物学功能

（一）参与免疫反应

人的Tβ4是血小板中一类重要的抗菌肽，可以通过调节一些炎症因子和趋化因子抑制中性粒细胞的趋化（Young等，1999；Yi-Quan等，2002），在对鲤鱼（*Cyprinus carpi*）的胸腺素研究中发现Tβ4可能增强病毒感染时的免疫应答，并调节鲤鱼T细胞的发育（Xiao等，2015）。

目前关于无脊椎动物胸腺素抗菌、抗病毒功能的研究主要集中在海洋生物（腹足类，软体动物）和昆虫中。主要的方法是在体内注射病原菌，采用荧光定量技术检测不同时间段胸腺素的表达量，或者通过感染病毒检测病毒的表达及生物体的存活率。在中华绒螯蟹（*Eriocheir sinensis*）中分离出两种Tβ4同系物EsTRP1和EsTRP2，当革兰氏阳性菌和革兰氏阴性菌刺激后，研究者发现EsTRP1在第3和24小时表达量明显升高（Gai等，2009）。但是在抑菌试验中并没有明显的效果，因此研究者推测胸腺素并不直接杀死细菌。在*Haliotis diversicolor supertexta*物种中胸腺素ab-TMSB在血细胞中表达上调。经大肠埃希菌LPS刺激后，ab-TMSB在12小时和18小时明显升高（Liuji等，2009）。对海胆胸腺素β的生物学活性研究发现：胸腺素β衍生的片段p.lividus，对所有测试的浮游生物菌株具有高的潜在抗菌活性，并且具有对葡萄球菌特异性抗生物膜特性（Schillaci等，2012）。通过原核表达方法得到太平洋牡蛎（*Crassostrea gigas*）胸腺素重组蛋白rcgTβ，经过抑菌圈试验发现其具有明显的抗菌作用（Bo-Hye等，2015）。同样当在香港牡蛎（*Crassostrea hongkongensis*）体内注射Tβ4和溶藻弧菌（*Vibrio alginolyticus*）的混合物后，发现Tβ4可以加速溶藻弧菌的清除（Li等，2016）。

对于昆虫胸腺素抗菌研究，目前只在棉铃虫上做了一些初步实验。棉铃虫胸腺素具有2个亚型，当被细菌入侵时，2个亚型的表达量均会提高（Zhang等，2011）。关于抗病毒试验研究，使用较多的是家蚕，集中在家蚕胸腺素对蚕体抗核型多角体病毒（BmNPV）感染能力及机制的研究。作者使用家蚕胸腺素蛋白喂养被核形多角体病毒感染的5龄家蚕幼虫，通过荧光定量检测发现核形多角体病毒感染可降低蚕体及部分组织中*BmTHY*基因转录与蛋白质表达水平，高剂量的喂养在一定程度上可以提高家蚕的抗核形多角体病毒感染能力。研究表明BmTHY对于核形多角体病毒的增殖和复制的影响，是通过与细胞内肌动蛋白的相互作用实现的（廖金旭，2018；周鑫鑫，2018）。

使用白斑综合征病毒（white spot syndrome virus，WSSV）感染克氏原螯虾后，经荧光定量检测发现其胸腺素在血淋巴中表达量最高，采用RNA干扰技术沉默机体胸腺素基因的表达，然后体外注射胸腺素的重组蛋白，发现可以提高白斑综合征病毒感染克氏原螯虾的存活率，并推测小龙虾胸腺素可能通过调节细胞骨架使吞噬细胞吞噬白斑综合征病毒来发挥抗病毒作用（Shi等，2015）。同样在研究淡水红螯螯虾（*Cherax quadricarinatus*）时采用真核表达方法纯化出胸腺素*CqTRP1*基因编码的蛋白rCqTRP1，然后作用于虾的Hpt细胞，证实了rCqTRP1在抗白斑综合征病毒中发挥的作用（Li等，2018）。

（二）促进伤口愈合

目前，有关无脊椎动物多聚体胸腺素促进伤口愈合方面的研究很少。在软体动物中，血细胞是参与伤口愈合的主要细胞类型，它们通过吞噬作用从伤口区域去除受损的细胞和组织碎片（Ottaviani等，1996）。通过荧光定量检测发现在合浦珠母贝（*Pinctada fucata*）的血细胞中PfTβ4表达量最高，在经过插核手术后，合浦珠母贝伤口组织PfTβ4的表达量在第6小时的时候上调并达到最高（何文耀等，2018）。因此，研究者推测PfTβ4可能通过促使血细胞迁移来参与前期伤口的修复。在香港牡蛎身上制造伤口创伤模型，然后通过荧光定量检测发现在第24小时胸腺素ChTβ4的表达量水平是对照组的3倍，类似情况在猪的骨骼肌伤口模型中也有所发现（Ferré等，2007；Li等，2016）。但是在中华绒螯蟹创伤模型中，起初胸腺素EsTRP1和EsTRP2的表达都降低，这一矛盾现象表明单体胸腺素和多聚体胸腺素在伤口愈合过程中存在功能差异，研究者认为这可能是由多聚体胸腺素可以在肌动蛋白丝的"+"端继续延伸造成的（Gai等，2009）。

（三）参与神经系统的发育

无脊椎动物中的大多数轴突中枢神经元显示出强大的再生能力。海蛞蝓（*Aplysia californica*）被认为是研究神经系统的最佳模型，研究者在海蛞蝓中发现了胸腺素apβT^{Gln}和apβT^{His}，它们和脊椎动物的Tβ4和Tβ12相似度较高（Romanova等，2010）。当海蛞蝓神经受到损伤时，apβT^{His}过表达（Colby等，2010）。在牡蛎属海蛞蝓（*Hermissenda crassicornis*）研究中发现，Tβ4的同源蛋白Csp24在其中枢神经系统中表达，并且Csp24是发展和维持中间记忆所必需的，因为中间记忆的发展与增强细胞的兴奋性及Csp24磷酸化有关（Crow等，2002）。在黑腹果蝇中胸腺素被证实参与控制变态发育过程中大脑的发育，其功能丧失及过表达都会导致轴突生长异常。社会性昆虫山林原白蚁中，在兵蚁分化的时候，胸腺素HsjCib在其头部表达上调，参与兵蚁头部形态的发生和神经的重组，这与兵蚁的异形生长相一致（Koshikawa等，2010）。

（四）与ATP合成酶的相互作用

有研究证实Tβ4可以与ATP合成酶在人脐静脉内皮细胞膜上相互作用，最终导致细胞外ATP浓度增加，进而促进细胞迁移（Patrizia等，2003）。在无脊椎动物宽大太平螯虾（*Pacifastacus leniusculus*）中发现ATP合成酶存在于造血组织表面，并且AST1（一种造血细胞因子）与ATP合成酶的B亚基相互作用，抑制细胞外ATP的形成。之后又发现其胸腺素Pl-β-thymosin1和Pl-β-thymosin2均能与ATP合成酶的B亚基结合，但是只有Pl-β-thymosin1才显著增加ATP的浓度，促进细胞迁移，研究者推测可能是由于Pl-β-thymosin1的结构与Tβ4的结构更为相似，而Pl-β-thymosin2只有在与AST1共存时才会促进细胞迁移（Saelee等，2013）。

（五）清除活性氧

Tβ4参与细胞的抗氧化活动，因为它可以被氧化成亚砜来清除活性氧（Tokura等，2011）。在哺乳动物中，Tβ4也可引起心肌成纤维细胞内活性氧的减少（Kumar等，2011）。体外注射方法发现宽大太平螯虾的Pl-β-thymosin1拥有与Tβ4相似的功能，可以降低活性氧水平，然而Pl-β-thymosin2的作用相反。通过基因沉默的方式得出宽大太平螯虾的胸腺素Pl-β-thymosin1和Pl-β-thymosin2都可以增加超氧化物歧化酶（superoxide dismutase，SOD）的表达。但是Pl-β-thymosin2对SOD表达的影响微弱，进一步显示了两个胸腺素在调节活性氧过程中的相反作用（Saelee等，2013）。

（六）参与动物的变态发育

部分动物（节肢动物门、线虫动物门等）生长发育过程中存在蜕皮现象，当机体发育成熟不再长大的时候就不再蜕皮。在昆虫中，变态发育是其生命周期的重要部分，主要由20E和保幼激素发挥作用（Hiruma等，2001）。在研究棉铃虫胸腺素功能时发现，棉铃虫变态发育时期胸腺素HaTHY1和HaTHY2的表达量都升高。除此之外，给棉铃虫注射20E之后，HaTHY1的转录水平增加，说明HaTHY1在变态发育时期由类固醇激素调节（Zhang等，2011）。研究发现美洲大蠊的多聚体胸腺素在白色体时表达上调。这些研究结果都说明胸腺素参与了动物的变态发育过程。

（七）促进组织再生

低等脊椎动物，如鱼类和两栖动物，以及正在发育的高等脊椎动物，可以再生复杂的身体结构，而在成年哺乳动物中这一功能非常有限（Ferretti等，2003）。Tβ4可以通过毛囊干细胞的活化增加毛囊（Deborah等，2010），并且可以通过促进β连环蛋白（β-catenin）和淋巴细胞增强结合因子1（lymphoid enhancer-binding factor 1，LEF-1）表达增加毛发的生长速度、缩短毛发的生长期（李晔等，2014）。

无脊椎动物中再生方面，研究者只对水螅（*Hydra*）做了研究。水螅的胸腺素结构域的数目有27个，属于结构域数目最多的一类无脊椎动物。水螅肽是水螅多聚体胸腺素后期加工而成一个短肽，剪去水螅的足部，发现切割1小时后，水螅肽的表达量降低，4～6小时又增加。水螅肽表达的增加不仅仅限于再生尖端，而是在整个生物体中都可以检测到。之后又开始下降，30小时就可以清晰地看到水螅的基底盘，水螅肽也逐渐恢复正常分布，即头部和足部的表达量相对消化腔要高。这一研究证实了水螅肽可以促进水螅足部的再生，而且还发现水螅肽也可以促进芽体的生长（Herrmann等，2005）。

（八）参与生殖活动

在无脊椎动物中，通过细胞定位和免疫荧光显微技术发现Tetra Thymosin主要分布在秀丽隐杆线虫的卵母细胞、胚胎和整个成体中，当抑制其表达时，秀丽隐杆线虫虽然可以发育成成体，但表型发生了改变，个体变得矮胖且不再具有生殖能力，这说明了Tetra Thymosin参与其生殖发育（Van等，2004）。

第二节 美洲大蠊胸腺素基因生物信息学分析

近年来，胸腺素的生物学功能倍受人们关注，它在许多生理和病理活动中起重要作用。尤其是Tβ4，它是胸腺素β家族的主要成员，主要分布在脊椎动物中。Tβ4具有一个THY结构域，可以与球状肌动蛋白按照1∶1的比例形成复合物，在ATP合成酶的作用下调节肌动蛋白丝的组装与去组装过程，使细胞骨架发生重塑（Ballweber等，2002），从而促进细胞迁移及伤口愈合等（Malinda等，1997）。

关于美洲大蠊的胸腺素目前还未见报道，为了了解美洲大蠊胸腺素，本节拟通过生物信息学分析方法从美洲大蠊基因组和转录组数据库中获取胸腺素基因序列并进行分析及功能预测，为以后的功能研究奠定基础。

一、材料与方法

（一）基因序列的获取及分析

本实验室已经构建美洲大蠊基因组数据库（晋家正等，2018）。基因组中美洲大蠊胸腺素基因的注释方法：首先在Uniprot数据库中以"thymosin"作为关键检索词进行搜索，得到THY结构域的参考序列。然后合并并去除冗余序列，过滤后的THY序列作为参考序列集，使用TBLASTN工具（E-value阈值设置为1e-5）在美洲大蠊基因组中进行搜索。最后收集预测到的美洲大蠊THY基因序列，保留每个有最低E值的比对上的片段用于下面的分析：

采用SOLAR工具将属于同一个预测基因的片段拼接起来，去除冗余序列。根据基因组位置，从基因组中提取比对上的序列。通过GeneWise预测其基因结构，具有相关基因结构的序列在两端各延伸1.5kb，然后检查其开放阅读框。采用softberry在线软件进行序列外显子和内含子区域分析。

（二）cDNA序列的获取及分析

本实验室已经成功构建美洲大蠊转录组数据库（PMID:31524500）。美洲大蠊转录组中胸腺素基因的注释方法：使用Trinity组装美洲大蠊的转录组测序数据，使用CD-HIT软件去除每个基因的冗余转录物，并将剩余转录本用于胸腺素（THY结构域）基因的注释。之后的步骤与基因注释类似。

将上述方法得到的美洲大蠊胸腺素转录本序列，采用ORF Finder找出其开放阅读框，并对其序列进行分析。

（三）美洲大蠊胸腺素序列的验证

1. 美洲大蠊RNA的提取及逆转录。

本实验采用成都福际生物技术有限公司的组织总RNA提取试剂盒，根据说明书提取总RNA，取1μL RNA样本进行1%琼脂糖凝胶电泳检测RNA的完整性。之后采用北京全式金生物技术有限公司的去DNA逆转录试剂盒进行逆转录合成第一链cDNA，具体步骤如下。

美洲大蠊总RNA的提取：将成虫美洲大蠊剪去翅膀、去除肠道、清洗身体表面，然后放入研钵（做无RNA酶处理）中，加入液氮进行研磨。取新鲜组织，每10～20mg加入500μL Buffer RL1，反复吹打；将匀浆液转移至DNA-Cleaning Column中（DNA-Cleaning Column放入收集管中），12 000rpm（最高13 400rpm）离心2分钟。移除DNA-Cleaning Column，保留收集管内上清液。向上述上清液（体积约为500μL）中加入1.6倍体积Buffer RL2，轻柔混匀。将700μL混合液转移至RNA-only Column中（纯化柱放入收集管中），12 000rpm（最高13 400rpm）离心1分钟，弃掉收集管中的废液。将纯化柱放回收集管中，将剩余混合液全部加入纯化柱中，12 000rpm（最高13 400rpm）离心1分钟，弃掉收集管中的废液。向纯化柱中加入500μL Buffer RW1，12 000rpm（最高13 400rpm）离心1分钟，弃掉收集管中的废液；向纯化柱中加入700μL Buffer RW2，12 000rpm（最高13 400rpm）离心1分钟，弃掉收集管中的废液，再重复一次此步骤。纯化柱放回收集管中，12 000 rpm（最高13 400rpm）空管离心2分钟，去掉离心柱中残余的Buffer RW2。纯化柱转移至新的离心管中，向纯化柱的膜中央滴加50μL已于65℃预热的RNase-Free ddH$_2$O，室温放置2分钟。12 000rpm（最高13 400rpm）离心1分钟后收集RNA溶液，于－80℃保存。

美洲大蠊总RNA的完整性检测及浓度的测定：首先制作1%琼脂糖凝胶，放入干净的电泳缓冲液中，RNA采用Gel-green染色后，在恒定电压110V电泳10分钟后拍照检测。然后采用核算浓度仪检测RNA的浓度及纯度。

2. RNA逆转录合成第一链cDNA。

4℃条件下在PCR管中配制如下反应体系（表7-1）。

表7-1　PCR反应体系

试剂	用量
总RNA	500ng
Anchored Oligo（dT）$_{18}$ Primer	1μL
2×TS Reaction Mix	10μL
TransScript RT/RI Enzyme Mix	1μL
gDNA Remover	1μL
RNase-free Water	补足到20μL
合计	20μL

将上述反应体系轻轻混匀后，放入PCR仪中。反应条件：65℃，5分钟；冰浴2分钟；42℃孵育30分钟；85℃加热5秒失活*TransScript* RT/RI和gDNA Remover。

3. 引物的设计及PCR反应条件。

利用美洲大蠊转录组分析得到美洲大蠊多聚体胸腺素基因的cDNA序列，并根据ORF Finder找到编码胸腺素蛋白的序列，命名为THY1、THY2和THY3（THYs），相应的蛋白质命名为Pa-THY1、Pa-THY2和Pa-THY3（Pa-THYs）。然后根据cDNA序列用Premier 5软件设计引物（表7-2）。反应条件：94℃预变性4分钟；94℃变性30秒，57℃退火50秒，72℃延伸20～30秒，35次循环；最后72℃延伸10分钟。PCR产物于-20℃保存。

表7-2 扩增THY1、THY2和THY3片段的引物

引物名称	序列（N端到C端）	扩增序列片段大小（bp）
THY F	ATGTCGGCCCCAGTC	THY1：507bp；THY2：393bp
THY R	TTATGCTTTCTTCTCTTCATCG	THY3：621bp

4. PCR产物的回收、纯化、连接及转化。

将PCR产物采用Gel-green染色后，在1%琼脂糖凝胶中电泳，然后紫外灯下切下凝胶，用Gel Extraction Kit（omega）试剂盒按照说明书操作，回收纯化PCR片段。将纯化得到的片段连接到pUM19-T载体（购自成都博奥维新生物科技有限公司）上，连接体系如表7-3所示。

表7-3 PCR产物的连接体系

试剂	用量（μL）
ddH$_2$O	1
pUM19-T载体	1
T4连接酶	1
Buffer	5
纯化的PCR产物	2

将上述反应体系混匀，离心后，放于连接仪上16℃过夜。第二天将连接产物转化到大肠埃希菌DH5α内（连接产物中加入33μL的DH5α感受态细胞，轻轻混匀后冰浴30分钟，42℃热激90秒，然后迅速至于冰上，冰浴2分钟后加入预热的37℃LB液体培养基，放置37℃摇床培养90分钟），涂板培养24小时。之后挑取单克隆菌株，37℃摇床上培养6～8小时，菌落PCR鉴定后选择阳性菌液送去成都擎科梓熙生物技术有限公司进行测序。

（四）Pa-THYs性质及结构预测分析

我们采用一些在线软件对美洲大蠊多聚体胸腺素Pa-THYs的理化性质、信号肽、疏

水性、是否跨膜、结构域、二级结构、三级结构、亚细胞定位及磷酸化位点等进行预测，相关软件信息如表7-4所示。

表7-4 生物信息学在线软件及功能预测

软件	在线网站	功能预测
ProtParam tool	https：//web.expasy.org/protparam/	理化性质预测
SignalP 4.0	http：//www.cbs.dtu.dk/services/SignalP/	信号肽预测
TMHMM	http：//www.cbs.dtu.dk/services/TMHMM/	跨膜区域预测
ExPASy - ProtScale	https：//web.expasy.org/protscale/	疏水性预测
PSORT	https：//psort.hgc.jp/form2.html	亚细胞定位预测
NetPhos 3.1	http：//www.cbs.dtu.dk/services/NetPhos/	磷酸化位点预测
Protein BLAST	https：//blast.ncbi.nlm.nih.gov/Blast.cgi	结构域预测
SOPMA	https：//npsa-prabi.ibcp.fr/cgi-bin/npsa_automat.pl?page=npsa_sopma.html	二级结构预测
SWISS-MODEL	https：//www.swissmodel.expasy.org/interactive	三级结构预测

（五）美洲大蠊Pa-THYs结构特点及与肌动蛋白的作用方式

将美洲大蠊胸腺素、人Tβ4及已做过分析的无脊椎动物胸腺素（黑腹果蝇、秀丽隐杆线虫和棘阿米巴虫）的THY结构域采用DNAMAN软件进行多序列比对分析。

（六）同源性分析及构建系统进化树

采用DNAMAN软件将脊椎动物和无脊椎动物的单体胸腺素进行同源性分析，然后将单体胸腺素与含有多亚型的多聚体胸腺素采用MEGA5.1构建系统进化树进行分析。

二、结果

（一）美洲大蠊胸腺素的基因序列及结构

从美洲大蠊基因组数据库中找到了一条关于美洲大蠊多聚体胸腺素的基因序列，采用SOFTBERRY软件对其基因序列组成进行分析，结果如图7-1所示，由图7-1可知，美洲大蠊多聚体胸腺素基因由6个大小不等的外显子和5个不同大小的内含子构成，全长约为2.6kb。

基因序列

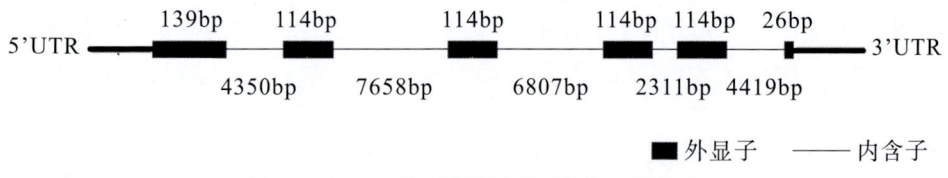

5'UTR — 139bp — 114bp — 114bp — 114bp — 114bp — 26bp — 3'UTR
　　　　　4350bp　7658bp　6807bp　2311bp 4419bp

■ 外显子　　── 内含子

图7-1 美洲大蠊多聚体胸腺素基因序列组成

（二）美洲大蠊胸腺素的cDNA序列及氨基酸序列

从转录组数据库中，我们得到美洲大蠊胸腺素基因的3条转录本序列，通过ORF Finder找到了其开放阅读框，并将CDS区的基因序列分别命名为THY1（MK573540）、THY2（MK573541）和THY3（MK573542），通过MEGA5.1翻译成氨基酸序列并命名为Pa-THY1、Pa-THY2和Pa-THY3，碱基及氨基酸数目分别为507bp（168aa）、393bp（130aa）和621bp（206aa）。序列比对发现3个转录本来源于同一条基因，外显子的跳跃式剪接造成其形成多个转录本，跳跃方式如图7-2所示。

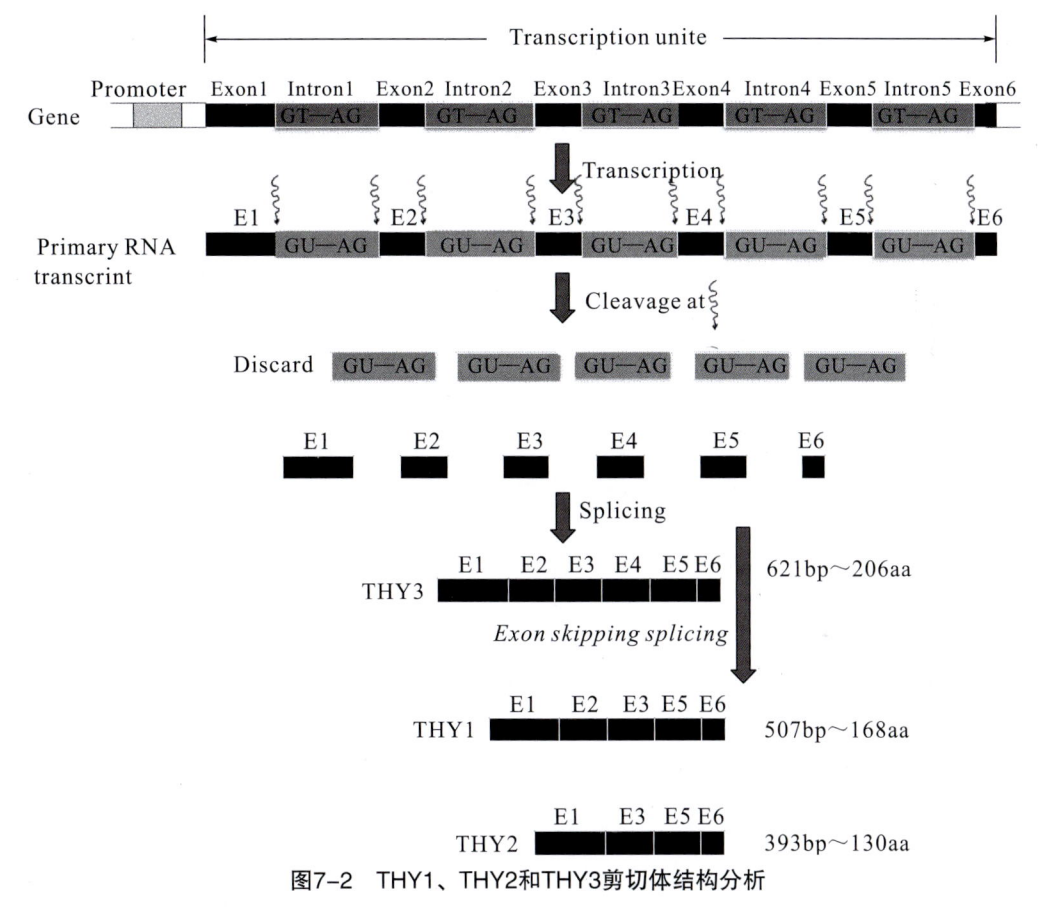

图7-2 THY1、THY2和THY3剪切体结构分析

由于3条转录本来源于同一条基因，THY3序列中包含THY1和THY2，因此我们以THY3为例对其cDNA序列及氨基酸序列进行说明（图7-3）。

```
        10         20         30         40         50         60
1   ATGTCGGCCCCAGTCAGCCCACAGTTGAAGGACCTGCCCAAGGTGAACCTAGACCTGAAA
1    M  S  A  P  V  S  P  Q  L  K  D  L  P  K  V  N  L  D  L  K

        70         80         90        100        110        120
61  AGCGAATTGGAAGGCTTCAAAACTGTAAATATGAAGAAGGCTGAAACCCACGAAAAAAAT
21   S  E  L  E  G  F  K  T  V  N  M  K  K  A  E  T  H  E  K  N

       130        140        150        160        170        180
121 GTTTTACCCACAGCAGAAGATGTGAAACAAGAGCGGCAACACAGCGAGCTTATTCAAGGT
41   V  L  P  T  A  E  D  V  K  Q  E  R  Q  H  S  E  L  I  Q  G

       190        200        210        220        230        240
181 GTCGAGAGCTTTAAACCCGAGAGGTTAAAGCGGACCAACACTCAAGAAAAAATTGTTCTA
61   V  E  S  F  K  P  E  R  L  K  R  T  N  T  Q  E  K  I  V  L

       250        260        270        280        290        300
241 CCAAACGCACAAGATGTTGCCACCGAAAAAACTCAGAAGGCTCTTCTTCAGGGTGTAGAA
81   P  N  A  Q  D  V  A  T  E  K  T  Q  K  A  L  L  Q  G  V  E

       310        320        330        340        350        360
301 GCTTTCGACACGGGGAAACTGAAACACACAGAAACTCAGGAAAAAAATCCCCTTCCAGAC
101  A  F  D  T  G  K  L  K  H  T  E  T  Q  E  K  N  P  L  P  D

       370        380        390        400        410        420
361 AAAGATGTTGTCAAACAAGAGAAGGTCCACCAGAACTTGTTGGAAGGAGTTGAACACTTC
121  K  D  V  V  K  Q  E  K  V  H  Q  N  L  L  E  G  V  E  H  F

       430        440        450        460        470        480
421 GACAAGACAACCATGAAACCCACACAAACTCAAGAAAAGAATCCACTTCCAGACCCAGAA
141  D  K  T  T  M  K  P  T  Q  T  Q  E  K  N  P  L  P  D  P  E

       490        500        510        520        530        540
481 GCCATTGAGCAAGAAAGGGGAAAGCAGAACCTGATTGCTGGAATTGAAAATTTTGATCCC
161  A  I  E  Q  E  R  G  K  Q  N  L  I  A  G  I  E  N  F  D  P

       550        560        570        580        590        600
541 AGAAAGTTGAAGCATACTGAAACCCAAGAAAAGAATCCTCTGCCAACAAAAGAAGCCATC
181  R  K  L  K  H  T  E  T  Q  E  K  N  P  L  P  T  K  E  A  I

       610        620
601 GATGAAGAGAAGAAAGCATAA
201  D  E  E  K  K  A  *
```

图7-3　THY3 cDNA序列及氨基酸序列

（三）美洲大蠊胸腺素序列的验证

以室内饲养的美洲大蠊成虫为材料，用成都福际生物技术有限公司生产的动物组织总RNA提取试剂盒提取总RNA，取1μL RNA样本进行1%琼脂糖凝胶电泳检测，结果如图7-4所示。可以看到28S、18S及5S，虽然28S有少许降解，但基本符合质量要求。

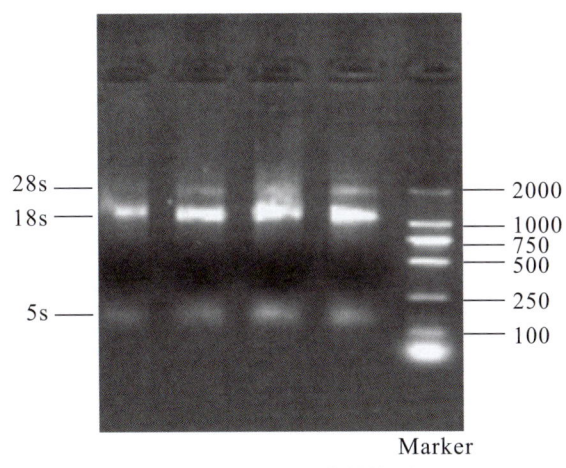

图7-4　RNA完整性检测

以北京全式金生物技术有限公司生产的去DNA逆转录试剂盒进行逆转录，合成第一链cDNA，以其为模板进行PCR扩增，反应体系为50μL体系（表7-5）。

表7-5　PCR扩增反应体系

试剂	用量（μL）
2 × TSINGKE Master MIX	25
THY F	1.5
THY R	1.5
cDNA template	2
ddH$_2$O	补至50

电泳检测表明片段大小与预期结果相符（图7-5）。将PCR产物经1%琼脂糖凝胶电泳、Gel-green染色，在紫外灯下切胶，用Gel Extraction Kit胶回收试剂盒回收纯化DNA片段，连接到pUM19-T载体上，挑取单克隆送公司进行测序。

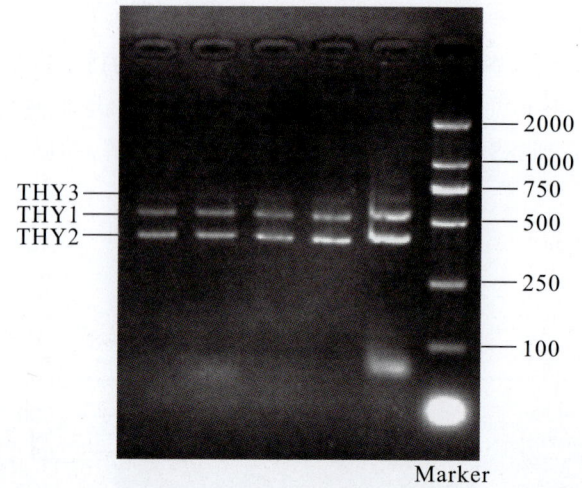

图7-5　THYs基因大小验证

（四）美洲大蠊胸腺素性质分析

经过在线生物软件分析得到美洲大蠊Pa-THYs相关信息如表7-6所示。

表7-6　美洲大蠊Pa-THYs生物信息分析结果

类型	Pa-THY1	Pa-THY2	Pa-THY3
氨基酸数目	168	130	206
分子量（kDa）	19039.55	14582.52	23435.50
等电点（PI）	6.15	5.70	5.95
水溶液中稳定系数	40.30（不稳定）	39.42（稳定）	36.67（稳定）
信号肽（IP）	无	无	无
是否跨膜	否	否	否
亲/疏水性	亲水性	亲水性	亲水性
亚细胞定位	细胞质、细胞核	细胞质、细胞核	细胞质、细胞核
磷酸化位点	有	有	有

1. 信号肽及跨膜预测。

利用在线软件SignalP 4.0和TMHMM预测分析美洲大蠊Pa-THYs序列是否具有信号肽及是否跨膜，结果显示Pa-THYs的C、S和Y值计算结果均不具备信号肽的要求，表明Pa-THYs不存在信号肽，因此属于非分泌型蛋白质。由于Pa-THYs的氨基酸序列前部分相同，而信号肽存在于序列的N端，它们不存在跨膜区域，因此Pa-THYs不属于跨膜蛋白质。

2. 亲/疏水性预测。

蛋白质的疏水作用是其折叠的主要动力，分析其疏水性是了解蛋白质折叠的第一步。采用在线软件ExPASy-ProtScale进行美洲大蠊Pa-THYs亲/疏水性分析,结果显示美洲大蠊Pa-THYs均为亲水性蛋白质(图7-6):以0为界限,图中高峰(正值)代表疏水性区域,负值低谷代表亲水性区域。Pa-THYs的氨基酸大部分为亲水性氨基酸,少数为疏水性氨基酸。因此,整条多肽链为亲水性,表明Pa-THYs为亲水性蛋白质。

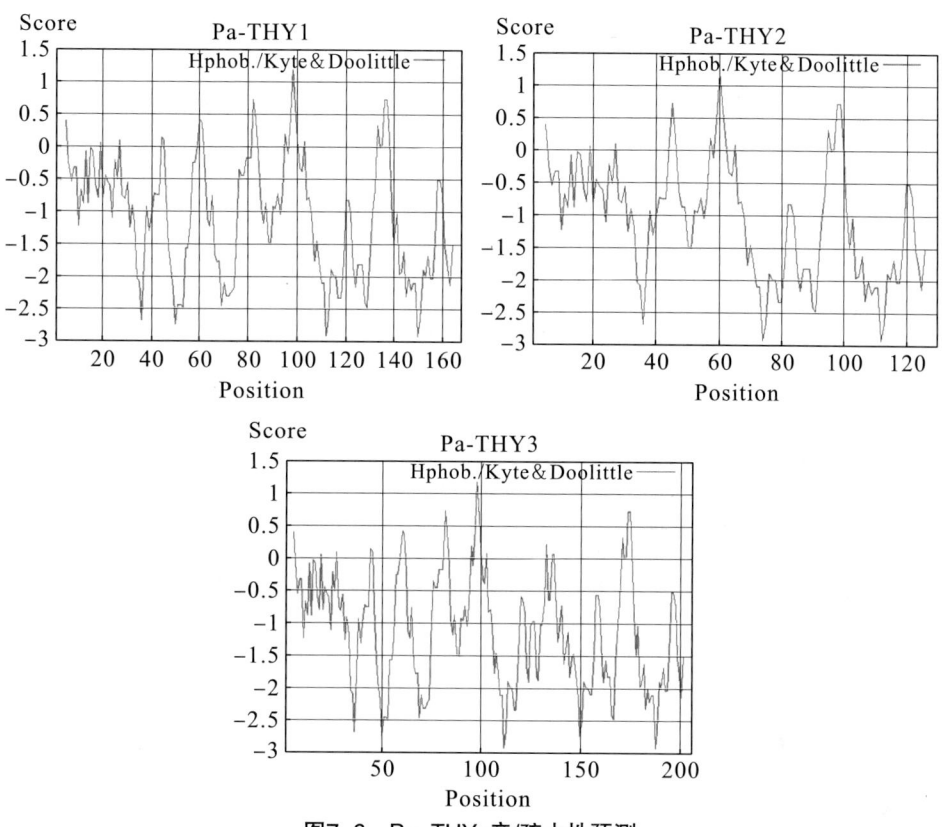

图7-6　Pa-THYs亲/疏水性预测

3. 亚细胞定位和磷酸化位点。

亚细胞定位指某种蛋白质或基因表达产物在细胞内的具体存在部位。蛋白质位置与其功能密切相关,蛋白质在细胞中的正确定位是细胞系统高度有序运转的前提,蛋白质的亚细胞定位在一定程度上反映了基因对应的功能(吴泽月等,2012)。本研究采用PSORT软件及ProtComp 9.0软件中的神经网络算法进行预测(郑珊珊等,2014)。综合结果来看,Pa-THYs主要分布于细胞核和细胞质内以发挥其生物学作用(表7-7)。

表7-7 Pa-THYs亚细胞定位

Pa-THYs	PSORT			ProtComp 9.0（Neural Nets）	
	位置	可能性	可靠性	位置	评分
Pa-THY1	细胞核	56.5%	94.1%	细胞核	1.68
	细胞质	17.4%	-	细胞质	1.24
	线粒体	17.4%	-	线粒体	0.03
	细胞骨架	8.7%	-	-	-
Pa-THY2	细胞核	56.5%	94.1%	细胞核	1.19
	细胞质	17.4%	-	细胞质	1.68
	线粒体	17.4%	-	线粒体	0
	细胞骨架	8.7%	-	-	v
Pa-THY3	细胞核	56.5%	94.1%	细胞核	1.57
	细胞质	17.4%	-	细胞质	1.33
	线粒体	17.4%	-	线粒体	0.04
	细胞骨架	8.7%	-	-	-

蛋白质磷酸化可调节和控制蛋白质的活力，主要与肽链中的酪氨酸、丝氨酸、苏氨酸有关。本实验中采用NetPhos 3.1在线软件对Pa-THYs进行预测，结果显示Pa-THYs只拥有两种类型的氨基酸：丝氨酸和苏氨酸，不具有酪氨酸（表7-8）。并不是所有的酪氨酸、丝氨酸、苏氨酸都是磷酸化位点，只有超过阈值的氨基酸才可能是磷酸化位点。

表7-8 Pa-THYs中磷酸化位点类型

Pa-THYs	Pa-THY1			Pa-THY2			Pa-THY3		
氨基酸类型	丝氨酸（Ser）	苏氨酸（Thr）	酪氨酸（Tyr）	丝氨酸（Ser）	苏氨酸（Thr）	酪氨酸（Tyr）	丝氨酸（Ser）	苏氨酸（Thr）	酪氨酸（Tyr）
位点个数	4	10	0	2	8	0	4	14	0

4. 结构域的预测。

结构域是蛋白质的功能、结构和进化的单元。我们在NCBI中对美洲大蠊Pa-THYs的氨基酸序列进行Protein blast比对，结果显示Pa-THYs具有多个保守的THY结构域：Pa-THY1含有4个THY结构域，Pa-THY2含有3个THY结构域，Pa-THY3含有5个THY结构域。并且预测结果显示这些THY结构域属于胸腺素超家族（thymosin superfamily），属于Tβ4。

5. 二级结构及三级结构的预测。

蛋白质二级结构包括α螺旋、β折叠、β转角、无规则卷曲及膜序（motif）等组件。我们采用SOPMA软件预测美洲大蠊胸腺素的二级结构，结果如图7-7所示，Pa-THYs二级结构的主要组成构件是α螺旋和无规则卷曲。并对其所占的比例进行了统计，结果如表7-9所示。

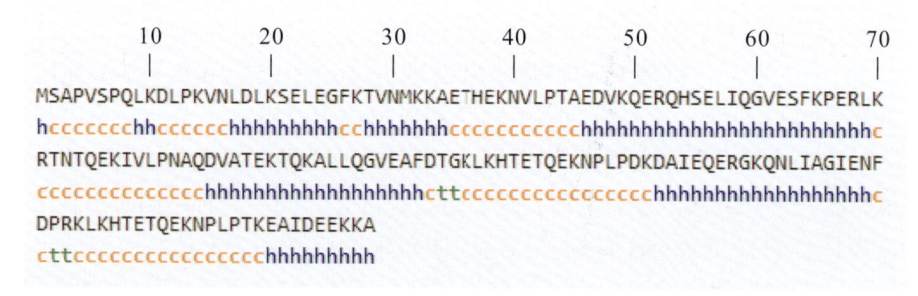

```
          10        20        30        40        50        60        70
           |         |         |         |         |         |         |
MSAPVSPQLKDLPKVNLDLKSELEGFKTVNMKKAETHEKNVLPTAEDVKQERQHSELIQGVESFKPERLK
hcccccccchhcccccccchhhhhhhhhcchhhhhhhcccccccccccchhhhhhhhhhhhhhhhhhhhc
RTNTQEKIVLPNAQDVATEKTQKALLQGVEAFDTGKLKHTETQEKNPLPDKDAIEQERGKQNLIAGIENF
cccccccccccchhhhhhhhhhhhhhhhhhhcttcccccccccccccchhhhhhhhhhhhhhhhc
DPRKLKHTETQEKNPLPTKEAIDEEKKA
cttcccccccccccccchhhhhhhhh
```

Pa-THY1

```
          10        20        30        40        50        60        70
           |         |         |         |         |         |         |
MSAPVSPQLKDLPKVNLDLKSELEGFKTVNMKKAETHEKNVLPTAEDVATEKTQKALLQGVEAFDTGKLK
hhhcccccccccccchhhhhhhhhcchhhhhhcccccccccccchhhhhhhhhhhhhhhhccttccc
HTETQEKNPLPDKDAIEQERGKQNLIAGIENFDPRKLKHTETQEKNPLPTKEAIDEEKKA
cccccccccchhhhhhhhhhhhhhhhhhhccttthccccccccccccccchhhhhhhhh
```

Pa-THY2

```
          10        20        30        40        50        60        70
           |         |         |         |         |         |         |
MSAPVSPQLKDLPKVNLDLKSELEGFKTVNMKKAETHEKNVLPTAEDVKQERQHSELIQGVESFKPERLK
ccccccchhhhhhhhhhhhhhhhhcchhhhhhcccccccccccchhhhhhhhhhhhhhhhhtccheec
RTNTQEKIVLPNAQDVATEKTQKALLQGVEAFDTGKLKHTETQEKNPLPDKDVVKQEKVHQNLLEGVEHF
ccccceeeccchhhhhhhhhhhhhhhhhhhccttccccccccccccchhhhhhhhhhhhhhhhhh
DKTTMKPTQTQEKNPLPDPEAIEQERGKQNLIAGIENFDPRKLKHTETQEKNPLPTKEAIDEEKKA
cttcccccccccccccchhhhhhhhhhhhhhhhccttcccccccccccccchhhhhhhhh
```

Pa-THY3

图7-7 美洲大蠊Pa-THYs的二级结构

表7-9 二级结构的组成构件所占比例

类型	Pa-THY1	Pa-THY2	Pa-THY3
α螺旋（%）	52.38	49.23	51.00
无规则卷曲（%）	45.24	47.69	42.72
β转角（%）	2.38	3.08	3.40
Extended strand（Ee%）	0	0	2.43

蛋白质三级结构是在蛋白质二级结构的基础上进一步盘绕折叠而成。我们使用Swiss-Model对Pa-THYs序列进行处理时发现，没有较高同源蛋白的结构被测定，而且之前有报道认为胸腺素家族蛋白质属于固有无序蛋白质（intrinsically disordered region，IDP）。IDP在天然情况下没有三级结构，发挥生物学功能时从无序状态变为有序状态（Robin等，2014）。因此本研究不对美洲大蠊Pa-THYs完整的三级结构进行分析。

（五）胸腺素的分布及系统进化关系

1. 胸腺素的分布情况。

对NCBI中已有的不同物种的胸腺素序列进行统计（表7-10），显示在后口动物（脊椎动物、棘皮动物）及海绵动物中胸腺素以单体形式存在，节肢动物中目前只存在多聚体胸腺素，而在冠轮动物（软体动物、环节动物）及线虫动物中既有多聚体胸腺素又有单体胸腺素，真菌中也有类似发现。更有趣的是，同一物种中同时出现了单体胸腺素和多聚体胸腺素（太平洋牡蛎），这说明单体胸腺素和多聚体胸腺素的出现不一定是排斥的。在多聚体胸腺素中重复的结构域数目有2~27个不等。基于外显子的跳跃剪接，一些多聚体胸腺素中存在可变剪接体。例如，本研究中的美洲大蠊具有3个可变剪接体，分别拥有3、4、5个结构域，在*Hermissenda crassicomi*中由于可变剪接产生了Csp24和Csp29两个亚型等。因此，胸腺素的这种不同的分布方式从进化角度讲是一个很复杂又难以理解的现象，有待于进一步的阐明。

表7-10 胸腺素在各物种中的分布情况

分类	THY结构域数目	氨基酸数目	单体胸腺素	多聚体胸腺素	可变剪接体
脊索动物	1	42~54	√	-	-
尾索动物亚门	4	261	-	√	-
头索动物亚门	1	45	√	-	-
棘皮动物	1	41~-42	√	-	-
腕足动物	1~5	129，235	√	√	√
节肢动物	2~5	90~224	-	√	√
环节动物	1~3	103~230	√	√	√
软体动物	1~4	41~273	√	√	√
线虫动物	1~3	122~161	√	√	-
扁形动物	2	79~87	-	√	-
刺胞动物	9~27	363~1126	-	√	-
海绵动物	1	42	√	-	-
细菌	1	44~45	√	-	-

续表

分类	THY结构域数目	氨基酸数目	单体胸腺素	多聚体胸腺素	可变剪接体
真菌	1，3	99	√	√	-
原生生物	1	48	√	-	-

2. 脊椎动物和无脊椎动物胸腺素之间的关系。

将表7-11中单体胸腺素氨基酸序列与人源胸腺素氨基酸序列进行同源性比对分析，从比对结果可以看出，除了单细胞变形虫，大多数无脊椎动物单体胸腺素氨基酸序列与脊椎动胸腺素氨基酸序列的相似性大多数达到了70%以上，表明了单体胸腺素在进化过程中是高度保守的。使用已有的物种单体胸腺素与具有多亚型的多聚体胸腺素构建NJ树，胸腺素单体与单体聚为一支，多聚体与多聚体聚为一支。它们属于旁系同源基因而不是直系同源。单体胸腺素和多聚体胸腺素存在共同的祖先，并且二者是可以共存的，软体动物中的太平洋牡蛎证实了这一点，在太平洋牡蛎体内既有单体又有多聚体。

表7-11 单体胸腺素同源性比较

	2	3	4	5	6	7	8	9	10
非洲爪蛙（*Xenopus laevis*）	72.7	47.7	72.1	81.8	79.5	93.2	93.2	68.3	71.4
文昌鱼（*Branchiostoma belcheri*）		46.7	72.1	66.7	63.6	75.0	75.0	70.7	69.0
变形虫（*Capsaspora owczarzaki*）			44.2	46.7	43.2	50.0	50.0	46.3	45.2
鲤鱼（*Cyprinus carpio*）				76.7	79.1	72.1	72.1	85.4	78.6
白鹭（*Egretta garzetta*）					75.0	79.5	79.5	73.2	76.2
大肠埃希菌（*Escherichia coli*）						75.0	75.0	78.0	78.6
智人（*Homo sapiens*）							100	70.7	73.8
家鼠（*Mus musculus*）								70.7	73.8
海胆（*Strongylocentrotus purpuratus*）									85.4
海绵动物（*Sycon raphanus*）									

（六）美洲大蠊胸腺素与球状肌动蛋白的作用分析

人源Tβ4是球状肌动蛋白的耦合剂，它结合球状肌动蛋白来阻止其结合到肌动蛋白丝上。主要的组成：两端可以形成α螺旋和中间的Loop区域，序列比较保守，一般为LKK（H）TET（Aguda等，2006），这部分区域又叫WH2 domain。

目前研究无脊椎动物中多聚体胸腺素与球状肌动蛋白的作用只涉及黑腹果蝇、棘阿米巴虫和秀丽隐杆线虫。根据前人的研究我们将黑腹果蝇、棘阿米巴虫、秀丽隐杆线虫及美洲大蠊的不同亚型胸腺素结构域与人的Tβ4结构域进行比对，得到决定其功能的几个重要的区域：①N端可以形成一个α螺旋；②保守的中心区基序，氨基酸序列为

LKK（H）TET或者MKKT/MKPT；③ Tβ4 C端形成一个α螺线，其他多聚体胸腺素的C端结构不确定。多聚体胸腺素的N端螺旋区域比人源胸腺素的要长，Tβ4 N端可以形成一个双螺旋的α螺旋，而美洲大蠊多聚体胸腺素的N端可以形成一个3螺旋的α螺旋。

三、讨论

（一）美洲大蠊胸腺素理化性质及结构分析

本节通过生物信息学的方法，利用本实验室建立的美洲大蠊基因组数据库和转录组数据库，分别得到美洲大蠊胸腺素的基因序列和3条转录本序列。我们将转录本相应的基因序列命名为THY1、THY2和THY3（THYs），长度分别是507bp、393bp和621bp。经过序列比对发现，这3条转录本形成的原因是外显子的跳跃式剪接，它们都源于同一条基因。类似的结果在其他物种如黑腹果蝇（Boquet等，2000）、棉铃虫（Zhang等，2011）及山林原白蚁（Shigeyuki等，2010）中也有发现。随后将THYs序列翻译成蛋白质序列Pa-THY1、Pa-THY2和Pa-THY3（Pa-THYs），通过一些在线软件对美洲大蠊胸腺素蛋白质（Pa-THYs）的理化性质、分子量、亲/疏水性、是否跨膜、亚细胞定位、磷酸化位点及结构域等进行一系列的生物信息预测。预测结果显示Pa-THYs是一类无信号肽、非跨膜的亲水性蛋白质。

我们知道胸腺素根据等电点可以分为三类：胸腺素α、胸腺素β和胸腺素γ。其中胸腺素β的等电点为5~7，Pa-THYs预测结果显示，其等电点为5~7。因此，Pa-THYs属于胸腺素β，之后的结构域预测结果也证实了这一点。

脊椎动物中Tβ4主要存在于细胞核和细胞质，并且在细胞核内富集，因此可能是转录因子（Thomas等，2004），并且它的体积比较小，可能通过核孔扩散入核内（Rando等，2000）。亚细胞定位预测结果显示Pa-THYs也存在于细胞质及细胞核，因此，它们的某些功能具有相似性。蛋白质磷酸化位点直接影响蛋白的活力及功能，预测发现Pa-THYs磷酸化位点是丝氨酸与苏氨酸，大多数为苏氨酸，不存在酪氨酸。而苏氨酸和丝氨酸磷酸化的结果是激活蛋白质的活性，所以我们推测Pa-THYs具有较强的酶活性（Panu等，2012）。结构域预测结果显示美洲大蠊胸腺素Pa-THY1、Pa-THY2和Pa-THY3分别拥有4个、3个、5个THY结构域，且每一个结构域均属于Tβ4超家族，因此又称为多聚体胸腺素（Schillaci等，2012）。通过之前的统计结果，我们可以看出大多数无脊椎动物普遍存在多个THY结构域，而脊椎动物只拥有一个THY结构域，这就暗示着它们在生物学功能上存在差异。

Tβ4二级结构主要由α螺旋和无规则卷曲构成，没有β转角形成（Goldstein等，2005），而且缺乏疏水性氨基酸，所以其在水溶液中构象无法确定（Michael等，2004）。胸腺素β被认为是一类固有无序蛋白IDP（Oldfield等，2014），IDP是一类在生理状态下没有固定的三级结构，却能够发挥正常的生物学功能，被认为在履行功能时，发生了从无序到有序的转变（朱玉凤等，2014）。例如，在含有3个THY结构域的黑腹果蝇多聚体胸腺素（Ciboulot）的研究中，研究者推测Ciboulot与球状肌动蛋白结合的时候呈线性状态，因此可以结合多个球状肌动蛋白（Aguda等，2006）。通过对Pa-THYs进行二级结构预测发现，Pa-THYs以α螺旋和无规则卷曲为主，β折叠极少，并且氨基酸序列中缺乏疏水性氨基酸。所以对Pa-THYs的三级结构无法进行预测，我们推测其在与球状肌动蛋白发挥作用的时候结构与Ciboulot类似，同样也可以结合多个球状肌动蛋白。

(二) 胸腺素系统进化分析

单体胸腺素与多聚体胸腺素的进化关系一直令人费解，因为在无脊椎动物中胸腺素有多种存在形式，有单体形式，有多聚体形式，还有单体和多聚体共存的形式。在细菌中以单体形式存在。我们将目前已发现具有单体胸腺素的低等生物与人源Tβ4进行同源性比较发现，它们与Tβ4的一致性达到70%以上，因此可以说明单体胸腺素在进化过程中高度保守。为了阐明单体胸腺素与多聚体胸腺素的进化关系，我们利用软件MEGA5.1构建了NJ树，结果表明，单体胸腺素与多聚体胸腺素属于旁系同源而不是直系同源。这与之前相关研究结果一致（Telford，2010），在太平洋牡蛎中既有单体胸腺素又有多聚体胸腺素，说明在后生动物中单体胸腺素和多聚体胸腺素是可以共存的。然而，Troys等（2007）推测哺乳动物的单体胸腺素可能是多聚体胸腺素进化过程中部分基因丢失形成的。有趣的是，在成年雄性小家鼠（AK029707）的睾丸cDNA中发现重复的胸腺素样蛋白，拥有2个THY结构域，也是目前在脊椎动物中发现的唯一一个重复序列，甚至在其他的啮齿动物中都没有发现，被认为是最近发生的一次特定于小鼠谱系复制事件所致（Telford，2010）。因此研究胸腺素的进化是一个漫长的过程，还需要大量的数据来探讨。

(三) 胸腺素与肌动蛋白的作用

脊椎动物的胸腺素β是肌动蛋白耦合蛋白，它们可以与球状肌动蛋白形成复合物，使球状肌动蛋白既不能结合到肌动蛋白丝的"+"端，也不能结合到"-"端（Safer等，2010）。研究表明，所有的单体胸腺素具有与Tβ4相似的功能，可以抑制球状肌动蛋白结合到肌动蛋白丝上（Hertzog等，2004；Xue等，2016）。然而，在多重复序列的胸腺素中，如黑腹果蝇和秀丽隐杆线虫的胸腺素被证实可以将肌动蛋白结合到未被加帽蛋白覆盖的肌动蛋白丝"+"端，从而促进肌动蛋白丝的延伸，这种作用方式与肌动蛋白抑制蛋白的功能类似（Boquet等，2000；Van等，2004）。这种功能只出现在具有多个重复序列的多聚体胸腺素中，被认为是重复的非结构化序列增强了功能的进化（Tompa，2003）。通过Tβ4的突变体实验发现，Tβ4在与球状肌动蛋白结合时，在N端必须形成α螺旋构象，螺旋中3个疏水性氨基酸（M6、I9和F12）在与其相互作用过程中发挥重要的作用（Troys等，1996）。随后的研究表明α螺旋的延伸可能会导致隔离球状肌动蛋白作用的丧失（Simenel等，2000），位于Tβ4 N端的第4个氨基酸（Pro），可以有效地限制其N端的长度，所以多聚体胸腺素N端变长可能是其促进肌动蛋白丝组装的原因之一（Bo等，2014）。最近的研究表明造成这种功能的差异的原因还包括多重复胸腺素序列中C端双螺旋的不稳定性（Didry等，2014；Xue等，2016）。Tβ4的第31个氨基酸（S）和第34个氨基酸（T）决定C端螺旋的稳定性。当Tβ4的S和T两个亲水性氨基酸换成黑腹果蝇的D（亲水性）和A（疏水性）时，其C端不能形成稳定的螺旋结构，从而丧失与球状肌动蛋白结合的能力，由此认为决定Tβ4功能的因素是C端的稳定性、N端α螺旋的长度及前两个氨基酸（Bo等，2014）。序列分析结果显示，美洲大蠊N端序列与其他无脊椎动物类似，具有较长的氨基酸序列，通过蛋白质三级结构预测软件显示其N端的螺旋数目要比Tβ4多，而且在其N端α螺旋前不存在Pro氨基酸。所以我们推测美洲大蠊多聚体胸腺素与其他多聚体胸腺素在和球状肌动蛋白结合的时候功能是类似的，即具有促进肌动蛋白丝"+"端延伸的功能。除此之外，多聚体胸腺素还可以结合多个球状肌动蛋白，研究表明黑腹果蝇（3个THY结合域）可结合2个球状肌动蛋白，棘阿米巴虫（2个THY结构域）可结合2个球状肌动蛋白，秀丽隐杆线虫（4个THY结构域）可结合3个球状肌动蛋白（Aguda等，2006）。因此我们推测美洲大蠊多聚体胸腺素也能结合多个球状肌动蛋白，具体数目还需要相应的实验来验证，我们推测不同的亚型结合不同的数目，使得它们可能拥有不同的生物学功能。

综上所述，美洲大蠊多聚体胸腺素是位于细胞核和细胞质的亲水性蛋白质，没有特定的三级结构，属于IDP。在发挥生物学功能的时候，将从无序状态转变为有序状态。单体胸腺素和多聚体胸腺素属于旁系同源关系，且单体胸腺素在进化过程中序列高度保守。美洲大蠊多聚体胸腺素序列的多重复性（多个THY结构域）、较长的N端螺旋及不稳定的C端螺旋决定了其具有与肌动蛋白抑制蛋白相似的功能，即促进肌动蛋白丝"+"端组装，多个THY结构域使其类似于其他多聚体胸腺素，可以结合多个肌动蛋白。

第三节　美洲大蠊胸腺素基因克隆、表达及活性分析

前期的研究中，我们已经发现美洲大蠊体内含有多聚体胸腺素，并且拥有3个亚型。为了研究美洲大蠊胸腺素是否可以促进伤口愈合，本节通过原核表达的方式获取美洲大蠊胸腺素，并对获得的胸腺素进行活性分析，为其进一步功能研究提供必要的基础信息。

一、材料与方法

（一）原核表达载体的构建

1. 胸腺素基因*THY1*和*THY2*的扩增。

首先用Primer premier 5软件分析*THY*1、*THY*2序列中的酶切位点，然后避开这些位点在PET-28（a+）载体上选择两个常用的酶切位点。我们选择了常用的XhoⅠ和EcoRⅠ限制性内切酶酶切位点。

根据引物设计的原则先用软件设计好引物，然后再加上限制性内切酶酶切位点序列（黑色粗体）及相应的保护碱基（酶切位点前面）。得到的引物序列如下：

PET-Pa-F（EcoRⅠ）：5'-CGCGAATTCATGTCGGCCCCAGTC-3'。

PET-Pa-R（XhoⅠ）：5'-CCGCTCGAGTTATGCTTTCTTCTCTTCATCG-3'。

以cDNA作为模板进行PCR扩增，体系（25μL）如表7-12所示。

表7-12 PCR扩增体系

试剂	用量（μL）
10×Buffer	2.5
dNTP（10μmol/L）	1
Taq酶	0.5
PET-Pa-F	1
PET-Pa-R	1
cDNA	1
ddH$_2$O	补至25

将上述试剂混匀后，短暂低速离心去除气泡。放入PCR仪中进行反应。反应程序：94℃预变性4分钟；94℃变性30秒，57℃退火50秒，72℃延伸20～30秒；35个循环，最后72℃延伸10分钟，4℃保存。1%琼脂糖凝胶电泳检测PCR产物的大小，并送成都擎科梓熙生物技术有限公司进行测序，检测序列正确后将产物回收。

2. PET-28（a+）质粒的提取。

复苏并扩大培养含有PET-28（a+）质粒的菌种：以1：1 000的比例将10μL菌液加入10mL的LB培养基中，培养12小时。然后根据质粒DNA大量抽提试剂盒说明书提取PET-28（a+）中质粒DNA，测定浓度。电泳及测序检测正确后，置于-20℃冰箱保存备用。

3. 重组质粒PET-THY1和PET-THY2的构建与鉴定。

将回收的PCR产物和PET-28（a+）质粒分别使用XhoⅠ和EcoRⅠ限制性内切酶进行双酶切反应，反应体系如表7-13所示。

表7-13 双酶切反应反应体系

试剂	PCR产物	PET-28（a+）质粒
底物DNA	43μL（1μg）	43μL（0.5～1μg）
10×推荐缓冲液	5μL	5μL
XhoⅠ	1μL	1μL
EcoRⅠ	1μL	1μL

轻轻吹打混匀，在37℃反应1小时，然后65℃反应20分钟使酶失活。

采用乙酸钠沉淀法回收酶切产物，操作方法如下：首先向酶切反应管中加入等体积（50μL）的酚仿异戊醇（25：24：1）（混合液的下层液），快速震荡30秒。通过冷冻离心机将上述混合物离心（4℃、12 000rpm、10分钟），吸取上清液至新的EP管，加入5μL的乙酸钠（3mol/L）和相当于其2.5倍体积的冰冻无水乙醇。然后12 000rpm离心10分钟弃掉乙醇，加入1mL 70%冷冻乙醇，同样转速离心10分钟，弃掉乙醇。再加入1mL冷冻无水乙醇，12 000rpm离心10分钟，弃掉乙醇。将EP管倒扣在滤纸上，静置风干。最后加入少许ddH$_2$O溶解，测定产物的浓度。

将酶切后回收得到的THY1（THY2）与酶切回收后的PET-28（a+）按照一定的比例轻轻混匀，置于45℃水浴5分钟。然后放入冰盒迅速冷却，短暂离心后在连接仪上进行连接反应，反应体系如表7-14所示。

表7-14　连接反应体系

试剂	用量
PCR酶切纯化产物	100～200ng
线性质粒载体酶切产物	20～50ng
10×T4 DNA Ligase Buffer	1μL
T4 DNA Ligase	1μL
ddH$_2$O	补齐至10μL

在16℃反应12小时后，转化入大肠埃希菌DH5α感受态细胞，按照感受态细胞使用说明书37℃培养90分钟后，吸取50μL涂板。37℃培养箱培养12小时后，用无菌枪头挑取单菌落放入500μL LB液体培养基（含卡那霉素）中，37℃摇床培养4～6小时，使用PET-28（a+）的通用引物（T7和T7-ter）进行菌液PCR检测。PCR检测的反应体系如表7-15所示。

表7-15　PCR检测的反应体系

试剂	用量（μL）
2×TSINGKE Master MIX	5
Primer F（T7通用引物）	0.5
Primer R（T7-ter通用引物）	0.5
菌液	1
ddH$_2$O	3

检测之后分别取其中的两个阳性重组质粒菌液10μL接入10mL LB液体培养基（含卡那霉素）中。37℃摇床培养过夜后，按照质粒DNA提取说明书提取质粒并测定浓度，送测序公司测序，然后双酶切鉴定。鉴定反应体系如表7-16所示。

表7-16　鉴定反应体系

试剂	用量（μL）
PET-THY1（PET-THY2）质粒DNA	5
10×推荐缓冲液	0.5
Xho I	0.2

续表

试剂	用量（μL）
EcoR I	0.2
ddH$_2$O	补齐至10

将鉴定正确的重组质粒PET-THY1和PET-THY2进行转化：5μL（100μg/mL）重组质粒PET-THY1和PET-THY2分别加入33μL的BL21感受态细胞中，轻轻混匀。将完整的PET-28（a+）3μL（135μg/mL）加入33μL的BL21感受态细胞中，轻轻混匀。转化后进行涂板，培养24小时后挑取单克隆进行测序鉴定及菌种保存。

（二）蛋白质表达最佳诱导条件的优化

诱导时间、异丙基-β-D-硫代半乳糖苷（isopropyl β-D-1-thiogalactopyranoside，IPTG）诱导浓度及诱导温度是影响重组蛋白质可溶性表达的关键因素，适时优化上述条件能够增加蛋白质的可溶性及表达量。

1. 最适诱导时间的选取。

取10μL筛选得到的含重组质粒菌种接种于5mL LB液体培养基（含卡那霉素），37℃、200rpm振荡培养12小时。按1∶100的比例将上述菌液转接于5mL LB液体培养基（含卡那霉素）中，37℃振荡培养至吸光度在0.4~0.6。然后加入IPTG，使其终浓度为0.5mmol/L。37℃、200rpm分别诱导培养0小时、2小时、4小时、6小时、8小时，同时设计PET-28（a+）空载菌为阴性对照。诱导结束之后4℃、10 000rpm离心10分钟，弃上清液。按每100mg菌体（湿重）加入3mL PBS缓冲液悬浮细菌量重悬菌液，使用超声波破碎仪破碎细胞，破碎参数设置为输出功率34%~40%，超声脉冲3秒，暂停3秒，破碎时间大约为5分钟。破碎后4℃、8 000rpm离心10分钟，分别取上清液和沉淀电泳检测得出最适诱导时间及是否可溶性表达。

2. 最适IPTG诱导浓度的选取。

选取上面得到的最适诱导时间，将IPTG的浓度设置为0mmol/L、0.25mmol/L、0.50mmol/L、0.75mmol/L和1.00mmol/L，其他条件不变，电泳检测得出最适IPTG诱导浓度。

3. 最适诱导温度的选取。

选取上面最适诱导时间和最适IPTG诱导浓度，将菌液分别置于18℃、25℃和37℃的摇床进行诱导培养，选出最适诱导温度。

（三）蛋白质表达检测

采用SDS-PAGE对表达的蛋白质进行检测。将玻璃板组装在支架上，按照表7-17的配方配置成分离胶和浓缩胶。

表7-17 分离胶和浓缩胶配置方法

组分	12%分离胶（mL）	5%浓缩胶（mL）
30%丙烯酰胺	2	0.415

续表

组分	12%分离胶（mL）	5%浓缩胶（mL）
ddH$_2$O	1.75	1.455
4×浓缩胶缓冲液（含SDS）	—	0.625
4×分离胶缓冲液（含SDS）	1.25	—
10%过硫酸氨	0.025	0.0125
TEMED	0.0025	0.00125

蛋白样本上样前，加入5×SDS-PAGE loading buffer，100℃煮沸10分钟，10 000rpm离心10分钟。用微量进样器将离心后的上清液、沉淀和Marker加入胶孔中。恒定电流80V电泳30~40分钟，使条带到达浓缩胶和分离胶的界面，然后120V电泳40~50分钟，此时溴酚蓝刚好电泳至分离胶底部。将聚丙烯酰胺凝胶剥离玻璃胶板，做好标记放入容器中，加入考马斯亮蓝染色液R-250覆盖凝胶，并缓慢摇动2~4小时。弃掉染液，加入考马斯亮蓝脱色液，缓慢摇动4~6小时，换液，继续摇动，直到获得蓝色清晰条带（既干净背景），拍照记录。

（四）蛋白质的提取

在确定蛋白质最佳表达条件之后，取10μL保存的甘油菌接种于10mL LB液体培养基（含卡那霉素）中进行复苏，37℃、200rpm振荡过夜（12小时）。取10mL培养过夜的菌液接种到1 000mL LB液体培养基（含卡那霉素）中，37℃、200rpm摇至菌液吸光度为0.4~0.8，需2~3小时，加入IPTG使其终浓度为0.5mmol/L，37℃振荡培养6小时。10 000rpm离心10分钟，弃上清液，将沉淀用1×PBS缓冲液重悬后进行超声波破碎（参数跟之前一样，破碎时间20~30分钟），8 000rpm离心10分钟后收集上清液，用0.45μm孔径的滤膜进行过滤备用。

（五）蛋白质纯化、浓缩及浓度的测定

蛋白质纯化：过滤后的上清液采用His Trap TMFF crude柱收集蛋白质，按照说明书配置浓度为30mmol/L、pH值7.4的结合缓冲液与不同咪唑浓度的洗脱缓冲液（咪唑梯度分别为80mmol/L、100mmol/L、200mmol/L）。上样缓冲液，用0.22μm的滤器过滤。分别用ddH$_2$O和结合缓冲液（30mmol/L）清洗管道，将His Trap TMFF crude柱固定在机器上，设置液体流速为1mL/min，最大柱压为0.4MPa。结和缓冲液（30mmol/L）从A泵进样平衡柱子，至紫外线检测呈水平状态。将过滤的上清液上样，收集口收集流出样，重复上样一次。之后使用结合缓冲液（30mmol/L）洗脱非特异性结合的蛋白，至紫外线检测区域基准线。暂停系统，改为B泵进行梯度进样洗脱，根据紫外线检测产生峰值处收集样本，并对样本进行SDS-PAGE分析。

蛋白质的浓缩：将上述步骤收集的蛋白质用Millipore超滤管离心浓缩，在低加速度和低减速度下4 000g离心20分钟，离心结束后加入10倍体积的1×PBS缓冲液，再以同样的转速离心，重复此步骤2次，最后PBS缓冲液将会替换掉含有咪唑的蛋白质缓冲液

达到透析的目的。

蛋白质浓度的测定：采用BCA法测定蛋白质的浓度。首先冰上完全溶解标准品蛋白质，取10μL标准品蛋白质稀释10倍，使其终浓度为2mg/mL。分别在96孔板各孔中加入0.125mg/mL、0.25mg/mL、0.5mg/mL、0.75mg/mL、1mg/mL和2mg/mL标准品蛋白质，加1×PBS缓冲液补足到20μL，最后加入200μL的工作液，重复2次。取1μL和2μL待测样本加入96孔板的样本孔中，重复3次并用1×PBS缓冲液补齐至20μL后加入200μL工作液。避光条件下，37℃放置30分钟。最后用酶标仪测定波长在562nm或位于540～590nm的其他波长的吸光度，制作标准曲线，根据标准曲线方程计算浓缩后蛋白质的浓度。

（六）免疫印迹法鉴定蛋白质

根据待测蛋白质的大小选择合适浓度的SDS-PAGE，每个孔中上样10μg蛋白，80V电泳30分钟左右，电压调至120V继续电泳90分钟，等待测蛋白质完全分离。电泳后将凝胶取出，浸泡于转膜缓冲液中。滤纸也浸泡于转膜缓冲液中，聚偏二氟乙烯（polyvinylidene fluoride，PVDF）膜在100%甲醇中浸泡30～60秒。从电极板阴极到阳极方向，按照三层滤纸—胶—PVDF膜—三层滤纸的顺序放置好转膜装置。去除各层之间的气泡，电压100V，转膜时间根据具体的蛋白质分子大小确定。转膜结束后，将PVDF膜置入封闭液（5%脱脂牛奶），室温下振摇封闭2小时，然后加入一抗4℃孵育过夜。转膜结束后，将PVDF膜浸入TBS缓冲液中轻轻刷洗几秒，然后用5%脱脂牛奶4℃封闭过夜。取出PVDF膜，用TBST（tris-borate-sodium Tween-20缓冲液）洗涤3次（每次5分钟），加入一抗（鼠His-Tag多克隆IgG抗体）37℃摇床孵育1～2小时。再用TBST洗涤3次（每次5分钟），洗涤后加入二抗（用辣根过氧化物酶标记的羊抗鼠IgG抗体，37℃孵育1小时），再将PVDF膜用TBST洗涤3次（每次5分钟），然后避光将混合显影液（A、B液）均匀滴在PVDF膜上，与膜接触2分钟后，拍照观察，或者采用胶片曝光。

（七）体外细胞培养

1. 细胞复苏：取-80℃冻存的NIH/3T3和SMM102细胞，于37℃恒温水浴锅中迅速解冻，800rpm离心3分钟。用新鲜的DMEM完全培养基重悬后加入灭菌的方瓶中，在37℃、5% CO_2的恒温孵箱中培养，隔天更换一次新鲜的完全培养基，隔两天传代一次。

2. 细胞传代：所需培养液及试剂需提前放置于37℃水浴锅中预热至37℃备用。检查细胞传代材料是否齐全，如移液器、移液管、培养器皿、计数板、枪尖等。进入无菌室之前首先用肥皂洗手，并用75%乙醇擦拭消毒双手。细胞传代前先在倒置显微镜下观察细胞形态，确定细胞是否需要传代及细胞需要稀释的倍数。打开超净工作台的紫外灯照射台面30分钟左右，打开抽风机清洁空气，除去臭氧。超净工作台面应整洁，用75%乙醇擦净。用移液管吸去培养皿中的旧培养液。用2～3mL PBS缓冲液洗去残留的旧培养液。以10mL培养瓶为例，向瓶内加入2mL胰蛋白酶消化液，轻轻摇动培养瓶，使消化液覆盖所有细胞表面。在倒置显微镜下观察，当细胞质回缩或细胞间隙增大后，终止消化。吸除消化液，加入5mL完全培养基。用移液管吸取瓶内培养液，反复吹打消化好的细胞使其脱壁并分散，形成细胞悬液。血细胞计数板计数，再根据分传瓶数补加一定量的完全培养基制成细胞悬液，然后分装到新培养瓶中，最后放回CO_2培养箱中培养。

（八）划痕实验

1. 实验前准备：划痕实验在6孔板中操作。先用标记笔在6孔板背后均匀画横线，每隔0.5~1.0cm画一道，横穿过孔。每孔穿过5条线。

2. 细胞铺板：取对数生长期的NIH/3T3细胞，吸去培养皿中的培养基，加入2mL提前预热的胰蛋白酶液，放置于37℃孵箱中消化1~2分钟，并在显微镜下观察，细胞胞质回缩、细胞间隙变大，直到细胞完全消化。细胞消化后，加入5mL完全培养基终止消化。使用血细胞计数板计数，在每孔中加入约5×10^5个NIH/3T3细胞，37℃、5% CO_2培养箱培养过夜。

3. 第二天，显微镜下观察细胞密度，密度达到80%左右时，开始进行划痕实验操作。用装有200μL枪尖的移液枪进行划痕，划痕尽量垂至孔板背后所画横线，移液枪枪头要垂直，不能倾斜。每孔划痕3次。

4. 划痕结束以后，吸去旧培养基，并用PBS缓冲液洗涤细胞3次，去除划下的细胞，加入无血清培养基。

5. 放入37℃、5% CO_2培养箱，继续培养24小时后取样，拍照。拍照时，每孔每条划痕取上中下三个部分分别拍照记录。

（九）细胞增殖实验（MTT法）

1. 细胞铺板：取对数生长期的NIH/3T3和SMM102细胞，吸去培养皿中的培养基，加入2mL提前预热的胰蛋白酶液，放置于37℃孵箱中消化1~2分钟，并在显微镜下观察，细胞质回缩、细胞间隙变大，直到细胞完全消化。细胞消化后，加入5mL完全培养基终止消化。使用血细胞计数板计数，以每孔2 000个细胞接种到96孔板，每孔体积200μL，每个样本处理5个复孔，37℃、5% CO_2培养箱培养过夜。

2. 加药处理：第2天，首先倒置显微镜下观察细胞密度和均匀度，然后用完全培养基分别梯度稀释Pa-THY1、Pa-THY2、Pa-THY3和Tβ4蛋白质，至浓度为0.01μg/mL、0.1μg/mL、1μg/mL和10μg/mL。吸去96孔板中的旧培养基，在每孔中加入相应浓度（0μg/mL、0.01μg/mL、0.1μg/mL、1μg/mL和10μg/mL）新鲜培养基配制的Pa-THY1、Pa-THY2、Pa-THY3和Tβ4蛋白质，放入37℃、5% CO_2培养箱培养3天。

3. 呈色：细胞培养3天后，倒置显微镜下观察细胞生长情况。然后每孔加入MTT溶液（5mg/mL，用PBS缓冲液配制）20μL。轻轻混匀后，37℃继续孵育4小时，终止培养后，小心吸取孔内培养上清液。每孔加150μL DMSO，摇床上避光振荡约10分钟后，使结晶物充分融解。

4. 比色：打开酶联免疫监测仪，设置参数，振荡1分钟，选择490nm波长，在酶联免疫监测仪上测定各孔吸光度值，记录结果。根据未处理孔的吸光度值计算处理组的细胞增殖情况。

二、结果

（一）重组质粒PET-THY1和PET-THY2的构建

本实验成功从美洲大蠊cDNA序列中扩增出基因*THY1*、*THY2*和*THY3*条带，其大小与预期一致（图7-8）。

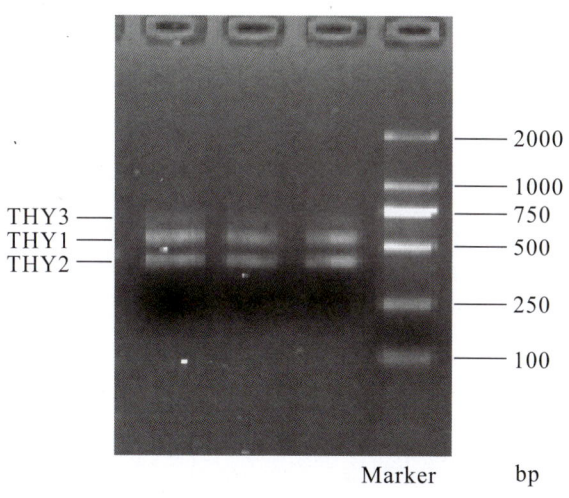

图7-8　带有酶切位点的PCR产物

成功将*THY1*和*THY2*基因克隆到PET-28（a+）表达载体上（*THY3*由其他成员单位完成），然后转化到大肠埃希菌BL21（DH3）中，挑取单克隆进行筛选鉴定，以重组子菌液为模板，用PCR方法检测，结果如图7-9所示。

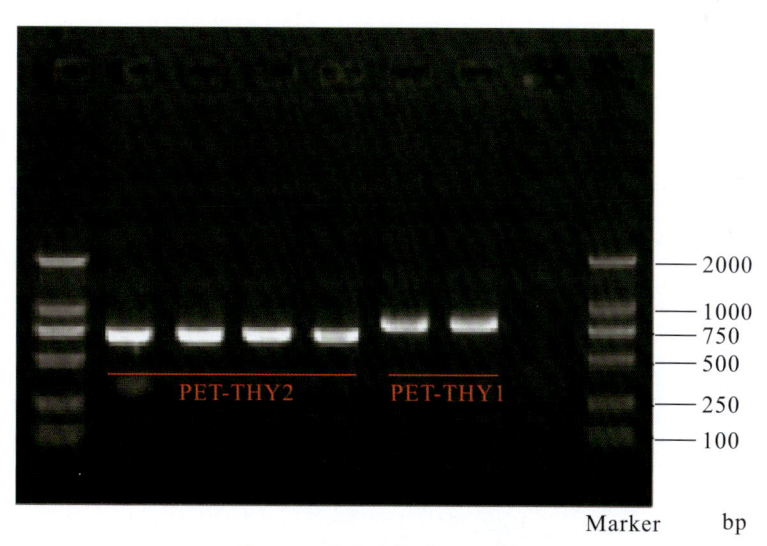

图7-9　重组子菌液PCR鉴定

将阳性菌株扩大培养提取质粒后，我们将重组质粒PET-THY1和PET-THY2进行双酶切鉴定（XhoⅠ和EcoRⅠ）（图7-10）。

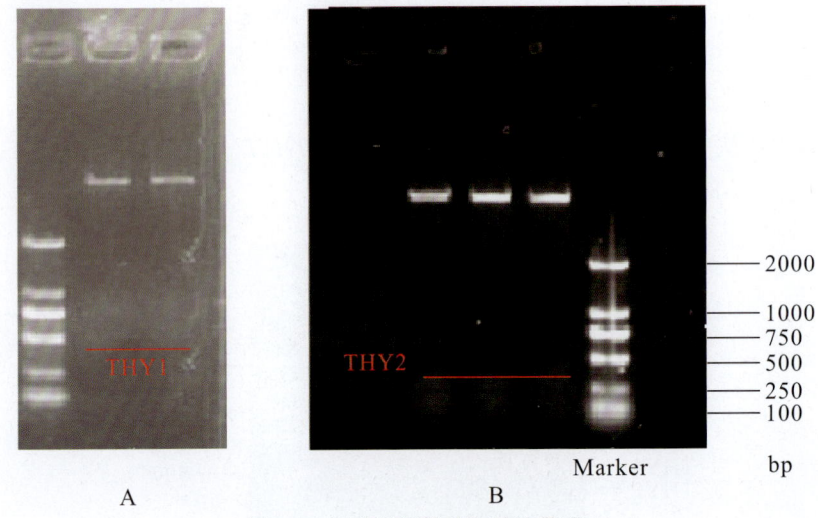

图7-10　重组质粒的双酶切鉴定

A.PET-THY1；B.PET-THY2

电泳结果显示该质粒经过酶切后产生两个条带，其中片段小的条带与我们的目的基因片段大小一样，证明我们成功构建了质粒PET-THY1和PET-THY2。

（二）胸腺素Pa-THY1表达条件的优化及纯化

经计算Pa-THY1大小为25kDa。通过改变诱导时间、IPTG诱导浓度及诱导温度等得到Pa-THY1高效表达的最佳条件。在诱导温度（37℃）和IPTG诱导浓度（0.5mmol/L）保持不变的情况下，在菌体诱导6小时就会产生相对较多的Pa-THY1。

在最适诱导时间（6小时）和诱导温度（37℃）不变的情况下，改变IPTG诱导浓度为0.10mmol/L、0.25mmol/L、0.50mmol/L、0.75mmol/L和1.00mmol/L，结果显示当IPTG诱导浓度为0.50mmol/L、0.75mmol/L和1.00mmol/L时，Pa-THY1表达量相对较高，由于IPTG具有毒性，因此我们选择最适IPTG诱导浓度为0.5mmol/L。

当选取最佳诱导时间（6小时）和最佳IPTG诱导浓度（0.5mmol/L）时，设置诱导温度为16℃、25℃和37℃，结果显示诱导温度为37℃时Pa-THY1表达相对较好。

纯化后的Pa-THY1见图7-11。

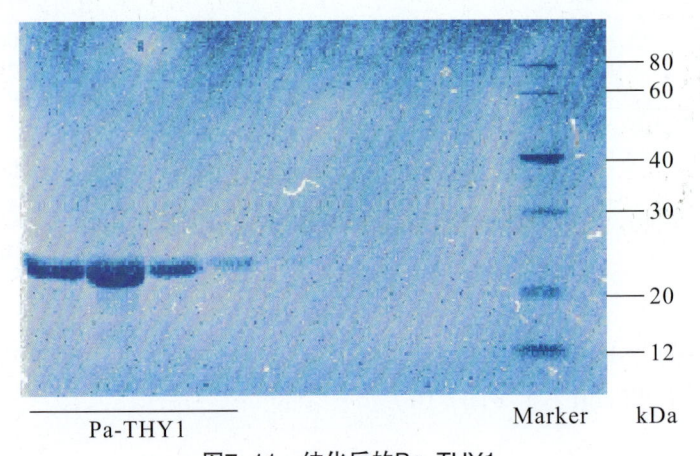

图7-11　纯化后的Pa-THY1

（三）胸腺素Pa-THY2的表达及纯化

经计算Pa-THY2蛋白的分子量约为20kDa。我们采用Pa-THY1的表达条件，对Pa-THY2进行诱导表达。

（四）胸腺素Pa-THYs的浓缩及浓度的测定

采用Millipore超滤管对纯化得到的Pa-THYs进行浓缩，SDS-PAGE检测结果如图7-12所示。可以看到超滤管浓缩后的Pa-THYs浓度增加，基本较纯，可用于后续实验。

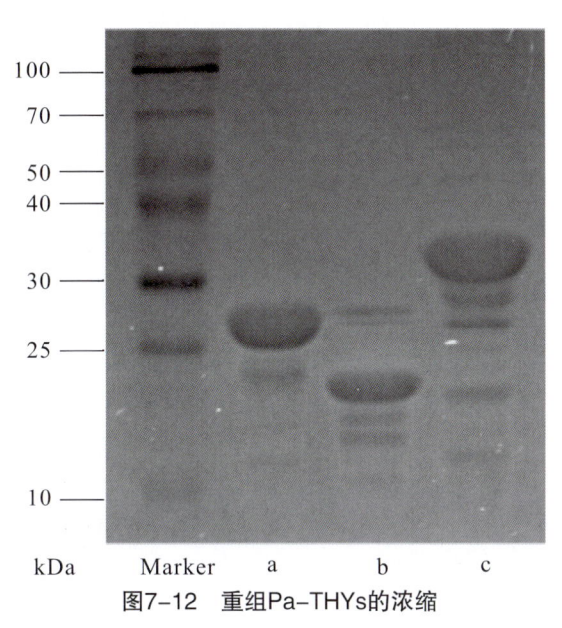

图7-12　重组Pa-THYs的浓缩

注：Marker，ProteinRuler I（12~80kDa）；a，b，c分别表示浓缩后的Pa-THY1、Pa-THY2和Pa-THY3。

（五）免疫印迹法鉴定蛋白质

为进一步确定蛋白质的正确性，采用免疫印迹法进行分析。分析结果显示出单一目的条带（图7-13），再一次证实我们纯化出蛋白质的正确性。

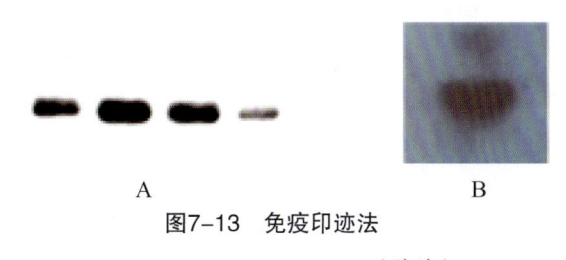

图7-13　免疫印迹法

A：Pa-THY1；B：Pa-THY2（胶片）

（六）胸腺素Pa-THYs的活性分析

1. 胸腺素Pa-THYs促进成纤维细胞的迁移。

成纤维细胞在伤口愈合过程中发挥重要的作用，它不仅参与肉芽组织的形成，还可以分泌各种促进伤口愈合的因子等，因此本实验采用了成纤维细胞（NIH/3T3）进行细胞迁移实验，图7-14是给药培养24小时后细胞迁移情况。由图7-14我们可以看到，24小时后实验组和阳性对照组均可促进成纤维细胞的迁移，并且胸腺素浓度影响细胞迁移能力。对于胸腺素Tβ4、Pa-THY1和Pa-THY2来说，在浓度为1μg/mL时，细胞迁移效果是最好的，浓度增高或者降低都可以影响其促迁移能力。而Pa-THY3在0.1μg/mL时就显示出了最好的促迁移能力，浓度增加其促迁移能力反而降低。Pa-THY1在0.1μg/mL时的促迁移能力与Tβ4和Pa-THY2在1μg/mL时的促迁移能力相当。Tβ4和Pa-THY2的促迁移能力差异不大。综合来看，Tβ4和Pa-THYs促迁移能力从大到小依次为：Tβ4≤Pa-THY2<Pa-THY1<Pa-THY3。

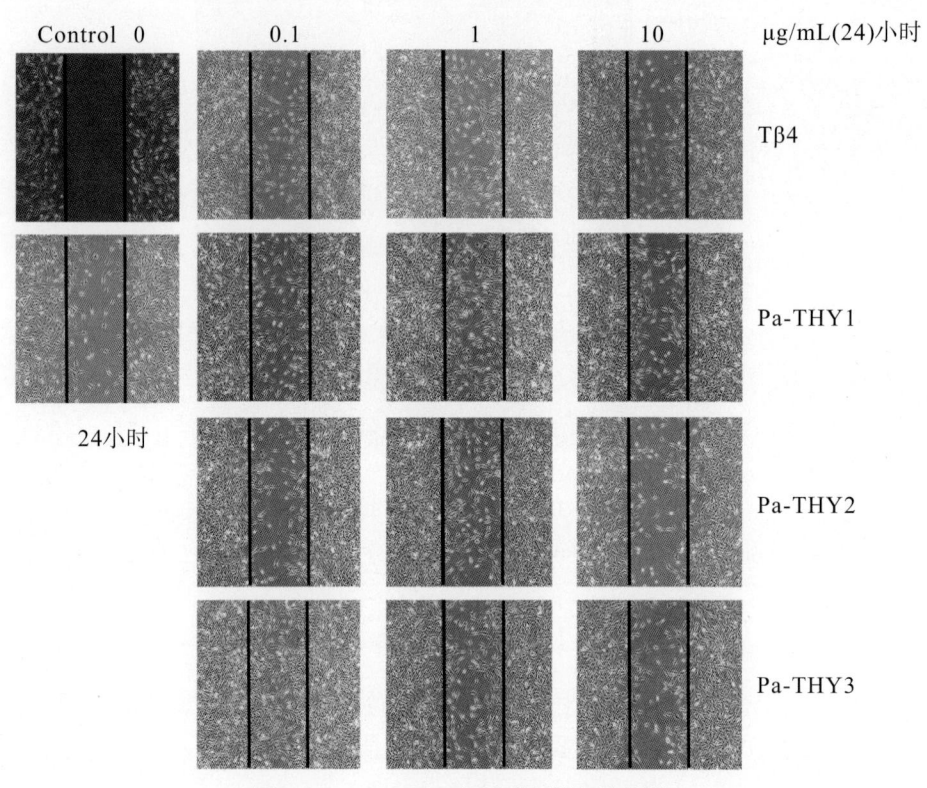

图7-14　Pa-THYs促进成纤维细胞迁移

2. 胸腺素蛋白Pa-THYs对细胞增殖的影响。

我们通过MTT法检测了Pa-THYs促成纤维细胞增殖的能力，同时检测Pa-THYs对人源黑色素瘤细胞增殖的影响。细胞培养72小时后，各浓度的Tβ4和Pa-THYs对成纤维细胞的增殖均没有明显作用，而对于黑色素瘤细胞系表现出一定的抑制增殖效果。

三、讨论

大肠埃希菌是目前应用最为广泛的克隆及表达宿主菌，其原核表达载体系统由于具有廉价、易于培养和培养时间短的特点而被作为蛋白质体外表达最常用的工具。常见的原核表达载体PET系列中的PET-28a表达载体，因含有T7噬菌体转录系统，使得目的基因高效表达。其含有His-Tag，His-Tag与Ni离子具有亲和作用，有利于蛋白的分离与纯化，并且引入的His-Tag分子量小，几乎不影响蛋白质的原有功能，是常用的蛋白质原核表达载体之一（唐威华等，2000；Wang等，2008）。近年来，关于胸腺素的体外表达已有一些报道，在研究人Tβ4的时候试图用PET系列载体表达，但均未成功，后采用融合表达的方式成功获取重组人Tβ4（李宪奎，2008）。有研究通过克隆的方法获得了鸡的Tβ4，然后将其构建成串联体，成功在PET系列载体中表达（李一凡等，2010）。这可能是由于单体胸腺素序列较短，难以在大肠埃希菌中获得高效表达，又或者是在大肠埃希菌中小的分子肽更容易被降解（Piers等，1993）。

美洲大蠊胸腺素相比于Tβ4，分子量较大，有多个重复的THY结构域。本实验通过原核表达的方法成功构建了重组质粒PET-THY1和PET-THY2，并通过诱导表达获得了Pa-THY1（25kDa）和Pa-THY2（20kDa），结果均与预测的带标签的重组蛋白质序列的理论分子量大致相当，但稍微有点偏大。这种预测和实际大小稍有偏差的现象在其他研究中也有报道，造成这种情况的原因有很多，可能是由His-Tag中的6个连续带有正电荷的组氨酸造成的，其降低了蛋白质的移动速率，导致表观分子量变大，一般只会出现几kDa的差距，并不影响今后的研究（唐威华等，2000）。美洲大蠊胸腺素是真核蛋白，在原核生物中属于异源表达，可能由于缺乏真核生物翻译后修饰所需酶类，易形成包涵体沉淀，所以我们尽量避免包涵体的形成，从而提高蛋白质的表达。

在此次实验中我们探索了蛋白质表达条件与表达量的关系，希望通过优化表达条件增加目的蛋白质的表达量。在蛋白质表达条件的探索中，控制了诱导时间、IPTG诱导浓度和诱导温度，实验结果表明重组胸腺素的表达量随着诱导时间的延长而增多，并在第6小时表达量相对较高。IPTG是蛋白质原核表达常用的诱导剂，但IPTG本身具有毒性，浓度太高会杀死大肠埃希菌而无法进行表达，其终浓度一般以0.1~1.0mmol/L为宜，实验结果显示在所检测的IPTG诱导浓度范围内，0.5~1.0mmol/L时蛋白质的表达量相对较高，因此我们选择IPTG诱导浓度为0.5mmol/L。在16℃和25℃诱导温度下，蛋白质的表达量相对于37℃要低，说明低温诱导无法提高可溶性蛋白质的表达效率（黄孔威等，2018）。然后我们将带有His-Tag的融合蛋白通过Ni柱进行亲和层析，纯化得到比较单一的目的蛋白，并对蛋白质进行浓缩、透析及验证。这为进一步研究其功能奠定了基础。

伤口损伤后，伤口边缘的细胞开始向伤口中心迁移，在皮肤表皮形成一层屏障（Grada等，2017），Tβ4可以有效地促进细胞的迁移来加速伤口的愈合。由于成纤维细胞是伤口愈合的关键细胞之一，我们选择成纤维细胞进行蛋白质活性分析。结果显示，胸腺素Pa-THYs可以促进成纤维细胞的迁移，但均不刺激成纤维细胞的增殖。促迁移能力与蛋白质浓度有明显的关系，Pa-THY1和Pa-THY2在较低和较高的浓度下都会抑制其促迁移能力，而Pa-THY3在较低浓度下可以促细胞迁移，浓度升高反而抑制了其促迁移能力，相比之下Pa-THY3的促迁移能力是最好的。细胞迁移涉及细胞骨架的动态变化过程，由于胸腺素是肌动蛋白偶合蛋白，调节肌动蛋白丝的组装与去组装过程，而肌动蛋白丝是细胞骨架的基本成分之一，因此我们推测，美洲大蠊胸腺素Pa-THYs促迁移能力的不同可能是由它们与球状肌动蛋白的结合能力差异引起的，不同的亚型可能结合不同数量的球状肌动蛋白。Pa-THYs可以促进成纤维细胞的迁移，暗示它们有可能促进伤口的愈合。

Tβ4对肿瘤细胞的作用一直备受争议，也是限制其临床应用的一个原因。一些研究表明Tβ4的异常表达与肿瘤细胞的入侵和转移有关，如胃肠道间质瘤、结肠癌、乳腺癌细胞和小鼠肺癌（Wang等，2003；Philp等，2004；Smart等，2007；Tang等，2011）。也有研究显示，胸腺素可能通过血管的生成促进肿瘤的生长（Li等，2007），然而其他一些研究却得出相反的结论。例如，在多发性骨髓瘤中，Tβ4的表达量明显降低，并且发现Tβ4在骨髓瘤的发展中能够抑制肿瘤细胞的增殖（Tapp等，2009）。此外，另外一些研究还表明，Tβ4的过表达不引起肿瘤细胞的增殖（Tokushige等，2002），Tβ4在转移性鼠源黑色素瘤细胞中表达上调，在非转移性鼠源黑色素瘤细胞中几乎检测不到，但对其增殖没有影响。我们的体外细胞实验研究表明，Tβ4对人源黑色素瘤细胞的增殖没有促进作用，相反却抑制其增殖，其作用效果与浓度有关，在较低浓度的时候起抑制作用，在浓度达1μg/mL时却没有影响。美洲大蠊Pa-THYs同样对人源黑色素瘤细胞的增殖产生抑制效果，Pa-THY1和Pa-THY3在较高浓度时抑制效果好，然而Pa-THY2的作用与浓度没有显著关系。这显示美洲大蠊3个亚型之间，以及单体胸腺素与多聚体胸腺素之间的作用机制可能不同。其他物种中胸腺素的不同亚型对细胞增殖也产生不同的效果，家蚕BmTHY1可以促进胃癌细胞的增殖，但BmTHY2却无作用（康志琼，2015），大闸蟹有2个胸腺素亚型EsTRP1和EsTRP2，后者能显著增加人肝癌细胞系的增殖，而前者对肿瘤细胞没有显著的影响（Gai等，2009）。因此，胸腺素对肿瘤细胞的作用及机制有待进一步研究。

第四节　美洲大蠊胸腺素促皮肤创伤修复的研究

皮肤是人体最大的外部器官，易遭受创伤。皮肤创伤修复是外科常见的问题，在一些老年人及糖尿病患者中，由于机体组织修复能力减弱、血管老化，皮肤创伤愈合速度减缓，伤口感染及损伤加重的风险增加，最终可能导致慢性创面。除此之外，皮肤创伤修复给社会带来沉重的经济负担和心理压力，美国每年用于皮肤创伤修复的费用超过300亿美元（Sen等，2010）。皮肤创伤修复是外科领域的热点话题之一。目前，皮肤创伤修复缺乏特效药物，现有的药物主要是用从植物中提取的有效小分子化合物、表皮生长因子类蛋白质及重组人血小板源性生长因子（platelet-derived growth factor BB，PDGF-BB）。但小分子化合物不稳定且活性低，生长因子价格昂贵、易形成瘢痕组织，限制了其临床应用（Hardwicke等，2008；Yong等，2014）。近年来，随着细胞生物学及分子生物学的迅猛发展，促进皮肤创伤修复的机制研究也在不断深入，这为药物的开发及靶向治疗奠定了基础。

皮肤创伤修复是皮肤自我修复的复杂生物学过程，涉及多种修复细胞、生长因子和细胞外基质之间相互作用。皮肤创伤修复过程虽然复杂，但却是一个高度协调有序的生理过程，通常可概括为3个阶段：止血和炎症反应阶段、细胞增殖分化阶段、组织重塑阶段（Akita等，2005）。各阶段各具特征，彼此之间又相互联系。在皮肤创伤修复过程中，成纤维细胞在肉芽组织形成、胶原沉积、创伤收缩和修复方面发挥着重要的作用（刘辉辉等，2013）。巨噬细胞可以识别和吞噬创伤组织中凋亡细胞、病菌、异物和坏死内容物等，起到清理创伤的作用，促进皮肤创伤修复。同时皮肤局部也直接分泌和调节血管生成因子，新形成的血管为创伤修复提供营养物质及氧气，是创伤修复的关键因素之一（刘亮和刘旭盛，2004）。

成纤维细胞是促进创伤修复的主要细胞之一，主要功能是参与肉芽组织形成及胶原纤维合成，其所合成的胶原纤维是细胞外基质的主要组分，直接影响创伤修复的质量。在创伤修复过程中，1型胶原纤维和3型胶原纤维起主导作用，二者的比例关系最终的修复结果。糖尿病小鼠的1型纤维/3型胶原纤维比值下降是造成其创伤修复能力下降的重要原因（Onodera等，2004）。

VEGF和碱性成纤维细胞生长因子（basic fibroblast growth factor，bFGF）是皮肤创伤愈合过程中肉芽组织形成的重要细胞因子。VEGF是内皮细胞特异性有丝分裂刺激因子，它能诱导内皮细胞的增殖，增加血管的通透性及促进血管的形成，在皮肤愈合过程中起着重要的作用（Gopalakrishnan等，2016）。bFGF属于成纤维细胞生长因子家族，能趋化不同类型的细胞迁移到创伤部位，能促进细胞增殖和分化，与VEGF协同促进新生血管形成，从而促进创伤修复（Brew等，1995）。

转化生长因子β（transforming growth factor β，TGF-β）能够诱导中性粒细胞和巨噬细胞向创伤部位迁移，能促进成纤维细胞增殖、细胞基质合成及角化细胞迁移等，从而缩短创伤修复时间（刘怀金，2012）。

基质金属蛋白酶（matrix metalloproteinase，MMP）在创伤修复过程中通过降解组织细胞外基质的结构骨架，参与基质重构过程（Martins等，2013）。PDGF则能促进创面局部血管再生，促进肉芽组织形成和成纤维细胞增殖（Danilenko等，1995）。

目前，关于上述因子的国内外研究多集中于单个因子在特定创伤修复时期的促修复作用。

在无脊椎动物中，通过对中华绒螯蟹、香港牡蛎（*Crassostrea hongkongensis*）、太平洋牡蛎及水螅建立创伤模型发现，创伤后体内的胸腺素表达量都有不同程度的变化，推测胸腺素可能参与创伤修复及组织再生的过程（Herrmann等，2005；Gai等，2009；Li等，2016；何文耀，2018）。大量实验证实，Tβ4可以促进皮肤创伤修复，是一种促血管生成因子，主要分布于细胞核和细胞质中（Thomas等，2004），其促进皮肤创伤修复的机制比较复杂，如促进血管生成、角化细胞迁移、降低创伤炎性细胞数量、促进胶原沉积和创伤收缩等（Malinda等，1997），具体作用机制目前尚不明了。有人在研究糖尿病及老龄小鼠模型时发现，Tβ4能够特异性地促进内皮细胞迁移及血管形成，从而加快创伤修复（Philp等，2003）。当Tβ4应用于类固醇免疫抑制大鼠、基因糖尿病db/db小鼠和老年小鼠皮肤创伤模型时，Tβ4会加速组织重塑、血管生成和创伤修复（Philp等，2003；Kleinman等，2016）。在大鼠皮肤全层创伤模型中发现，直接涂抹或者注射Tβ4都可以促进创伤修复（Malinda等，1999）。

动物实验研究表明，美洲大蠊提取物康复新液通过改善创面血液循环，促进修复细胞增殖和新生肉芽组织增长，促进新生血管形成，提高巨噬细胞吞噬能力，从而促进创面修复（张汉超等，2017）。研究也表明康复新液能促进小鼠早期压疮愈合，并上调创面的bFGF、TGF-β和VEGF等因子表达水平（王芳等，2017）。目前康复新液对皮肤创伤修复的有效药用成分还不清楚，作用机制有待进一步研究。Tβ4的研究结果表明其部分功能与康复新液的作用吻合，开展美洲大蠊胸腺素的研究有助于了解康复新液等的药效机制。

一、材料与方法

（一）胸腺素基因（*THYs*）在血液和脂肪体中的表达量

1．美洲大蠊创伤模型的建立。

我们选择生长状态良好的美洲大蠊雄成虫进行实验，去除美洲大蠊两条后足后，分别饲养3小时、6小时、12小时、24小时和48小时，每个时间段各5只虫体，作为实验组，将0小时未处理美洲大蠊作为对照组。

2．RNA的提取、检测及逆转录。

血液RNA的提取：采用成都福际生物技术有限公司的血液RNA提取试剂盒，方法步骤与组织RNA提取类似（没有组织研磨）。

3．荧光定量PCR。

通过荧光定量技术检测损伤后不同时间段美洲大蠊胸腺素基因*THY1*、*THY2*和*THY3*的表达量，以β-actin作为内参基因，引物信息见表7-18。参考TransStart Tip Green qPCR SuperMix说明书推荐的反应体系，采用"两步法"进行PCR。反应程序：预变性94℃ 2分钟；变性94℃ 30秒、60℃ 30秒，40个循环。溶解曲线参数：65℃～95℃，每10秒上升0.5℃。

表7-18　荧光定量PCR引物

引物名称	序列（N端到C端）
THY1F	GCGAGCTTATTCAAGGTGTC
THY1R	CTCAATGGCATCTTTGTCTG
THY2F	GAAGATGTTGCCACCGAA
THY2R	AGAGGATTCTTTTCTTGGGT
THY3F	CGAGCTTATTCAAGGTGTC
THY3R	TCAATGGCTTCTGGGTCTG
β-actin F	AGAGGGAAATCGTGCGTGAC
β-actin R	GCCTCCTTCTTGGGTATGG

（二）小鼠实验

1．实验动物分组和处理。

清洁级昆明雄性小鼠120只，体重22～26g，购于成都达硕实验动物有限公司。采用标准颗粒饲料饲养，自由饮水，室温24℃±2℃，相对湿度30%～50%。购买小鼠后，随机将小鼠分为8组：阴性对照组（PBS缓冲液）、阳性对照组（Tβ4 5μg/μL）、Pa-THY1高剂量组（5μg/μL）、Pa-THY1低剂量组（2.5μg/μL）、Pa-THY2高剂量组（5μg/μL）、Pa-THY2低剂量组（2.5μg/μL）、Pa-THY3高剂量组（5μg/μL）和Pa-THY3低剂量组（2.5μg/μL），每组15只。适应性喂养1周。

2. 脱毛及皮肤全层创伤模型的制备。

将小鼠用10%水合氯醛［剂量=小鼠的体重（g）×0.0035mL/g］麻醉后，剪去背部的毛发，然后用75%乙醇擦拭皮肤表面，涂抹适量的脱毛膏（Veet，日本）。放置1～2分钟，轻轻用棉花擦去皮肤表面的脱毛膏，然后用温水清洗皮肤表面。常规消毒后，于小鼠背部以脊柱为中线切除直径约1.2cm的圆形皮肤，深达筋膜层，创面以消毒纱布止血后暴露。

3. 小鼠给药及日常记录。

创伤处理完24小时后，按照分组分别给小鼠创伤拍照，称取小鼠体重并给药。将不同浓度的胸腺素溶液直接涂抹于小鼠创伤表面，给药量为50μL，每隔24小时给药一次。每天观察小鼠伤口的变化、小鼠活动情况及小鼠状态。每隔2天称重一次，并拍照记录创伤修复情况。

4. 创伤面积及收缩率的计算。

采用Image-Pro Plus6.0软件分析创伤后第0、3、5、7、9和11天小鼠背部创伤面积，并用如下公式计算愈合率：

$$y(n) = \frac{A_0 - X_n}{A_0} \times 100\%$$

式中：$y(n)$为第n天的愈合率（%），A_0为初始创伤面积（cm^2），X_n为第n天的创伤面积。

5. 组织样本收集。

于处理第3、5、7、10天后分别取各组小鼠（每组各3只）创伤皮肤组织（包含离创伤边缘1～2mm的正常皮肤组织）及其基底部，并将其均分为2部分。一部分用4%多聚甲醛固定，用于制作组织切片，另一部分快速存于-80℃用于RNA的提取。

（三）分子病理实验

1. 免疫组化缓冲液配制。

（1）TBS（Tris-HCl）缓冲液（0.5mol/L，pH值7.6）100mL：称取NaCl 8.5g，定容至1 000mL。

（2）柠檬酸盐缓冲液：分为储存液和工作液。

储存液：①A液（0.1mol/L柠檬酸溶液），天平称取21.01g柠檬溶于1 000mL蒸馏水中。②B液（0.1mol/L柠檬酸钠溶液），天平称取29.41g柠檬酸钠溶于1 000mL蒸馏水中。

工作液：分别取9mL A液和41mL B液加入450mL蒸馏水中，调节溶液pH值至6.0，0.01mol/L柠檬酸缓冲液用于石蜡组织抗原修复。

2. 组织固定、切片。

用手术剪剪取创伤皮肤组织后,先用生理盐水洗去血液,然后立即用4%多聚甲醛溶液固定、石蜡包埋和切片。石蜡切片厚度均为4μm。

3. HE染色。

为观察皮肤创伤修复过程中的组织结构及细胞变化,将石蜡切片常规脱蜡、水化。首先二甲苯Ⅰ、Ⅱ各10分钟。其次梯度乙醇:100%,2分钟;95%,2分钟;80%,2分钟;70%,2分钟。最后用蒸馏水洗2次,每次5分钟(置于摇床)。苏木素染色2分钟,自来水冲洗15~30分钟返蓝,1%盐酸乙醇分化30秒,再用伊红复染5分钟,冲水5分钟后干燥封片。在光学显微镜下观察细胞变化。

4. Masson染色。

石蜡切片常规脱蜡、水化后滴加Masson染液,在常温下染2小时后用自来水冲去多余染液。干燥封片后在光学显微镜下观察胶原纤维的形态及分布特点并采图。

5. 免疫组化染色。

CD31抗体(1:100)用于免疫组化检测皮肤组织血管内皮细胞密度。

小鼠皮肤组织切片常规脱蜡、水化(同上),用免疫组化笔将组织圈起来,在组织部位加入50μL H_2O_2溶液,室温孵育10分钟(避光),然后用蒸馏水洗2次,每次5分钟(置于摇床)。采用高压修复技术,将切片放入组化盒中,加入柠檬酸钠缓冲液(10mmol/L,pH值6.0),直到淹没切片,放入高压锅内,盖上锅盖。等到高压锅内煮沸,并向外排气约3分钟后缓慢冷却。放置室温直到完全冷却,整个过程中组织不能干。PBS缓冲液洗2次,每次5分钟(置于摇床)。从组化盒中将切片取出,擦净切片背面水分及切片正面组织周围的水分(保持组织呈湿润状态),放到暗盒中,并在暗盒下面加入水进行保湿,然后滴加50μL正常山羊血清至每个组织中,37℃,30分钟。用滤纸吸去血清,不洗,直接滴加50μL稀释好的一抗,置于4℃冰箱过夜。从4℃冰箱取出切片,PBS缓冲液洗2次,每次5分钟。每个组织滴加50μL生物素化的二抗,37℃,40分钟,PBS缓冲液洗2次,每次5分钟。每个组织滴加50μL三抗(SAB复合物),37℃,40分钟,PBS缓冲液洗2次,每次5分钟。每个组织加入50μL DAB染液进行显色,镜下观察,适时终止。显色完成后,自来水充分冲洗。苏木素复染后,自来水冲洗返蓝30分钟。梯度乙醇脱水后封片,在光学显微镜下观察、图像采集。

6. 不良反应分析。

涂药后每天观察记录小鼠毛色、食量、灵活度及体重变化。

7. 结果判断及统计学分析。

HE染色切片观察组织修复情况、炎性细胞的数目、成纤维细胞及肉芽组织生成情况。Masson染色后胶原纤维、黏液、软骨呈蓝色,弹力纤维呈棕红色,肌纤维和红细胞呈红色,细胞核呈蓝黑色。血管经CD31染色后以棕黄色的颗粒状沉积为阳性。在显微镜下,观察阳性血管及微血管的生成情况,进行图象采集。

8. 数据处理。

创伤面积计算采用Image-Pro Plus6.0软件进行分析,所得数据描述采用均数±标准差($X±sd$)的形式,不同组间的比较采用单因素方差分析(One-way ANOVA),两两比较采用Dunnett's t检验法。使用Graphpad prism7.0软件进行统计学分析，计算显著性采用单因素方差分析，其$P<0.05$表示差异显著，$P<0.01$表示差异非常显著。

（四）创伤修复因子的检测

1. Trizol法提取总RNA。

样本裂解：称取少量动物组织（我们的常规操作是1.5mL Trizol加入60mg组织量，保证组织量不会过多），液氮下迅速研磨成粉末；加入1.0mL Trizol于漩涡振荡器上混匀，静置5分钟；4℃，12 000g离心5分钟，将上清液转入新的2.0mL EP管，使组织细胞充分裂解。

抽提：每1mL Trizol加入200μL氯仿与异戊醇混合液（24：1），振荡混匀，4℃、12 000g离心10分钟；转移上清液至新的2.0mL EP管中，加入等体积氯仿与异戊醇混合液（24：1），充分混匀后，4℃、12 000g离心10分钟。如果抽提效果不理想，可重复进行一次氯仿与异戊醇混合液抽提。

沉淀及溶解：将上一步的上清液转移至新的2.0mL EP管中，加入等体积异丙醇，-20℃放置1～2小时；4℃、13 600rpm离心10分钟，弃掉上清液；沉淀用75%乙醇漂洗2次，需要上下颠倒使沉淀悬浮起来，每次静置3分钟后于4℃、13,600rpm离心5分钟；弃掉上清液，将沉淀置于超净工作台晾干（只要明显液体挥发干即可，切勿过于干燥），用30～50μL Nucdease-free water溶解RNA沉淀。

2. 荧光定量PCR引物信息。

实验中所用引物由成都擎科梓熙生物技术有限公司合成，引物信息如表7-19所示。

表7-19 荧光定量PCR引物

引物名称	正向引物F（N端到C端）	反向引物R（N端到C端）
VEGF	CTACTGCCGTCCGATTGA	TCTCCGCTCTGAACAAGG
TGF-β	AATACGTCAGACATTCGGGAAGCA	GTCAATGTACAGCTGCCGTACACA
bFGF	TGCTTCCACCTCGTCTGTCT	GAGGCAAAGTGAAAGGGACC
MMP-2	GAACTTGCGATTATGCCATGATGAC	TCTGAGGGATGCCATCAAAGAC
PDGF-BB	CCAGGACGGTCATTTACG	TGGTCTGGGTTCAGGTTG
β-actin	CATCCGTAAAGATCTATGCCAAC	ATGGAGCCACCGATCCACA

PCR反应条件：预变性94℃ 2分钟；94℃变性 10秒、59℃变性 30秒，共40个循环；65℃～95℃，每10秒上升0.5℃。

3. 数据分析。

使用Graphpad prism7.0软件进行统计学分析，计算采用单因素方差分析，$P<0.05$表示差异显著，$P<0.01$表示差异非常显著。

二、结果

（一）损伤后血液中THYs的表达量

美洲大蠊在损伤后48小时内血液中THY1、THY2表达量的变化趋势相同，即损伤后一段时间内表达量下降，3小时后开始上升，并在6小时达到最高，几乎是对照组的20倍；之后又开始下降，到24小时恢复至与未受伤时一样；24小时后THY2表达量又开始上升，并接近于其在6小时的表达量，而THY1的表达量在24小时后稍有上升，但与未受伤时差异不大。相比之下，THY3表达量的变化波动不大，受伤初期其表达量同样开始下降，3小时后几乎没有变化，直到12小时后表达量才开始缓慢上升，并在24小时达到了未受伤时的表达量，之后开始下降，在48小时几乎检测不到。这一结果提示，美洲大蠊损伤后THYs可能参与创伤修复过程，并且THY1和THY2起主要作用。

（二）损伤后脂肪体中THYs的表达量

美洲大蠊损伤后3种胸腺素表达量在脂肪体中呈现出不同的变化。其中THY1和THY2的变化趋势是一致的，即损伤后开始下降并在6小时达到最低，几乎检测不到，之后又开始逐渐上升，并在24小时达到最高水平，然后又开始下降，48小时的表达量与未损伤时相比差异不大。THY3的表达量却存在不一样的结果，受伤之后THY3并没有下降，反而呈现快速上升趋势，3小时是对照组的3.5倍，之后又开始逐渐下降，6小时几乎检测不到；之后又开始快速上升并在12小时达到与3小时一样的水平，然后又继续下降，48小时的表达量与未受伤时一致。这一结果提示，美洲大蠊损伤后，脂肪体也参与了创伤修复过程，THY3可能发挥主要作用。

（三）造模后小鼠体重变化

在观察小鼠状态的同时，我们也记录小鼠的体重变化。造模24小时后称量体重，然后每隔一天记录一次。结果显示，给药组的小鼠体重变化趋势和对照组基本一致，即造模后都在缓慢增加，且在第9天小鼠的体重达到最高值，唯一的差别是阴性对照组在创伤修复期间个体之间体重差异较大（图7-15、表7-20）。对小鼠体重进行统计学分析发现，各组之间的体重变化无显著性差异，但是在第7天小鼠的体重跟第0天相比，阴性对照组只增加了约2g，而实验组与阳性对照组的体重几乎增加了4g。

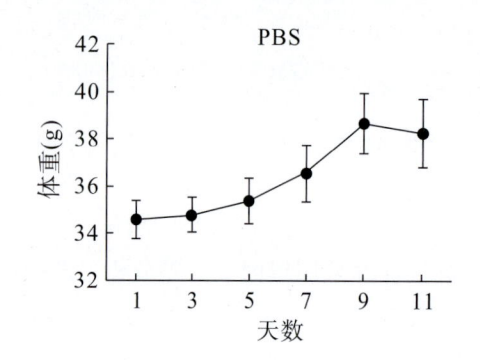

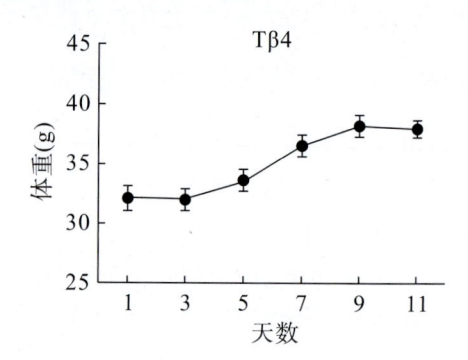

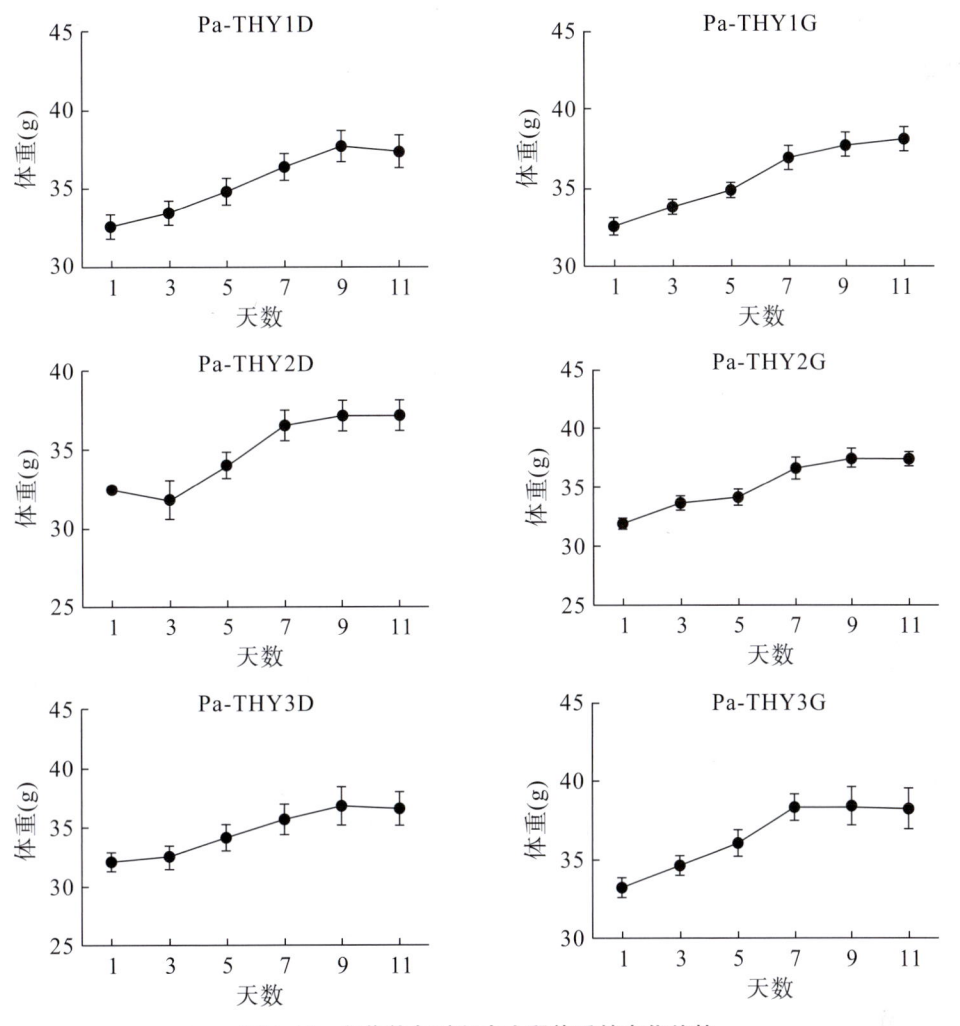

图7-15 创伤修复过程中小鼠体重的变化趋势

表7-20 创伤修复过程中小鼠的体重

组别	体重（g）					
	创伤当天	第3天	第5天	第7天	第9天	第11天
阴性对照组	34.58 ± 1.83	34.80 ± 2.21	35.39 ± 1.91	36.54 ± 2.96	38.48 ± 2.57	38.00 ± 2.54
阳性对照组	32.05 ± 2.32	31.98 ± 2.47	33.66 ± 2.16	36.55 ± 2.06	38.22 ± 1.79	38.00 ± 1.41
Pa-THY1 低剂量组	32.57 ± 2.34	33.47 ± 2.30	34.86 ± 2.07	36.40 ± 2.11	37.70 ± 1.76	37.40 ± 2.06
Pa-THY1 高剂量组	32.55 ± 1.70	33.73 ± 1.50	34.83 ± 1.25	36.99 ± 1.71	37.77 ± 1.67	38.13 ± 1.65

续表

组别	体重（g）					
	创伤当天	第3天	第5天	第7天	第9天	第11天
Pa-THY2 低剂量组	32.54 ± 0.83	31.81 ± 1.05	34.03 ± 1.18	36.57 ± 1.31	37.17 ± 1.31	37.17 ± 1.31
Pa-THY2 高剂量组	31.92 ± 1.41	33.68 ± 1.80	34.16 ± 1.75	36.56 ± 2.38	37.58 ± 1.59	37.42 ± 1.13
Pa-THY3 低剂量组	32.08 ± 2.43	32.46 ± 2.61	34.15 ± 2.91	35.63 ± 2.81	36.62 ± 2.99	36.58 ± 2.78
Pa-THY3 高剂量组	33.25 ± 1.80	34.62 ± 1.82	36.04 ± 2.17	38.30 ± 2.05	38.40 ± 2.42	38.24 ± 2.59

（四）创伤修复表观

实验过程中，在造模后第1~3天阴性对照组小鼠活力减弱、毛色暗淡、尾巴变细、反应迟钝及出现畏寒等现象，之后逐渐恢复正常。实验组和阳性对照组最初几天极少部分小鼠也出现了反应迟钝及畏寒等现象。我们通过拍照记录了小鼠创伤修复的整个变化过程。随机选取5只小鼠中的1只，进行创伤随时间变化的作图分析（图7-16）。在治疗过程中小鼠创伤有不同程度的好转，阴性对照组小鼠的痂块厚重且难以脱落，实验组和阳性对照组的痂块在创伤修复前期都有不同程度的脱落。造模24小时后，创伤变干燥并有大块痂块形成。在治疗第3天，肉眼观察可见，所有组创伤的痂块逐渐变为黄色，部分组创伤面积明显缩小。实验组与阳性对照组创伤表面痂块湿润、柔软，肉芽组织新生，无明显分泌物，痂为黄色。阴性对照组创伤表面仍较干燥、痂块较硬，无明显肉芽颗粒生长，有少许黄色液体流出。在治疗第5天时，实验组相继出现初始痂块脱落，在创伤上形成一层鲜红的薄皮，阳性对照组也出现类似情况，而阴性对照组只有极少部分小鼠在第7天出现此情况，大部分的痂块厚重且在第10天之后才开始陆续脱落。在治疗11天后，实验组及阳性对照组创伤几乎完全修复，阴性对照组尚未完全修复。

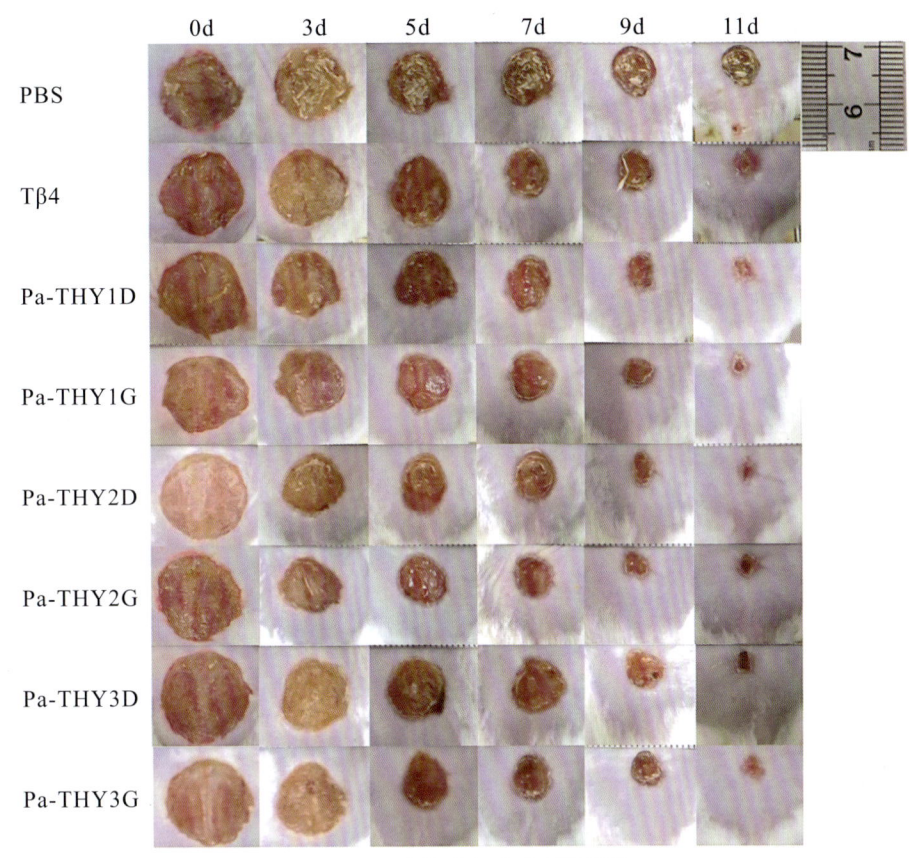

图7-16 小鼠背部皮肤创伤照片

在给药后第0、3、5、7、9、11天对小鼠创伤进行拍照并计算创伤面积,通过小鼠创伤面积比较不同时间段创伤的愈合率。结果显示:与阴性对照组相比,在治疗第3天,实验组小鼠愈合率显著提高,与阴性对照组相比具有统计学差异,但是阳性对照组和阴性对照组相比无统计学差异。实验组与阳性对照组相比:Pa-THY2高剂量组(34%)愈合率显著高于阳性对照组(23%),Pa-THY3高剂量组(36%)极显著高于阳性对照组;在治疗第5天,各组愈合率之间均无统计学差异;在治疗第7天,和阴性对照组(56%)相比,阳性对照组和实验组[除了Pa-THY3高剂量组(64%)]小鼠愈合率(67%~69%)显著提高;在治疗第9天,只有阳性对照组、Pa-THY1高剂量组和Pa-THY2高剂量组(86%~89%)显示出与阴性对照组的统计学差异;在治疗第11天,阳性对照组与实验组愈合率达到95%以上,并将近完全修复,阴性对照组创伤并未完全修复,愈合率仅为84%。整个实验过程中高、低剂量组间并未表现出明显的差异,但通过与阴性对照组的比较发现,高剂量组稍微优势于低剂量组。从创伤表面看,美洲大蠊Pa-THYs具有使创伤修复的能力,且3个亚型并未表现出明显的差异(表7-21、图7-17)。

表7-21 创伤修复过程中各组愈合率（%）（n=5, $\bar{x} \pm s$）

组别	时间					
	第0天	第3天	第5天	第7天	第9天	第11天
阴性对照组	0	0.21 ± 0.10	0.46 ± 0.05	0.56 ± 0.08	0.71 ± 0.05	0.84 ± 0.06
阳性对照组	0	0.23 ± 0.07	0.48 ± 0.06	0.67 ± 0.04[Aa]	0.86 ± 0.04[Aa]	0.97 ± 0.01[Ab]
Pa-THY1低剂量组	0	0.28 ± 0.07	0.48 ± 0.09	0.67 ± 0.07[Aa]	0.83 ± 0.08	0.96 ± 0.02
Pa-THY1高剂量组	0	0.30 ± 0.08[Ab]	0.51 ± 0.06	0.69 ± 0.05[Ab]	0.86 ± 0.05[Aa]	0.97 ± 0.02[Aa]
Pa-THY2低剂量组	0	0.30 ± 0.06[Aa]	0.54 ± 0.05	0.68 ± 0.05[Aa]	0.85 ± 0.07	0.99 ± 0.00[Ab]
Pa-THY2高剂量组	0	0.34 ± 0.05[Ac; Bb]	0.54 ± 0.07	0.68 ± 0.06[Aa]	0.89 ± 0.05[Aa]	0.96 ± 0.02[Aa]
Pa-THY3低剂量组	0	0.29 ± 0.07[Aa]	0.52 ± 0.05	0.67 ± 0.04[Aa]	0.84 ± 0.06	0.96 ± 0.01[Aa]
Pa-THY3高剂量组	0	0.36 ± 0.08[Ad; Bd]	0.51 ± 0.099	0.64 ± 0.07	0.84 ± 0.06	0.95 ± 0.01

注：A，与阴性对照组相比；B，与阳性对照组相比；a，*；b，**；c：***；d：****；$P<0.05$，$P<0.01$，**。

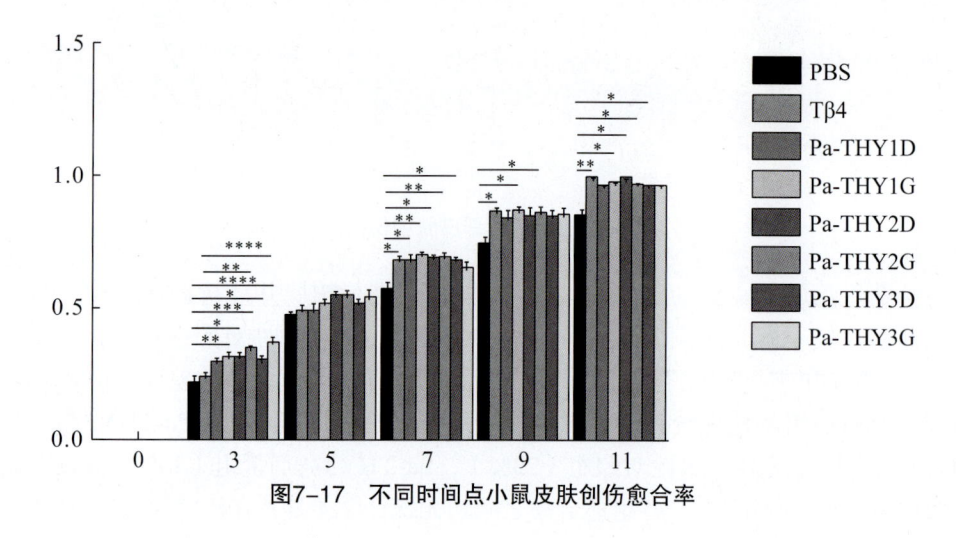

图7-17 不同时间点小鼠皮肤创伤愈合率

（五）小鼠创伤组织学分析

除了通过表面观察创伤修复情况，我们还需要从组织学方面做进一步的分析。由于实验组中高低剂量组的创伤修复情况并无统计学差异，但通过与阴性对照组的比较发现高剂量组略优于低剂量组，因此我们选择了与阳性对照组浓度相同的高剂量组（5μg）进行后续的HE染色、CD31染色和Masson染色组织学分析。

通过HE染色观察小鼠创伤修复的情况，分别从肉芽组织生成、成纤维细胞和炎性细胞的数量3个方面进行分析。我们将第3、5、7和第10天的小鼠皮肤创伤进行HE染色，取材时剪取部分创伤周围（距离创缘1～2mm）的正常皮肤，以便观察表皮细胞及其他细胞迁移进创伤的情况。第3天，我们可以清楚地看到Pa-THY1高剂量组和Pa-THY3高剂量组有大量的成纤维细胞和单核细胞迁移到创伤底部，有少部分的肉芽组织形成；Pa-THY2高剂量组和阳性对照组相对较少，而阴性对照组只有极少部分。第5天，实验组创伤处有大量肉芽组织形成，并填充创伤向上迁移，伴随着少部分的脂肪组织出现。阳性对照组肉芽组织相对较少，有大量的脂肪组织填充创伤。而阴性对照组肉芽组织和脂肪组织较少，只填充极少的创伤。第7天，实验组和阳性对照组的肉芽组织已经几乎全部填充完创伤，炎性细胞数目逐渐减少；阴性对照组创伤处未完全被肉芽组织填充，还有较多的结缔组织，炎性细胞数目较多。第10天，除了阴性对照组，其他各组已经完全上皮化，表皮层有明显的角质层、透明层、颗粒层、棘层和基底层，炎性细胞几乎消失，成纤维细胞数目减少，真皮组织的厚度较第7天有所增加，部分组的肉芽组织较之前开始退化。阴性对照组未完全上皮化，炎性细胞较第7天有所减少，存在少许的结缔组织，肉芽组织即将填满创伤缺损处（图7-18）。

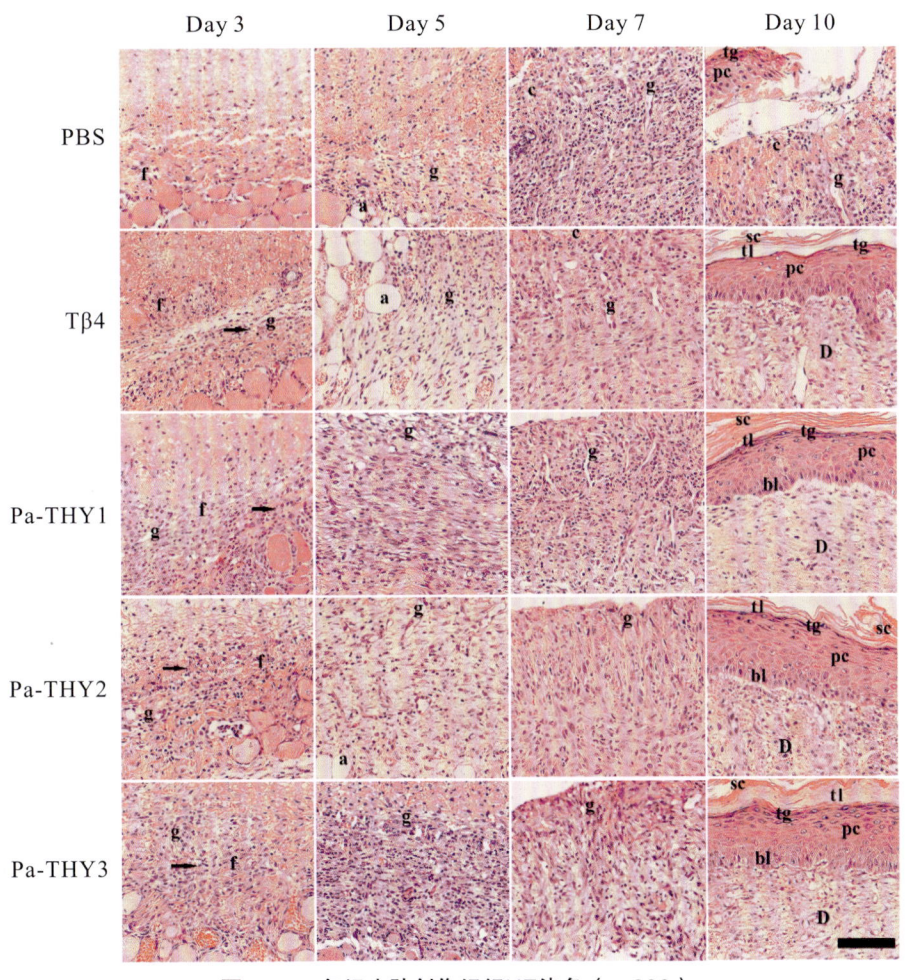

图7-18 各组皮肤创伤组织HE染色（×200）

注：a，脂肪组织；c，结缔组织；f，成纤维细胞；g，肉芽组织；sc，皮肤角质层；tl，透明层；tg，颗粒层；pc，棘细胞层；bl，基底层；D，真皮；单核细胞（箭头所指方向）。

肉芽组织由成纤维细胞、毛细血管和巨噬细胞构成，所以损伤初期大量的成纤维细胞向创伤中心迁移，大量的毛细血管从创伤底部出现，预示着肉芽组织的形成及增生。CD31是血管的特异性标志物，经过CD31免疫印迹反应，血管呈棕色。由图7-19可以看出，第3天各组在创伤底部开始出现毛细血管并向上延伸。实验组和阳性对照组创伤底部出现较多的毛细血管，而阴性对照组具有极少的毛细血管。第3天到第7天，所有组的条索状血管数量逐渐增加。第10天，由于阳性对照组和实验组创伤几乎完全修复，因此条索状血管几乎消失，有少许小血管形成。而阴性对照组由于创伤未完全修复，所以还存在大量的条索状血管。

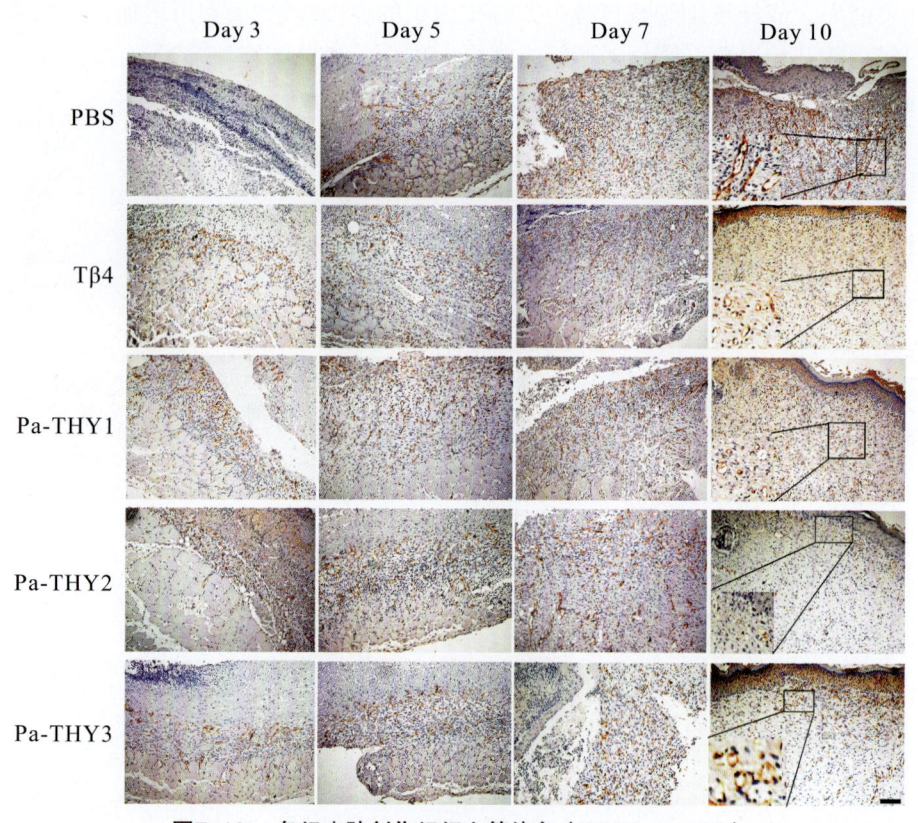

图7-19　各组皮肤创伤组织血管染色（CD31，×100）

（六）美洲大蠊胸腺素对创伤处胶原纤维的影响

Masson染色是观察胶原纤维的经典染色，它将胶原纤维染成蓝色、肌肉层染成红色，染色结果如图7-20所示。由图7-20可知在第3天（除阴性对照组），胶原组织在创伤组织显色明显，在创伤底部有大量的胶原纤维产生、增粗、增厚；之后胶原纤维持续活跃，向创伤中心增殖。到第7天，胶原纤维已经覆盖大部分缺损创伤。第10天相比于其他几天，胶原纤维的含量增多。由图7-20可知，实验组胶原纤维在创伤修复过程中逐渐增加，而阴性对照组在创伤修复期间胶原纤维含量相对较低，可能是创伤修复延迟的一个原因。

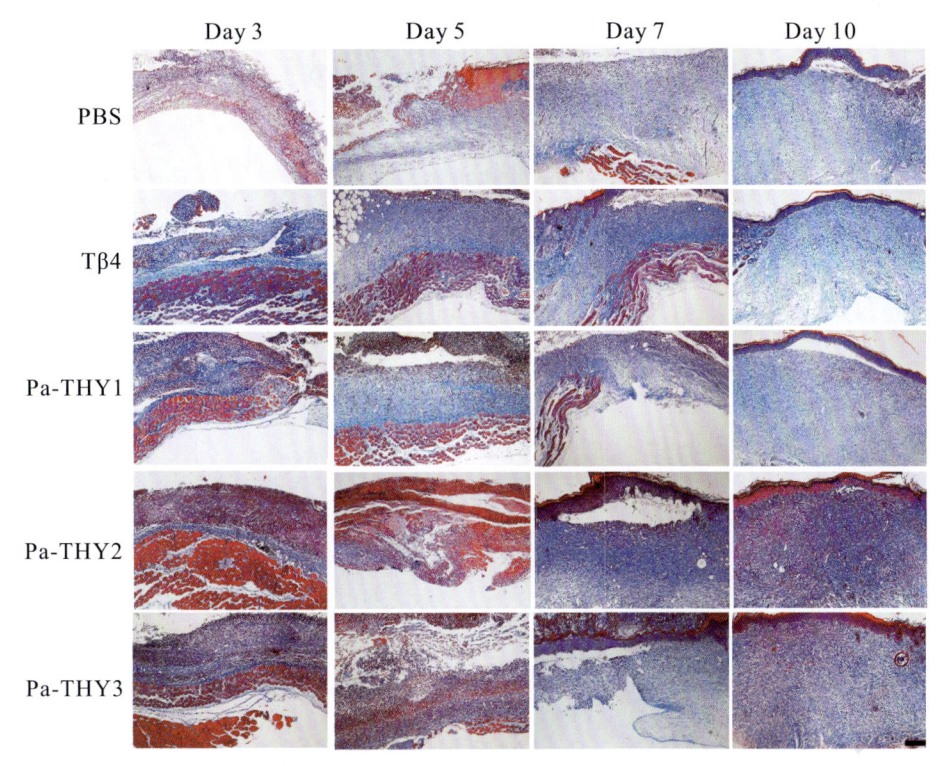

图7-20　各组皮肤创伤组织胶原纤维染色（Masson，×40）

（七）美洲大蠊胸腺素促进创伤修复因子的表达

创伤修复过程中需要许多生长因子和细胞因子发挥作用，我们选择了几种与创伤修复相关的因子（bFGF、VEGF、TGF-β、MMP-2、PDGF-BB）进行了表达量分析。首先计算了同一时间点不同处理后各因子的变化（与阴性对照组相比）（图7-21）。

在Pa-THY1处理后，VEGF在第3天和第5天表达量略高于阴性对照组，但在第7天显著低于阴性对照组；bFGF在第5天、第7天和第10天表达量显著高于阴性对照组，第3天无明显变化；MMP-2只在第5天略高于阴性对照组，在第3天和第10天都低于阴性对照组；TGF-β和PDGF-BB都在第5天高于阴性对照组，其他时间点无明显差异。

在Pa-THY2处理后，VEGF表达量在第5天和阴性对照组相比无明显变化，但在第3天、第7天和第10天都低于阴性对照组；bFGF在第3天和第5天表达量显著高于阴性对照组，其他时间点无明显差异；MMP-2的表达量在第5天和第7天高于阴性对照组，其他时间点无明显差异；TGF-β的表达量在第3天低于阴性对照组，在第5天和第7天高于阴性对照组，第10天无明显差异；PDGF-BB在第5天高于阴性对照组，第3天和第10天低于阴性对照组，第7天无明显差异。

在Pa-THY3处理后，VEGF在第3天表达量高于阴性对照组，其他时间点都低于阴性对照组；bFGF的表达量在第3天表达量高于阴性对照组，其他时间点无明显差异；MMP-2的表达量在第7天略高于阴性对照组，其他时间点低于阴性对照组；TGF-β的表达量在第10天高于阴性对照组，其他时间点无明显差异；PDGF-BB的表达量在第10天高于阴性对照组，其他时间点低于阴性对照组。

以上结果表明，美洲大蠊胸腺素在创伤修复期间能够通过刺激VEGF、bFGF、MMP-2、TGF-β和PDGF-BB等因子的表达，加速创伤修复。

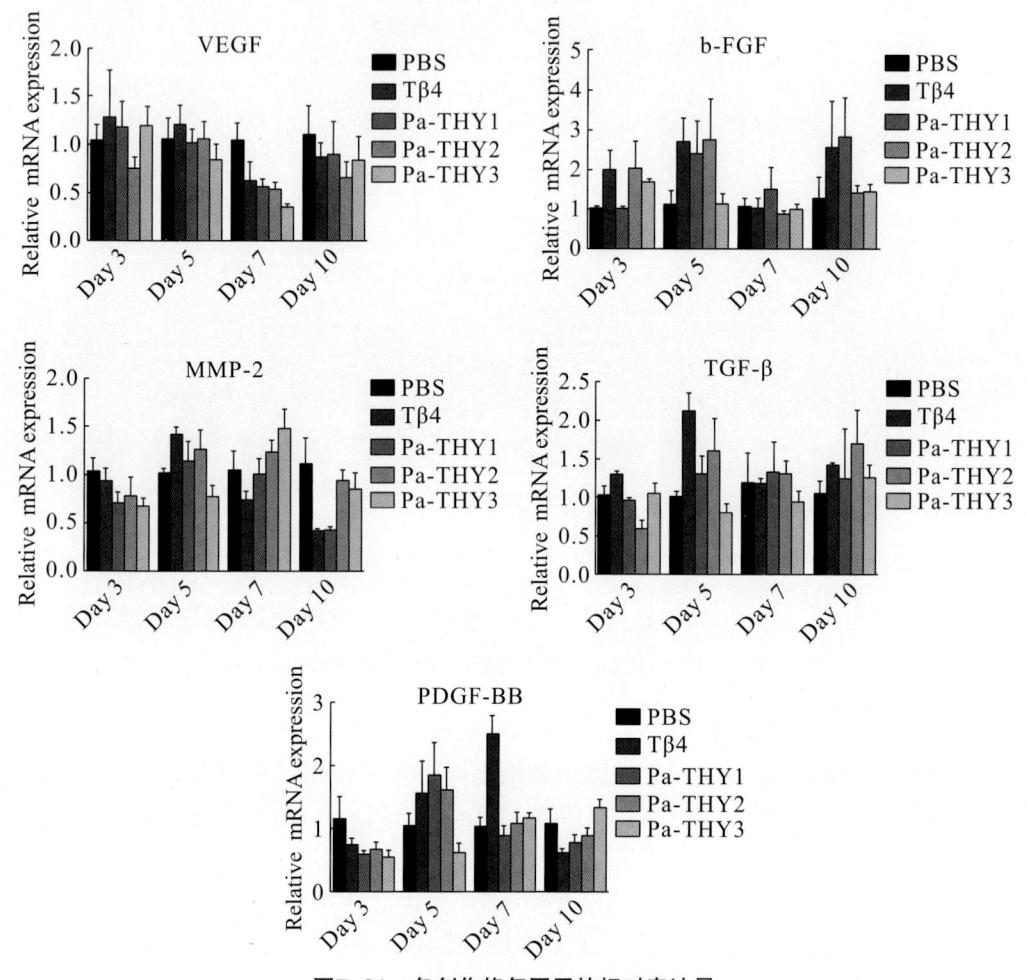

图7-21　各创伤修复因子的相对表达量

同时我们计算了经同一胸腺素处理后，同一创伤修复因子表达量随着时间变化的趋势（跟各自第3天比较）。从图7-22可以看出，不同处理后大部分创伤修复因子的表达量在创伤修复期间的变化是先增加后降低，而PDGF-BB的表达量在经美洲大蠊胸腺素处理后表现出一直增加的状态。与阴性对照组相比，Pa-THY1处理后，bFGF、MMP-2、TGF-β和PDGF-BB的作用明显更优。Pa-THY2处理后，MMP-2、TGF-β和PDGF-BB的作用明显优于阴性对照组。Pa-THY3处理后，MMP-2和PDGF-BB的作用明显优于阴性对照组。

图7-22 各创伤修复因子表达量随时间的变化

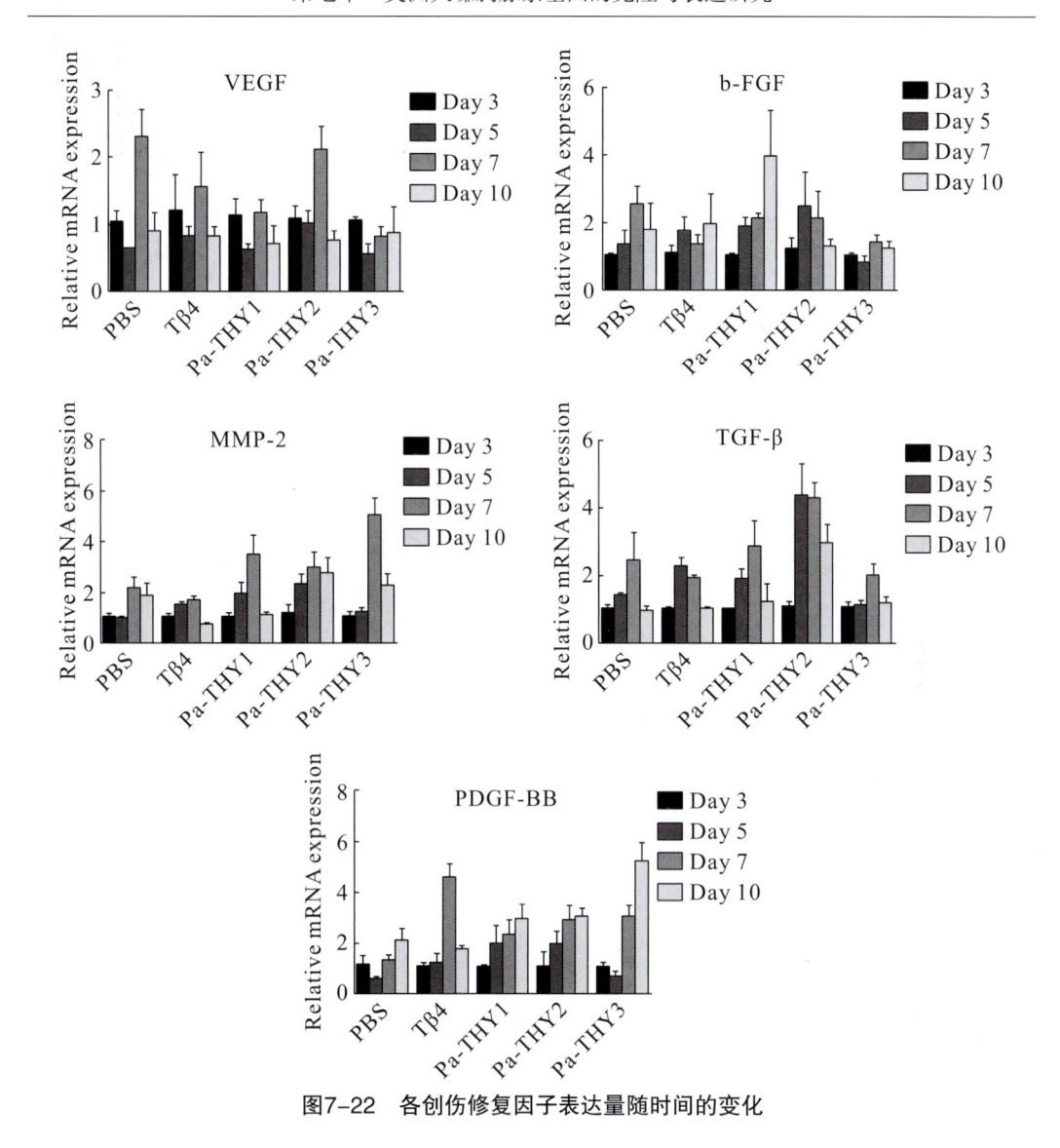

三、讨论

（一）美洲大蠊胸腺素参与自身伤口修复

脊椎动物Tβ4是一个多功能的蛋白，它可以促进伤口愈合、细胞迁移及参与机体的免疫反应等（Hannappel等，2003；Schuettrumpf等，2006）。亚细胞定位显示，Tβ4主要存在于细胞质和细胞核，没有信号肽，不属于分泌型蛋白，没有确定的细胞表面受体，主要在细胞内发挥生物学功能。细胞外给予Tβ4可以促进伤口愈合及多种类型的细胞迁移（Li等，2007；Hans Georg等，2010）。有研究表明Tβ4在伤口早期被细胞释放出来，检测到存在于伤口流出的液体中，即血清和低浓度血浆中（Hannappel等，2007）。同样在小鼠皮肤用十二烷基硫酸钠损伤十分钟后发现Tβ4从皮肤被释放出来（Huang等，2006），对于蛋白是如何释放到细胞外的目前还不清楚，最直观的解释是根据它的分布特点，认为是由细胞损伤释放到胞外而引起的（Netnapa等，2013）。在对无脊椎动物家蚕、小龙虾的研究中发现多聚体胸腺素主要分布在细胞核和细胞质，也属于细胞内蛋白质，而且在小龙虾血浆中检测到含量比较低的胸腺素，推测可能是由血淋巴细胞破裂而致（Netnapa等，2013；康志琼，2015）。

血细胞是参与伤口愈合的主要细胞类型，它们通过吞噬作用从伤口区域清除受损的细胞和组织碎片（Ottaviani等，1996）。在具有单体胸腺素的近江牡蛎（*Crassostrea riularis*）损伤模型中发现，血液中胸腺素ChTβ4 mRNA的水平在12小时之前没有变化，但在第24小时的时候其表达量是对照组的3倍（Li等，2016），这种剧增的现象同样在猪骨骼肌损伤模型中有所发现（Ferré等，2007）。合浦珠母贝（单体胸腺素）插核损伤后，胸腺素Pfthymosin β4在血细胞和伤口组织中6小时达到顶峰，之后开始下降并恢复到正常水平，作者推测表达量升高的原因可能是Pfthymosin β4促进血细胞向伤口处移动而参与损伤修复（何文耀等，2018）。而在含有多聚体胸腺素的大闸蟹中发现，其受伤后血液中胸腺素EsTRP1表达量1小时内快速上升，然后开始下降。在第6~8小时的时候几乎检测不到，24小时之后恢复正常水平。EsTRP2却在创伤后就开始下调，2~8小时时检测不到，24小时后恢复正常，说明EsTRP1与EsTRP2在创面愈合过程中存在差异（Gai等，2009）。Herrmanna等（2005）剪去水螅（多聚体胸腺素）的足部，发现切割1小时后，水螅肽的表达量降低，4~6小时的时候又增加，30小时后足部修复与再生，胸腺素的水平回复正常，研究者推测水螅胸腺素可能通过刺激细胞的增殖和迁移而参与组织再生。亚细胞定位显示美洲大蠊多聚体胸腺素也主要存在于细胞质与细胞核，通过荧光定量检测发现，美洲大蠊损伤后在血液中，胸腺素基因*THY1*和*THY2*表达量的变化与水螅胸腺素及大闸蟹胸腺素EsTRP1的变化相似，即最初基因表达量就开始下降，然后增加并在24小时恢复正常水平（水螅：30小时恢复正常），而*THY3*基因的表达量变化与EsTRP2相似，说明美洲大蠊胸腺素基因在创面愈合过程中的差异性。有研究表明机体损伤后，大量的胸腺素涌入伤口液里，使得细胞里的胸腺素短暂性大量减少，这可能是胸腺素通过Ⅷa因子参与了与纤维蛋白的交联（Bodendorf等，2010）。伤口损伤初期，血细胞参与清除伤口受损组织及发生炎症反应（何文耀等，2018），而Tβ4可以促进细胞迁移及降低炎症反应。因此，我们推测美洲大蠊受损后，细胞破裂或者通过某种方式释放出胸腺素基因，基因*THY1*和*THY2*促进血细胞向伤口处迁移，清除受损细胞，降低炎症反应，并通过与纤维蛋白交联而促进伤口修复。

脂肪体是昆虫的主要免疫器官。Franz等研究发现，果蝇在损伤后，果蝇脂肪细胞在肌动蛋白的驱动下蠕动到伤口处隔离外部环境，并与血细胞和巨噬细胞协同清除损伤处的碎片，同时还会局部释放抗菌肽以抵抗伤口的感染（Franz等，2018）。本研究中，美洲大蠊在损伤后，脂肪细胞中*THY3*基因表达量的变化波动比较大，创伤后表达量就开始上升然后下降，并在第6小时的时候检测不到，24小时恢复正常，而*THY1*和*THY2*基因在受伤初期表达量呈下降趋势，6小时后才开始上升。由于胸腺素是机体主要的肌动蛋白偶合剂，因此我们推测伤口愈合初期*THY3*可能主要通过与肌动蛋白的结合促进脂肪细胞的迁移而参与伤口的愈合，但还需大量的证据证实。综上所述，美洲大蠊多聚体胸腺素在美洲大蠊伤口愈合过程中发挥重要的作用。

（二）美洲大蠊胸腺素蛋白Pa-THYs促进小鼠皮肤创面愈合

伤口愈合是一个复杂的过程，依赖于伤口的修复能力、血管的生成、受伤的程度和伤口所处的环境。伤口愈合一般分为四个时期：止血期（第1～3天）、炎症期（第1～5天）、增生期（第5天～3周）和组织重构期。四个时期之间没有明显的界限，彼此相互联系，不同的动物每个时期所处的时间不同。本实验中，我们通过前期克隆和表达得到三种美洲大蠊多聚体胸腺素蛋白，然后在动物模型中验证了三种美洲大蠊胸腺素蛋白促伤口愈合功能，利用HE染色、CD31血管染色、胶原纤维染色和荧光定量检测综合评判美洲大蠊多聚体胸腺素蛋白在促伤口愈合方面的作用机制。

Tβ4一直被认为具有促进伤口愈合的作用，将4个Tβ4利用基因工程技术连在一起形成的串联体4×Tβ4对小鼠伤口的愈合效果优于单体Tβ4（Janarthini等，2016），因此本研究采用Tβ4为阳性对照进行实验。创面愈合表观分析发现：与阴性对照组相比，三种美洲大蠊胸腺素蛋白和Tβ4一样，都能显著促进伤口愈合；与阳性对照组相比，只有在第3天美洲大蠊胸腺素蛋白Pa-THY2和Pa-THY3表现出显著的效果，其他时间点差异不显著。

肉芽组织在伤口愈合过程中发挥重要的作用，主要由成纤维细胞、巨噬细胞和毛细血管构成，研究表明肉芽组织大约在第4天开始侵入伤口间隙（Singer等，2007）。通过HE染色结果我们观察到，在给药第3天，成纤维细胞和单核细胞向伤口处迁移，治疗组相较于PBS缓冲液组出现大量的成纤维细胞、单核细胞。免疫组化染色CD31是一种在血管发育早期表达的跨膜蛋白，用于评价新生血管的形成（Valarmathi等，2009）。新生血管是在组织缺氧的情况下形成的，目的是在组织丢失或破坏时保持足够的氧气输送和利用（Zhao等，2015），结合CD31染色发现，给药第3天有大量毛细血管的形成与增生，这为肉芽组织的形成提供基础。在前期细胞迁移实验中我们发现，Pa-THY1和Pa-THY3促进成纤维细胞迁移的能力要强于Pa-THY2和Tβ4。动物实验中也证实了这一点，在第3天的时候我们观察到Pa-THY1组和Pa-THY3组伤口处聚集的成纤维细胞数目是最多的。在治疗的第5天到第7天，通过HE染色和CD31染色，我们发现肉芽组织逐渐填满伤口，毛细血管的数量也快速增加。而PBS缓冲液组在第5天时肉芽组织和毛细血管生成较少，在第7天还存在较多的炎性细胞浸润，这可能是美洲大蠊胸腺素促进伤口愈合的原因之一。吕长遥等（2017）研究六合丹对兔皮肤感染创面模型的修复作用，发现在第7天六合丹治疗组以肉芽组织形成为主，模型组还伴有大量的炎性细胞浸润。一旦伤口充满新的肉芽组织，血管生成就停止了，许多新血管由于凋亡而解体（Ilan等，1998）。本实验中，治疗第10天时，除PBS缓冲液组外，治疗组新生表皮已经完全覆盖创面，炎性细胞几乎消失，血管退化，条索状血管消失，存在部分小血管。而PBS缓冲液组表皮未完全覆盖伤口区域，且还有少量结缔组织存在，炎性细胞的数目相对减少，但还存在大量的条索状血管。

胶原纤维是细胞外基质的重要组成部分，由成纤维细胞合成和分泌，也是参与伤口愈合的重要部分，在观察橄榄苦苷对小鼠伤口作用时发现它可以显著增加胶原的沉积，并导致伤口加速上皮化的形成（Mehraein等，2014）。本实验中，Masson染色结果显示，在伤口愈合早期，与PBS缓冲液组相比治疗组的胶原含量均较高，开始沉积在伤口的底部，之后逐渐填充到整个伤口。整个伤口愈合过程中PBS缓冲液组创面的胶原纤维含量相对较少，这可能是造成PBS缓冲液组伤口愈合延迟的其中一个原因。

1. 美洲大蠊Pa-THYs对小鼠伤口愈合过程中VEGF和bFGF表达的影响。

在伤口愈合过程中Tβ4通过上调VEGF的表达来促进血管的生成，而过多的Tβ4可能抑制VEGF的表达，从而影响血管的生成，并且VEGF的表达量在后期逐渐下降，可能预示着伤口接近完全愈合（李艳等，2008；Philip等，2009）。也有研究表明bFGF对VEGF有直接的调节作用，并且可以上调VEGF的产生，二者具有协同作用（Brown等，1997；Heike，2007）。在糖尿病创伤模型研究中发现，伤口愈合早期Tβ4可以增加bFGF的表达，促进血管的生成。中、晚期bFGF会敏感性升高并抑制炎症反应，防止创面过度纤维化而形成瘢痕（于虎等，2011）。在研究不同浓度的bFGF对成纤维细胞增殖影响的实验中发现，低浓度bFGF可以抑制来源于瘢痕性成纤维细胞的Ⅰ型胶原表达合成（武艳等，2014）。因此在创伤后期VEGF、bFGF的表达下调有助于防止创面肉芽组织的过度生长和瘢痕的形成。本研究中，在伤口愈合早期，Tβ4组和Pa-THYs组（除Pa-THY2外）中VEGF的表达量较对照组明显升高，而在愈合后期Tβ4组和Pa-THYs组与PBS缓冲液组相比，VEGF的表达量明显降低。在整个愈合过程中，除了Pa-THY3组，其他各组VEGF的表达量普遍在第7天达到了最高，随后开始下调，而Pa-THY3在第3天VEGF的表达量相对较高。关于bFGF基因，在伤口愈合早期（第3天）及中期（第5天），Tβ4和Pa-THYs组中基因bFGF的表达量明显高于PBS缓冲液组，而到了伤口愈合后期（第10天），Tβ4组和Pa-THY1组中bFGF的表达量下降，但是仍高于PBS缓冲液组和Pa-THY2组和Pa-THY3组，这可能是为了抑制炎症，使其敏感性升高造成的。

此外通过Marker CD31染色，我们发现在伤口愈合早期，相比于对照组，Tβ4组和Pa-THYs组出现了大量的毛细血管，这表明在伤口愈合早期及中期，美洲大蠊胸腺素蛋白Pa-THY1和Pa-THY2可以通过上调VEGF和bFGF的表达，加速创面血管的形成、肉芽组织的生成及胶原的沉积，创伤后期可以抑制创面组织中VEGF和bFGF的表达上调，防止创面形成瘢痕组织。而对于蛋白Pa-THY3来讲，早期通过促进VEGF和bFGF的表达来促进伤口的愈合，但对这两个因子表达量的促进作用不明显。并且整个愈合过程中，两个因子的波动不大，因此我们推测可能还有其他因子参与伤口愈合过程中。

2. 美洲大蠊Pa-THYs对小鼠创面愈合过程中MMP-2和TGF-β的影响。

MMP-2主要在成纤维细胞中，促进细胞外基质的重塑，损伤后1~2天开始增加，之后维持在一个较高水平，愈合后期开始下降（Gillard等，2010）。在兔角膜烧伤模型的研究中，研究者发现重组Tβ4可以使角膜修复整个过程中MMP-2维持在一个较高水平（龙安华等，2010）。也有研究表明MMP-2可以减少胶原产生，从而抑制增生性瘢痕（李开通等，2012）。Tβ4能阻止胶原蛋白生成，促进MMP-2、MMP-9的表达进而促使上皮细胞的迁移，有利于损伤组织的清除（Deborah等，2010；Ping等，2010）。MMP-2的表达可以减少胶原产生从而抑制增生性瘢痕。本研究中所有组MMP-2的表达量呈现出先增加后降低的趋势，且在第7天时的表达量达到最大。其中Tβ4、Pa-THY1和Pa-THY2相较于PBS缓冲液组在第5天可以促进基因MMP-2的表达，而Pa-THY3在第7天较对照组显著促进MMP-2的表达，表明Pa-THYs可能通过促进MMP-2的表达来促使上皮细胞的迁移及损伤组织的清除。愈合后期Pa-THY2和Pa-THY3组MMP-2的表达量显著高于Tβ4和Pa-THY1，我们推测可能与基质重塑和抑制增生性瘢痕形成有关。

TGF-β是一组调节细胞生长和分化的超级家族，创伤愈合过程中许多细胞如单核细胞、巨噬细胞和淋巴细胞等都是其潜在的TGF-β来源（甘美舍等，2018）。有研究表明，适量的TGF-β有益于促进伤口的愈合，但在创面修复后期，TGF-β的过度表达却可导致瘢痕和纤维化疾病（Tarantino等，2008）。Zhang等（2016）在研究积雪草苷微球对创伤修复的实验中，通过体内、外实验表明积雪草苷微球能减少TGF-β的表达，更好地抑制瘢痕过度增生。也有研究证实MMPs在TGF-β过度表达时作为调节因子来防止伤口过度纤维化（张爱军等，2013），可见二者活性表达的密切关系。本研究中，伤口愈合过程中各组TGF-β表达量的变化均是先增高后降低，Tβ4、Pa-THY1和Pa-THY2蛋白均可不同程度地促进TGF-β表达，但是Pa-THY3蛋白在各时间段促进TGF-β基因的表达量相对于PBS缓冲液无明显差异，说明TGF-β并不是Pa-THY3促进伤口愈合的主要因素之一。

3. 美洲大蠊Pa-THYs对小鼠创面愈合过程PDGF-BB的影响。

重组人源血小板衍生的生长因子PDGF-BB已经被FDA批准用于糖尿病性神经性溃疡（Harold等，2007），PDGF-BB是纤维母细胞的强有力的有丝分裂原，伤口愈合期间可以促进相应的细胞进入受伤部位，对创面具有良好的促进愈合效果（Barrientos等，2010；Judith等，2010）。通过机械损伤家兔角膜后进行角膜培养时发现，bFGF、PDGF和EGF（表皮生长因子）均可以促进家兔角膜内皮细胞再生，其作用强度的大小为EGF＞PDGF＞bFGF（Hoppenreijs等，1993，1994），还有研究证明PDGF和bFGF对角膜基质中成纤维细胞的增殖具有协同作用且能加快家兔角膜内皮损伤的愈合（鞠燕等，2005；杜海涛等，2007）。本研究中，随着时间的变化，除了Tβ4组PDGF-BB的表达量先升高后降低，而其他各组均表现出上升趋势。相比于PBS缓冲液组，Tβ4组中的*PDGF-BB*基因的表达量在第5天和第7天明显升高，Pa-THY1和Pa-THY2组中的PDGF-BB在第5天的时候表现出明显的促进作用，而Pa-THY3组在伤口愈合中后期才表现出促进作用。因此我们推测美洲大蠊胸腺素可能通过上调PDGF-BB的表达来促进伤口的愈合，但三个亚型处理组PDGF-BB的表达上调的时间不同，可能表明其调控机制或调控通路有差异。

综上可知，美洲大蠊胸腺素参与美洲大蠊的伤口修复过程，损伤后血液中基因*THY1*和*THY2*表达量变化较大，是正常时期的20倍。它们促进血细胞清除伤口坏死组织和降低炎症反应。脂肪体中基因*THY3*的表达量变化较大，最高时达到正常时期的3.5倍，它可能通过促进脂肪细胞的迁移来参与伤口修复。通过小鼠损伤模型我们进一步证实了美洲大蠊胸腺素促损伤修复的作用。从表观看，蛋白之间无显著的差异；结合组织切片及定量检测的伤口愈合因子来看，Pa-THYs以不同的通路促进伤口愈合，具体机制还需进一步的研究。

第五节　美洲大蠊胸腺素基因的表达模式

胸腺素的部分功能与以美洲大蠊为原材料开发的药物康复新液的功效高度相似，但不管怎样，美洲大蠊胸腺素及其功能研究还未见报道。

本实验室采用生物信息学的方法在美洲大蠊基因组数据库（晋家正等，2018）中注释得到美洲大蠊胸腺素基因，转录组分析发现其含有3个亚型*THY1*（MK573540）、*THY2*（MK573541）和*THY3*（MK573542），其中*THY3*结构域最多。为了更加深入地研究胸腺素在美洲大蠊体内的功能，本实验室使用Real-time PCR技术检测美洲大蠊不同龄期、不同性别及不同组织中*THY1*、*THY2*及*THY3*的表达模式，为美洲大蠊胸腺素的开发应用提供基础数据，也为发展美洲大蠊的生物防制积累资料。

一、材料与方法

（一）美洲大蠊的选择和处理

选择生长状况良好的美洲大蠊虫体，包括羽化一周的雌成虫和雄成虫、新羽化雌成虫和雄成虫、8龄雌虫和雄虫、3龄若虫各5只；选择同一批次、颜色相同、大小均一的卵鞘50个，每10个为一组。除卵鞘外，所有虫体都去除肠道，成虫剪去翅膀后立即投入液氮中速冻研磨后立即提取RNA。由于胸腺素在雌虫与雄虫之间可能存在表达差异，所以本实验中，体壁、脂肪体、头部、血淋巴、肌肉五种组织均取自美洲大蠊雌成虫，血淋巴的收集是从虫体胫节处将足剪去，并进行挤压后用移液枪吸取约20μL血淋巴快速打入细胞裂解液中，充分震荡、混匀，立即提取RNA。

（二）美洲大蠊总RNA的提取及纯度鉴定

根据成都福际生物技术有限公司的组织总RNA提取试剂盒说明书提取总RNA，血淋巴、脂肪体不用研磨，可直接进行下一步操作。

（三）cDNA第一链的合成

以RNA为模板，根据南京诺唯赞生物医药科技有限公司的去DNA逆转录试剂盒提供的方法合成cDNA。

1. 基因组DNA（genomic DNA，gDNA）的去除体系。

取一个Nuclease-Free离心管放入冰盒中，按顺序添加下列试剂（表7-22）。

表7-22　gDNA去除反应体系

试剂	用量（μL）
4×gDNA wiper Mix	0.5
总RNA	3.0
Oligo（dT）18（10 μmol/L）	0.5
RNase-Free ddH$_2$O	4.0
总体积	8.0

用移液枪轻轻吹打混匀，42℃孵育2分钟。

2. 逆转录反应体系。

加入2μL 5×HiScript® Ⅱ Select qRT SuperMix Ⅱ至第1步的反应液中，并立即吹打混匀。放入PCR仪中，50℃孵育15分钟、85℃ 2分钟，快速放入碎冰中，把cDNA置于-20℃冰箱保存，长期保存应置于-80℃冰箱。

（四）β-actin及*THY1*、*THY2*、*THY3*基因的定量引物设计及初步验证

根据已知的美洲大蠊胸腺素*THY1*、*THY2*、*THY3*基因及内参基因β-actin的cDNA保守序列，用Primer Premier 5软件设计荧光引物。引物的质量可能影响实验效果，引物长度最好为18~22bp，尽量选取没有引物二聚体且不存在错配的荧光引物；GC含量控制在50%~60%，Tm值均在60℃左右；产物长度在150bp左右。引物的合成和产物测序都由成都擎科梓熙生物技术有限公司完成。使用上述cDNA为模板分别对*THY1*、*THY2*、*THY3*和β-actin进行PCR验证，对引物的特异性和扩增产物的正确性进行初步检验。PCR扩增体系（25μL）如下（表7-23）。

表7-23　25μL PCR反应体系

试剂	用量（μL）
2×TSINGKE Master MIX THYF	12.5
引物F	1.0
引物R	1.0
美洲大蠊cDNA	0.5
ddH$_2$O	补齐至25

短暂离心，置于PCR仪上，运行下列程序：94℃ 4分钟；95℃ 30秒，55℃ 45秒，72℃ 1分钟，共40个循环；最后72℃延伸10分钟，4℃保存。PCR产物经1%琼脂糖凝胶电泳，观察是否有目的条带，并将其送公司测序，验证目的产物（表7-24）。

表7-24　本研究使用的引物序列

引物名称	序列（N端到C端）	片段长度（bp）
THY1 F	GCGAGCTTATTCAAGGTGTC	211
THY1 R	CTCAATGGCATCTTTGTCTG	
THY2 F	GAAGATGTTGCCACCGAA	218
THY2 R	AGAGGATTCTTTTCTTGGGT	
THY3 F	CGAGCTTATTCAAGGTGTC	324
THY3 R	TCAATGGCTTCTGGGTCTG	
β-actin F	AGAGGGAAATCGTGCGTGAC	195
β-actin R	GCCTTCCTTCTTGGGTATGG	

(五）定量引物退火温度的优化

按照SYBR Green Ⅰ Mix说明书配制定量PCR反应体系。以上述获取的美洲大蠊的雌成虫cDNA为模板，对*THY1*、*THY2*、*THY3*及*β-actin*四个基因进行扩增，从而优化退火温度条件（表7-25）。

表7-25　25μL PCR反应体系

试剂	用量（μL）
SYBR Green Ⅰ Mix	50
引物F	1
引物R	1
美洲大蠊cDNA	4
ddH$_2$O	补齐至100

用移液枪轻轻吹打混匀，并将混合液分装至5个PCR管中，设置不同的退火温度进行优化，程序如下：95℃预变性5分钟；40个循环：95℃ 10秒，55℃～65℃ 30秒。熔解曲线参数：65℃～95℃，每5秒上升0.5℃。结束后查看熔解曲线并对PCR产物进行电泳检测，以确认扩增的特异性。

（六）实时荧光定量PCR扩增

用上述cDNA为模板，分别对*β-actin*、*THY1*、*THY2*和*THY3*进行扩增，同一个基因每个样本做3个复孔，反应体系为20μL体系，如表7-26所示。

表7-26　实时荧光定量PCR扩增20μL反应体系

试剂	用量（μL）
SYBR Green Ⅰ Mix	10
引物F	0.2
引物R	0.2
cDNA template	4
ddH$_2$O	补齐至20

THY1、*THY2*、*THY3*和*β-actin*基因的PCR扩增程序：94℃预变性3分钟；94℃ 10秒，55℃～65℃ 30秒，共40个循环。熔解曲线参数：65℃～95℃，每5秒上升0.5℃。以*β-actin*基因作为内参，利用$2^{-\Delta\Delta Ct}$法计算*THY1*、*THY2*和*THY3*基因的表达量。实验通过Bio-Rad Real Time PCR仪随机携带的Bio-Rad CFX Manager 3.0软件自动生成Ct值。

（七）数据处理

以上各组数据采用GraphPad Prism 7中的单因素方差分析进行差异比较，$P<0.05$表示差异显著，$P<0.01$表示差异极显著。

二、结果

（一）总RNA提取结果

采用成都福际生物技术有限公司的总RNA提取试剂盒提取的美洲大蠊总RNA，通过1%琼脂糖凝胶电泳检验提取效果，结果出现5秒、18秒和28秒三种RNA的条带，说明提取的RNA较完整（图7-23）。

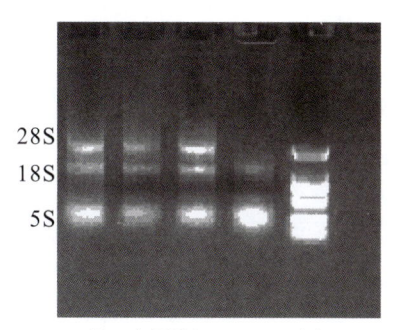

图7-23　美洲大蠊总RNA提取电泳

（二）*THY1*、*THY2*、*THY3*基因的定量引物初步验证和产物测序

根据美洲大蠊三种胸腺素基因序列分别设计引物，PCR产物经1%琼脂糖凝胶电泳检测结果如图7-24所示，条带单一、明亮，大小与预期一致，无引物二聚体，适合作为荧光定量的引物。测序确定扩增到了正确的基因片段。

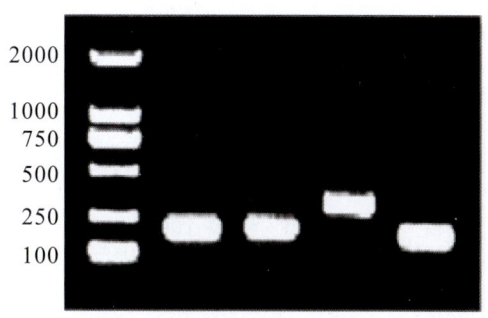

图7-24　美洲大蠊*THY1*、*THY2*、*THY3*、β-actin的PCR扩增电泳

（三）β-actin 及*THY1*、*THY2*、*THY3*引物退火温度优化的结果

一般从产物的扩增曲线（以⊿Rn和Cq值为考察指标）和特异性（以溶解曲线和1%琼脂糖凝胶电泳特异性条带为考察指标）两方面判断最优退火温度。由*THY1*扩增曲线可以知道60℃退火温度下，获得的Cq值最小、⊿Rn值最大，说明扩增效率最高。熔解曲线5个温度下的Tm值一致，均为单一峰。1%琼脂糖凝胶电泳检测产物显示：以60℃为退火温度的产物条带单一、明亮，且产物大小和预期值相同，因此*THY1*引物的最优退火温度为60℃。

同样，*THY2*、*THY3*和β-actin引物的退火温度为60℃、60℃、58℃（图7-25）。

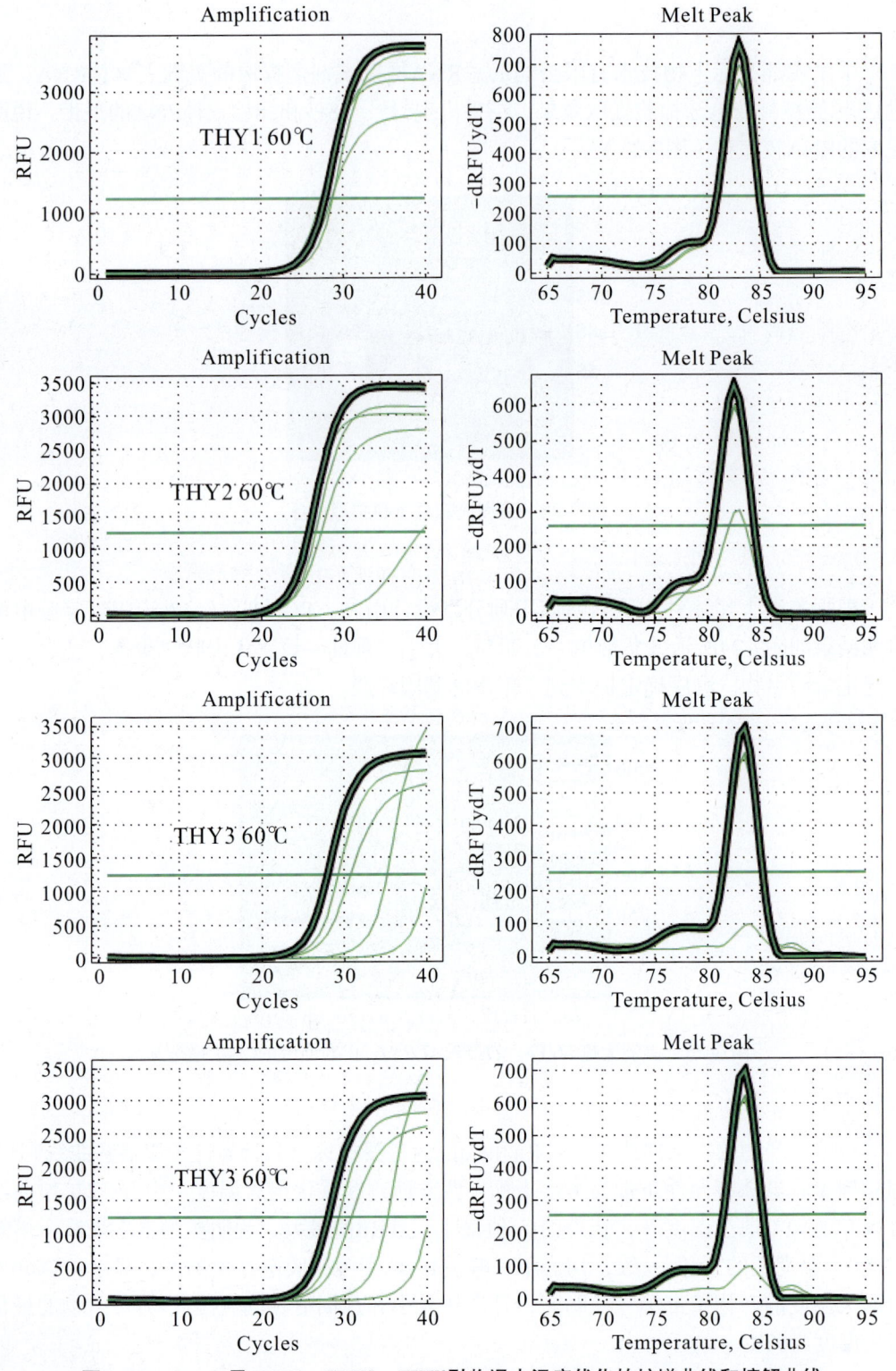

图7-25 *β-actin*及*THY1*、*THY2*、*THY3*引物退火温度优化的扩增曲线和熔解曲线

（四）基因 THY1、THY2、THY3 在美洲大蠊不同性别、不同发育阶段的表达模式

由于美洲大蠊3龄若虫和卵鞘难以分辨雌雄，所以3龄若虫和卵鞘表达量结果均是雌雄混合后的一组数据。本研究采用实时荧光定量PCR方法检测美洲大蠊胸腺素基因的表达量。最终所得三个复孔的Ct值相差甚小，且起峰均在适当位置，溶解曲线均为单峰，无引物二聚体生成，说明实验结果可信。THY1、THY2及THY3基因在美洲大蠊成虫、若虫及卵鞘三个虫期中均有表达，其中THY1基因的表达情况为卵鞘＞新羽化雌成虫＞新羽化雄成虫＞雌成虫＞雄成虫＞8龄雌若虫＞8龄雄若虫＞3龄若虫；THY2基因的表达情况为卵鞘＞新羽化雌成虫＞雌成虫＞新羽化雄成虫＞8龄雌若虫＞雄成虫＞8龄雄若虫＞3龄若虫；THY3基因的表达情况为新羽化雌成虫＞雌成虫＞卵鞘＞新羽化雄成虫＞雄成虫＞8龄雌若虫＞3龄若虫＞8。THY1、THY2均在卵鞘时期的表达量最高，其次是新羽化雌成虫，THY1在卵鞘和新羽化雌成虫中的表达量没有显著性差异，但均显著高于其他龄期的表达量，THY2在卵鞘的表达量显著高于新羽化雌成虫和雌成虫，新羽化雌成虫和雌成虫中THY2的表达量没有显著差异，但均显著高于若虫。THY1、THY2及THY3在3龄若虫表达量均为最低，其次是8龄雄若虫。THY3的表达量与THY1、THY2有所差异，THY3在新羽化雌成虫中的表达量最高，其次是雌成虫，它们之间无显著差异，THY3在卵鞘中的表达量显著低于新羽化雌成虫和雌成虫（$P<0.01$）。THY1、THY2及THY3基因表达的共同点是在羽化时期的表达量均表现为上调。

成虫、羽化、8龄若虫三个时期的雌雄比较中显示：雌性美洲大蠊THY1、THY2及THY3的表达量均高于雄性，且在成虫和新羽化成虫时期的雌雄虫体之间表达量差异均极显著（$P<0.01$），其中THY1、THY2在8龄若虫的雌雄虫体中的表达量差异不显著，没有统计学意义，但THY3在8龄若虫的雌雄虫体中的表达量差异极显著（图7-26）。

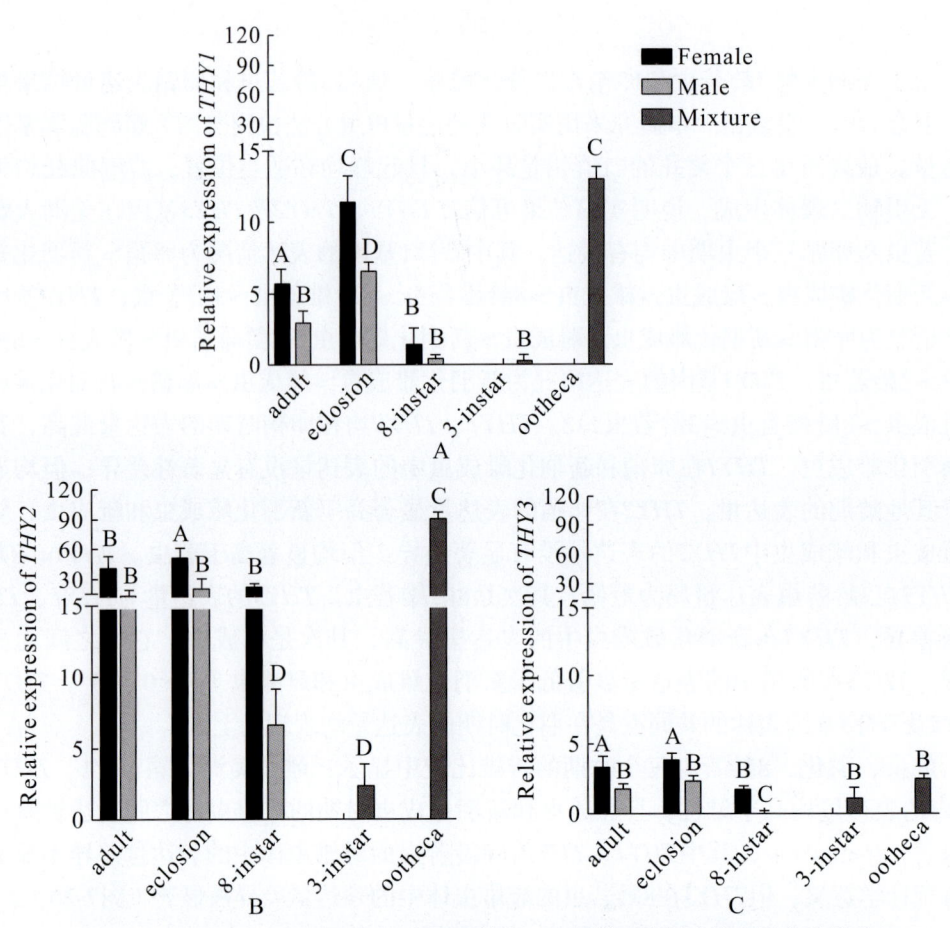

图7-26　*THY1*、*THY2*及*THY3*在不同龄期、不同性别美洲大蠊中的表达模式

A.*THY1*；B.*THY2*；C.*THY3*；不同大写字母表示组间差异极显著（$P<0.01$）

（五）同一龄期、同一性别中*THY1*、*THY2*及*THY3*之间的表达差异

比较同一龄期、同一性别的美洲大蠊中*THY1*、*THY2*及*THY3*的表达量差异（图7-27）：在美洲大蠊的所有个体中，*THY2*的表达量均明显高于*THY1*、*THY3*。且在雌成虫、雄成虫、新羽化雌成虫、新羽化雄成虫、8龄雌若虫及卵鞘中*THY2*与*THY1*、*THY3*表达量差异均极显著（$P<0.01$）。8龄雄若虫及3龄若虫中*THY2*与*THY1*、*THY3*表达量差异显著（$P<0.05$）。*THY3*除在3龄若虫中的表达量高于*THY1*外，其他均为最低。

图7-27 同一龄期、同一性别美洲大蠊中*THY1*、*THY2*、*THY3*表达量差异

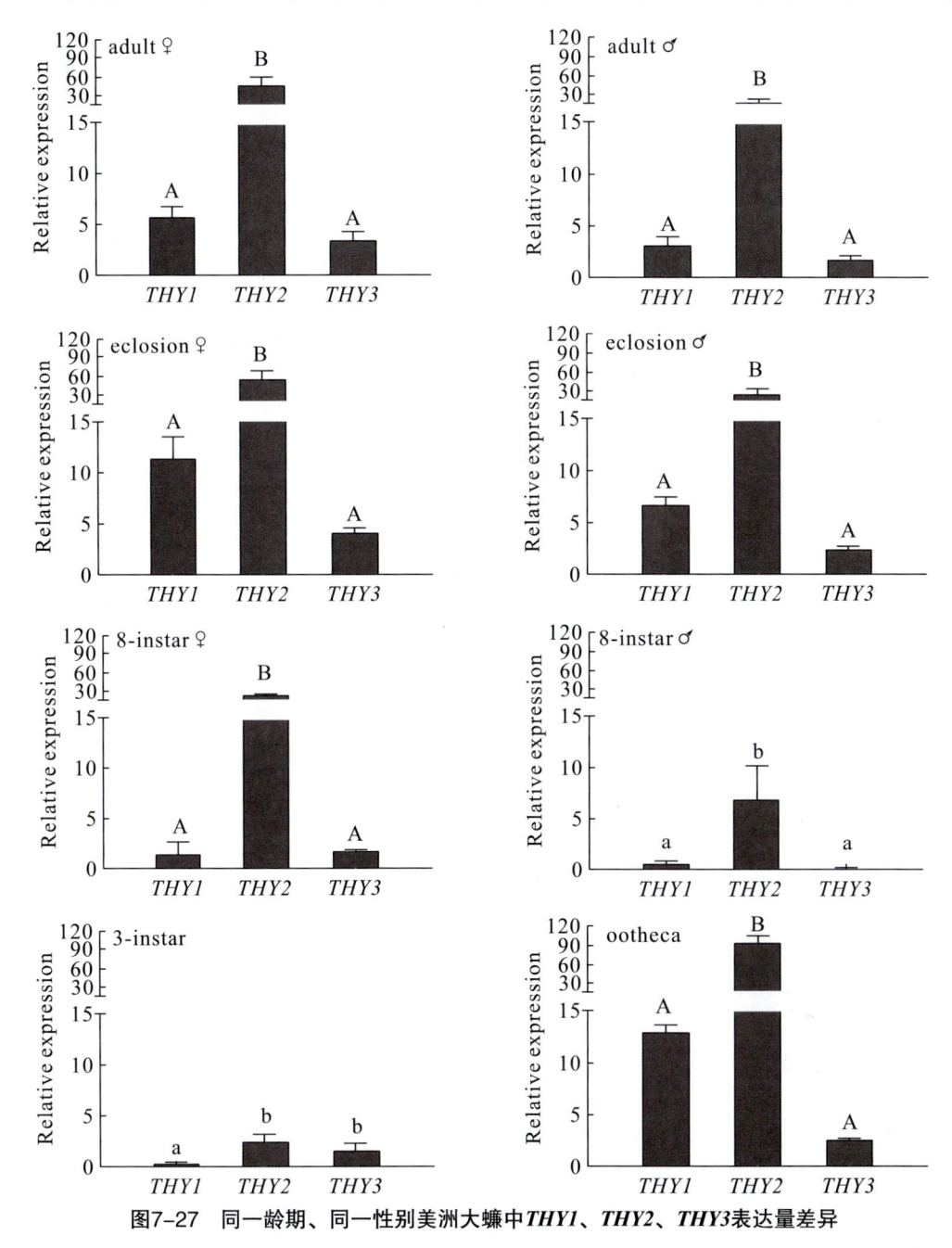

注：不同大写字母表示组间差异极显著（$P<0.01$），不同小写字母表示组间差异显著（$P<0.05$）。

（六）美洲大蠊不同组织中的*THY1*、*THY2*及*THY3*表达差异

解剖美洲大蠊雌成虫，取体壁、脂肪体、头部、肌肉和血淋巴五种组织，用实时荧光定量PCR方法检测美洲大蠊胸腺素基因在不同组织的表达。*THY1*、*THY2*及*THY3*基因在血淋巴、脂肪体、头部、体壁和肌肉中均有表达。并且*THY1*、*THY2*及*THY3*在血淋

巴和脂肪体中的表达量均显著高于头部、体壁和肌肉。其中*THY1*和*THY2*在血淋巴中表达量最高，显著高于其他组织表达量（$P<0.01$）；*THY3*在脂肪体中的表达量最高，显著高于其他组织（$P<0.01$）；*THY1*、*THY2*、*THY3*基因在头部、体壁和肌肉中均是微量表达，且各组表达量之间均没有统计学差异（图7-28）。

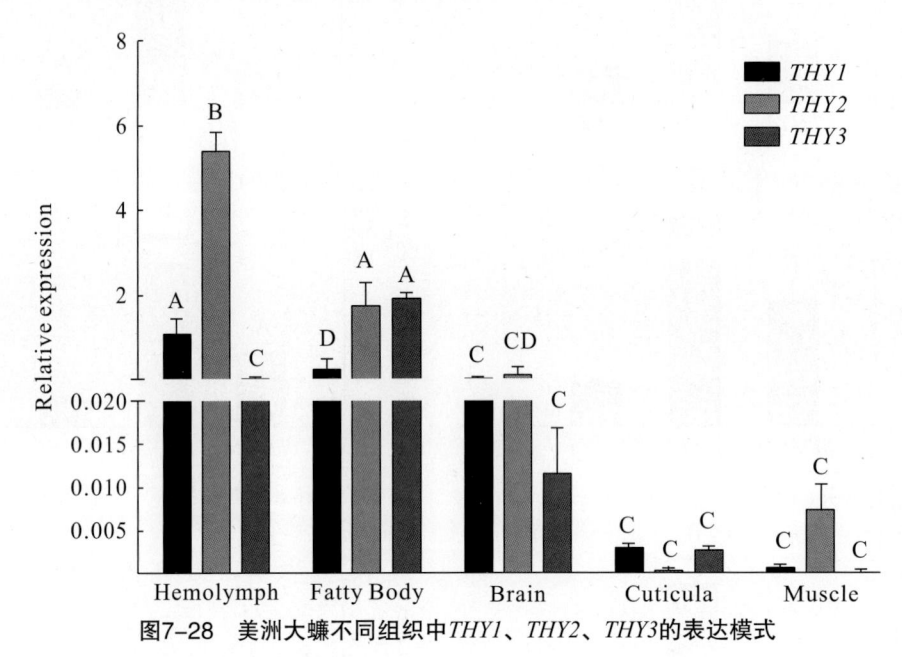

图7-28　美洲大蠊不同组织中*THY1*、*THY2*、*THY3*的表达模式

注：不同大写字母表示组间差异极显著（$P<0.01$）。

三、讨论

胸腺素*THY1*、*THY2*和*THY3*是本实验室在美洲大蠊的早期研究中发现的一个基因的3种剪接体。本实验使用即时PCR技术，首次针对胸腺素基因*THY1*、*THY2*、*THY3*在美洲大蠊生长发育中的表达情况进行了检测和分析。

目前多种胸腺素已从无脊椎动物中鉴定出来，但其功能仍然没有得到充分的认识。本实验结果显示：*THY1*、*THY2*及*THY3*在美洲大蠊各个发育阶段均有表达，且*THY1*、*THY2*和*THY3*的表达量在羽化时期均显著上调，暗示胸腺素在美洲大蠊羽化时期有重要作用。羽化是渐变态昆虫发育的关键时期，此时以蜕皮激素激活的级联系统导致了机体组织的程序性细胞死亡，细胞自噬及凋亡是其中主要的两种方式（史艳霞等，2009；周琼，2007）。早期发现胸腺素可以调节与抗氧化相关的酶的表达量来降低体内活性氧的量，从而阻止线粒体膜电位的消失（Wei等，2012），进而调节机体细胞凋亡反应（Freeman等，2011），推测美洲大蠊胸腺素可能参与美洲大蠊羽化过程。研究证明，胸腺素可能参与棉铃虫的变态过程，棉铃虫经20-羟基蜕皮激素刺激1小时后，脂肪体中HaTHY1的表达量显著上调，HaTHY2在棉铃虫羽化时期表达量上调（张凤霞，2010），由此推测胸腺素参与棉铃虫的变态发育。相似的研究成果在合浦珠母贝研究中也得到验证，检测胸腺素Pfthymosinβ4在合浦珠母贝的不同发育阶段中的表达量变化，发现Pfthymosin β4的相对表达量在变态时期达到最高（何文耀等，2018）。但目前有关胸腺素参与昆虫变态发育时细胞自噬或凋亡调控的研究还未见报道。昆虫羽化时期可导致细胞高水平的自噬和凋亡，此时胸腺素的表达上调可能会抑制这种自噬和凋亡，使机体保持在一个相对稳定的状态，担任分子通路联络的角色（史艳霞等，2009；洪芳等，2016）。

早期有报道胸腺素与无脊椎动物的生殖相关（康志琼等，2015），线虫胸腺素研究显示，线虫体内由于*Tetra Thymosin*基因突变，使卵缺乏肌动蛋白结构而丧失生殖功能（Philp等，2004；Van等，2004）。本实验中，*THY1*、*THY2*和*THY3*的表达量在成虫和若虫时期均表现为雌性高于雄性。值得注意的是，*THY1*、*THY2*表达量在成虫、新羽化阶段的雌雄比较中，差异极显著，美洲大蠊经过羽化变为成虫，生殖器官成熟，胸腺素的表达上调可能是参与了美洲大蠊的生殖器官的发育及生殖反应，有研究表明胸腺素与雌性昆虫卵子的产生有密切关系，且在昆虫幼虫中注射胸腺素会促进卵巢发育成熟（仇序佳，1979）。由此说明，*THY1*和*THY2*可能与雌性美洲大蠊的生殖有关。但不管怎样，在8龄若虫时表达量差异均不显著，其原因有待进一步的研究。

还有研究显示，在昆虫中大部分多聚体胸腺素存在于头部（Boquet等，2000；Zhang等，2012），如白蚁在变态过程中，多聚体胸腺素在头部的表达量极高（Zhang等，2012）。黑腹果蝇中多聚体胸腺素*Ciboulot*基因的丢失会使脑中部神经轴突生长畸形（Shigeyuki等，2010）。但在本实验中，美洲大蠊头部组织中多聚体胸腺素的表达量没有明显高于其他组织，这可能是物种间的差异导致的。*THY1*、*THY2*及*THY3*基因在表皮和肌肉中均微量表达，与在血淋巴和脂肪体中的表达量差异显著，其原因可能是肌肉和表皮组织没有胸腺素，只存在少量的血细胞。美洲大蠊胸腺素*THY1*、*THY2*、*THY3*在不同龄期、不同性别及不同组织间的差异表达说明三者的功能有所差异，三者的具体功能和相互调节机制还有待进一步的研究。

在美洲大蠊不同组织比较中，*THY1*、*THY2*在血淋巴中的表达量显著高于其他组织，说明*THY1*、*THY2*在血淋巴中有重要作用。*THY3*在脂肪体中表达上调，预测*THY3*在脂肪体中有重要作用。脂肪体和血淋巴均是昆虫重要的免疫器官，所以美洲大蠊中胸腺素是否有免疫功能值得进一步的探究和证实。

总之，本研究结果显示，胸腺素在美洲大蠊生长发育和免疫反应中可能具有重要功能。此研究为胸腺素*THY1*、*THY2*及*THY3*在美洲大蠊生长发育中的功能与调控机制研究打下基础，也为美洲大蠊的生物防制提供基础数据，深入研究基因功能，人工合成类似物，干扰美洲大蠊的免疫、产卵等行为，可以开发美洲大蠊的生物防制方法。

第六节 大肠埃希菌刺激对美洲大蠊胸腺素表达的影响

中华绒螯蟹经细菌刺激3小时和6小时后，其胸腺素EsTRPI在血淋巴中表达上调，24小时后EsTRP2在血淋巴中表达上调（Gai等，2009）。同样，棉铃虫受雷氏菌和大肠埃希菌刺激3小时后，脂肪体中HaTHY1和HaTHY2的表达量均升高，棉铃虫经病毒刺激后，表皮细胞中HaTHY2的表达量也显著上升（Zhang等，2011）。脂肪体和血细胞均是昆虫的免疫反应的重要组织（Lemaitre等，2007），所以胸腺素表达量的上调可能是昆虫在受到细菌等刺激后做出的免疫应答，以增强机体的免疫功能。

本章第二节的研究发现，胸腺素在美洲大蠊的脂肪体和血淋巴中表达上调，说明胸腺素可能参与了美洲大蠊脂肪体和血淋巴中的免疫反应。为了验证此观点，本节通过在美洲大蠊腹部注射大肠埃希菌，检测和分析美洲大蠊脂肪体及血淋巴中胸腺素THY1、THY2、THY3的表达模式，推测胸腺素是否参与了美洲大蠊的免疫反应。

一、实验材料与方法

选择生长状况良好、大小相同的羽化1周的美洲大蠊雌成虫150只，随机分为大肠埃希菌诱导组、PBS缓冲液对照组及空白组，每组50只，常规方法饲养。大肠埃希菌为本实验室保存菌种。

按1∶1000的比例接种-80℃保存的大肠埃希菌于1mL LB培养基中，37℃、200rpm震荡培养12小时，随后以1∶100的比例接种到10mL的培养基中，37℃、200 prm震荡培养约3小时，使其吸光度为0.3。

大肠埃希菌诱导组、PBS缓冲液对照组的美洲大蠊集体给CO_2气体5分钟，使其昏迷，便于后续操作。其中大肠埃希菌诱导组腹部注射大肠埃希菌菌液10μL（1×10^5个细菌），PBS缓冲液对照组腹部注射1×PBS缓冲液10μL，空白组不做任何处理。大肠埃希菌诱导组、PBS缓冲液对照组的美洲大蠊饲养3小时、6小时、12小时、18小时和24小时后，各组随机取出5只美洲大蠊收集血淋巴和脂肪体立即提取RNA和进行荧光定量PCR扩增。

二、结果

（一）大肠埃希菌刺激后脂肪体胸腺素表达

根据早期胸腺素的研究可知，胸腺素可能具有免疫相关功能。我们在美洲大蠊腹部注射大肠埃希菌，并检测这种刺激对*THY1*、*THY2*及*THY3*基因在美洲大蠊脂肪体中表达的影响。结果显示，PBS缓冲液对照组的*THY1*、*THY2*及*THY3*在3小时、6小时、12小时、18小时、24小时的表达量与空白组相比均没有显著差异，说明PBS缓冲液没有影响脂肪体中胸腺素的表达，或者影响极小可以忽略不计。但*THY1*在大肠埃希菌刺激6小时后明显上调，18小时后逐渐下降，但仍显著高于对照组的表达量（$P<0.05$），*THY2*基因的表达量在大肠埃希菌刺激6小时后明显上调，在24小时后缓慢下降，但还是显著高于PBS缓冲液对照组（$P<0.05$）。与*THY1*、*THY2*不同，*THY3*在大肠埃希菌刺激后12小时才明显上调，18小时后有所下降，但仍显著高于对照组的表达量（$P<0.01$），在24小时后，表达量和对照组没有显著差异（图7-29）。

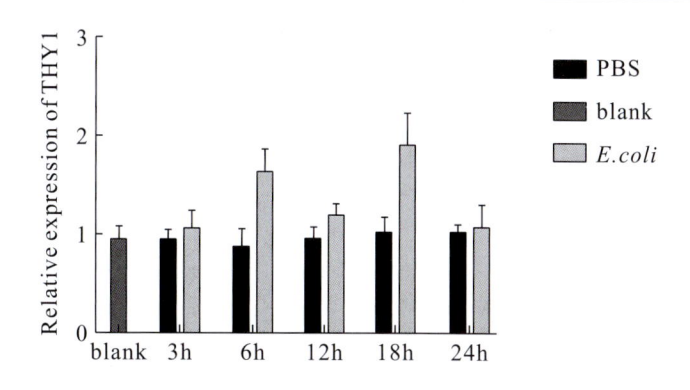

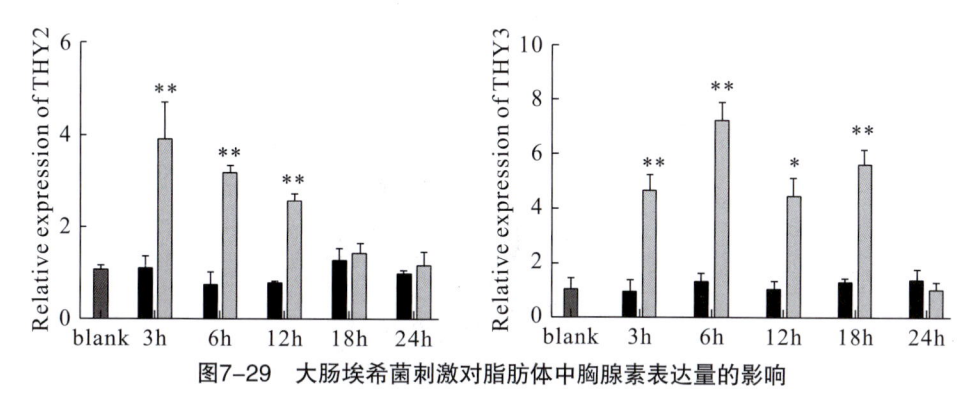

图7-29 大肠埃希菌刺激对脂肪体中胸腺素表达量的影响

注：*表示组间差异显著（$P<0.05$）；**表示组间差异极显著（$P<0.01$）。

（二）大肠埃希菌刺激后血淋巴组织胸腺素的表达

当昆虫受到外源因子刺激后，血淋巴中可出现一系列抗菌物质和40多种免疫蛋白质，所以血淋巴是昆虫重要的免疫场所（周琼，2007）。我们在美洲大蠊体腹部注射大肠埃希菌，检测其血淋巴中胸腺素表达量的变化。结果显示：对照组的THY1、THY2及THY3表达量在3小时、6小时、12小时、18小时、24小时和空白组相比没有显著差异，说明PBS缓冲液没有影响血淋巴中胸腺素的表达，或者影响极小可以忽略不计。

大肠埃希菌诱导组血淋巴中THY1在菌液刺激6小时后表达量上调，12小时后略微下降，18小时后又逐渐升高，但和对照组相比均没有显著差异。大肠埃希菌诱导组血淋巴中THY2表达量在菌液刺激3小时后明显上调，和对照组相比有极显著差异（$P<0.01$），在6小时后持续下降，直到18小时后的表达量与对照组无显著差异，但仍高于对照组。大肠埃希菌诱导组血淋巴中THY3的表达量在菌液刺激3小时后上调，显著高于对照组（$P<0.05$），12小时后逐渐下降，18小时后又上升，直到24小时后恢复正常水平，与对照组相比没有显著差异（图7-30）。

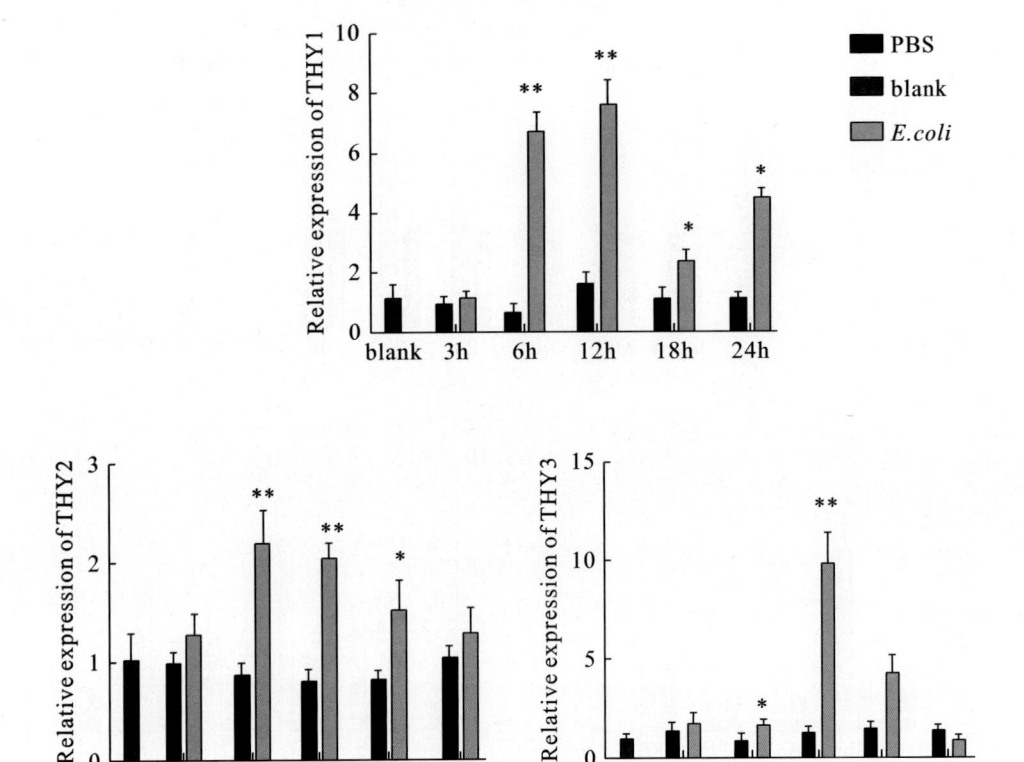

图7-30　大肠埃希菌刺激对血淋巴中胸腺素表达量的影响

注：*表示组间差异显著（$P<0.05$）；**表示组间差异极显著（$P<0.01$）。

三、讨论

在不良环境或受到刺激时产生抗菌物质是昆虫免疫防御的一个共同点（蓝江林等，2008）。美洲大蠊是不完全变态的蜚蠊目昆虫，进化历史悠久，繁殖能力强，生活环境复杂，能够携带50多种病原微生物，但自己却不受感染，具有很强的抗感染能力。美洲大蠊作为一种药用昆虫，由其制成的康复新液、心脉隆、肝龙等药物具有促进伤口愈合、抗肿瘤等作用，在临床上已经有了广泛应用，但其中有效成分并未得到确定，限制了美洲大蠊进一步的开发应用。本研究通过对美洲大蠊胸腺素的研究，进一步发掘美洲大蠊的潜在价值及药用成分，为胸腺素的开发应用提供依据。

胸腺素在脊椎动物中是一种重要的抗菌肽（Irobi等，2014）和抗炎因子（Girardi等，2003；Young等，1999）。研究证明胸腺素在无脊椎动物中也有抗菌和抗病毒作用，克氏原螯虾被白斑综合征病毒刺激后，血细胞和鳃中的胸腺素表达量明显上调，进一步研究发现胸腺素可以抑制白斑综合征病毒的复制，并且提高白斑综合征病毒感染后的细胞存活率。除此之外，胸腺素还可以增强血细胞对白斑综合征病毒的吞噬作用（Shi等，2015；Koiwai等，2018）。利用RNAi技术使克氏原螯虾中的胸腺素基因沉默，也会增强肝胰细胞中白斑综合征病毒的复制（Koiwai等，2018）。节肢动物的许多研究也都表明，虫体在受到细菌刺激后，血淋巴和脂肪体中胸腺素表达量显著上调（Gai等，2009；Feng等，2019），而脂肪体和血淋巴是昆虫重要的免疫器官（Zasloff，2002；Lemaitre等，2007；胡亚等，2017），表明胸腺素参与了虫体的免疫反应。血淋巴的免疫反应表现为吞噬作用、成瘤作用及包囊作用，而脂肪体的免疫反应主要依赖于解毒作用（史艳霞等，2009；洪芳等，2016；周琼，2007）。

本实验研究结果表明，在大肠埃希菌菌液刺激虫体6小时后，美洲大蠊脂肪体中 *THY1*、*THY2* 及 *THY3* 的表达量明显上调，*THY3* 在18小时后表达量下降且与对照组无显著差异，*THY1*、*THY2* 的表达量在18小时后也有明显的下降，但仍高于对照组，所以胸腺素可能参与了脂肪体的解毒作用，这与之前的研究结果一致。但 *THY1*、*THY2* 及 *THY3* 的参与方式略有不同，参与的时间也有差别。血淋巴中 *THY2*、*THY3* 的表达量在大肠埃希菌菌液刺激3小时后明显上调，*THY1* 的表达量也有上调趋势，但与对照组相比差异不明显，且 *THY2* 的表达量在18小时后恢复到正常水平，*THY3* 的表达量在24小时后恢复到正常水平。这一结果提示 *THY2*、*THY3* 参与血淋巴的免疫反应。

近年的报道也显示，昆虫拥有很多种与免疫反应相关的的激素或蛋白质，与血淋巴结合发展为昆虫独有的免疫体系（金小宝等，2015）。受到不良环境、不利物质等刺激时，大部分昆虫都可以通过溶菌酶、抗菌肽、凝集素和血素等血淋巴抗菌物质的增加（邓家波等，2012），增强自身的免疫防卫功能，保证体内环境的稳定。通过本研究中受菌液刺激后多聚体胸腺素在血淋巴、脂肪体中表达量上调的现象，结合先前的报道可以推测，多聚体胸腺素参与了美洲大蠊的免疫反应，但作用机制有待进一步研究。

参考文献

［1］陈明，李爱媛.肌动蛋白，肌动蛋白结合蛋白质和细胞运动的研究进展［J］.生命科学，1997（1）：1-5.

［2］仇序佳.昆虫生殖与激素的关系［J］.昆虫知识，1979（1）：30-33.

［3］邓家波，杨晓梅，王强，等.成年珍禽禽流感免疫抗体消长规律及免疫程序的研究［J］.动物医学进展，2012，33（9）：31-36.

［4］杜海涛，傅少颖，崔静.bFGF和PDGF对家兔角膜内皮损伤修复作用的研究［J］.中华眼外伤职业眼病杂志，2007，29（12）：901-904.

［5］甘美舍，黄艳.MMP-2、TIMP-2及TGF-β1在糖尿病足溃疡愈合中的研究进展［J］.右江民族医学院学报，2018，40（3）：274-277.

［6］何文耀，范嗣刚，刘宝锁，等.合浦珠母贝胸腺素β4（thymosin beta4）插核损伤和发育时期的表达研究［J］.南方水产科学，2018，14（2）：66-74.

［7］洪芳，宋赫，安春菊.昆虫变态发育类型与调控机制［J］.应用昆虫学报，2016，53（1）：1-8.

［8］胡亚，罗嫚，王宇，等.家蝇GNBP3基因克隆及感染白色念珠菌后的表达［J］.环境昆虫学报，2017，39（3）：596-604.

［9］黄孔威，李志鹏，崔奎青，等.重组水蛭素的原核表达及分离纯化［J］.中国畜牧兽医，2018，45（1）：1-13.

［10］金小宝，王艳，朱家勇.诱导前后美洲大蠊血淋巴抗菌活性的研究［J］.广

东药学院学报, 2006, 22 (6): 665-666.

[11] 晋家正, 李午佼, 牟必琴, 等. 药用美洲大蠊全基因组测序分析 [J]. 四川动物, 2018, 37 (2): 121-126.

[12] 鞠燕, 张建华, 郑磊, 等. 血小板源性生长因子和碱性成纤维细胞生长因子对兔角膜基质成纤维细胞体外增殖的影响 [J]. 国际眼科杂志, 2005, 5 (3): 451-454.

[13] 康志琼. 家蚕β-胸腺素基因的特性研究 [D]. 镇江: 江苏大学, 2015.

[14] 康志琼, 郝丽娟, 马上上, 等. 无脊椎动物β-胸腺素的功能研究进展 [J]. 生物学杂志, 2015 (2): 76-79.

[15] 蓝江林, 吴珍泉, 周先治, 等. 美洲大蠊血淋巴抗菌活性诱导差异比较 [J]. 中国农学通报, 2008, 24 (2): 59-62.

[16] 李开通, 刘达恩, 李顺堂, 等. 水蛭素对瘢痕成纤维细胞基质金属蛋白酶作用的实验研究 [J]. 中国美容医学, 2012, 21 (2): 247-250.

[17] 李宪奎. 人胸腺素β4在大肠杆菌中的克隆、表达、纯化及生物学活性鉴定 [D]. 北京: 北京协和医学院(清华大学医学部)&中国医学科学院, 2008.

[18] 李艳, 王冠, 于虎, 等. 重组胸腺素β4通过调节血管内皮生长因子、碱性成纤维细胞生长因子促进皮肤创伤愈合 [J]. 中国组织工程研究, 2008, 12 (50): 9857-9861.

[19] 李晔, 包旭, 陈曦, 等. 小鼠毛囊再生与胸腺素β4的促进效应 [J]. 中国组织工程研究, 2014, 18 (11): 1687-1693.

[20] 李一凡, 张丹, 樊萌, 等. 鸡胸腺素β4基因的克隆与原核表达 [J]. 黑龙江畜牧兽医, 2010 (12): 22-24.

[21] 李云峰. 细胞骨架与信号转导 [J]. 国际药学研究杂志, 1998 (5): 261-266.

[22] 廖金旭. 家蚕胸腺素对家蚕核型多角体病毒(BmNPV)侵染、增殖的影响及其分子机理研究 [D]. 杭州: 浙江理工大学, 2018.

[23] 刘怀金. 姜黄素对运动性伤口愈合的作用机制 [J]. 体育科技文献通报, 2012, 20 (1): 22-23.

[24] 刘辉辉, 郭善禹. 皮肤组织损伤修复的研究进展 [J]. 外科理论与实践, 2013, 18 (2): 188-192.

[25] 刘亮, 刘旭盛. 巨噬细胞在创伤愈合血管生成中作用的研究进展 [J]. 中华烧伤杂志, 2004, 20 (4): 249-251.

[26] 龙安华, 李明, 王晓坤, 等. 重组胸腺素β4调节兔角膜碱烧伤后MMP-2和TIMP-2的表达 [J]. 眼科新进展, 2010, 30 (8): 723-726.

[27] 吕长遥, 伍静, 龚翰林. 六合丹对家兔皮肤感染创面愈合过程中SPMMP-1及bFGF表达的影响 [J]. 西部医学, 2017, 29 (11): 1492-1497.

[28] 秦桂香, 龚兴国, 纪静. 胸腺素α1的研究进展 [J]. 中国细胞生物学学报, 2005, 27 (6): 621-624.

［29］史艳霞，李庆荣，黄志君，等. 昆虫变态发育过程中的细胞自噬和凋亡［J］. 昆虫学报，2009，52（1）：84-94.

［30］唐威华，张景六，王宗阳，等. SDS-PAGE法测定His-tag融合蛋白分子量产生偏差的原因［J］. 植物生理与分子生物学学报，2000，26（1）：64-68.

［31］王芳，罗云婷，耿福能，等. 康复新液促进小鼠压疮创面愈合机制的研究［J］. 华西药学杂志，2017，32（3）：260-263.

［32］王凤山，张天民. 胸腺素组分5及其多肽成分研究概况［J］. 药学实践杂志，1987（1）：16-19.

［33］王先远，朱晓颖. 胸腺素β4研究概况及展望［J］. 国际生物制品学杂志，2002，25（3）：126-129.

［34］吴泽月，陈月辉. 蛋白质亚细胞定位预测研究进展［J］. 山东师范大学学报（自然科学版），2012，27（4）：33-37.

［35］武艳，杨岚，张羽飞，等. bFGF对成纤维细胞增殖和胶原及纤维连接蛋白的影响［J］. 医药导报，2014，33（11）：1416-1419.

［36］于虎，马瑞珏，张朔杨，等. 胸腺素β4调节血管内皮生长因子、层粘连蛋白5表达，促进糖尿病大鼠皮肤损伤愈合［J］. 中国糖尿病杂志，2011，19（1）：60-63.

［37］张爱军，闫志勇. TGF-β对创伤愈合与瘢痕形成的影响及中药的干预作用［J］. 西北药学杂志，2013，28（1）：101-105.

［38］张凤霞. 棉铃虫Hsp90、胸腺素和丝氨酸蛋白酶抑制因子在发育中的表达模式与激素调控［D］. 济南：山东大学，2010.

［39］张汉超，耿福能，沈咏梅，等. 康复新液药理作用及临床应用的研究进展［J］. 中国民族民间医药，2017，26（3）：57-60.

［40］赵炎波. 胸腺素β4对循环内皮祖细胞的作用及机制［D］. 杭州：浙江大学，2011.

［41］郑珊珊，石卓兴，代琦，等. 蛋白质亚细胞定位预测研究进展［J］. 科技视界，2014（12）：12-12.

［42］周琼. 昆虫免疫进化的研究进展［J］. 福建农业学报，2007，22（4）：448-452.

［43］周鑫鑫，王永娣，廖金旭，等. 家蚕胸腺素对蚕体抗核型多角体病毒感染能力的影响［J］. 蚕业科学，2018，44（1）：64-69.

［44］朱玉凤，陈艳如，曹赞霞，等. 固有无序蛋白质（IDPs）的预测和分子动力学模拟研究［J］. 德州学院学报，2014（6）：6-13.

［45］Aguda H，Xue B，Irobi E，et al. The structural basis of actin interaction with multiple WH2/β-thymosin motif-containing proteins［J］. Structure，2006，14（3）：469-476.

［46］Akita S，Akino K，Imaizumi T，et al. A basic fibroblast growth factor improved the quality of skin grafting in burn patients［J］. Burns，2005，31（7）：855-

858.

[47] Antonia A, Dave H, Cyrus C, et al. SCOP2 prototype: A new approach to protein structure mining [J]. Ann N Y Acad Sci, 2014, 42（D1）: D310-D314.

[48] Ballweber E, Hannappel E, Huff T, et al. Polymerisation of chemically cross-linked actin: thymosin beta（4）complex to filamentous actin: Alteration in helical parameters and visualisation of thymosin beta（4）binding on F-actin [J]. J Mol Biol, 2002, 315（4）: 613-625.

[49] Barrientos S, Stojadinovic O, Brem H, et al. Growth factors and cytokines in wound healing [J]. Wound Repair Regen, 2010, 16（5）: 585-601.

[50] Blain E J, Mason D J, Duance V C. The effect of thymosin beta4 on articular cartilage chondrocyte matrix metalloproteinase expression [J]. Biochem Soc Trans, 2002, 30（6）: 879-882.

[51] Bo X, Cedric L, Grimes J M, et al. Structural basis of thymosin-β4/profilin exchange leading to actin filament polymerization [J]. Proc Natl Acad Sci USA, 2014, 111（43）: 4596-4605.

[52] Bodendorf S, Born G, Hannappel E. Determination of thymosin β4 and protein in human wound fluid after abdominal surgery [J]. Ann NY Acad Sci, 2010, 1112（1）: 418-424.

[53] Bo-Hye N, Jung-Kil S, Jeong L M, et al. Functional analysis of Pacific oyster （*Crassostrea gigas*）β-thymosin: Focus on antimicrobial activity [J]. Fish Shellfish Immunol, 2015, 45（1）: 167-174.

[54] Bonnet D, Lemoine F M, Frobert Y, et al. Thymosin beta4, inhibitor for normal hematopoietic progenitor cells [J]. Exp Hematol, 1996, 24（7）: 776-782.

[55] Boque I, Boujemaa R, Carlier M F, et al. Ciboulot regulates actin assembly during drosophila brain metamorphosis [J]. Cell, 2000, 102（6）: 797-808.

[56] Boquet I. Ciboulot regulates actin assembly during *Drosophila* brain metamorphosis [J]. Cell, 2000, 102（6）: 797-808.

[57] Brew E C, Mitchell M B, Harken A H. Fibroblast growth factors in operative wound healing [J]. J Am Coll Surg, 1995, 180（4）: 499-504.

[58] Brown L F, Detamr M K, Abu J G, et al. Uterine smooth muscle cells express functional receptors（flt-1 and KDR）for vascular permeability factor/vascular endothelial growth factor [J]. Lab Invest, 1997, 76（2）: 245-255.

[59] Brown L F, Detmar M, Claffey K, et al. Vascular permeability factor/vascular endothelial growth factor: A multifunctional angiogenic cytokine [J]. Exp Suppl, 1997, 79: 233-269.

[60] Bubb M R, Lewis M S, Korn E D. The interaction of monomeric actin with two binding sites on *Acanthamoeba* actobindin [J]. J Biol Chem, 1991, 266（6）: 3820-3826.

[61] Caers J, Otjacques E, Hose D, et al. Thymosin beta4 in multiple myeloma: friend or foe [J]. Ann N Y Acad Sci, 2010, 1194(1): 125-129.

[62] Carlier M F, Jean C, Rieger K J, et al. Modulation of the interaction between G-actin and thymosin beta 4 by the ATP/ADP ratio: Possible implication in the regulation of actin dynamics [J]. Proc Natl Acad Sci U S A, 1993, 90(11): 5034-5038.

[63] Carlson S L, Parrish M E, Springer J E, et al. Acute inflammatory response in spinal cord following impact injury [J]. Exp Neurol, 1998, 151(1): 77-88.

[64] Chuanyu W, Sandeep K, Il-Kwon K, et al. Thymosin beta 4 protects cardiomyocytes from oxidative stress by targeting anti-oxidative enzymes and anti-apoptotic genes [J]. PLoS One, 2012, 7(8): e42586.

[65] Clauss I M, Wathelet M G, Szpirer J, et al. Human thymosin-beta 4/6-26 gene is part of a multigene family composed of seven members located on seven different chromosomes [J]. Genomics, 1991, 9(1): 174-180.

[66] Colby G P, Ying-Ju S, Ambron R T. MRNAs encoding the *Aplysia* homologues of fasciclin-I and beta-thymosin are expressed only in the second phase of nerve injury and are differentially segregated in axons regenerating in vitro and in vivo [J]. J Neurosci Res, 2010, 82(4): 484-498.

[67] Crow T, Xue-Bian J J. One-trial in vitro conditioning regulates a cytoskeletal-related protein (CSP24) in the conditioned stimulus pathway of Hermissenda [J]. J Neurosci, 2002, 22(24): 10514-10518.

[68] Cruz E M D L, Ostap E M, Brundage R A, et al. Thymosin-β4 Changes the Conformation and Dynamics of Actin Monomers [J]. Biophys J, 2000, 78(5): 2516-2527.

[69] Danilenko D M, Ring B D, Tarpley J E, et al. Growth factors in porcine full and partial thickness burn repair: Differing targets and effects of keratinocyte growth factor, platelet-derived growth factor-BB, epidermal growth factor, and neu differentiation factor [J]. Am J Pathol, 1995, 147(5): 1261-1277.

[70] Deborah P, Brooke S, Kedesha S, et al. Thymosin beta4 promotes matrix metalloproteinase expression during wound repair [J]. J Cell Physiol, 2010, 208(1): 195-200.

[71] Didry D, Cantrelle F X, Husson C, et al. How a single residue in individual β-thymosin/WH2 domains controls their functions in actin assembly [J]. Embo J, 2014, 31(4): 1000-1013.

[72] Dominguez R. The beta-thymosin/WH2 fold: Multifunctionality and structure [J]. Ann N Y Acad Sci, 2010, 1112(1): 86-94.

[73] Dong H K, Moon E Y, Yi J H, et al. Peptide fragment of thymosin β4 increases hippocampal neurogenesis and facilitates spatial memory [J]. Neuroscience, 2015, 310: 51-62.

[74] Dunn S P, Heidemann D G, Chow C Y C, et al. Treatment of chronic nonhealing neurotrophic corneal epithelial defects with thymosin beta 4 [J]. Ann N Y Acad Sci, 2010, 1194（1）: 199-206.

[75] Feng H Y, Huo L J, Yang M C, et al. Thymosins participate in antibacterial immunity of kuruma shrimp, *Marsupenaeus japonicus* [J]. Fish Shellfish Immunol, 2019, 84: 244-251.

[76] Ferré P J, Liaubet L, Concordet D, et al. Longitudinal analysis of gene expression in porcine skeletal muscle after post-injection local injury [J]. Pharm Res, 2007, 24（8）: 1480-1489.

[77] Ferretti P, Zhang F, O'Neill P. Changes in spinal cord regenerative ability through phylogenesis and development: Lessons to be learnt [J]. Dev Dyn, 2003, 226（2）: 245-256.

[78] Franz A, Wood W, Martin P. Fat body cells are motile and actively migrate to wounds to drive repair and prevent infection [J]. Dev Cell, 2018, 44（4）: 460-470.

[79] Freeman K W, Bowman B R, Zetter B R. Regenerative protein thymosin beta-4 is a novel regulator of purinergic signaling [J]. Faseb J, 2011, 25（3）: 907-915.

[80] Gabriel S, Christopherson P L, Barrett R P, et al. Thymosin-beta4 modulates corneal matrix metalloproteinase levels and polymorphonuclear cell infiltration after alkali injury [J]. Invest Ophthalmol Vis Sci, 2005, 46（7）: 2388-2395.

[81] Gabriel S, Ping Q, Michelle K W. Thymosin beta 4: A novel corneal wound healing and anti-inflammatory agent [J]. Clin Ophthalmol, 2007, 1（3）: 201-207.

[82] Gabriel S, Szliter E A, Ronald B, et al. Thymosin beta 4 promotes corneal wound healing and decreases inflammation in vivo following alkali injury [J]. Exp Eye Res, 2002, 74（2）: 293-299.

[83] Gai Y, Zhao J, Song L, et al. Two thymosin-repeated molecules with structural and functional diversity coexist in Chinese mitten crab *Eriocheir sinensis* [J]. Dev Comp Immunol, 2009, 33（7）: 867-876.

[84] Gillard J A, Reed M W, Buttle D, et al. Matrix metalloproteinase activity and immunohistochemical profile of matrix metalloproteinase-2 and -9 and tissue inhibitor of metalloproteinase-1 during human dermal wound healing [J]. Wound Repair Regen, 2010, 12（3）: 295-304.

[85] Girardi M, Hayday A C, Sherling M A, et al. Anti-inflammatory and wound healing effects of lymphoid thymosin beta 4 [J]. Ann N Y Acad Sci, 2003, 149: 13-25.

[86] Goldstein A L, Ewald H, Kleinman H K. Thymosin beta4: Actin-sequestering protein moonlights to repair injured tissues [J]. Trends Mol Med, 2005, 11（9）: 421-429.

[87] Goldstein A L, Mcadoo M, McClure J, et al. Thymosin alpha1: Isolation and sequence analysis of an immunologically active thymic polypeptide [J]. Proc Natl Acad

Sci, 1977, 74（2）：725-729.

［88］Goldstein A L, Slater F D, White A. Preparation, assay, and partial purification of a thymic lymphocytopoietic factor（thymosin）［J］. Proc Natl Acad Sci, 1966, 56（3）：1010-1017.

［89］Golla R, Philp N, Safer D, et al. Co-ordinate regulation of the cytoskeleton in 3T3 cells overexpressing thymosin-beta（4）［J］. Cell Motil Cytoskeleton, 1997, 38（2）：187-200.

［90］Gomez-Márquez J, Anadón R. The beta-thymosins, small actin-binding peptides widely expressed in the developing and adult cerebellum［J］. Cerebellum, 2002, 1（2）：95-102.

［91］Gopalakrishnan A, Ram M, Kumawat S, et al. Quercetin accelerated cutaneous wound healing in rats by increasing levels of VEGF and TGF-β1［J］. Indian J Exp Biol, 2016, 54（3）：187-195.

［92］Grada A, Otero-Vinas M, Prieto-Castillo F, et al. Research techniques made simple: Analysis of collective cell migration using the wound healing assay［J］. J Invest Dermatol, 2017, 137（2）：e11-e16.

［93］Hannaappel E, Huff T. The thymosins: Prothymosin α, parathymosin, and β-thymosins: structure and function［J］. Vitamins Hormones, 2003, 66：257-296.

［94］Hannaappel E, Huff T, Safer D. Actin-Monomer-Binding Proteins［M］.New York: Springer New York, 2007.

［95］Hans-Georg M, Ewald H. The beta-thymosins: Intracellular and extracellular activities of a versatile actin binding protein family［J］. Cytoskeleton, 2010, 66（10）：839-851.

［96］Hardwicke J, Schmaljohann D, Boyce D, et al. Epidermal growth factor therapy and wound healing-past, present and future perspectives［J］. Surgeon, 2008, 6（3）：172-177.

［97］Harold B, Marjana T C. Cellular and molecular basis of wound healing in diabetes［J］. J Clin Invest, 2007, 117（5）：1219-1222.

［98］Hausenloy D J, Tsang A, Mocanu M M, et al. Ischemic preconditioning protects by activating prosurvival kinases at reperfusion［J］. Am J Physiol Heart Circ Physiol, 2005, 288（2）：H971-H976.

［99］Hee-Jae C, Moon-Jin J, Kleinman H K. Role of thymosin beta4 in tumor metastasis and angiogenesis［J］. J Natl Cancer Inst, 2003, 95（22）：1674-1680.

［100］Heike H. Modified fibrin hydrogel matrices: Both, 3D-scaffolds and local and controlled release systems to stimulate angiogenesis［J］. Curr Pharm Des, 2007, 13（35）：3597-3607.

［101］Herrmanna D, Hatta M, Hoffmeister-Ullerich S A H. Thypedin, the multi copy precursor for the hydra peptide pedin, is a β-thymosin repeat-like domain containing protein [J]. Mech Dev, 2005, 122 (11): 1183-1193.

[102] Hertzog M, Heijenoort C V, Didry D, et al. The beta-thymosin/WH2 domain; structural basis for the switch from inhibition to promotion of actin assembly [J]. Cell, 2004, 117 (5): 611-623.

[103] Hiruma K, Riddiford L M. Regulation of transcription factors MHR4 and betaFTZ-F1 by 20-hydroxyecdysone during a larval molt in the tobacco hornworm, *Manduca sexta* [J]. Dev Biol, 2001, 232 (1): 265-274.

[104] Hoppenreijs V P, Pels E, Vrensen G F, et al. Platelet-derived growth factor: receptor expression in corneas and effects on corneal cells [J]. Invest Ophthalmol Vis Sci, 1993, 34 (3): 637-649.

[105] Hoppenreijs V P, Pels E, Vrensen G F, et al. Basic fibroblast growth factor stimulates corneal endothelial cell growth and endothelial wound healing of human corneas [J]. Invest Ophthalmol Vis Sci, 1994, 35 (3): 931-944.

[106] Hooper J A, Mcdaniel M C, Thurman G B, et al. Purification and properties of bovine thymosin [J]. Ann N Y Acad Sci, 2010, 249 (1): 125-144.

[107] Huang C M, Wang C C, KawaI M, et al. Surfactant sodium lauryl sulfate enhances skin vaccination: Molecular characterization via a novel technique using ultrafiltration capillaries and mass spectrometric proteomics [J]. Mol Cell Proteomics, 2006, 5 (3): 523-532.

[108] Huff T, Müller C S G, Otto A M, et al. β-Thymosins, small acidic peptides with multiple functions [J]. Int J Biochem Cell Biol, 2001, 33 (3): 205-220.

[109] Ilan N, Mahooti S, Madri J A. Distinct signal transduction pathways are utilized during the tube formation and survival phases of in vitro angiogenesis [J]. J Cell Sci, 1998, 111 (Pt 24): 3621-3636.

[110] Ildiko B M, Ankur S, White M D, et al. Thymosin beta4 activates integrin-linked kinase and promotes cardiac cell migration, survival and cardiac repair [J]. Nature, 2004, 432 (7016): 466-472.

[111] Irobi E, Aguda A H, Larsson M, et al. Structural basis of actin sequestration by thymosin-β4: Implications for WH2 proteins [J]. Embo J, 2014, 23 (18): 3599-3608.

[112] Janarthini R, Wang X, Chen L, et al. A Tobacco-derived thymosinβ4 concatemer promotes cell proliferation and wound healing in mice [J]. Biomed Res Int, 2016, 2016: 1973413. .

[113] Judith R, Nithya M, Rose C, et al. Application of a PDGF-containing novel gel for cutaneous wound healing [J]. Life Sci, 2010, 87 (1): 1-8.

[114] Kang F, Purich D L, Southwick F S. Profilin promotes barbed-end actin filament assembly without lowering the critical concentration [J]. J Biol Chem, 1999, 274 (52): 36963-36972.

[115] Kim C E, Kleinman H K, Sosne G, et al. RGN-259 (thymosin β4) improves clinically important dry eye efficacies in comparison with prescription drugs in a dry eye model [J]. Sci Rep, 2018, 8 (1): 10500.

[116] Kleinman H K, Sosne G. Thymosin β4 promotes dermal healing [J]. Vitamins Hormones, 2016, 102: 251-275.

[117] Kobayashi T, Okada F, Fujii N, et al. Thymosin-β4 regulates motility and metastasis of malignant mouse fibrosarcoma cells [J]. Am J Pathol, 2002, 160 (3): 869-882.

[118] Koiwai K, Kondo H, Hirono I. The immune functions of sessile hemocytes in three organs of kuruma shrimp, *Marsupenaeus japonicus*, differ from those of circulating hemocytes [J]. Fish Shellfish Immunol, 2018, 78: 109-113.

[119] Kokkinopoulos D, Perez S, Papamichail M. Thymosin beta 4 induced phenotypic changes in Molt-4 leukemic cell line [J]. Blut, 1985, 50 (6): 341-348.

[120] Koshikawa S, Cornette R, Matsumoto T, et al. The homolog of Ciboulot in the termite (*Hodotermopsis sjostedti*): A multimeric beta-thymosin involved in soldier-specific morphogenesis [J]. BMC Dev Biol, 2010, 10 (1): 63.

[121] Kumar N, Nakagawa P, Janic B, et al. The anti-inflammatory peptide Ac-SDKP is released from thymosin-β4 by renal meprin-α and prolyl oligopeptidase [J]. Am J Physiol Renal Physiol, 2016, 310 (10): F1026-F1034.

[122] Kusinski M, Wdzieczak-Bakala J, Liu J M, et al. AcSDKP: A new potential marker of malignancy of the thyroid gland [J]. Langenbecks Arch Surg, 2006, 391 (1): 9-12.

[123] Lemaitre B, Hoffmann J. The Host Defense of *Drosophila melanogaster* [J]. Annu Rev Immunol, 2007, 25 (1): 697-743.

[124] Li D L, Chang X J, Xie X L, et al. A thymosin repeated protein1 reduces white spot syndrome virus replication in red claw crayfish *Cherax quadricarinatus* [J]. Dev Comp Immunol, 2018, 84: 109-116.

[125] Li J, Zhang Y H, Liu Y, et al. A thymosin β4 is involved in production of hemocytes and immune defense of Hong Kong oyster, *Crassostrea hongkongensis* [J]. Dev Comp Immunol, 2016, 57: 1-9.

[126] Li X, Zheng L, Peng F, et al. Recombinant thymosin beta 4 can promote full-thickness cutaneous wound healing [J]. Protein Expr Purif, 2007, 56 (2): 229-236.

[127] Liu J M, Lawrence F, Kovacevic M, et al. The tetrapeptide AcSDKP, an inhibitor of primitive hematopoietic cell proliferation, induces angiogenesis *in vitro* and *in vivo* [J]. Blood, 2003, 101 (8): 3014-3020.

[128] Liuji W, Xinzhong W. Molecular cloning and expression analysis of a beta-thymosin homologue from a gastropod abalone, *Haliotis diversicolor supertexta* [J]. Fish Shellfish Immunol, 2009, 27 (2): 379-382.

[129] Lugo D I, Chen S C, Hall A K, et al. Developmental regulation of beta-thymosins in the rat central nervous system [J]. J Neurochem, 1991, 56(2): 457-461.

[130] Malinda K M, Goldstein A L, Kleinman H K. Thymosin beta 4 stimulates directional migration of human umbilical vein endothelial cells [J]. Faseb J, 1997, 11(6): 474-481.

[131] Malinda K M, Sidhu G S, Mani H, et al. Thymosin beta 4 accelerates wound healing [J]. J Invest Dermatol, 1999, 113(3): 364-368.

[132] Marks E D, Kumar A. Thymosin β4: Roles in development, repair, and engineering of the cardiovascular system [J]. Vitamins Hormones, 2016, 102: 227-249.

[133] Martins V L, Caley M, O'Toole E A. Matrix metalloproteinases and epidermal wound repair [J]. Cell Tissue Res, 2013, 351(2): 255-268.

[134] Mehraien F, Sarbishegi M, Aslani A. Therapeutic effects of oleuropein on wounded skin in young male BALB/c mice [J]. Wounds, 2014, 26(3): 83-88.

[135] Michael D, Maud H, Rome C J, et al. Coupling of folding and binding of thymosin beta4 upon interaction with monomeric actin monitored by nuclear magnetic resonance [J]. J Biol Chem, 2004, 279(22): 23637-23645.

[136] Mohamad S, Pascal P, Christine P, et al. Thymosins β-4 and β-10 are expressed in bovine ovarian follicles and upregulated in cumulus cells during meiotic maturation [J]. Reprod Fertil Dev, 2010, 22(8): 1206-1221.

[137] Nachmias V T. Small actin-binding proteins: the beta-thymosin family [J]. Curr Opin Cell Biol, 1993, 5(1): 56-62.

[138] Netnapa S, Chadanat N, Benjam N, et al. β-thymosins and hemocyte homeostasis in a crustacean [J]. Plos One, 2013, 8(4): e60974.

[139] Oldfield C J, Dunker A K. Intrinsically Disordered Proteins and Intrinsically Disordered Protein Regions [J]. Annu Rev Biochem, 2014, 83(1): 553-584.

[140] Onodera H, Ikeuchi D, Nagayama S, et al. Weakness of anastomotic site in diabetic rats is caused by changes in the integrity of newly formed collagen [J]. Dig Surg, 2004, 21(2): 146-151.

[141] Ottaviani E, Franchini A, Kletsas D, et al. Presence and role of cytokines and growth factors in invertebrates [J]. Ital J Zool, 1996, 63: 317-323.

[142] Pantaloni D, Carlier M F. How profilin promotes actin filament assembly in the presence of thymosin beta 4 [J]. Cell, 1993, 75(5): 1007-1014.

[143] Panu A, Manoharan J, Konstantin A, et al. ExPASy: SIB bioinformatics resource portal [J]. Nucleic Acids Res, 2012, 40(Web Server issue): W597-W603.

[144] Patrizia F, Fang Z, Paul O. Changes in spinal cord regenerative ability through phylogenesis and development: Lessons to be learnt [J]. Dev Dyn, 2003, 226(2): 245-256.

[145] Paunola E, Mattila P K, Lappalainen P. WH2 domain: a small, versatile adapter for actin monomers [J]. Febs Lett, 2002, 513 (1): 92-97.

[146] Philip B, Arber K, Marjana T C, et al. The role of vascular endothelial growth factor in wound healing [J]. J Surg Res, 2009, 153 (2): 347-358.

[147] Philp D, Badamchian M, Schermeta B, et al. Thymosin beta (4) and a synthetic peptide containing its actin-binding domain promote dermal wound repair in db/db diabetic mice and in aged mice [J]. Wound Repair Regen, 2003, 11 (1): 19-24.

[148] Philp D, Goldstein A L, Kleinman H K, et al. Thymosin beta4 promotes angiogenesis, wound healing, and hair follicle development [J]. Mech Ageing Dev, 2004, 125 (2): 113-115.

[149] Piers K L, Brown M H, Hancock R E. Recombinant DNA procedures for producing small antimicrobial cationic peptides in bacteria [J]. Gene, 1993, 134 (1): 7-13.

[150] Ping Q, Michelle K W, Gabriel S. Matrix metalloproteinase activity is necessary for thymosin beta 4 promotion of epithelial cell migration [J]. J Cell Physiol, 2010, 212 (1): 165-173.

[151] Rando O J, Zhao K, Crabtree G R. Searching for a function for nuclear actin [J]. Trends Cell Biol, 2000, 10 (3): 92-97.

[152] Reichert A, Heintz D, Echner H, et al. Identification of contact sites in the actin-thymosin beta 4 complex by distance-dependent thiol cross-linking [J]. J Biol Chem, 1996, 271 (3): 1301-1308.

[153] Rhaleb N E, Peng H, Harding P, et al. Effect of N-acetyl-seryl-aspartyl-lysyl-proline on DNA and collagen synthesis in rat cardiac fibroblasts [J]. Hypertension, 2001, 37 (3): 827-832.

[154] Rieger K J, Saezservient N, Papet M P, et al. Involvement of human plasma angiotensin I-converting enzyme in the degradation of the haemoregulatory peptide N-acetyl-seryl-aspartyl-lysyl-proline [J]. Biochem J, 1993, 296 (2): 373-378.

[155] Robin V D L, Marija B, Benjamin L, et al. Classification of intrinsically disordered regions and proteins [J]. Chem Rev, 2014, 114 (13): 6589-6631.

[156] Romanova E V, Roth M J, Rubakhin S S, et al. Identification and characterization of homologues of vertebrate beta-thymosin in the marine mollusk *Aplysia californica* [J]. J Mass Spectrom, 2010, 41 (8): 1030-1040.

[157] Roth L W, Bormann P, Bonnet A, et al. Beta-thymosin is required for axonal tract formation in developing zebrafish brain [J]. Development, 1999, 126 (7): 1365-1374.

[158] Saelee N, Noonin C, Nupan B, et al. Beta-thymosins and hemocyte homeostasis in a crustacean [J]. Plos One, 2013, 8 (4): e60974.

[159] Safer D, Nachmias V T. Beta thymosins as actin binding peptides [J].

Bioessays, 2010, 16 (7): 473-479.

[160] Santelli G, Califano D, Chiappetta G, et al. Thymosin beta-10 gene overexpression is a general event in human carcinogenesis [J]. Am J Pathol, 1999, 155 (3): 799-804.

[161] Santra M, Chopp M, Santra S, et al. Thymosin beta 4 up-regulates miR-200a expression and induces differentiation and survival of rat brain progenitor cells [J]. J Neurochem, 2016, 136 (1): 118-132.

[162] Sapp E, Kegel K B, Aronin N, et al. Early and progressive accumulation of reactive microglia in the Huntington disease brain [J]. J Neuropathol Exp Neurol, 2001, 60 (2): 161-172.

[163] Schillaci D, Viltale M, Cusimano M G, et al. Fragments of β-thymosin from the sea urchin *Paracentrotus lividus* as potential antimicrobial peptides against staphylococcal biofilms [J]. Ann N Y Acad Sci, 2012, 1270: 79-85.

[164] Sen C K, Gordillo G M, Roy S, et al. Human skin wounds: a major and snowballing threat to public health and the economy [J]. Wound Repair Regen, 2010, 17 (6): 763-771.

[165] Shi X Z, Shi L J, Zhao Y R, et al. Beta-thymosins participate in antiviral immunity of red swamp crayfish (*Procambarus clarkii*) [J]. Dev Comp Immunol, 2015, 51 (2): 213-225.

[166] Shigeyuka K, Richard C, Tadao M, et al. The homolog of Ciboulot in the termite (*Hodotermopsis sjostedti*): A multimeric β-thymosin involved in soldier-specific morphogenesis [J]. BMC Dev Biol, 2010, 10: 63-63.

[167] Simenel C, Van Troys M, Vanderkerckhove J, et al. Structural requirements for thymosin β4 in its contact with actin [J]. Febs J, 2000, 267 (12): 3530-3538.

[168] Singer A J, Clark R A. Cutaneous wound healing [J]. N Engl J Med, 2007, 341 (4): 738-746.

[169] Smart N, Rossdeutsch A, Riley P R. Thymosin β4 and angiogenesis: Modes of action and therapeutic potential [J]. Angiogenesis, 2007, 10 (4): 229-241.

[170] Sosne G, Chan C C, Thai K, et al. Thymosin beta 4 promotes corneal wound healing and modulates inflammatory mediators *in vivo* [J]. Exp Eye Res, 2001, 72 (5): 605-608.

[171] Sosne G, Christopherson P L, Barrett R P, et al. Thymosin-β4 modulates corneal matrix metalloproteinase levels and polymorphonuclear cell infiltration after alkali injury [J]. Invest Ophthalmol Vis Sci, 2005, 46 (7): 2388-2395.

[172] Sosne G, Dunn S, Crockford D, et al. Thymosin beta 4 eye drops significantly improve signs and symptoms of severe dry eye in a physician-sponsored phase 2 clinical trial [J]. Invest Ophthalmol Vis Sci, 2013, 54 (15): 6033.

[173] Sosne G, Szliter E A, Barrett R, et al. Thymosin beta 4 promotes corneal

wound healing and decreases inflammation *in vivo* following alkali injury [J]. Exp Eye Res, 2002, 74 (2): 293-299.

[174] Tang M C, Chan L C, Yeh Y C, et al. Thymosin beta 4 induces colon cancer cell migration and clinical metastasis via enhancing ILK/IQGAP1/Rac1 signal transduction pathway [J]. Cancer Lett, 2011, 308 (2): 162-171.

[175] Tapp H, Deepe R, Ingram J A, et al. Exogenous thymosin beta4 prevents apoptosis in human intervertebral annulus cells *in vitro* [J]. Biotechnic Histochem, 2009, 84 (6): 287.

[176] Tarantino G, Coppola A, Conca P, et al. Can serum TGF-beta 1 be used to evaluate the response to antiviral therapy of haemophilic patients with HCV-related chronic hepatitis? [J]. Int J Immunopathol Pharmacol, 2008, 21 (4): 1007-1012.

[177] Telford M J. The multimeric beta-thymosin found in nematodes and arthropods is not a synapomorphy of the Ecdysozoa [J]. Evol Dev, 2010, 6 (2): 90-94.

[178] Thomas H, Olaf R, Otto A M, et al. Nuclear localisation of the G-actin sequestering peptide thymosin beta4 [J]. J Cell Sci, 2004, 117 (Pt 22): 5333-5343.

[179] Tokushige K, Futoshi O, Nobuyuki F, et al. Thymosin-beta4 regulates motility and metastasis of malignant mouse fibrosarcoma cells [J]. Am J Pathol, 2002, 160 (3): 869-882.

[180] Tompa P. Intrinsically unstructured proteins evolve by repeat expansion [J]. Bioessays, 2003, 25 (9): 847-855.

[181] Troys M V, Dhaese S, Vandekerckhove J, et al. Multirepeat β-thymosins [M]. New York: Springer New York, 2007.

[182] Troys M, Van DeWitte D, Goethals M, et al. The actin binding site of thymosin beta 4 mapped by mutational analysis [J]. Embo J, 1996, 15 (2): 201-210.

[183] Valarmathi M, Davis J, Yost M, et al. A three-dimensional model of vasculogenesis [J]. Biomaterials, 2009, 30 (6): 1098-1112.

[184] Vancompernolle K, Goethals M, Huet C, et al. G- to F-actin modulation by a single amino acid substitution in the actin binding site of actobindin and thymosin beta 4 [J]. EMBO J, 1992, 11 (13): 4739-4746.

[185] Van Kampen M. Determination of thymosin β4 in human blood cells and serum [J]. J Chromatogr, 1987, 397: 279-285.

[186] Van T M, Ono K, Dewitte D, et al. Tetrathymosinβ is required for actin dynamics in *Caenorhabditis elegans* and acts via functionally different actin-binding repeats [J]. Mol Biol Cell, 2004, 15 (10): 4735-4748.

[187] Van T M, Vanderkerckhove J, Ampe C. Structural modules in actin-binding proteins: towards a new classification [J]. Biochim Biophys Acta, 1999, 1448 (3): 323-348.

[188] Wang R, Shen W B, Liu L L, et al. Prokaryotic expression, purification and

characterization of a novel rice seed lipoxygenase gene OsLOX1 [J]. Rice Sci, 2008, 15 (2): 88-94.

[189] Wang W S, Chen P M, Hsiao H L, et al. Overexpression of the thymosin beta-4 gene is associated with malignant progression of SW480 colon cancer cells [J]. Oncogene, 2003, 22 (21): 3297-3306.

[190] Wei C, Sandeep K, Ilkwon K, et al. Thymosin beta 4 protects cardiomyocytes from oxidative stress by targeting anti-oxidative enzymes and anti-apoptotic genes [J]. Plos One, 2012, 7 (8): e42586.

[191] Wei Q H, Bao H W, Qi R W. Thymosin β4 and AcSDKP inhibit the proliferation of HL-60 cells and induce their differentiation and apoptosis [J]. Cell Biol Int, 2013, 30 (6): 514-520.

[192] Xiao Z, Shen J, Feng H, et al. Characterization of two thymosins as immune-related genes in common carp (*Cyprinus carpio* L.) [J]. Dev Comp Immunol, 2015, 50 (1): 29-37.

[193] Xue B, Robinson R C. Chapter three-actin-induced structure in the beta-thymosin family of intrinsically disordered proteins [J]. Vitamins Hormones, 2016, 102: 55-71.

[194] Yamamoto M, Yamagishi T, Yaginuma H, et al. Localization of thymosin β4 to the neural tissues during the development of *Xenopus laevis* as studied by in situ hybridization and immunohistochemistry [J]. Dev Brain Res, 1994, 79 (2): 177-185.

[195] Yan C, Hui Y, Fan L U, et al. Cloning expression in *E.coli* and biological activity of human thymosin β4 [J]. Acta Biochim Biophys Sin, 2002, 34 (4): 502-505.

[196] Yang F, Yang X P, Liu Y H, et al. Ac-SDKP reverses inflammation and fibrosis in rats with heart failure after myocardial infarction [J]. Hypertension, 2004, 43 (2): 229-236.

[197] Yang H, Cheng X, Yao Q, et al. The promotive effects of thymosin β4 on neuronal survival and neurite outgrowth by upregulating L1 expression [J]. Neurochem Res, 2008, 33 (11): 2269-2280.

[198] Yano K, Brown L F, Detmar M. Control of hair growth and follicle size by VEGF-mediated angiogenesis [J]. J Clin Invest, 2001, 107 (4): 409-417.

[199] Ye X, Zhang Y, Mahmood A, et al. Neuroprotective and neurorestorative effects of thymosin beta4 treatment initiated 6 hours post injury following traumatic brain injury in rats [J]. J Neurosurg, 2012, 116 (5): 1081-1092.

[200] Yeaman M R, Bayer A S. Antimicrobial peptides from platelets [J]. Drug Resist Updat, 1999, 2 (2): 116-126.

[201] Yi-Quan T, Yeaman M R, Selsted M E. Antimicrobial peptides from human platelets [J]. Infect Immun, 2002, 70 (12): 6524-6533.

[202] Yong L, WeiChang L, YanPeng J, et al. Therapeutic efficacy of antibiotic-loaded gelatin microsphere/silk fibroin scaffolds in infected full-thickness burns [J]. Acta Biomater, 2014, 10(7): 3167-3176.

[203] Young J D, Lawrence A J, Maclean A G, et al. Thymosin β 4 sulfoxide is an anti-inflammatory agent generated by monocytes in the presence of glucocorticoids [J]. Nat Med, 1999, 5(12): 1424-1427.

[204] Zhang F X, Shao H L, Wang J X, et al. β-Thymosin is upregulated by the steroid hormone 20-hydroxyecdysone and microorganisms [J]. Insect Mol Biol, 2011, 20(4): 519-527.

[205] Zhang J, Zhang Y, Li J, et al. Midgut transcriptome of the cockroach *Periplaneta americana* and its microbiota: Digestion, detoxification and oxidative stress response [J]. Plos One, 2016, 11(5): 1-20.

[206] Zhang M J, Cheng R L, Lou Y H, et al. Disruption of *Bombyx mori* nucleopolyhedrovirus ORF71 (Bm71) results in inefficient budded virus production and decreased virulence in host larvae [J]. Virus Genes, 2012, 45(1): 161-168.

[207] Zhang W, Zhang C, Lv Z, et al. Molecular characterization, tissue distribution, subcellular localization and actin-sequestering function of a thymosin protein from silkworm [J]. Plos One, 2012, 7(2): e31040.

[208] Zhao S, Li L, Wang H, et al. Wound dressings composed of copper-doped borate bioactive glass microfibers stimulate angiogenesis and heal full-thickness skin defects in a rodent model [J]. Biomaterials, 2015, 53: 379-391.

[209] Zuo Y, Chun B, Potthoff S A, et al. Thymosin β4 and its degradation product, Ac-SDKP, are novel reparative factors in renal fibrosis [J]. Kidney Int, 2013, 84(6): 1166-1175.